Grundstudium Mathematik

Weitere Bände in der Reihe: http://www.springer.com/series/5008

Dirk Werner

Lineare Algebra

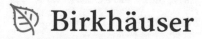 Birkhäuser

Dirk Werner
Fachbereich Mathematik und Informatik
Freie Universität Berlin
Berlin, Deutschland

ISSN 2504-3641   ISSN 2504-3668
Grundstudium Mathematik
ISBN 978-3-030-91106-5   ISBN 978-3-030-91107-2 (eBook)
https://doi.org/10.1007/978-3-030-91107-2

Die Deutsche Nationalbibliothek verzeichnet diese Publikation in der Deutschen Nationalbibliografie; detaillierte bibliografische Daten sind im Internet über http://dnb.d-nb.de abrufbar.

Planung/Lektorat: Dorothy Mazlum
Birkhäuser ist ein Imprint der eingetragenen Gesellschaft Springer Nature Switzerland AG und ist ein Teil von Springer Nature.
Die Anschrift der Gesellschaft ist: Gewerbestrasse 11, 6330 Cham, Switzerland

Für Irina, Felix und Nina

Vorwort

Traditionell stehen am Beginn des Mathematikstudiums im deutschsprachigen Raum die Vorlesungen zur Analysis und zur Linearen Algebra. Jede dieser Veranstaltungen stellt spezielle Anforderungen an ihre Teilnehmer$^{(m/w/d)}$; im Fall der Linearen Algebra ist insbesondere die Einführung abstrakter algebraischer Begriffe zu nennen.

Da Erstsemestern diese abstrakten Begriffe erfahrungsgemäß nicht immer leicht fallen, habe ich den Zugang zur Linearen Algebra in diesem Text weniger algebraisch angelegt als in anderen Quellen; der Begriff des Körpers wird erst relativ spät eingeführt und der Begriff des Moduls überhaupt nicht. Stattdessen werden die Grundlagen der Linearen Algebra (Vektorräume, lineare Unabhängigkeit, Basen, lineare Abbildungen, Matrizen, Determinanten, Eigenwerte, ...) zuerst nur im reellen Fall diskutiert und dann der Transfer zu K-Vektorräumen etc. gemacht. So sollen künstliche algebraische Hürden ab- bzw. gar nicht erst aufgebaut werden.

Dem trägt auch eine dynamische Notation Rechnung. Im 1. Kapitel (über lineare Gleichungssysteme) werden Zahlen (wie x) und Vektoren (wie $\vec{x}$) in der Notation unterschieden, später nicht mehr; und im 2. Kapitel (über $\mathbb{R}$-Vektorräume) wird der Nullvektor des Vektorraums V mit 0_V statt einfach nur 0 bezeichnet. Auch das wird später aufgegeben, wenn die Leserinnen und Leser hinreichend viele Erfahrungen mit den neuen Begriffen gemacht haben.

Ein anderes Spezifikum sind die eingestreuten „warum?" oder die lakonische Aufforderung „nachrechnen!", die den Lesefluss unterbrechen und als dringende Bitte zu verstehen sind, diese Details nachzutragen.

Insgesamt werden in diesem Buch die Begriffe und Resultate vorgestellt, die man in einem einführenden Text erwartet; siehe die obige Stichpunktliste. Darüber hinaus setzt jedes Lehrbuch andere Schwerpunkte, z. B. in Richtung Algebra oder Geometrie. Mein Focus liegt auf der Analysis; ich versuche, die enge Verzahnung der Gebiete Analysis und Lineare Algebra herauszustellen, sei es durch analytische Beispiele (die aber mit Kenntnissen der Schulmathematik zugänglich sind) oder durch Abschnitte zu speziellen Themen wie Singulärwertzerlegung, Matrix-Analysis, konvexe Mengen oder Compressed Sensing, die in der Regel keinen Eingang in die Lehrbuchliteratur finden. Generell nimmt die Eigenwerttheorie in Innenprodukträumen einen großen Raum in der zweiten Hälfte des Buchs ein, was man als Aufgalopp zur Funktionalanalysis ansehen kann.

Dieses Buch ist aus Skripten zu Vorlesungen hervorgegangen, die ich an der National University of Ireland, Galway, und der FU Berlin gehalten habe. Ich möchte mich bei den Teilnehmern bedanken, deren Kommentare mir geholfen haben, einige Schwachpunkte zu verbessern. Gleichermaßen gilt mein Dank den vom Verlag bestellten Gutachtern für deren extrem hilfreiche Bemerkungen. Leider bin ich mir sicher, dass sich immer noch Ungenauigkeiten im Text verborgen halten – ich weiß nur nicht, wo. Wenn Sie über solche Stellen stolpern, lassen Sie mich es bitte wissen; meine Email-Adresse ist `werner@math.fu-berlin.de`.

Berlin   Dirk Werner
im September 2021

Inhaltsverzeichnis

Lineare Gleichungssysteme

1

1.1 Beispiele linearer Gleichungssysteme

Bei linearen Gleichungssystemen handelt es sich um Systeme von m Gleichungen mit n Unbekannten, die alle nur linear (und nicht quadratisch etc.) vorkommen. Hier einige Beispiele mit $m = n = 3$:

Beispiele 1.1.1 (a) Unser erstes Beispiel ist:

$$
\begin{aligned}
2x + 3y - 2z &= 8 \\
4x + 5y - 2z &= 12 \\
y - 3z &= 5
\end{aligned}
$$

Zur Lösung geht man so vor, dass man nach und nach versucht, die Unbekannten zu eliminieren. Ersetzt man oben die 2. Zeile durch „2. Zeile minus zweimal 1. Zeile" (kurz: $Z_2 \rightsquigarrow Z_2 - 2Z_1$), erhält man das System

$$
\begin{aligned}
2x + 3y - 2z &= 8 \\
-y + 2z &= -4 \\
y - 3z &= -5
\end{aligned}
$$

Als nächstes versucht man, aus der letzten Zeile das y zu eliminieren, indem man $Z_3 \rightsquigarrow Z_3 + Z_2$ ausführt:

$$
\begin{aligned}
2x + 3y - 2z &= 8 \\
-y + 2z &= -4 \\
-z &= -9
\end{aligned}
$$

Jetzt kann man das System von unten nach oben lösen:

$$z = 9,$$

daher

$$-y + 18 = -4,$$

d. h. $y = 22$ und

$$2x + 66 - 18 = 8,$$

d. h. $x = -20$. Dieses System hat eine eindeutig bestimmte Lösung. Da man jeden der Schritte auch rückwärts machen kann (z. B. vom zweiten System zurück zum ersten gehen), erhält man tatsächlich die Lösung des Ausgangssystems. Dies ist auch bei den folgenden Beispielen zu beachten.

(b) Ein zweites Beispiel.

$$\begin{aligned}
x + 4y - 2z &= 4 \\
2x + 7y - z &= -2 \\
2x + 9y - 7z &= 1
\end{aligned}$$

Wir bilden $Z_2 \rightsquigarrow Z_2 - 2Z_1$ und $Z_3 \rightsquigarrow Z_3 - 2Z_1$:

$$\begin{aligned}
x + 4y - 2z &= 4 \\
-y + 3z &= -10 \\
y - 3z &= -7
\end{aligned}$$

Da die letzten beiden Gleichungen einander widersprechen, hat das System keine Lösung.

(c) Und hier ein drittes Beispiel.

$$\begin{aligned}
2x - 4y + 2z &= -2 \\
2x - 4y + 3z &= -4 \\
4x - 8y + 3z &= -2
\end{aligned}$$

Wir bilden $Z_2 \rightsquigarrow Z_2 - Z_1$ und $Z_3 \rightsquigarrow Z_3 - 2Z_1$:

$$\begin{aligned}
2x - 4y + 2z &= -2 \\
z &= -2 \\
-z &= 2
\end{aligned}$$

Es muss also $z = -2$ und

$$2x - 4y - 4 = -2,$$

d. h.

$$x - 2y = 1$$

sein. Diesmal gibt es unendlich viele Lösungen: Man kann $y \in \mathbb{R}$ beliebig wählen und $x = 2y + 1$ setzen, und $z = -2$.

Das unterschiedliche Lösungsverhalten kann geometrisch veranschaulicht werden. In unseren Gleichungssystemen kann jede Zeile als Gleichung einer Ebene im Raum verstanden werden. Dann wird in jedem Beispiel nach dem Schnitt dreier Ebenen im Raum gefragt. Ein solcher Schnitt kann

- aus einem Punkt bestehen (Beispiel (a))
- leer sein (Beispiel (b))
- aus einer Geraden bestehen (Beispiel (c))
- aus einer Ebene bestehen, zum Beispiel:

$$
\begin{aligned}
x + y + z &= 1 \\
2x + 2y + 2z &= 2 \\
3x + 3y + 3z &= 3
\end{aligned}
$$

Wir haben in den Beispielen zuerst x, dann y eliminiert. Man kann in jeder beliebigen Reihenfolge vorgehen; manchmal lässt sich so die Rechenarbeit erheblich vereinfachen. Die Lösungstechnik ist nicht auf Systeme mit drei Gleichungen und drei Unbekannten beschränkt:

Beispiel 1.1.2 Betrachten wir etwa folgendes System aus 4 Gleichungen mit 5 Unbekannten:

$$
\begin{aligned}
x_1 + x_2 + x_3 + x_4 + x_5 &= 1 \\
2x_1 - x_2 + 3x_3 + 5x_4 + x_5 &= 2 \\
-3x_1 \quad\quad - 2x_3 - 7x_4 \quad\quad &= 7 \\
-x_1 - 7x_2 + 3x_3 + 4x_4 \quad\quad &= 13
\end{aligned}
$$

Wir bilden $Z_2 \rightsquigarrow Z_2 - 2Z_1$, $Z_3 \rightsquigarrow Z_3 + 3Z_1$ und $Z_4 \rightsquigarrow Z_4 + Z_1$:

$$
\begin{aligned}
x_1 + x_2 + x_3 + x_4 + x_5 &= 1 \\
-3x_2 + x_3 + 3x_4 - x_5 &= 0 \\
3x_2 + x_3 - 4x_4 + 3x_5 &= 10 \\
-6x_2 + 4x_3 + 5x_4 + x_5 &= 14
\end{aligned}
$$

Nun bilden wir $Z_3 \rightsquigarrow Z_3 + Z_2$ und $Z_4 \rightsquigarrow Z_4 - 2Z_2$:

$$
\begin{aligned}
x_1 + \quad x_2 + \ x_3 + \ x_4 + \ x_5 &= \quad 1 \\
-3x_2 + \ x_3 + 3x_4 - \ x_5 &= \quad 0 \\
2x_3 - \ x_4 + 2x_5 &= \ 10 \\
2x_3 - \ x_4 + 3x_5 &= \ 14
\end{aligned}
$$

Um x_3 zu eliminieren, bilden wir $Z_4 \rightsquigarrow Z_4 - Z_3$:

$$
\begin{aligned}
x_1 + \quad x_2 + \ x_3 + \ x_4 + \ x_5 &= \quad 1 \\
-3x_2 + \ x_3 + 3x_4 - \ x_5 &= \quad 0 \\
2x_3 - \ x_4 + 2x_5 &= \ 10 \\
x_5 &= \quad 4
\end{aligned}
$$

Wir erhalten unendlich viele Lösungen; nämlich: Wähle $t \in \mathbb{R}$ beliebig,

$$
x_5 = 4
$$
$$
x_4 = t
$$
$$
x_3 = \frac{1}{2}t + 1
$$
$$
x_2 = \frac{7}{6}t - 1
$$
$$
x_1 = -\frac{8}{3}t - 3
$$

Typischerweise (aber nicht immer) kann man allgemein bei einem System mit n Unbekannten und $m < n$ Zeilen $n - m$ Unbekannte frei wählen, die die übrigen festlegen; das gilt, wenn die Zeilen tatsächlich „unabhängig" sind – nicht aber bei $(n = 3, m = 2)$

$$
\begin{aligned}
x + \ y + \ z &= \quad 2 \\
2x + 2y + 2z &= \quad 4,
\end{aligned}
$$

wo die zweite Zeile nur eine Verkleidung der ersten ist. Ebenso erhält man „typischerweise" im Fall $m > n$ keine und im Fall $m = n$ genau eine Lösung. (Ausnahmen siehe oben!)

1.2   Vektoren im $\mathbb{R}^n$ und Matrizen über $\mathbb{R}$

Um über Lösungen linearer Gleichungssysteme zu sprechen, bedient man sich der Sprache der *Vektoren* und *Matrizen*; um über die Theorie linearer Gleichungssysteme zu sprechen, die es gestattet, das im letzten Absatz von Abschn. 1.1 angesprochene typische Verhalten zu diskutieren, bedient man sich der Sprache der Linearen Algebra. Deshalb werden wir uns bald um Begriffe wie Vektorraum, Linearkombination, lineare Unabhängigkeit, Dimension, lineare Abbildung etc. kümmern.

Halten wir zunächst eine kurze Rückschau auf die Schulmathematik. Ein Punkt im $\mathbb{R}^3$ wird durch seine drei Koordinaten beschrieben. Verbindet man den Ursprung mit dem Punkt, erhält man den zugehörigen Vektor; analoges gilt für den $\mathbb{R}^2$.

In der Regel werden wir die Koordinaten eines Vektors untereinander statt nebeneinander schreiben. Zwei Vektoren[1] (mit gleich vielen Koordinaten!) können addiert werden, zum Beispiel im $\mathbb{R}^3$

$$\vec{v} = \begin{pmatrix} x \\ y \\ z \end{pmatrix}, \quad \vec{w} = \begin{pmatrix} x' \\ y' \\ z' \end{pmatrix}, \quad \vec{v} + \vec{w} = \begin{pmatrix} x + x' \\ y + y' \\ z + z' \end{pmatrix}.$$

Ebenso kann man Vektoren mit reellen Zahlen multiplizieren:

$$\lambda \vec{v} = \begin{pmatrix} \lambda x \\ \lambda y \\ \lambda z \end{pmatrix}$$

Dann gelten die von der herkömmlichen Addition und Multiplikation vertrauten Regeln

$$(\vec{u} + \vec{v}) + \vec{w} = \vec{u} + (\vec{v} + \vec{w})$$

$$\vec{v} + \vec{w} = \vec{w} + \vec{v}$$

$$\lambda(\vec{v} + \vec{w}) = \lambda \vec{v} + \lambda \vec{w}$$

$$(\lambda + \mu)\vec{v} = \lambda \vec{v} + \mu \vec{v}$$

$$(\lambda \mu)\vec{v} = \lambda(\mu \vec{v})$$

Achtung: Das Produkt zweier Vektoren ist nicht erklärt.

Diese Ideen lassen sich sofort auf den Fall des $\mathbb{R}^n$ ausdehnen (allerdings versagt ab $n = 4$ die geometrische Anschauung; jedenfalls bei den meisten Menschen). Ein Vektor $\vec{x} \in \mathbb{R}^n$ ist durch n Koordinaten bestimmt, die man untereinander schreibt:

$$\vec{x} = \begin{pmatrix} x_1 \\ \vdots \\ x_n \end{pmatrix}.$$

---

[1] In diesem einführenden Kapitel werden Vektoren zur Unterscheidung von Zahlen mit einem Pfeil gekennzeichnet.

(Insbesondere haben wir somit die Menge $\mathbb{R}^n$ definiert.)

Wir halten weiter als formale Definition fest:

Definition 1.2.1 Für

$$\vec{x} = \begin{pmatrix} x_1 \\ \vdots \\ x_n \end{pmatrix} \in \mathbb{R}^n, \quad \vec{y} = \begin{pmatrix} y_1 \\ \vdots \\ y_n \end{pmatrix} \in \mathbb{R}^n, \quad \lambda \in \mathbb{R}$$

sind $\vec{x} + \vec{y}$ und $\lambda \vec{x}$ (bzw. $\lambda \cdot \vec{x}$) durch

$$\vec{x} + \vec{y} = \begin{pmatrix} x_1 + y_1 \\ \vdots \\ x_n + y_n \end{pmatrix}, \quad \lambda \vec{x} = \lambda \cdot \vec{x} = \begin{pmatrix} \lambda x_1 \\ \vdots \\ \lambda x_n \end{pmatrix}$$

definiert. Wir setzen noch

$$\vec{0} = \begin{pmatrix} 0 \\ \vdots \\ 0 \end{pmatrix}, \quad -\vec{x} = \begin{pmatrix} -x_1 \\ \vdots \\ -x_n \end{pmatrix} \quad \text{sowie} \quad \vec{x} - \vec{y} = \vec{x} + (-\vec{y}).$$

Dann hat man folgende Aussagen:

Satz 1.2.2 *Für alle $\vec{x}, \vec{y}, \vec{z} \in \mathbb{R}^n$ und $\lambda, \mu \in \mathbb{R}$ gilt:*

(a) $(\vec{x} + \vec{y}) + \vec{z} = \vec{x} + (\vec{y} + \vec{z})$
(b) $\vec{x} + \vec{0} = \vec{x}$
(c) $\vec{x} + (-\vec{x}) = \vec{0}$
(d) $\vec{x} + \vec{y} = \vec{y} + \vec{x}$
(e) $\lambda(\vec{x} + \vec{y}) = \lambda \vec{x} + \lambda \vec{y}$
(f) $(\lambda + \mu)\vec{x} = \lambda \vec{x} + \mu \vec{x}$
(g) $(\lambda \mu)\vec{x} = \lambda(\mu \vec{x})$
(h) $1 \cdot \vec{x} = \vec{x}$

Diese Aussagen begründet man, indem man sie komponentenweise überprüft; das soll für den Teil (a) im Detail ausgeführt werden. Für

$$\vec{x} = \begin{pmatrix} x_1 \\ \vdots \\ x_n \end{pmatrix}, \quad \vec{y} = \begin{pmatrix} y_1 \\ \vdots \\ y_n \end{pmatrix}, \quad \vec{z} = \begin{pmatrix} z_1 \\ \vdots \\ z_n \end{pmatrix}$$

ist

$$(\vec{x} + \vec{y}) + \vec{z} = \begin{pmatrix} x_1 + y_1 \\ \vdots \\ x_n + y_n \end{pmatrix} + \begin{pmatrix} z_1 \\ \vdots \\ z_n \end{pmatrix} = \begin{pmatrix} (x_1 + y_1) + z_1 \\ \vdots \\ (x_n + y_n) + z_n \end{pmatrix}$$

$$= \begin{pmatrix} x_1 + (y_1 + z_1) \\ \vdots \\ x_n + (y_n + z_n) \end{pmatrix} = \begin{pmatrix} x_1 \\ \vdots \\ x_n \end{pmatrix} + \begin{pmatrix} y_1 + z_1 \\ \vdots \\ y_n + z_n \end{pmatrix} = \vec{x} + (\vec{y} + \vec{z});$$

man sieht, dass das Assoziativgesetz für die Addition von Zahlen unmittelbar zum Assoziativgesetz für Vektoren führt.

Satz 1.2.2 werden wir zum Ausgangspunkt des abstrakten Vektorraumbegriffs in Definition 2.1.1 und 5.1.5 nehmen.

Betrachten wir nun noch einmal das Gleichungssystem aus Beispiel 1.1.1(a). Die rechten Seiten wollen wir als Koordinaten eines Vektors $\vec{b}$ auffassen, also

$$\vec{b} = \begin{pmatrix} 8 \\ 12 \\ -5 \end{pmatrix}.$$

Auch die linken Seiten lassen sich so auffassen, es entsteht dann

$$\begin{pmatrix} 2x + 3y - 2z \\ 4x + 5y - 2z \\ y - 3z \end{pmatrix};$$

dieser Vektor lässt sich auch als

$$x \begin{pmatrix} 2 \\ 4 \\ 0 \end{pmatrix} + y \begin{pmatrix} 3 \\ 5 \\ 1 \end{pmatrix} + z \begin{pmatrix} -2 \\ -2 \\ -3 \end{pmatrix} \tag{1.2.1}$$

schreiben. Indem wir die drei (Spalten-)Vektoren in (1.2.1) nebeneinander schreiben, erhalten wir das folgende Schema aus 3 Zeilen und 3 Spalten, das die Koeffizienten auf der linken Seite des Gleichungssystems wiedergibt:

$$\begin{pmatrix} 2 & 3 & -2 \\ 4 & 5 & -2 \\ 0 & 1 & -3 \end{pmatrix}. \tag{1.2.2}$$

Ein solches Schema nennt man eine *Matrix*, genauer ist (1.2.2) eine quadratische 3×3-Matrix. Führt man dieselben Überlegungen mit dem Gleichungssystem aus Beispiel 1.1.2 durch, erhält man auf der rechten Seite den Vektor

$$\vec{b} = \begin{pmatrix} 1 \\ 2 \\ 7 \\ 13 \end{pmatrix} \in \mathbb{R}^4$$

und auf der linken

$$x_1 \begin{pmatrix} 1 \\ 2 \\ -3 \\ -1 \end{pmatrix} + x_2 \begin{pmatrix} 1 \\ -1 \\ 0 \\ -7 \end{pmatrix} + x_3 \begin{pmatrix} 1 \\ 3 \\ -2 \\ 3 \end{pmatrix} + x_4 \begin{pmatrix} 1 \\ 5 \\ -7 \\ 4 \end{pmatrix} + x_5 \begin{pmatrix} 1 \\ 1 \\ 0 \\ 0 \end{pmatrix},$$

was zur Matrix

$$\begin{pmatrix} 1 & 1 & 1 & 1 & 1 \\ 2 & -1 & 3 & 5 & 1 \\ -3 & 0 & -2 & -7 & 0 \\ -1 & -7 & 3 & 4 & 0 \end{pmatrix}$$

aus 4 Zeilen und 5 Spalten führt. Es fehlt noch ein Schritt, nämlich die Unbekannten ebenfalls in einen (Spalten-)Vektor zu schreiben:

$$\begin{pmatrix} x \\ y \\ z \end{pmatrix} \qquad \text{bzw.} \qquad \begin{pmatrix} x_1 \\ x_2 \\ x_3 \\ x_4 \\ x_5 \end{pmatrix}.$$

Betrachten wir nun noch einmal (1.2.1). Unser Gleichungssystem aus Beispiel 1.1.1(a) erweist sich als zu der Vektorgleichung

$$x \begin{pmatrix} 2 \\ 4 \\ 0 \end{pmatrix} + y \begin{pmatrix} 3 \\ 5 \\ 1 \end{pmatrix} + z \begin{pmatrix} -2 \\ -2 \\ -3 \end{pmatrix} = \begin{pmatrix} 8 \\ 12 \\ -5 \end{pmatrix}$$

äquivalent. Die linke Seite wollen wir nun als Wirkung der Matrix A aus (1.2.2) auf den Vektor

$$\vec{x} = \begin{pmatrix} x \\ y \\ z \end{pmatrix}$$

interpretieren,[2] wofür man kurz $A\vec{x}$ schreibt. Kürzt man wie oben die rechte Seite als $\vec{b}$ ab, so lautet das Gleichungssystem kompakt

$$A\vec{x} = \vec{b}.$$

Genauso lässt sich Beispiel 1.1.2 behandeln. Statt dies explizit auszuführen, kommen wir gleich zum allgemeinen Fall (den Sie sich mit Hilfe von Beispiel 1.1.2 illustrieren sollten). Gegeben sei ein lineares Gleichungssystem aus m Gleichungen mit n Unbekannten:

$$
\begin{aligned}
a_{11}x_1 + a_{12}x_2 + \cdots + a_{1n}x_n &= b_1 \\
a_{21}x_1 + a_{22}x_2 + \cdots + a_{2n}x_n &= b_2 \\
&\vdots \\
a_{m1}x_1 + a_{m2}x_2 + \cdots + a_{mn}x_n &= b_m
\end{aligned}
$$

Die rechte Seite kann zu einem Vektor $\vec{b} \in \mathbb{R}^m$ und die Unbekannten können zu einem Vektor $\vec{x} \in \mathbb{R}^n$ zusammengefasst werden:

$$\vec{b} = \begin{pmatrix} b_1 \\ \vdots \\ b_m \end{pmatrix}, \quad \vec{x} = \begin{pmatrix} x_1 \\ \vdots \\ x_n \end{pmatrix}.$$

Die Koeffizienten führen zu einer Matrix aus m Zeilen und n Spalten (einer $m \times n$-Matrix[3]):

$$A = \begin{pmatrix} a_{11} & \ldots & a_{1n} \\ a_{21} & \ldots & a_{2n} \\ \vdots & & \vdots \\ a_{m1} & \ldots & a_{mn} \end{pmatrix}. \tag{1.2.3}$$

Um zu erklären, wie die $m \times n$-Matrix A auf den Vektor $\vec{x} \in \mathbb{R}^n$ wirkt, betrachten wir die n Spalten

---

[2] Unterscheide den Vektor $\vec{x}$ von der Zahl x.

[3] Merke: Zeile zuerst, Spalte später.

$$\vec{s}_1 = \begin{pmatrix} a_{11} \\ \vdots \\ a_{m1} \end{pmatrix}, \quad \vec{s}_2 = \begin{pmatrix} a_{12} \\ \vdots \\ a_{m2} \end{pmatrix}, \dots, \quad \vec{s}_n = \begin{pmatrix} a_{1n} \\ \vdots \\ a_{mn} \end{pmatrix} \in \mathbb{R}^m,$$

aus denen A besteht, und setzen (siehe Definition 1.2.3 unten)

$$A\vec{x} = x_1\vec{s}_1 + \dots + x_n\vec{s}_n.$$

Unser Gleichungssystem lautet dann schlicht

$$A\vec{x} = \vec{b}.$$

Statt des großen Rechtecks aus (1.2.3) schreibt man kürzer

$$A = (a_{ij})_{i=1,\dots,m;\ j=1,\dots,n}$$

oder

$$A = (a_{ij}),$$

wenn der Laufbereich der Indizes klar ist. Explizit ist a_{ij} der Eintrag in Zeile Nummer i und Spalte Nummer j (wieder Zeile zuerst, Spalte später); zum Beispiel ist in (1.2.2)

$$a_{13} = -2, \qquad a_{31} = 0.$$

Wir erklären jetzt offiziell (wie bereits angekündigt), wie eine Matrix auf einen Vektor wirkt.

Definition 1.2.3 Sei $A = (a_{ij})$ eine $m \times n$-Matrix mit den Spalten $\vec{s}_1, \dots, \vec{s}_n$, und sei $\vec{x} \in \mathbb{R}^n$. Dann ist $A\vec{x}$ der Vektor

$$A\vec{x} = x_1\vec{s}_1 + \dots + x_n\vec{s}_n = \begin{pmatrix} \sum_{j=1}^n a_{1j}\, x_j \\ \vdots \\ \sum_{j=1}^n a_{mj}\, x_j \end{pmatrix} \in \mathbb{R}^m. \tag{1.2.4}$$

Wieder können wir einige elementare Eigenschaften festhalten.

Satz 1.2.4 *Sei A eine $m \times n$-Matrix. Für alle $\vec{x}, \vec{y} \in \mathbb{R}^n$ und $\lambda \in \mathbb{R}$ gilt dann*

$$A(\vec{x} + \vec{y}) = A\vec{x} + A\vec{y}, \quad A(\lambda\vec{x}) = \lambda \cdot A\vec{x}.$$

Beweis Wir führen nur die erste Gleichheit aus und lassen die zweite zur Übung. Es sei $A = (a_{ij})$, und $\vec{x}$ bzw. $\vec{y}$ habe die Koordinaten $x_1, \ldots, x_n$ bzw. $y_1, \ldots, y_n$. Dann ist

$$A(\vec{x} + \vec{y}) = \begin{pmatrix} \sum_{j=1}^{n} a_{1j}(x_j + y_j) \\ \vdots \\ \sum_{j=1}^{n} a_{mj}(x_j + y_j) \end{pmatrix}$$

$$= \begin{pmatrix} \sum_{j=1}^{n} a_{1j} x_j + \sum_{j=1}^{n} a_{1j} y_j \\ \vdots \\ \sum_{j=1}^{n} a_{mj} x_j + \sum_{j=1}^{n} a_{mj} y_j \end{pmatrix}$$

$$= \begin{pmatrix} \sum_{j=1}^{n} a_{1j} x_j \\ \vdots \\ \sum_{j=1}^{n} a_{mj} x_j \end{pmatrix} + \begin{pmatrix} \sum_{j=1}^{n} a_{1j} y_j \\ \vdots \\ \sum_{j=1}^{n} a_{mj} y_j \end{pmatrix} = A\vec{x} + A\vec{y}.$$

Man sieht, dass das Distributivgesetz für Zahlen zum Distributivgesetz für die Matrix-Vektor-Multiplikation führt. $\qquad\square$

Als nächstes behandeln wir die Multiplikation von Matrizen. Es seien $A = (a_{ij})$ eine $l \times m$-Matrix, $B = (b_{jk})$ eine $m \times n$-Matrix sowie $\vec{x} \in \mathbb{R}^n$. Setze $\vec{y} = B\vec{x} \in \mathbb{R}^m$. Wir versuchen, $\vec{z} = A\vec{y} \in \mathbb{R}^l$ durch $\vec{x}$ auszudrücken: Es ist

$$\vec{x} = \begin{pmatrix} x_1 \\ \vdots \\ x_n \end{pmatrix}, \quad \vec{y} = B\vec{x} = \begin{pmatrix} \sum_{k=1}^{n} b_{1k} x_k \\ \vdots \\ \sum_{k=1}^{n} b_{mk} x_k \end{pmatrix} =: \begin{pmatrix} y_1 \\ \vdots \\ y_m \end{pmatrix}$$

sowie

$$\vec{z} = A\vec{y} = \begin{pmatrix} \sum_{j=1}^{m} a_{1j} y_j \\ \vdots \\ \sum_{j=1}^{m} a_{lj} y_j \end{pmatrix}.$$

In der i-ten Komponente von $\vec{z}$ steht

$$z_i = \sum_{j=1}^{m} a_{ij} y_j = \sum_{j=1}^{m} a_{ij} \sum_{k=1}^{n} b_{jk} x_k = \sum_{k=1}^{n} \Big(\sum_{j=1}^{m} a_{ij} b_{jk} \Big) x_k.$$

Bezeichnet man für $i = 1, \ldots, l$ und $k = 1, \ldots, n$

$$c_{ik} = \sum_{j=1}^{m} a_{ij} b_{jk},$$

so haben wir folgenden Satz gezeigt.

Satz 1.2.5 *Sei $A = (a_{ij})$ eine $l \times m$-Matrix sowie $B = (b_{jk})$ eine $m \times n$-Matrix. Definiere eine $l \times n$-Matrix C mit den Einträgen*

$$c_{ik} = \sum_{j=1}^{m} a_{ij} b_{jk}.$$

Dann gilt für alle $\vec{x} \in \mathbb{R}^n$

$$C\vec{x} = A(B\vec{x}).$$

Definition 1.2.6 In den Bezeichnungen von Satz 1.2.5 heißt C das *Produkt* von A und B.

Beachten Sie: Das Produkt AB ist nur erklärt, wenn gilt:

Anzahl der Zeilen von B = Anzahl der Spalten von A

Ein Beispiel:

$$A = \begin{pmatrix} 2 & 4 \\ 6 & 0 \\ 2 & 4 \\ 8 & 0 \end{pmatrix}, \qquad B = \begin{pmatrix} 1 & 2 & 3 \\ 4 & 5 & 6 \end{pmatrix}, \qquad C = AB = \begin{pmatrix} 18 & 24 & 30 \\ 6 & 12 & 18 \\ 18 & 24 & 30 \\ 8 & 16 & 24 \end{pmatrix}$$

(z. B.: $c_{12} = a_{11}b_{12} + a_{12}b_{22} = 2 \cdot 2 + 4 \cdot 5 = 24$).

Da man einen Vektor $\vec{x} \in \mathbb{R}^n$ auch als $n \times 1$-Matrix auffassen kann, stellt sich das Matrix-Vektor-Produkt als Spezialfall von Definition 1.2.6 heraus.

Hier ist noch eine andere Sichtweise auf das Matrixprodukt. Wenn B die Spalten $\vec{s}_1, \ldots, \vec{s}_n$ hat, hat AB die Spalten $A\vec{s}_1, \ldots, A\vec{s}_n$ (warum nämlich?).

Die Matrixmultiplikation teilt einige Eigenschaften mit der Multiplikation von Zahlen; z. B. ist (nachrechnen!) – die passenden Abmessungen der Matrizen vorausgesetzt –

$$A(BC) = (AB)C;$$

d. h. die Matrixmultiplikation ist assoziativ.

Hingegen ist AB im Allgemeinen nicht dasselbe wie BA. Zum einen braucht BA gar nicht definiert zu sein, wenn AB es ist; aber selbst für quadratische Matrizen (wo AB und

BA beide definiert sind) findet man leicht Beispiele für $AB \neq BA$, etwa ($n = 2$):

$$A = \begin{pmatrix} 1 & 0 \\ 1 & 1 \end{pmatrix}, \qquad B = \begin{pmatrix} 0 & 1 \\ 1 & 0 \end{pmatrix}, \qquad AB = \begin{pmatrix} 0 & 1 \\ 1 & 1 \end{pmatrix}, \qquad BA = \begin{pmatrix} 1 & 1 \\ 1 & 0 \end{pmatrix}.$$

Die Matrixmultiplikation ist daher *nicht kommutativ*.

1.3   Der Gaußsche Algorithmus

In den Beispielen in Abschn. 1.1 haben wir die Gleichungssysteme durch gewisse Zeilenumformungen gelöst. Das wollen wir jetzt systematisieren; wir arbeiten dabei auf der Ebene der Matrizen und nicht der Gleichungen.

Bei einem gegebenen Gleichungssystem $A\vec{x} = \vec{b}$ nennt man die um die Spalte $\vec{b}$ erweiterte $m \times (n + 1)$-Matrix die *erweiterte Koeffizientenmatrix*; man schreibt $(A \mid \vec{b})$ (der senkrechte Strich ist eine Hilfslinie, die sich als praktisch erweist).

Es gibt die folgenden drei Typen von *elementaren Zeilenumformungen*, die wir vornehmen:

(I) Vertausche zwei Zeilen (kurz: $Z_i \leftrightarrow Z_j$).
(II) Addiere koordinatenweise das λ-fache einer Zeile zu einer anderen Zeile (kurz: $Z_i \rightsquigarrow Z_i + \lambda Z_j$).
(III) Nimm koordinatenweise eine Zeile mit einer Zahl $\lambda \neq 0$ mal (kurz: $Z_i \rightsquigarrow \lambda Z_i$).

Nehmen wir an, die erweiterte Koeffizientenmatrix des Gleichungssystems $A\vec{x} = \vec{b}$ wäre durch endlich viele elementare Zeilenumformungen in die erweiterte Koeffizientenmatrix des Gleichungssystems $A'\vec{x} = \vec{b}'$ überführt worden. Dann gilt:

Satz 1.3.1 *Die linearen Gleichungssysteme* $A\vec{x} = \vec{b}$ *und* $A'\vec{x} = \vec{b}'$ *haben dieselbe Lösungsmenge.*

Beweis Man braucht nur zu überlegen, dass das stimmt, wenn eine einzige Zeilenumformung vorgenommen wird; und das ist offensichtlich für Typ I und Typ III. Bei Typ II sind nur zwei Zeilen im Spiel; ohne Einschränkung seien das die ersten beiden. Schreiben wir die Zeilen als $1 \times n$-Matrizen, so ist für $\vec{x} \in \mathbb{R}^n$ zu zeigen:

$$Z_1\vec{x} = b_1,\ Z_2\vec{x} = b_2 \quad \Longleftrightarrow \quad Z_1\vec{x} + \lambda Z_2\vec{x} = b_1 + \lambda b_2,\ Z_2\vec{x} = b_2,$$

und das ist klar. $\qquad\qquad\square$

Die Strategie zur Lösung von $A\vec{x} = \vec{b}$ wird also sein, die Matrix $(A \mid \vec{b})$ in eine besonders einfache Form zu überführen, so dass die Lösungsmenge unmittelbar abzulesen ist. Diese Form ist die *Zeilenstufenform*, deren Konstruktion wir für eine $m \times n$-Matrix A algorithmisch beschreiben.

* Betrachte a_{11}. Nach einer Typ-I-Umformung dürfen wir $a_{11} \neq 0$ annehmen. [Sollten alle $a_{i1} = 0$ sein, würde x_1 in unserem Gleichungssystem gar nicht explizit auftauchen.] Anschließend führen wir für $i = 2, \ldots, m$ die Typ-II-Umformung $Z_i \rightsquigarrow Z_i - \frac{a_{i1}}{a_{11}} Z_1$ durch. Es ist jetzt eine neue Matrix $A^{(1)}$ entstanden, in der $a_{11}^{(1)} \neq 0$ und $a_{i1}^{(1)} = 0$ für $i = 2, \ldots, m$ ist.

* Betrachte $a_{22}^{(1)}$. Es sind zwei Fälle denkbar: Es ist $a_{i2}^{(1)} \neq 0$ für ein $i \in \{2, \ldots, m\}$, oder es ist $a_{i2}^{(1)} = 0$ für alle $i \in \{2, \ldots, m\}$.

  Im ersten Fall dürfen wir nach einer Typ-I-Umformung $a_{22}^{(1)} \neq 0$ annehmen. Anschließend führen wir für $i = 3, \ldots, m$ die Typ-II-Umformung $Z_i \rightsquigarrow Z_i - \frac{a_{i2}^{(1)}}{a_{22}^{(1)}} Z_2$ durch. Es ist jetzt eine neue Matrix $A^{(2)}$ entstanden, in der $a_{22}^{(2)} \neq 0$ und $a_{i2}^{(2)} = 0$ für $i = 3, \ldots, m$ ist.

  Im zweiten Fall betrachte $a_{23}^{(1)}$ und wiederhole den letzten Schritt.

* Wiederhole den letzten Schritt für die nächste Spalte.

Auf diese Weise entsteht nach endlich vielen Schritten eine Matrix A' mit folgender Eigenschaft: Es gibt $1 \leq j_1 < j_2 < \cdots < j_r \leq n$ mit

$$a'_{ij_i} \neq 0 \quad \text{für } i \leq r,$$
$$a'_{ij} = 0 \quad \text{für } j < j_i, \ i = 1, \ldots, r,$$
$$a'_{ij} = 0 \quad \text{für } i > r.$$

Die Elemente a'_{ij_i} heißen die *Pivots* und die Spalten mit den Nummern $j_1, \ldots, j_r$ die *Pivotspalten*.

Man beachte, dass zur Konstruktion keine Typ-III-Umformungen verwandt wurden!

Wir führen das Verfahren am Beispiel der erweiterten Koeffizientenmatrix aus Beispiel 1.1.1 vor:

$$\left(A \ \middle| \ \vec{b} \right) = \begin{pmatrix} 2 & 3 & -2 & 8 \\ 4 & 5 & -2 & 12 \\ 0 & 1 & -3 & -5 \end{pmatrix}$$

Dann erhalten wir nacheinander (vergleiche Seite 1)

$$\begin{pmatrix} 2 & 3 & -2 & 8 \\ 0 & -1 & 2 & -4 \\ 0 & 1 & -3 & -5 \end{pmatrix}$$

$$\begin{pmatrix} 2 & 3 & -2 & \bigm| & 8 \\ 0 & -1 & 2 & \bigm| & -4 \\ 0 & 0 & -1 & \bigm| & -9 \end{pmatrix}$$

Ignoriert man die führenden Nullen, so sieht man förmlich die Zeilenstufenform:

$$\begin{pmatrix} 2 & 3 & -2 & \bigm| & 8 \\ & -1 & 2 & \bigm| & -4 \\ & & -1 & \bigm| & -9 \end{pmatrix}$$

Durch Rückwärtssubstitution lässt sich jetzt das neuen Gleichungssystem bequem lösen, und wegen Satz 1.3.1 hat man auch das Originalsystem gelöst; wir erhalten die schon bekannte eindeutige Lösung. Man beachte, dass sich bei einer anderen rechten Seite $\vec{b}$ nur die Werte rechts von der Hilfslinie ändern würden.

Im Beispiel 1.1.2 haben wir folgende Zeilenstufenform:

$$\begin{pmatrix} 1 & 1 & 1 & 1 & 1 & \bigm| & 1 \\ & -3 & 1 & 3 & -1 & \bigm| & 0 \\ & & 2 & -1 & 2 & \bigm| & 10 \\ & & & & 1 & \bigm| & 4 \end{pmatrix} \tag{1.3.1}$$

Da die vorletzte Stufe vor der Hilfslinie nicht die „Länge" 1 hat, kann man x_4 frei wählen und erhält unendlich viele Lösungen des Gleichungssystems.

Die Methode, ein lineares Gleichungssystem durch Rückwärtssubstitution aus der Zeilenstufenform der erweiterten Koeffizientenmatrix zu lösen, nennt man *Gaußsches Eliminationsverfahren* oder den *Gaußschen Algorithmus*.

Die Lösbarkeit lässt sich qualitativ so beschreiben.

Satz 1.3.2 *Betrachte die Zeilenstufenform der erweiterten Koeffizientenmatrix des Gleichungssystems* $A\vec{x} = \vec{b}$ *mit den Pivot-Indizes* $1 \leq j_1 < j_2 < \cdots < j_r \leq n + 1$.

(a) *Wenn* $j_r = n + 1$ *ist, ist das Gleichungssystem nicht lösbar.*
(b) *Wenn* $j_r \leq n$ *und* $r = n$ *ist (so dass all* $j_i = i$ *sind), ist das Gleichungssystem eindeutig lösbar.*
(c) *Wenn* $j_r \leq n$ *und* $r < n$ *ist, besitzt das Gleichungssystem unendlich viele Lösungen.*

Genauer gilt im Fall (c): Ist $j_{i+1} - j_i > 1$, *so können die Variablen* $x_{j_i+1}, \ldots, x_{j_{i+1}-1}$ *frei gewählt werden; Analoges gilt im Fall* $n - j_r > 1$.

Zur Begründung muss man nur die Zeilenstufenform genau ansehen und Satz 1.3.1 heranziehen.

Man nennt ein Gleichungssystem der Form

$$A\vec{x} = \vec{0} \tag{1.3.2}$$

homogen und eins der Form

$$A\vec{x} = \vec{b} \tag{1.3.3}$$

inhomogen. Ein homogenes Gleichungssystem hat stets eine Lösung, nämlich $\vec{x} = \vec{0}$, eventuell aber noch weitere. Zwischen den Lösungen eines homogenen und eines inhomogenen Systems (mit derselben Matrix A) besteht folgender Zusammenhang (nachrechnen!):

Satz 1.3.3

(a) *Sind $\vec{x}$ und $\vec{w}$ Lösungen von (1.3.2), so auch $\lambda\vec{x} + \mu\vec{w}$ für λ, $\mu \in \mathbb{R}$.*
(b) *Ist $\vec{x}$ eine Lösung von (1.3.2) und $\vec{y}$ eine Lösung von (1.3.3), so ist $\vec{x} + \vec{y}$ eine Lösung von (1.3.3).*
(c) *Sind $\vec{y}_1$ und $\vec{y}_2$ Lösungen von (1.3.3), dann ist $\vec{y}_1 - \vec{y}_2$ eine Lösung von (1.3.2).*

Wir erhalten folgendes wichtige Korollar aus Satz 1.3.2.

Korollar 1.3.4 *Sei A eine quadratische Matrix. Wenn das zugehörige homogene Gleichungssystem nur die triviale Lösung besitzt, ist jedes inhomogene Gleichungssystem $A\vec{x} = \vec{b}$ eindeutig lösbar.*

Beweis Das folgt daraus, dass die Bedingung von Teil (b) in Satz 1.3.2 unabhängig von der Wahl der rechten Seite $\vec{b}$ eintritt, und nach Voraussetzung des Korollars tritt sie für $\vec{b} = \vec{0}$ ein.   □

Hier ein weiteres Korollar.

Korollar 1.3.5 *Jedes homogene Gleichungssystem $A\vec{x} = \vec{0}$ mit m Gleichungen und $n >$ m Unbekannten hat unendlich viele Lösungen.*

Beweis Hier ist A also eine $m \times n$-Matrix. In der Notation von Satz 1.3.2 ist jetzt $j_r \leq n$ und $r \leq m$, also $r < n$, so dass Teil (c) dieses Satzes die Behauptung liefert.   □

Man kann bei der Bildung der Zeilenstufenform einer Matrix noch einen Schritt weitergehen und alle Einträge oberhalb eines Pivots zu 0 machen (Typ-II-Umformungen) und den Pivot selbst zu 1 (Typ-III-Umformungen). Das liefert die *reduzierte Zeilenstufenform*, und man nennt den Gaußschen Algorithmus dann das *Gauß-Jordan-Verfahren*. Im Fall der eindeutigen Lösbarkeit mit einer quadratischen Matrix A wird diese zur *Einheitsmatrix*

$$E_n = \begin{pmatrix} 1 & & 0 \\ & \ddots & \\ 0 & & 1 \end{pmatrix} \tag{1.3.4}$$

transformiert, in der auf der Hauptdiagonalen nur Einsen und außerhalb nur Nullen stehen. (Die Hauptdiagonale einer quadratischen Matrix (a_{ij}) enthält alle Einträge a_{ii}.)

1.4 Exkurs über Abbildungen

Seien X und Y Mengen. Eine *Abbildung* $f\colon X \to Y$ bildet jedes Element x des Definitionsbereichs X auf ein gewisses (von x abhängiges) Element y des Wertevorrats Y ab. (Genaueres dazu am Ende des Abschnitts.) Ist Y eine Menge von Zahlen, spricht man auch gern von einer *Funktion*. Eine Abbildung f ist durch den Definitionsbereich X, den Wertevorrat Y und die Abbildungsvorschrift $x \mapsto f(x)$ festgelegt. Daher sind

$$f_1\colon \mathbb{R} \to \mathbb{R}, \quad f_1(x) = x^2$$
$$f_2\colon [0, \infty) \to \mathbb{R}, \quad f_2(x) = x^2$$
$$f_3\colon \mathbb{R} \to [0, \infty), \quad f_3(x) = x^2$$
$$f_4\colon [0, \infty) \to [0, \infty), \quad f_4(x) = x^2$$

vier verschiedene Abbildungen!

Unterscheiden Sie stets $f(x)$, den Wert von f an der Stelle x, von der Abbildung f!
Sie müssen drei wichtige Vokabeln lernen:

- $f\colon X \to Y$ heißt *injektiv*, wenn

$$x_1, x_2 \in X, \ f(x_1) = f(x_2) \quad \Rightarrow \quad x_1 = x_2$$

  gilt.
- $f\colon X \to Y$ heißt *surjektiv*, wenn jedes $y \in Y$ von der Form $f(x)$ für ein geeignetes $x \in X$ ist. Das können wir auch in Quantorenschreibweise[4] ausdrücken:

$$\forall y \in Y \ \exists x \in X \quad y = f(x).$$

- $f\colon X \to Y$ heißt *bijektiv*, wenn f sowohl injektiv als auch surjektiv ist.

---

[4] $\forall$ (umgedrehtes A) steht für „für alle", $\exists$ (umgedrehtes E) steht für „es existiert". Manche Autoren benutzen bei Bedarf auch $\exists!$, das für „es existiert genau ein" steht.

In den obigen Beispielen ist f_2 injektiv, aber nicht surjektiv, f_3 ist surjektiv, aber nicht injektiv, f_4 ist bijektiv, und f_1 ist weder injektiv noch surjektiv.

Diese Begriffe können mit Hilfe von Gleichungen ausgedrückt werden: „f ist injektiv" bedeutet, dass die Gleichung $f(x) = y$ für jedes $y \in Y$ höchstens eine Lösung in X besitzt; „f ist surjektiv" bedeutet, dass die Gleichung $f(x) = y$ für jedes $y \in Y$ mindestens eine Lösung in X besitzt; „f ist bijektiv" bedeutet, dass die Gleichung $f(x) = y$ für jedes $y \in Y$ genau eine Lösung in X besitzt.

Wichtige Operationen sind Bild und Urbild einer Abbildung $f\colon X \to Y$. Für $A \subset X$ ist[5]

$$f(A) = \{y \in Y\colon \exists x \in A \ f(x) = y\} = \{f(x)\colon x \in A\} \subset Y$$

das *Bild* von A unter f, und für $B \subset Y$ ist

$$f^{-1}(B) = \{x \in X\colon f(x) \in B\} \subset X$$

das *Urbild* von B unter f. (Je nach Kontext muss man verstehen, ob mit $f(\ )$ eine Teilmenge oder ein Element von Y gemeint ist.) Dass f injektiv ist, kann man auch so ausdrücken:

$$\forall x \in X\colon \ f^{-1}(\{f(x)\}) = \{x\},$$

und dass f surjektiv ist, so:

$$f(X) = Y.$$

Es gelten folgende Aussagen für $A_1, A_2 \subset X$, $B_1, B_2 \subset Y$:

$$f(A_1 \cup A_2) = f(A_1) \cup f(A_2)$$

$$f(A_1 \cap A_2) \subset f(A_1) \cap f(A_2)$$

$$f^{-1}(B_1 \cup B_2) = f^{-1}(B_1) \cup f^{-1}(B_2)$$

$$f^{-1}(B_1 \cap B_2) = f^{-1}(B_1) \cap f^{-1}(B_2)$$

Wir wollen die zweite Aussage begründen und lassen die übrigen zur Übung; zur Erinnerung: Gleichheit zweier Mengen $M_1 = M_2$ bedeutet, dass sowohl $M_1 \subset M_2$ als auch $M_2 \subset M_1$ gilt. Sei also $y \in f(A_1 \cap A_2)$. Dann existiert ein $x \in A_1 \cap A_2$ mit $f(x) = y$. Da $x \in A_1$ ist, folgt insbesondere $y \in f(A_1)$, und da $x \in A_2$ ist, folgt $y \in f(A_2)$. Daher ist $y \in f(A_1) \cap f(A_2)$, und die Inklusion ist gezeigt. Es gilt hier im Allgemeinen keine Gleichheit; Beispiel: $f\colon \mathbb{R} \to \mathbb{R}$, $f(x) = x^2$, $A_1 = [-1, 0]$, $A_2 = [0, 1]$.

---

[5] In diesem Text schließt das Symbol $\subset$ die Gleichheit ein; also ist $X \subset X$ korrekt.

Seien $f\colon X \to Y$ und $g\colon Y \to Z$ zwei Abbildungen. Die *Komposition* von g und f ist durch

$$g \circ f\colon X \to Z, \quad (g \circ f)(x) = g(f(x))$$

erklärt; lies „g nach f" oder „g Kringel f". Die identische Abbildung auf X (bzw. Y) werde mit id_X (bzw. id_Y) bezeichnet. Falls

$$g \circ f = \mathrm{id}_X,$$

ist f injektiv und g surjektiv. (Beweis: Aus $f(x_1) = f(x_2)$ folgt $x_1 = g(f(x_1)) = g(f(x_2)) = x_2$, und f ist injektiv; ist $x \in X$ gegeben, so ist $x = g(f(x))$, und g ist surjektiv.) Allerdings brauchen f und g nicht bijektiv zu sein, und $f \circ g$ braucht nicht id_Y zu sein; z. B.

$$X = Y = \mathbb{N}, \ f(n) = n+1, \ g(n) = \begin{cases} n-1 & \text{für } n \geq 2, \\ 1 & \text{für } n = 1. \end{cases}$$

Für eine bijektive Abbildung $f\colon X \to Y$ kann man die *inverse Abbildung* f^{-1} durch

$$f^{-1}\colon Y \to X, \quad f^{-1}(y) = x \Leftrightarrow f(x) = y$$

definieren; es gelten dann

$$f^{-1} \circ f = \mathrm{id}_X, \quad f \circ f^{-1} = \mathrm{id}_Y.$$

Bijektive Abbildungen heißen deshalb auch *invertierbar*. (Achtung: Der Exponent -1 hat hier eine andere Bedeutung als beim Urbild.)

Wir können noch einen Schritt weiter gehen:

Lemma 1.4.1

(a) *Wenn $f\colon X \to Y$ bijektiv ist und wenn $g\colon Y \to X$ eine Abbildung mit $g \circ f = \mathrm{id}_X$ ist, ist notwendig $g = f^{-1}$ und deshalb auch $f \circ g = \mathrm{id}_Y$.*

(b) *Wenn $f\colon X \to Y$ bijektiv ist und wenn $g\colon Y \to X$ eine Abbildung mit $f \circ g = \mathrm{id}_Y$ ist, ist notwendig $g = f^{-1}$ und deshalb auch $g \circ f = \mathrm{id}_X$.*

Beweis (a) Für $y \in Y$ gilt

$$f^{-1}(y) = (g \circ f)(f^{-1}(y)) = g(f(f^{-1}(y))) = g(y);$$

das war zu zeigen.

(b) wird genauso bewiesen. □

Man kann die obige Beschreibung einer Abbildung für unbefriedigend halten (was genau heißt „bildet x auf y ab"?). In der Mengenlehre führt man daher zuerst den Begriff der *Relation* ein – das ist nichts anderes als eine Teilmenge $R \subset X \times Y = \{(x, y) : x \in X, y \in Y\}$. Eine Abbildung mit dem Definitionsbereich X ist dann eine Relation mit:

- Für alle $x \in X$ existiert genau ein $y \in Y$ mit $(x, y) \in R$.

So kann man präzise ausdrücken, dass x auf y abgebildet wird.

1.5 Invertierbare Matrizen

Wir betrachten nun Matrizen A und die zugehörigen Abbildungen

$$L_A : \vec{x} \mapsto A\vec{x}.$$

Wir können dann Satz 1.2.4 so umformulieren:

Satz 1.5.1 *Sei A eine $m \times n$-Matrix, und sei $L_A : \mathbb{R}^n \to \mathbb{R}^m$ wie oben. Für $\vec{x}, \vec{y} \in \mathbb{R}^n$ und $\lambda \in \mathbb{R}$ gilt dann*

$$L_A(\vec{x} + \vec{y}) = L_A(\vec{x}) + L_A(\vec{y}), \quad L_A(\lambda\vec{x}) = \lambda L_A(\vec{x}).$$

Diese Eigenschaft werden wir bald mit den Worten ausdrücken, L_A sei eine *lineare Abbildung*.

Entsprechend kann Satz 1.2.5 so umformuliert werden.

Satz 1.5.2 *Sei A eine $l \times m$-Matrix, und sei B eine $m \times n$-Matrix. Dann gilt $L_{AB} = L_A \circ L_B$.*

Schließlich formulieren und ergänzen wir Korollar 1.3.4 in der Sprache der Abbildungen.

Satz 1.5.3 *Sei A eine $n \times n$-Matrix. Dann ist L_A genau dann injektiv, wenn L_A surjektiv ist.*

Beweis „Injektiv impliziert surjektiv" folgt sofort aus Korollar 1.3.4. Ist umgekehrt L_A surjektiv, so muss in der Notation von Satz 1.3.2 $j_r \leq n$ sein. Wäre $r < n$, enthielte die Zeilenstufenform A' von A eine Nullzeile, und $L_{A'}$ wäre nicht surjektiv; denn $A'\vec{x} = \vec{b}'$ ist nicht lösbar, wenn die letzte Koordinate von $\vec{b}'$ nicht 0 ist. Betrachten wir solch ein $\vec{b}'$ und machen wir die Zeilenumformungen, die A in A' überführen, rückwärts, erhalten wir einen Vektor $\vec{b}$, für den $A\vec{x} = \vec{b}$ nicht lösbar ist; das zeigt, dass dann auch L_A nicht surjektiv ist. Also muss $r = n$ sein, und L_A ist nach Satz 1.3.2 injektiv. $\square$

Nehmen wir nun an, A sei eine quadratische Matrix und L_A bijektiv. Um die Gleichung $A\vec{x} = \vec{b}$ zu lösen, wäre es gut, die inverse Abbildung $(L_A)^{-1}$ zu kennen, denn dann können wir sofort die Lösung $\vec{x} = (L_A)^{-1}(\vec{b})$ hinschreiben. Wir werden diese Inverse in der Form L_B für eine geeignete Matrix B konstruieren. Dazu zunächst einige Vorbemerkungen.

Sei A eine $n \times n$-Matrix. Nehmen wir an, dass eine $n \times n$-Matrix B mit $AB = E_n$ existiert. Wegen Satz 1.5.2 folgt $L_A \circ L_B = \mathrm{id}_{\mathbb{R}^n}$; deshalb (vgl. Abschn. 1.4) ist L_A surjektiv und wegen Satz 1.5.3 bijektiv. Nach Lemma 1.4.1 ist $L_B = (L_A)^{-1}$ und deshalb auch $L_{BA} = L_B \circ L_A = \mathrm{id}_{\mathbb{R}^n}$ sowie (warum?) $BA = E_n$.

Genauso schließt man aus der Annahme, dass eine $n \times n$-Matrix B mit $BA = E_n$ existiert, dass diese auch $AB = E_n$ erfüllt.

Beachten wir noch, dass solche B eindeutig bestimmt sind: Aus $AB_1 = AB_2 = E_n$ folgt nämlich (da ja dann auch $B_1 A = E_n$)

$$B_1 = B_1 E_n = B_1(AB_2) = (B_1 A)B_2 = E_n B_2 = B_2.$$

Das führt uns zu folgender Definition und anschließend zu einem Lemma:

Definition 1.5.4 Eine $n \times n$-Matrix A heißt *invertierbar*, wenn es genau eine Matrix B mit $AB = BA = E_n$ gibt. Bezeichnung: $B = A^{-1}$.

Lemma 1.5.5 *Eine $n \times n$-Matrix A ist invertierbar, wenn es eine $n \times n$-Matrix B mit $AB = E_n$ gibt oder wenn es eine $n \times n$-Matrix B mit $BA = E_n$ gibt. In beiden Fällen ist $A^{-1} = B$.*

Um dieses Lemma richtig wertzuschätzen, erinnere man sich, dass für beliebige quadratische Matrizen AB und BA im Allgemeinen verschieden sind und dass für beliebige Abbildungen aus $g \circ f = \mathrm{id}$ im Allgemeinen nicht $f \circ g = \mathrm{id}$ folgt!

Wie kann man einer Matrix ansehen, ob sie invertierbar ist? Leider nicht direkt, aber die Zeilenstufenform hilft. Wir wissen bereits, dass eine $n \times n$-Matrix A genau dann invertierbar ist, wenn L_A bijektiv ist, und nach Satz 1.3.2 (siehe auch den Beweis von Satz 1.5.3) passiert das genau dann, wenn die Zeilenstufenform von A keine Nullzeile (bzw. n Pivotspalten) enthält.

Halten wir das fest.

Lemma 1.5.6 *Eine $n \times n$-Matrix A ist genau invertierbar, wenn ihre Zeilenstufenform keine Nullzeile bzw. n Pivotspalten enthält.*

Wie am Ende von Abschn. 1.3 ausgeführt, ist die reduzierte Zeilenstufenform einer invertierbaren Matrix dann E_n. Das eröffnet ein Konstruktionsverfahren für die Inverse.

Sei also A eine invertierbare $n \times n$-Matrix. Wir suchen die Matrix A^{-1}, deren Spalten wir mit $\vec{s}_1, \ldots, \vec{s}_n$ bezeichnen. Wir nennen

$$\vec{e}_1 = \begin{pmatrix} 1 \\ 0 \\ 0 \\ \vdots \\ 0 \end{pmatrix}, \ \vec{e}_2 = \begin{pmatrix} 0 \\ 1 \\ 0 \\ \vdots \\ 0 \end{pmatrix}, \ \ldots, \ \vec{e}_n = \begin{pmatrix} 0 \\ 0 \\ \vdots \\ 0 \\ 1 \end{pmatrix}$$

die *Einheitsvektoren* des $\mathbb{R}^n$. Definitionsgemäß gilt dann für alle $k = 1, \ldots, n$

$$A\vec{s}_k = \vec{e}_k,$$

denn $AA^{-1} = E_n$. Es sind also n Gleichungssysteme zu lösen, wofür wir das Gauß-Jordan-Verfahren benutzen. Diese n Aufgaben lösen wir simultan wie folgt. Wir wenden auf die $n \times 2n$-Matrix $(A \mid E_n)$ so lange elementare Zeilenumformungen an, bis links vom Hilfsstrich E_n erscheint; rechts vom Hilfsstrich hat man dann A^{-1}. Warum funktioniert das? Die transformierte Matrix sei $(E_n \mid B)$, und B habe die Spalten $\vec{b}_1, \ldots, \vec{b}_n$. Nach Satz 1.3.1 ist die Lösung von $A\vec{x} = \vec{e}_k$, also $\vec{s}_k$, dieselbe wie die Lösung von $E_n\vec{x} = \vec{b}_k$, also $\vec{b}_k$. Daher ist $B = A^{-1}$.

Ein Beispiel:

$$A = \begin{pmatrix} 2 & 9 \\ 1 & 4 \end{pmatrix}$$

Wir führen folgende Zeilenumformungen durch:

$$\begin{pmatrix} 2 & 9 & | & 1 & 0 \\ 1 & 4 & | & 0 & 1 \end{pmatrix}$$

$$Z_2 \rightsquigarrow 2Z_2 - Z_1: \quad \begin{pmatrix} 2 & 9 & | & 1 & 0 \\ 0 & -1 & | & -1 & 2 \end{pmatrix}$$

$$Z_2 \rightsquigarrow -Z_2: \quad \begin{pmatrix} 2 & 9 & | & 1 & 0 \\ 0 & 1 & | & 1 & -2 \end{pmatrix}$$

$$Z_1 \rightsquigarrow Z_1 - 9Z_2: \quad \begin{pmatrix} 2 & 0 & | & -8 & 18 \\ 0 & 1 & | & 1 & -2 \end{pmatrix}$$

$$Z_1 \rightsquigarrow \frac{1}{2}Z_1: \quad \begin{pmatrix} 1 & 0 & | & -4 & 9 \\ 0 & 1 & | & 1 & -2 \end{pmatrix}$$

Daher ist die inverse Matrix

$$A^{-1} = \begin{pmatrix} -4 & 9 \\ 1 & -2 \end{pmatrix}.$$

Übrigens muss man zur Anwendung dieses Verfahrens gar nicht a priori wissen, dass A invertierbar ist; das Verfahren liefert auch ein Kriterium zur Überprüfung der Invertierbarkeit. Bringt man nämlich $(A \mid E_n)$ auf die reduzierte Zeilenstufenform und erhält man links vom Hilfsstrich nicht E_n, sondern eine Matrix mit einer Nullzeile, so war A nicht invertierbar.

Es folgt noch ein sehr einfaches Lemma über invertierbare Matrizen.

Lemma 1.5.7 *Sind A und B invertierbare $n \times n$-Matrizen, so ist auch AB invertierbar mit $(AB)^{-1} = B^{-1}A^{-1}$.*

Beweis Beachte nur die Assoziativität der Matrixmultiplikation und

$$(B^{-1}A^{-1})(AB) = B^{-1}(A^{-1}A)B = B^{-1}B = E_n$$

sowie Lemma 1.5.5.   □

1.6 Die LR-Zerlegung

Als nächstes werfen wir einen neuen Blick auf die elementaren Zeilenumformungen. Wir wählen eine beliebige solche Umformung und führen sie einerseits für die Matrix E_m und andererseits für eine $m \times n$-Matrix A aus; das Resultat sei $E^\sim$ (solch eine Matrix heißt *Elementarmatrix*) bzw. $A^\sim$. Ist die Umformung z. B. $Z_2 \rightsquigarrow Z_2 + \lambda Z_1$ vom Typ II, so ist

$$E^\sim = \begin{pmatrix} 1 & 0 & 0 & \ldots & 0 \\ \lambda & 1 & 0 & \ldots & 0 \\ 0 & 0 & 1 & & 0 \\ \vdots & & & \ddots & \vdots \\ 0 & 0 & 0 & \ldots & 1 \end{pmatrix}. \tag{1.6.1}$$

Für alle drei Typen von Umformungen bestätigt man $E^\sim A = A^\sim$ sowie, dass $E^\sim$ invertierbar ist. (Für die Inverse im obigen Beispiel muss man nur λ durch $-\lambda$ ersetzen.)

Bestätigen wir das pars pro toto für die in (1.6.1) genannte Elementarmatrix $E^\sim$: Ist $\vec{x} \in \mathbb{R}^m$, so ist $E^\sim \vec{x}$ derjenige Vektor, für den die erste, dritte, vierte, …, m-te Koordinate dieselbe ist wie bei $\vec{x}$, und die zweite Koordinate ändert sich von x_2 zu $\lambda x_1 + x_2$. Ist also $\vec{s}_j$ die j-te Spalte von A, so ist demnach $E^\sim \vec{s}_j$ die j-te Spalte von $A^\sim$, d. h. $E^\sim A = A^\sim$.

Wegen seiner Bedeutung formulieren wir dieses Resultat erneut als Lemma.

Lemma 1.6.1 *Wendet man ein und dieselbe Zeilenumformung auf die Einheitsmatrix $E_m \in \mathbb{R}^{m \times m}$ und eine Matrix $A \in \mathbb{R}^{m \times n}$ an und erhält man so $E^\sim$ bzw. $A^\sim$, so gilt $A^\sim = E^\sim A$.*

Da nach Lemma 1.5.7 das Produkt invertierbarer Matrizen invertierbar ist, erhalten wir folgendes Resultat.

Satz 1.6.2 *Ist A eine m × n-Matrix und A′ ihre Zeilenstufenform oder ihre reduzierte Zeilenstufenform, so existiert eine invertierbare m × m-Matrix S mit SA = A′.*

Dieser Satz lässt Satz 1.3.1 im neuen Licht erscheinen: In der Tat ist die Äquivalenz

$$A\vec{x} = \vec{b} \quad \Leftrightarrow \quad A'\vec{x} = \vec{b}'$$

klar, da ja $A' = SA$ und $\vec{b}' = S\vec{b}$ mit invertierbarem S.

Im Folgenden betrachten wir eine quadratische invertierbare $n \times n$-Matrix A mit Zeilenstufenform A'. Wir wollen die in Satz 1.6.2 auftauchende Matrix S genauer untersuchen.

Zunächst machen wir die zusätzliche Annahme, dass bei der Umformung von A zu A' keine Zeilenvertauschungen notwendig sind, d. h., dass die Pivots immer da sind, wo wir sie brauchen. Es kommen also nur Typ-II-Umformungen vor, und die entsprechenden Elementarmatrizen sehen so aus: Auf der Hauptdiagonalen stehen Einsen, an genau einer Stelle unterhalb der Hauptdiagonalen steht eine Zahl $\lambda \neq 0$, und alle anderen Einträge sind 0. Insbesondere sind dies alles untere Dreiecksmatrizen: Eine $n \times n$-Matrix $C = (c_{ij})$ heißt *untere Dreiecksmatrix* (bzw. *obere Dreiecksmatrix*), wenn $c_{ij} = 0$ für alle $i < j$ (bzw. $c_{ij} = 0$ für alle $i > j$).

Es ist nun leicht nachzurechnen, dass das Produkt $C = (c_{ij})$ unterer Dreiecksmatrizen $C_1 = (c_{ij}^{(1)})$ und $C_2 = (c_{ij}^{(2)})$ ebenfalls eine untere Dreiecksmatrix ist; denn für $i < k$ ist

$$c_{ik} = \sum_{j=1}^{n} c_{ij}^{(1)} c_{jk}^{(2)} = \sum_{j=1}^{i} c_{ij}^{(1)} c_{jk}^{(2)} = \sum_{j=1}^{i} c_{ij}^{(1)} \cdot 0 = 0;$$

hier haben wir zuerst benutzt, dass $c_{ij}^{(1)} = 0$ für $i < j$, und dann, dass $c_{jk}^{(2)} = 0$ für $j \leq i < k$. Genauso sieht man, dass auf der Hauptdiagonalen von C nur Einsen stehen, wenn das bei C_1 und C_2 so ist.

Nun ist es so, dass die Inversen von Elementarmatrizen vom Typ II von derselben Bauart sind (siehe das obige Beispiel). Die Darstellung

$$A' = E_s \cdots E_1 A$$

mit Elementarmatrizen vom Typ II führt also zur Darstellung $(F_\sigma = E_\sigma^{-1})$

$$A = F_1 \cdots F_s A' =: L A'.$$

Hier ist L nach den Vorbemerkungen eine untere Dreiecksmatrix mit Einsen auf der Hauptdiagonalen, und A' ist eine obere Dreiecksmatrix mit von 0 verschiedenen Einträgen auf der Hauptdiagonalen. (Eine genauere Beschreibung von L folgt gleich.) Schreiben wir R statt A', haben wir mit

$$A = LR$$

die Matrix A in das Produkt einer unteren und einer oberen Dreiecksmatrix faktorisiert; dies nennt man im deutschen Sprachraum die *LR-Zerlegung* (L wie links und R wie rechts) und im englischen die *LU-decomposition* (L wie lower und U wie upper).

Rechnen wir das einmal für unsere Beispielmatrix aus Beispiel 1.1.1(a) durch. Hier war (siehe oben)

$$E_1 = \begin{pmatrix} 1 & 0 & 0 \\ -2 & 1 & 0 \\ 0 & 0 & 1 \end{pmatrix} \qquad E_2 = \begin{pmatrix} 1 & 0 & 0 \\ 0 & 1 & 0 \\ 0 & 1 & 1 \end{pmatrix},$$

also

$$F_1 = \begin{pmatrix} 1 & 0 & 0 \\ 2 & 1 & 0 \\ 0 & 0 & 1 \end{pmatrix} \qquad F_2 = \begin{pmatrix} 1 & 0 & 0 \\ 0 & 1 & 0 \\ 0 & -1 & 1 \end{pmatrix}$$

und

$$L = F_1 F_2 = \begin{pmatrix} 1 & 0 & 0 \\ 2 & 1 & 0 \\ 0 & -1 & 1 \end{pmatrix}, \qquad R = \begin{pmatrix} 2 & 3 & -2 \\ 0 & -1 & 2 \\ 0 & 0 & -1 \end{pmatrix}.$$

Man beachte, dass in L genau dokumentiert ist, welche Typ-II-Umformungen durchgeführt wurden!

Um dies allgemein zu begründen, führen wir folgende Notation ein. Für $i \neq j$ sei $E_{ij}(\lambda)$ diejenige $n \times n$-Matrix, die auf der Hauptdiagonalen nur Einsen hat und für die der Eintrag in Zeile i und Spalte j die Zahl λ ist; alle anderen Einträge sind 0. Wie schon beobachtet, sind diese Matrizen invertierbar mit der Inversen

$$(E_{ij}(\lambda))^{-1} = E_{ij}(-\lambda),$$

und $E_{ij}(\lambda)\vec{x}$ ersetzt die i-te Koordinate x_i von $\vec{x}$ durch $x_i + \lambda x_j$. Bei der Überführung von A nach A' wird also mit geeigneten Zahlen λ_{ij} $(i > j)$ das Matrixprodukt

$$A' = E_{n,n-1}(\lambda_{n,n-1})[\ldots](E_{n2}(\lambda_{n2}) \cdots E_{32}(\lambda_{32}))(E_{n1}(\lambda_{n1}) \cdots E_{21}(\lambda_{21}))A$$

gebildet, daher ist

$$L = (E_{21}(-\lambda_{21}) \cdots E_{n1}(-\lambda_{n1}))(E_{32}(-\lambda_{32}) \cdots E_{n2}(-\lambda_{n2}))[\ldots]E_{n,n-1}(-\lambda_{n,n-1}).$$

Diese Matrix ist jedoch

$$L = \begin{pmatrix} 1 & 0 & & \cdots & 0 \\ -\lambda_{21} & 1 & 0 & \cdots & 0 \\ -\lambda_{31} & -\lambda_{32} & 1 & & 0 \\ \vdots & \vdots & & \ddots & 0 \\ -\lambda_{n1} & -\lambda_{n2} & \cdots & -\lambda_{n,n-1} & 1 \end{pmatrix};$$

das macht man sich klar, indem man die von den $E_{ij}(-\lambda_{ij})$ hervorgerufenen Zeilenoperationen genau verfolgt (eine Beispielrechnung für eine 4×4-Matrix mag hilfreich sein, um den allgemeinen Fall zu durchdringen).

Die LR-Zerlegung ist numerisch wichtig, wenn man große ($n \geq 10^5$) Gleichungssysteme $A\vec{x} = \vec{b}$ für „viele" $\vec{b}$ lösen soll. Durch eine „Vorwärtssubstitution" (beginnend bei der ersten Unbekannten) löst man nämlich zuerst $L\vec{y} = \vec{b}$ auf ganz einfache Weise und anschließend genauso einfach $R\vec{x} = \vec{y}$ durch Rückwärtssubstitution (beginnend bei der letzten Unbekannten). In der Tat ist dann $A\vec{x} = LR\vec{x} = L\vec{y} = \vec{b}$.

All dies funktioniert unter der Annahme, dass keine Pivotsuche nötig ist. Falls doch, kann man so vorgehen: Führt eine Kette von Typ-II-Umformungen zu einer 0 an einer Pivotstelle, muss man jetzt die entsprechende Zeile gegen eine weiter unten stehende austauschen (wegen Lemma 1.5.6 ist das möglich). Wenn man jedoch vor den Typ-II-Umformungen bereits tauscht und anschließend die entsprechenden Typ-II-Umformungen auf die modifizierten Zeilen anwendet, ist man wieder in der Situation von oben. Es gibt also Typ-I-Elementarmatrizen $E_1^{\mathrm{I}}, \ldots, E_r^{\mathrm{I}}$, so dass

$$A^{\mathrm{I}} = E_r^{\mathrm{I}} \cdots E_1^{\mathrm{I}} A =: QA$$

der Voraussetzung der ersten Hälfte des Abschnitts genügt. Die Matrix $Q = E_r^{\mathrm{I}} \cdots E_1^{\mathrm{I}}$ enthält in jeder Zeile und jeder Spalte genau eine 1 und sonst nur Nullen; sie sorgt für die Vertauschung der Zeilen und wird eine *Permutationsmatrix* genannt. Man beachte, dass $P := Q^{-1} = (E_1^{\mathrm{I}})^{-1} \cdots (E_r^{\mathrm{I}})^{-1} = E_1^{\mathrm{I}} \cdots E_r^{\mathrm{I}}$ ebenfalls eine Permutationsmatrix ist.

Insgesamt haben wir den Satz von der LR-Zerlegung gezeigt:

Satz 1.6.3 *Zu jeder invertierbaren $n \times n$-Matrix A existieren eine Permutationsmatrix P, eine untere Dreiecksmatrix L und eine obere Dreiecksmatrix R mit $A = PLR$.*

Das stimmt auch für nicht invertierbare Matrizen; dann hat R aber mindestens eine 0 auf der Hauptdiagonalen.

1.7 Aufgaben

Aufgabe 1.7.1 Zeigen Sie (d), (e), (f) und (g) von Satz 1.2.2.

Aufgabe 1.7.2 Seien A eine $l \times m$-Matrix, B eine $m \times n$-Matrix und C eine $n \times p$-Matrix. Zeigen Sie das Assoziativgesetz $(AB)C = A(BC)$.

Aufgabe 1.7.3 Sei A die 3×3-Matrix mit den Einträgen $a_{ij} = 1/(i+j-1)$. Bestimmen Sie A^2.

Aufgabe 1.7.4 Seien $k, l \in \mathbb{N}$, $n = k + l$. Es sei A_1 eine $k \times k$-Matrix und A_2 eine $l \times l$-Matrix sowie

$$A = \begin{pmatrix} A_1 & 0_{k \times l} \\ 0_{l \times k} & A_2 \end{pmatrix},$$

wobei $0_{k \times l}$ und $0_{l \times k}$ für Nullmatrizen des entsprechenden Formats stehen. (Solch eine Matrix A nennt man *blockdiagonal*.) Zeigen Sie für $p \in \mathbb{N}$

$$A^p = \begin{pmatrix} A_1^p & 0_{k \times l} \\ 0_{l \times k} & A_2^p \end{pmatrix}.$$

Aufgabe 1.7.5 Um zwei 2×2-Matrizen $A = (a_{ij})$ und $B = (b_{ij})$ zu multiplizieren, sind definitionsgemäß 8 Multiplikationen (und 4 Additionen) durchzuführen; da es aufwändiger ist, zu multiplizieren als zu addieren, zählen wir jetzt nur die Multiplikationen. Mit dem folgenden Algorithmus von V. Strassen (*Gaussian elimination is not optimal.* Numer. Math. 13 (1969), 354–356) kommt man – um den Preis von zusätzlichen Additionen – mit 7 Multiplikationen aus. Man berechnet zunächst die Hilfsgrößen

$$h_1 = (a_{11} + a_{22})(b_{11} + b_{22})$$

$$h_2 = (a_{21} + a_{22})b_{11}$$

$$h_3 = a_{11}(b_{12} - b_{22})$$

$$h_4 = a_{22}(-b_{11} + b_{21})$$

$$h_5 = (a_{11} + a_{12})b_{22}$$

$$h_6 = (-a_{11} + a_{21})(b_{11} + b_{12})$$

$$h_7 = (a_{12} - a_{22})(b_{21} + b_{22}).$$

Zeigen Sie, dass

$$AB = \begin{pmatrix} h_1 + h_4 - h_5 + h_7 & h_3 + h_5 \\ h_2 + h_4 & h_1 + h_3 - h_2 + h_6 \end{pmatrix}.$$

Aufgabe 1.7.6 Seien A_{ij} und B_{ij} Matrizen des Formats $2^{k-1} \times 2^{k-1}$ und A und B die $2^k \times 2^k$-Matrizen

$$A = \begin{pmatrix} A_{11} & A_{12} \\ A_{21} & A_{22} \end{pmatrix}, \quad B = \begin{pmatrix} B_{11} & B_{12} \\ B_{21} & B_{22} \end{pmatrix}.$$

Zeigen Sie, dass $AB = (C_{ij})$ mit

$$C_{ij} = \sum_{k=1}^{2} A_{ik} B_{kj}.$$

Bemerkung: Wendet man den Strassenschen Algorithmus aus Aufgabe 1.7.5 rekursiv auf diese Matrixblöcke an, kann man zeigen, dass man jetzt größenordnungsmäßig $n^{\log_2 7} = n^{2.807\cdots}$ arithmetische Operationen für die Multiplikation von zwei $n \times n$-Matrizen benötigt, während die herkömmliche Methode n^3 viele verlangt.

Aufgabe 1.7.7 Seien

$$A = \begin{pmatrix} 3 & 2 & 1 \\ 1 & 1 & 1 \\ 2 & 1 & 0 \end{pmatrix}, \quad \vec{b}_\alpha = \begin{pmatrix} 6 \\ 3 \\ \alpha \end{pmatrix},$$

wo α eine beliebige reelle Zahl ist. Lösen Sie das Gleichungssystem $A\vec{x} = \vec{b}_\alpha$.

Aufgabe 1.7.8 Betrachten Sie das lineare Gleichungssystem

$$x_2 + x_3 = 6$$

$$3x_1 - x_2 + x_3 = -7$$

$$x_1 + x_2 - 3x_3 = -13$$

Stellen Sie die zugehörige erweiterte Koeffizientenmatrix auf, bringen Sie sie in Zeilenstufenform, und lösen Sie so das Gleichungssystem.

Aufgabe 1.7.9 Seien X, Y, Z Mengen, und seien $g: X \to Y$ und $f: Y \to Z$ zwei Abbildungen.

(a) Zeigen Sie, dass g injektiv ist, wenn $f \circ g$ injektiv ist.
(b) Zeigen Sie, dass f surjektiv ist, wenn $f \circ g$ surjektiv ist.

Aufgabe 1.7.10 Seien X, Y Mengen, $f\colon X \to Y$ eine Abbildung, $A_1, A_2 \subset X$ und $B_1, B_2 \subset Y$. Zeigen Sie:

(a) $f(A_1 \cup A_2) = f(A_1) \cup f(A_2)$.
(b) $f^{-1}(B_1 \cup B_2) = f^{-1}(B_1) \cup f^{-1}(B_2)$.
(c) $f^{-1}(B_1 \cap B_2) = f^{-1}(B_1) \cap f^{-1}(B_2)$.

Aufgabe 1.7.11 Untersuchen Sie, ob die Matrix

$$\begin{pmatrix} 2 & 1 & 4 \\ 3 & 2 & 5 \\ 0 & -1 & 1 \end{pmatrix}$$

invertierbar ist, und bestimmen Sie gegebenenfalls die inverse Matrix.

Aufgabe 1.7.12 Untersuchen Sie, ob die Matrix

$$\begin{pmatrix} 1 & 3 & -2 \\ 2 & 5 & -3 \\ -3 & 2 & -5 \end{pmatrix}$$

invertierbar ist, und bestimmen Sie gegebenenfalls die inverse Matrix.

Aufgabe 1.7.13 Bestimmen Sie die LR-Zerlegung der Matrix

$$\begin{pmatrix} 1 & 3 & -1 \\ 2 & 8 & 4 \\ -1 & 3 & 4 \end{pmatrix}$$

Aufgabe 1.7.14 Eine 3×3-Matrix A wird durch die folgenden Zeilenumformungen in Zeilenstufenform gebracht: $Z_2 \rightsquigarrow Z_2 + 3Z_1$, $Z_3 \rightsquigarrow Z_3 - 4Z_1$, $Z_3 \rightsquigarrow Z_3 + 2Z_2$. Was ist die Matrix L in der LR-Zerlegung von A?

ℝ-Vektorräume

2

2.1 Vektorräume und ihre Unterräume

Die Rechnungen aus Kap. 1 basieren auf den in Satz 1.2.2 aufgestellten Regeln. Diese nimmt man zur Grundlage des Begriffs des Vektorraums, der für die heutige Mathematik fundamental ist.

Definition 2.1.1 Ein *Vektorraum* (genauer ℝ-*Vektorraum*) ist eine Menge V zusammen mit zwei Operationen, genannt Addition bzw. Skalarmultiplikation,

$$V \times V \ni (v, w) \mapsto v + w \in V, \quad \mathbb{R} \times V \ni (\lambda, v) \mapsto \lambda \cdot v = \lambda v \in V,$$

so dass die folgenden Eigenschaften erfüllt sind:

(a) $(u + v) + w = u + (v + w)$ für alle $u, v, w \in V$ (Assoziativität der Addition).
(b) Es existiert ein Element $0_V \in V$ mit $v + 0_V = v$ für alle $v \in V$.
(c) Für alle $v \in V$ existiert ein Element $-v \in V$ mit $v + (-v) = 0_V$.
(d) $v + w = w + v$ für alle $v, w \in V$ (Kommutativität der Addition).
(e) $\lambda(v + w) = \lambda v + \lambda w$ für alle $\lambda \in \mathbb{R}$, $v, w \in V$ (1. Distributivgesetz).
(f) $(\lambda + \mu)v = \lambda v + \mu v$ für alle $\lambda, \mu \in \mathbb{R}$, $v \in V$ (2. Distributivgesetz).
(g) $(\lambda\mu)v = \lambda(\mu v)$ für alle $\lambda, \mu \in \mathbb{R}$, $v \in V$ (Assoziativität der Skalarmultiplikation).
(h) $1 \cdot v = v$ für alle $v \in V$.

Hier ein paar Bemerkungen zur Definition:

(1) Das Pluszeichen erscheint hier in zwei Bedeutungen: einmal ist die Addition in ℝ gemeint und einmal die in V. Strenggenommen müsste man diese Symbole unterscheiden, das würde aber schnell sehr unübersichtlich.

© Der/die Autor(en), exklusiv lizenziert an Springer Nature Switzerland AG 2022
D. Werner, *Lineare Algebra*, Grundstudium Mathematik,
https://doi.org/10.1007/978-3-030-91107-2_2

(2) Die Elemente eines Vektorraums heißen *Vektoren*, und Zahlen werden im Vektor-raum kontext gern *Skalare* genannt. Statt λv schreibt man der Deutlichkeit halber auch $\lambda \cdot v$ (wie in (h)); zum Malpunkt ist das gleiche zu sagen wie in Bemerkung (1).

(3) Die Bedingungen (a) bis (d) kann man auch so ausdrücken, dass $(V, +)$ eine abelsche Gruppe ist; zum Gruppenbegriff später mehr (Definition 5.1.1).

(4) Das neutrale Element der Addition aus (b) ist eindeutig bestimmt: Erfüllt $0'_V$ ebenfalls (b), so folgt wegen (b), (d) und der Annahme über $0'_V$

$$0'_V = 0'_V + 0_V = 0_V + 0'_V = 0_V.$$

(5) Genauso ist das additiv Inverse $-v$ in (c) eindeutig bestimmt: Aus $v + v' = 0_V$ folgt wegen (b), (c), (d), (a), der Annahme über v' und (b)

$$v' = 0_V + v' = (v + (-v)) + v' = ((-v) + v) + v'$$
$$= (-v) + (v + v') = -v + 0_V = -v.$$

(6) Es gilt $\lambda \cdot 0_V = 0_V$ für alle $\lambda \in \mathbb{R}$ und $0 \cdot v = 0_V$ für alle $v \in V$. Denn es ist

$$\lambda 0_V = \lambda(0_V + 0_V) = \lambda 0_V + \lambda 0_V,$$

also

$$0_V = \lambda 0_V + (-(\lambda 0_V)) = (\lambda 0_V + \lambda 0_V) + (-(\lambda 0_V))$$
$$= \lambda 0_V + (\lambda 0_V + (-(\lambda 0_V))) = \lambda 0_V$$

sowie

$$0 \cdot v = (0 + 0) \cdot v = 0 \cdot v + 0 \cdot v,$$

also wieder

$$0_V = 0 \cdot v + (-(0 \cdot v)) = (0 \cdot v + 0 \cdot v) + (-(0 \cdot v))$$
$$= 0 \cdot v + (0 \cdot v + (-(0 \cdot v))) = 0 \cdot v + 0_V = 0 \cdot v.$$

(7) Ist umgekehrt $\lambda v = 0_V$, so ist $\lambda = 0$ oder $v = 0$: Ist nämlich $\lambda \neq 0$, so existiert die Inverse λ^{-1}, und es folgt wegen (6)

$$v = 1 \cdot v = (\lambda^{-1}\lambda)v = \lambda^{-1}(\lambda v) = \lambda^{-1}0_V = 0_V.$$

(8) Es gilt stets $-v = (-1) \cdot v$: Es ist ja

$$v + (-1) \cdot v = 1 \cdot v + (-1) \cdot v = (1 + (-1)) \cdot v = 0 \cdot v = 0_V,$$

und die Behauptung folgt aus (5).

(9) Die Unterscheidung der Symbole 0 und 0_V werden wir noch eine Zeit lang beibehalten.

(10) Die Bedingung (h) schließt aus, dass $(\lambda, v) \mapsto 0_V$ auf $V \neq \{0_V\}$ eine erlaubte Skalarmultiplikation ist; alle anderen Bedingungen wären erfüllt. Im Zusammenhang damit sei erwähnt, dass $V = \{0_V\}$ der kleinstmögliche Vektorraum ist ($V = \emptyset$ ist wegen (b) unmöglich).

(11) In Definition 5.1.5 werden wir allgemeinere Skalare betrachten und so zu dem in der Algebra üblichen Vektorraumbegriff gelangen.

Diese Rechenregeln und -techniken werden wir immer wieder stillschweigend benutzen.

Beispiele 2.1.2

(a) Das Paradebeispiel eines $\mathbb{R}$-Vektorraums ist $\mathbb{R}^n$ mit der Addition und Skalarmultiplikation aus Definition 1.2.1; siehe Satz 1.2.2.

(b) Sei $\mathbb{R}^{m \times n}$ die Menge aller $m \times n$-Matrizen über $\mathbb{R}$. Definiert man für $A = (a_{ij}) \in \mathbb{R}^{m \times n}$, $B = (b_{ij}) \in \mathbb{R}^{m \times n}$ und $\lambda \in \mathbb{R}$

$$A + B = (a_{ij} + b_{ij}), \quad \lambda A = (\lambda a_{ij}),$$

so sind die Bedingungen aus Definition 2.1.1 erfüllt. Man mag beobachten, dass $\mathbb{R}^{m \times n}$ „dasselbe" ist wie $\mathbb{R}^{mn}$, nur dass man im ersten Fall die Einträge in ein $m \times n$-Rechteck einträgt statt in eine Spalte. Die Rechteckschreibweise hat es uns aber erlaubt, das Produkt von Matrizen zu definieren!

(c) Sei $X \neq \emptyset$ eine Menge und $V = \mathrm{Abb}(X)$ die Menge aller Funktionen von X nach $\mathbb{R}$. Definiert man für $f, g \in V$ und $\lambda \in \mathbb{R}$

$$f + g \colon x \mapsto f(x) + g(x), \quad \lambda f \colon x \mapsto \lambda \cdot f(x),$$

so sind die Bedingungen aus Definition 2.1.1 erfüllt. Der „Nullvektor" ist hier die Nullfunktion $0_V \colon x \mapsto 0$, und das additiv Inverse ist $-f \colon x \mapsto -(f(x))$.

(d) Allgemeiner als in (c) kann man für einen gegebenen Vektorraum W die Abbildungen von X nach W betrachten. Diese bilden analog den Vektorraum $\mathrm{Abb}(X, W)$.

(e) Sei $I \subset \mathbb{R}$ ein Intervall, das nicht nur aus einem einzigen Punkt besteht. Wir betrachten die Teilmenge $\mathrm{Pol}(I) \subset \mathrm{Abb}(I)$ aller Polynomfunktionen, also aller Funktionen der Bauart

$$f \colon x \mapsto \sum_{k=0}^{n} a_k x^k$$

mit geeigneten $n \in \mathbb{N}_0 = \mathbb{N} \cup \{0\}$ und $a_k \in \mathbb{R}$. Auch dies ist ein Vektorraum: Da Abb(I) ein Vektorraum ist, ist nur zu beachten, dass Summen und skalare Vielfache von Polynomfunktionen wieder Polynomfunktionen sind.[1]

Das letzte Beispiel gibt Anlass zu folgender Definition.

Definition 2.1.3 Sei V ein Vektorraum. Eine Teilmenge $U \subset V$ heißt *Unterraum* (oder *Untervektorraum*), wenn folgende Bedingungen erfüllt sind:

(0) $0_V \in U$.
(1) $v + w \in U$, wenn $v \in U$ und $w \in U$.
(2) $\lambda v \in U$, wenn $\lambda \in \mathbb{R}$ und $v \in U$.

Die Bedingungen (1) und (2) kann man auch zusammenfassen zu

(1&2) $\lambda v + \mu w \in U$, wenn $\lambda, \mu \in \mathbb{R}$ und $v, w \in U$;

und statt (0) kann man in Definition 2.1.3 auch

(0′) $U \neq \emptyset$

zusammen mit (1) und (2) fordern (warum?).

Jeder Unterraum eines Vektorraums ist selbst ein Vektorraum. Dazu ist nur zu überprüfen, dass $-v \in U$ für $v \in U$ gilt, und das folgt aus $-v = (-1)v$.

Beispiele 2.1.4

(a) V und $\{0_V\}$ sind Unterräume von V.
(b) In $\mathbb{R}^n$ ist[2]

$$U = \left\{ x \in \mathbb{R}^n \colon \sum_{k=1}^{n} x_k = 0 \right\}$$

ein Unterraum. Hier wie im Folgenden wird stillschweigend angenommen, dass ein Vektor $x \in \mathbb{R}^n$ (bzw. $y \in \mathbb{R}^n$ bzw. …) die Koordinaten $x_1, \ldots, x_n$ (bzw. $y_1, \ldots, y_n$ bzw. …) hat.
(c) In $\mathbb{R}^n$ sind

$$U_1 = \{x \in \mathbb{R}^n \colon x_1 = 1\} \quad \text{bzw.} \quad U_2 = \{x \in \mathbb{R}^n \colon -1 \leq x_1 \leq 1\}$$

---

[1] In der abstrakten Algebra ist ein Polynom nicht ganz dasselbe wie eine Polynomfunktion. Da wir aber erst später zu den Punkten gelangen werden, wo dieser Unterschied wichtig wird, werden wir die Begriffe „Polynom" und „Polynomfunktion" einstweilen synonym verwenden. Siehe dazu Abschn. 5.2.

[2] Ab jetzt werden Elemente des $\mathbb{R}^n$ nicht mehr mit Pfeilen gekennzeichnet, bis auf $\vec{0}$.

keine Unterräume.

(d) Die Menge der Lösungen eines linearen Gleichungssystems $Ax = \vec{0}$ (mit $A \in \mathbb{R}^{m \times n}$) bildet einen Unterraum von $\mathbb{R}^n$; vgl. Satz 1.2.4. Ebenso ist $\{Ax : x \in \mathbb{R}^n\}$ ein Unterraum von $\mathbb{R}^m$.

(e) Im Vektorraum Abb$(\mathbb{R})$ bildet die Menge der Polynomfunktionen Pol$(\mathbb{R})$ einen Unterraum; so haben wir in Beispiel 2.1.2(e) argumentiert. In der Analysis trifft man auf viele weitere Unterräume von Abb$(\mathbb{R})$, z. B. die Menge der stetigen Funktionen $C(\mathbb{R})$ und die Menge der differenzierbaren Funktionen $D(\mathbb{R})$.

(f) In der Analysis sucht man n-mal differenzierbare Funktionen $y \colon \mathbb{R} \to \mathbb{R}$, die eine *Differentialgleichung* der Form

$$y^{(n)} + a_{n-1} y^{(n-1)} + \cdots + a_1 y' + a_0 y = 0$$

erfüllen ($y^{(n)} = n$-te Ableitung, $a_0, \ldots, a_{n-1} \in \mathbb{R}$). Aus den Rechenregeln für Ableitungen ergibt sich sofort, dass die Menge der Lösungen einen Unterraum von Abb$(\mathbb{R})$ bilden.

Viele Unterräume werden durch den Prozess der linearen Hülle gegeben, den wir jetzt beschreiben.

Definition 2.1.5 Sei V ein Vektorraum.

(a) Sind $v_1, \ldots, v_n \in V$ und $\lambda_1, \ldots, \lambda_n \in \mathbb{R}$, so nennt man einen Vektor der Form

$$v = \lambda_1 v_1 + \cdots + \lambda_n v_n = \sum_{k=1}^{n} \lambda_k v_k$$

eine *Linearkombination* von $v_1, \ldots, v_n$.

(b) Sei $\emptyset \neq M \subset V$. Die *lineare Hülle* lin M von M besteht aus allen Linearkombinationen, die man aus endlich vielen Elementen von M bilden kann:

$$\operatorname{lin} M = \left\{ v \in V \colon \exists n \in \mathbb{N}, \ v_1, \ldots, v_n \in M, \ \lambda_1, \ldots, \lambda_n \in \mathbb{R} \right.$$

$$\left. \text{mit } v = \sum_{k=1}^{n} \lambda_k v_k \right\}.$$

Wir setzen noch lin $\emptyset = \{0_V\}$.

Beispiele 2.1.6

(a) Seien $p_0, p_1, p_2, \ldots$ die durch $p_k(x) = x^k$ definierten Funktionen auf $\mathbb{R}$ („Monomfunktionen") und $M = \{p_0, p_1, p_2, \ldots\} \subset$ Abb$(\mathbb{R})$. Dann ist lin $M = $ Pol$(\mathbb{R})$. Diese Funktionen wollen wir in Zukunft mit $\mathbf{x}^k$ statt p_k bezeichnen.

(b) Sei A eine $m \times n$-Matrix mit den Spalten $s_1, \ldots, s_n \in \mathbb{R}^m$. Dann ist das Gleichungssystem $Ax = b$ genau dann lösbar, wenn $b \in \mathrm{lin}\{s_1, \ldots, s_n\}$ ist. Dazu ist nur zu
beachten, dass $Ax = x_1 s_1 + \cdots + x_n s_n$ ist.

Eine einfache Beobachtung ist, dass stets $M \subset \mathrm{lin}\, M$ gilt sowie

$$M_1 \subset M_2 \quad \Rightarrow \quad \mathrm{lin}\, M_1 \subset \mathrm{lin}\, M_2.$$

Wir kommen zu einem einfachen, aber wichtigen Satz.

Satz 2.1.7 *Seien V ein Vektorraum und $M \subset V$. Dann ist $\mathrm{lin}\, M$ ein Unterraum.*

Beweis Da das für $M = \emptyset$ klar ist, setzen wir $M \neq \emptyset$ voraus; es existiert also ein Vektor
$v_0 \in M$. Dann ist $0_V = 0 \cdot v_0 \in \mathrm{lin}\, M$, und Bedingung (0) aus Definition 2.1.3 ist erfüllt.
    Um Bedingung (1) nachzuprüfen, seien $v, w \in \mathrm{lin}\, M$ gegeben. Dann existieren
Darstellungen

$$v = \lambda_1 v_1 + \cdots + \lambda_n v_n,$$

$$w = \mu_1 w_1 + \cdots + \mu_m w_m$$

mit gewissen Skalaren λ_i, μ_j und Vektoren $v_i, w_j \in M$, $i = 1, \ldots, n$, $j = 1, \ldots, m$.
Damit erhält man

$$v + w = \lambda_1 v_1 + \cdots + \lambda_n v_n + \mu_1 w_1 + \cdots + \mu_m w_m \in \mathrm{lin}\, M.$$

Genauso sieht man Bedingung (2) ein.   □

Man kann $\mathrm{lin}\, M$ auch anders beschreiben; dazu zuerst ein Lemma.

Lemma 2.1.8 *Sei V ein Vektorraum, und sei $\mathcal{U} \neq \emptyset$ eine Menge von Unterräumen. Dann
ist*

$$U_0 := \bigcap_{U \in \mathcal{U}} U$$

*ebenfalls ein Unterraum. Kurz: Der Schnitt von (beliebig vielen) Unterräumen ist wieder
ein Unterraum.*

Zur Erinnerung: Ist X eine Menge und $\mathcal{T} \neq \emptyset$ eine Menge von Teilmengen von X, so
setzt man

$$\bigcap_{T \in \mathscr{T}} T = \{x \in X : x \in T \text{ für alle } T \in \mathscr{T}\},$$

$$\bigcup_{T \in \mathscr{T}} T = \{x \in X : \text{es existiert } T \in \mathscr{T} \text{ mit } x \in T\}.$$

Beweis Es ist klar, dass $0_V \in U_0$. Seien $v, w \in U_0$. Dann gilt $v, w \in U$ für alle $U \in \mathscr{U}$ und deshalb auch $v + w \in U$ für alle $U \in \mathscr{U}$; das zeigt $v + w \in U_0$. Genauso sieht man die Invarianz unter der Skalarmultiplikation. $\square$

Korollar 2.1.9 *Seien V ein Vektorraum, $M \subset V$ und $\mathscr{U} = \{U \subset V : U$ ist ein Unterraum und $M \subset U\}$. Dann ist*

$$\operatorname{lin} M = \bigcap_{U \in \mathscr{U}} U. \tag{2.1.1}$$

Insbesondere ist $\operatorname{lin} M$ der kleinste Unterraum von V, der M enthält.

Beweis Es ist $\mathscr{U} \neq \emptyset$, da $V \in \mathscr{U}$. Nach Satz 2.1.7 ist $\operatorname{lin} M \in \mathscr{U}$; deshalb gilt „$\supset$" in (2.1.1). Umgekehrt ist $U_0 = \bigcap_{U \in \mathscr{U}} U$ nach Lemma 2.1.8 ein Unterraum, der M umfasst. Deswegen liegen alle Linearkombinationen von Elementen von M in U_0, und das zeigt „$\subset$". $\square$

2.2 Basis und Dimension

Wir versuchen, Vektorräume in der Form $V = \operatorname{lin} M$ für möglichst kleine Mengen M darzustellen. Dazu benötigen wir das folgende Vokabular. Mit den Buchstaben U, V, W etc. sind stets $\mathbb{R}$-Vektorräume bezeichnet.

Definition 2.2.1

(a) Ein *Erzeugendensystem* für V ist eine Teilmenge $M \subset V$ mit $V = \operatorname{lin} M$.

(b) V heißt *endlich erzeugt*, wenn es ein endliches Erzeugendensystem gibt.

(c) Die Vektoren $v_1, \ldots, v_n \in V$ heißen *linear unabhängig*, wenn die Implikation

$$\lambda_1 v_1 + \cdots + \lambda_n v_n = 0_V \quad \Rightarrow \quad \lambda_1 = \cdots = \lambda_n = 0$$

gilt. Andernfalls heißen sie *linear abhängig*. Eine Teilmenge $M \subset V$ heißt linear unabhängig, wenn jede endliche Auswahl (paarweise verschiedener) Vektoren $v_1, \ldots, v_n \in M$ linear unabhängig ist.

(d) Eine Teilmenge $M \subset V$ heißt *Basis*, wenn M ein linear unabhängiges Erzeugendensystem ist.

Zunächst einige einfache Bemerkungen zu dieser Definition.

(1) Der Begriff „endlich erzeugt" hat einen temporären Charakter und wird bald durch „endlichdimensional" ersetzt; dazu müssen wir aber ein paar nichttriviale Vorarbeiten leisten.

(2) Der Begriff „linear unabhängig" ist zentral für die Lineare Algebra; Sie sollten also alle Anstrengungen darauf richten, ihn zu meistern. Es ist klar, dass stets

$$0 \cdot v_1 + \cdots + 0 \cdot v_n = 0_V$$

ist; dies wird die *triviale Darstellung* der Null genannt. Die lineare Unabhängigkeit von $v_1, \ldots, v_n$ besagt, dass die triviale Darstellung die *einzige* Linearkombination dieser Vektoren ist, die die Null ergibt.

(3) Aus der Definition ergibt sich sofort, dass eine Teilmenge einer Menge linear unabhängiger Vektoren wieder linear unabhängig ist bzw. eine Obermenge einer Menge linear abhängiger Vektoren wieder linear abhängig ist.

(4) Explizit sind $v_1, \ldots, v_n$ linear abhängig, wenn es $\lambda_1, \ldots, \lambda_n \in \mathbb{R}$ gibt, die nicht alle verschwinden (d. h. $= 0$ sind), so dass

$$\lambda_1 v_1 + \cdots + \lambda_n v_n = 0_V$$

ist.

(5) Eine wichtige Bemerkung ist: Sind $v_1, \ldots, v_n$ linear abhängig, so ist mindestens einer dieser Vektoren eine Linearkombination der übrigen. (Beweis: Es existieren $\lambda_1, \ldots, \lambda_n$, die nicht alle $= 0$ sind, mit $\lambda_1 v_1 + \cdots + \lambda_n v_n = 0_V$. Sagen wir, dass $\lambda_j \neq 0$ ist. Durch Umstellen erhält man dann $v_j = \sum_{i \neq j} (-\lambda_i / \lambda_j) v_i$.)

(6) In $\mathbb{R}^3$ sind die Einheitsvektoren e_1 und e_2 linear unabhängig, die drei Vektoren $v_1 = e_1$, $v_2 = e_2$ und $v_3 = e_2$ sind linear abhängig, aber die Menge $\{v_1, v_2, v_3\} = \{e_1, e_2\}$ ist linear unabhängig. Das erläutert den Zusatz „paarweise verschieden" in (c).

Beispiele 2.2.2

(a) Im $\mathbb{R}^n$ bilden die Einheitsvektoren $e_1, \ldots, e_n$ ein linear unabhängiges Erzeugendensystem, also eine Basis. Sie wird *Einheitsvektorbasis* genannt.

(b) Wenn unter den Vektoren $v_1, \ldots, v_n$ zwei Vektoren übereinstimmen oder einer der Vektoren der Nullvektor ist, sind $v_1, \ldots, v_n$ linear abhängig.

(c) Der Vektorraum $\mathrm{Pol}(\mathbb{R})$ ist nicht endlich erzeugt: Nehmen wir an, es gäbe ein endliches Erzeugendensystem, sagen wir $\{f_1, \ldots, f_r\}$. Jedes f_k ist ein Polynom, dessen Grad n_k sei. Wenn wir eine Linearkombination $\lambda_1 f_1 + \cdots + \lambda_r f_r$ bilden, erhalten wir ein Polynom vom Grad $\leq \max\{n_1, \ldots, n_r\} =: N$. Also ist das Monom p_{N+1}, $p_{N+1}(x) = x^{N+1}$, nicht in $\mathrm{lin}\{f_1, \ldots, f_r\}$, und deshalb ist $\mathrm{lin}\{f_1, \ldots, f_r\} \neq \mathrm{Pol}(\mathbb{R})$. (Begründung mit Hilfe der Differentialrechnung: Die $(N+1)$-te Ableitung eines Polynoms vom Grad $\leq N$ verschwindet, aber die $(N+1)$-te Ableitung von p_{N+1} verschwindet nicht.)

Seien weiter $\mathbf{x}^k$ die Monome in $\mathrm{Pol}(\mathbb{R})$; vgl. Beispiel 2.1.6(a). Die Menge $\{\mathbf{x}^k : k \geq 0\}$ ist dann linear unabhängig: Nach Definition zusammen mit Bemerkung (3) ist Folgendes zu zeigen: Wenn $\lambda_0, \ldots, \lambda_n \in \mathbb{R}$ sind und $\lambda_0 \mathbf{x}^0 + \cdots + \lambda_n \mathbf{x}^n = 0_{\mathrm{Pol}(\mathbb{R})}$ ist, sind alle $\lambda_0 = \cdots = \lambda_n = 0$. Wäre das nicht so, gäbe es einen von 0 verschiedenen Koeffizienten mit maximalem Index, sagen wir $\lambda_\nu \neq 0$, $\lambda_{\nu+1} = \cdots = \lambda_n = 0$. Sei $p = \lambda_0 \mathbf{x}^0 + \cdots + \lambda_n \mathbf{x}^n$, also $p = \sum_{k=0}^{\nu} \lambda_k \mathbf{x}^k$; dann wäre die ν-te Ableitung von p ein konstantes Polynom $\neq 0$, nämlich konstant $\nu! \lambda_\nu$. Insbesondere wäre $p \neq 0$.

Wie in Beispiel 2.1.6(a) beobachtet, bilden die Monome ein Erzeugendensystem und daher eine Basis von $\mathrm{Pol}(\mathbb{R})$.

Dasselbe Argument funktioniert für Polynomfunktionen auf einem Intervall positiver Länge. Allerdings ist es nicht für jeden Definitionsbereich richtig, dass die Monomfunktionen $\mathbf{x}^0$, $\mathbf{x}^1$, $\mathbf{x}^2$, ... linear unabhängig sind; als Funktionen auf zum Beispiel $\{0, 1\}$ stimmen nämlich alle $\mathbf{x}^k$ ($k \geq 1$) überein.

(d) Sei A eine $m \times n$-Matrix mit den Spalten $s_1, \ldots, s_n \in \mathbb{R}^m$. Dann hat das homogene lineare Gleichungssystem $Ax = \vec{0}$ genau dann nur die triviale Lösung $x = \vec{0}$, wenn $s_1, \ldots, s_n$ linear unabhängig sind. (Das ist nur eine Umformulierung der Definition.)

Genauso ist es nur eine Umformulierung der Definition, dass das Gleichungssystem $Ax = b$ genau dann lösbar ist, wenn $b \in \mathrm{lin}\{s_1, \ldots, s_n\}$ ist; siehe Beispiel 2.1.6(b). Daher sind *alle* Gleichungssysteme $Ax = b$ genau dann lösbar, wenn $\{s_1, \ldots, s_n\}$ ein Erzeugendensystem von $\mathbb{R}^m$ ist.

(e) Wendet man (d) auf das Beispiel 1.1.1(a) an, sieht man, dass

$$\begin{pmatrix} 2 \\ 4 \\ 0 \end{pmatrix}, \begin{pmatrix} 3 \\ 5 \\ 1 \end{pmatrix}, \begin{pmatrix} -2 \\ -2 \\ -3 \end{pmatrix}$$

in $\mathbb{R}^3$ linear unabhängig sind; vgl. Satz 1.3.2 und Korollar 1.3.4.

(f) Hingegen sind

$$v_1 = \begin{pmatrix} 2 \\ 4 \\ 0 \end{pmatrix}, \; v_2 = \begin{pmatrix} 3 \\ 5 \\ 1 \end{pmatrix}, \; v_3 = \begin{pmatrix} 0 \\ 1 \\ -1 \end{pmatrix}$$

linear abhängig, da $3v_1 - 2v_2 - 2v_3 = \vec{0}$.

Basen haben folgende Minimal- bzw. Maximaleigenschaft.

Satz 2.2.3 *Die folgenden Bedingungen an eine Teilmenge $B \subset V$ sind äquivalent.*

(i) *B ist eine Basis.*

(ii) *B ist ein minimales Erzeugendensystem, d. h.: Wenn $M \subset B$ ein Erzeugendensystem ist, so ist bereits $M = B$.*

(iii) *B ist eine maximale linear unabhängige Teilmenge, d. h.: Wenn M ⊃ B linear*
      unabhängig ist, so ist bereits M = B.

Beweis (i) ⇒ (ii): Definitionsgemäß ist B ein Erzeugendensystem. Nehmen wir an, dass
$M \subset B$ ein Erzeugendensystem ist, aber $M \neq B$ ist. Dann existiert ein Vektor $v \in$
$B \setminus M$ (d. h. $v \in B$, aber $v \notin M$). Da M ein Erzeugendensystem ist, existieren $n \in \mathbb{N}$,
$\lambda_1, \ldots, \lambda_n \in \mathbb{R}$ und (ohne Einschränkung paarweise verschiedene) $v_1, \ldots, v_n \in M$ mit

$$v = \lambda_1 v_1 + \cdots + \lambda_n v_n.$$

Dann sind $v, v_1, \ldots, v_n \in B$ aber nicht linear unabhängig im Widerspruch zur Annahme,
dass B eine Basis ist.

   (ii) ⇒ (i): Sei B ein minimales Erzeugendensystem. Es ist zu zeigen, dass B linear
unabhängig ist. Wäre das nicht so, gäbe es eine nichttriviale Linearkombination $\lambda_1 v_1 +$
$\cdots + \lambda_n v_n = 0_V$ mit $v_k \in B$, die paarweise verschieden sind; $k = 1, \ldots, n$. Ohne
Einschränkung sei $\lambda_1 \neq 0$ und $\mu_k = -\lambda_k/\lambda_1$ für $k = 2, \ldots, n$. Es ist dann $v_1 = \mu_2 v_2 +$
$\cdots + \mu_n v_n$. Setze $M = B \setminus \{v_1\}$. Wir haben gerade $v_1 \in \lim M$ gezeigt; daher gilt $B \subset$
$\lim M$ und dann $\lim B \subset \lim M$. Also ist M ein echt in B enthaltenes Erzeugendensystem,
das es laut (ii) nicht gibt.

   (i) ⇒ (iii): Definitionsgemäß ist B linear unabhängig. Nehmen wir eine Menge $M \supset B$
mit $M \neq B$. Dann existiert ein Vektor $v \in M \setminus B$. Da B ein Erzeugendensystem ist,
existieren $n \in \mathbb{N}$, $\lambda_1, \ldots, \lambda_n \in \mathbb{R}$ und paarweise verschiedene $v_1, \ldots, v_n \in B$ mit

$$v = \lambda_1 v_1 + \cdots + \lambda_n v_n;$$

also sind die paarweise verschiedenen Vektoren $v, v_1, \ldots, v_n \in M$ linear abhängig, und
M ist nicht linear unabhängig.

   (iii) ⇒ (i): Sei B eine maximale linear unabhängige Teilmenge. Es ist zu zeigen, dass
B ein Erzeugendensystem ist. In der Tat: Falls es $v \in V \setminus \lim B$ gibt, ist $B \cup \{v\}$ linear
unabhängig. (Beweis?)   □

Der obige Satz gilt für alle Vektorräume, auch für nicht endlich erzeugte, allerdings
ist es für solche Vektorräume, wie z. B. $C(\mathbb{R})$, schwierig, *explizit* eine Basis anzugeben,
obwohl man abstrakt ihre Existenz beweisen kann (siehe Satz 10.1.1). Daher werden wir
uns jetzt auf endlich erzeugte Vektorräume konzentrieren.

Wir beweisen nun den Basisexistenzsatz für endlich erzeugte Vektorräume.

Satz 2.2.4 *Jeder endlich erzeugte Vektorraum besitzt eine Basis. Genauer gilt: Jedes
endliche Erzeugendensystem enthält eine Basis.*

Beweis Ist $V = \lim \emptyset = \{0_V\}$, so ist $\emptyset$ eine Basis (und zwar die einzige).

Sei jetzt $M = \{v_1, \ldots, v_r\} \neq \emptyset$ ein Erzeugendensystem von V. Wenn die v_k linear unabhängig sind, sind wir fertig. Andernfalls ist einer der Vektoren eine Linearkombination der übrigen (siehe Bemerkung (5) oben). Bei passender Nummerierung ist das v_r, und dann ist $\{v_1, \ldots, v_{r-1}\}$ ebenfalls ein Erzeugendensystem: Da nämlich $v_r \in \lim\{v_1, \ldots, v_{r-1}\}$ ist, ist auch $\{v_1, \ldots, v_r\} \subset \lim\{v_1, \ldots, v_{r-1}\}$ und deshalb $V = \lim\{v_1, \ldots, v_r\} \subset \lim\{v_1, \ldots, v_{r-1}\} \subset V$; hier geht Korollar 2.1.9 ein.

Wiederholt man dieses Argument, so erhält man nach höchstens r Schritten eine Basis von V. □

Der folgende Satz sieht harmlos aus, jedoch verlangt sein Beweis einen kleinen Kniff.

Satz 2.2.5 *Sei $\{u_1, \ldots, u_n\}$ eine Basis von V. Dann sind je $n+1$ Vektoren $v_1, \ldots, v_{n+1}$ $\in V$ linear abhängig.*

Beweis Wir zeigen, dass es eine nichttriviale Linearkombination $\sum_{i=1}^{n+1} \lambda_i v_i = 0_V$ gibt. Dazu entwickeln wir jeden Vektor v_i in die Basis $\{u_1, \ldots, u_n\}$:

$$v_i = \sum_{j=1}^{n} a_{ij} u_j \qquad (i = 1, \ldots, n+1).$$

Der Ansatz unserer Linearkombination führt dann zu

$$0_V = \sum_{i=1}^{n+1} \lambda_i v_i = \sum_{i=1}^{n+1} \lambda_i \sum_{j=1}^{n} a_{ij} u_j = \sum_{j=1}^{n} \Big(\sum_{i=1}^{n+1} a_{ij} \lambda_i \Big) u_j.$$

Da die u_j linear unabhängig sind, folgt

$$\sum_{i=1}^{n+1} a_{ij} \lambda_i = 0 \qquad (j = 1, \ldots, n).$$

Definiert man die $n \times (n+1)$-Matrix B durch[3] $b_{ji} = a_{ij}$ $(j = 1, \ldots, n; i = 1, \ldots, n+1)$, so sind nichttriviale Lösungen des Gleichungssystems

$$B\vec{x} = \vec{0}$$

gesucht; und da die Zeilenanzahl n von B kleiner als die Spaltenanzahl $n+1$ ist, liefert Korollar 1.3.5 solch eine Lösung. □

---

[3] Das werden wir bald die transponierte Matrix von (a_{ij}) nennen.

Korollar 2.2.6 *Sind $v_1, \ldots, v_r \in \mathbb{R}^n$ und ist $r > n$, so sind $v_1, \ldots, v_r$ linear abhängig.*

Korollar 2.2.7 *Seien $u_1, \ldots, u_s \in V$ linear unabhängig, und sei $\{v_1, \ldots, v_r\}$ ein Erzeugendensystem von V. Dann ist $s \leq r$.*

Beweis Nach Satz 2.2.4 enthält $\{v_1, \ldots, v_r\}$ eine Basis, sagen wir mit n Elementen. Nach Satz 2.2.5 ist $s \leq n$ (warum?). Also ist $s \leq n \leq r$. $\qquad\square$

Das nächste Korollar ist ohne unsere Vorbereitung ganz und gar nicht selbstverständlich.

Korollar 2.2.8 *Sind sowohl $\{u_1, \ldots, u_n\}$ als auch $\{u'_1, \ldots, u'_m\}$ Basen von V, so gilt $m = n$.*

Beweis Nach Korollar 2.2.7 gilt einerseits $n \leq m$ und andererseits $m \leq n$. $\qquad\square$

Je zwei Basen eines endlich erzeugten Vektorraums haben also die gleiche Anzahl von Elementen. Daher können wir folgende Definition aussprechen.

Definition 2.2.9 Die *Dimension* $\dim V$ eines endlich erzeugten Vektorraums V ist die Anzahl der Elemente einer beliebigen Basis. Falls $\dim V = n$, sagt man, V sei *n-dimensional*.

Wegen dieser Definition nennt man endlich erzeugte Vektorräume *endlichdimensional* und nicht endlich erzeugte *unendlichdimensional*; man schreibt dann $\dim V = \infty$. (Dass jeder endlich erzeugte Vektorraum eine Basis besitzt, haben wir in Satz 2.2.4 bewiesen.)

Wegen Satz 2.2.5 können wir auch sagen, dass die Dimension eines endlich erzeugten Vektorraums die Maximalzahl linear unabhängiger Vektoren ist.

Beispiele 2.2.10

(a) $\dim \mathbb{R}^n = n$, da es eine Basis aus n Elementen gibt, z. B. die Einheitsvektorbasis.
(b) $\dim \text{Pol}(\mathbb{R}) = \infty$ (vgl. Beispiel 2.2.2(c)).
(c) In Vorlesungen über Differentialgleichungen lernt man, dass der in Beispiel 2.1.4(f) beschriebene Vektorraum die Dimension n hat.

Wir benötigen noch folgende Resultate.

Satz 2.2.11 *Sei V ein n-dimensionaler Vektorraum.*

(a) *Sind $u_1, \ldots, u_n \in V$ linear unabhängig, so bilden sie eine Basis.*
(b) *Bilden $u_1, \ldots, u_n \in V$ ein Erzeugendensystem, so bilden sie eine Basis.*

Beweis

(a) Wir müssen zeigen, dass $u_1, \ldots, u_n$ ein Erzeugendensystem bilden. Wäre das nicht so, gäbe es einen Vektor $v \in V$, der nicht in $\lin\{u_1, \ldots, u_n\}$ liegt. Dann sind $v, u_1, \ldots, u_n$ linear unabhängig (Beweis?). Nach Korollar 2.2.7 müsste $n + 1 \leq n$ sein: Widerspruch!

(b) Wir müssen zeigen, dass $u_1, \ldots, u_n$ linear unabhängig sind. Wäre das nicht so, wäre einer der Vektoren eine Linearkombination der übrigen (Bemerkung (5) oben); bei passender Nummerierung ist das u_n. Dann ist auch $\{u_1, \ldots, u_{n-1}\}$ ein Erzeugendensystem. Nach Korollar 2.2.7 müsste $n \leq n - 1$ sein: Widerspruch! $\square$

Satz 2.2.12 *Sei V endlich erzeugt und U ein Unterraum. Dann ist auch U endlich erzeugt, und es gilt* $\dim U \leq \dim V$. *Im Fall* $\dim U = \dim V$ *ist* $U = V$.

Beweis Es sei $\{v_1, \ldots, v_r\}$ eine Basis von V. Wenn $u_1, \ldots, u_\sigma$ linear unabhängig in U sind, gilt nach Korollar 2.2.7 $\sigma \leq r$. Wir können also ein maximales $s \leq r$ wählen, für das s linear unabhängige Vektoren in U existieren, und diese s Vektoren bilden nach Satz 2.2.3 eine Basis von U. Das zeigt $\dim U \leq \dim V$.

Im Fall $\dim U = \dim V$ folgt $U = V$ aus Satz 2.2.11. $\square$

Die Haupteigenschaft von Basen wird im nächsten Satz ausgedrückt.

Satz 2.2.13 *Ist* $\{u_1, \ldots, u_n\}$ *eine Basis von V, so existieren zu jedem* $v \in V$ *eindeutig bestimmte* $\lambda_1, \ldots, \lambda_n \in \mathbb{R}$ *mit*

$$v = \lambda_1 u_1 + \cdots + \lambda_n u_n.$$

Beweis Die Existenz solcher Zahlen ist klar, da eine Basis definitionsgemäß ein Erzeugendensystem ist; die wesentliche Aussage ist die Eindeutigkeit. Sei also $v \in V$ mittels $\lambda_1, \ldots, \lambda_n \in \mathbb{R}$ bzw. $\mu_1, \ldots, \mu_n \in \mathbb{R}$ dargestellt als

$$v = \lambda_1 u_1 + \cdots + \lambda_n u_n \quad \text{bzw.} \quad v = \mu_1 u_1 + \cdots + \mu_n u_n.$$

Es folgt

$$(\lambda_1 - \mu_1)u_1 + \cdots + (\lambda_n - \mu_n)u_n = 0_V,$$

und wegen der linearen Unabhängigkeit der u_k hat man

$$\lambda_1 - \mu_1 = \cdots = \lambda_n - \mu_n = 0,$$

d. h. $\lambda_k = \mu_k$ für $k = 1, \ldots, n$. Das war zu zeigen. $\square$

Die λ_k können als Koordinaten des Vektors v bezüglich der vorliegenden Basis aufgefasst werden; mehr dazu in Abschn. 3.3.

Der letzte Satz dieses Abschnitts gilt als Höhepunkt in der Theorie der Basen endlichdimensionaler Räume.

Satz 2.2.14 (Steinitzscher Austauschsatz) *Sei V ein n-dimensionaler Vektorraum. Seien $u_1, \ldots, u_s \in V$ linear unabhängig und $M = \{v_1, \ldots, v_r\}$ ein Erzeugendensystem von V. Dann ist $s \leq n \leq r$, und man kann $n - s$ Vektoren aus M auswählen – bei passender Nummerierung $v_{s+1}, \ldots, v_n$ –, so dass $\{u_1, \ldots, u_s, v_{s+1}, \ldots, v_n\}$ eine Basis von V ist.*

Beweis Wir wissen bereits, dass $s \leq n \leq r$ ist (siehe Korollar 2.2.7 und seinen Beweis). Ferner können wir nach Satz 2.2.4 annehmen, dass $r = n$ und M eine Basis ist.

Ist $s = n$, sind wir wegen Satz 2.2.11(a) bereits fertig. Ist $s < n$, so ist $\{u_1, \ldots, u_s\}$ keine Basis; es muss daher einen Vektor in M geben, der nicht Linearkombination der u_j ist. Bei passender Nummerierung ist das v_{s+1}. Dann sind aber $\{u_1, \ldots, u_s, v_{s+1}\}$ linear unabhängig, und wir können das Argument wiederholen.

Nach $n - s$ Schritten hat man eine linear unabhängige Teilmenge $\{u_1, \ldots, u_s, v_{s+1}, \ldots, v_n\}$ konstruiert, die nach Satz 2.2.11(a) eine Basis ist.   □

Der Steinitzsche Austauschsatz impliziert insbesondere:

Korollar 2.2.15 *Jede linear unabhängige Teilmenge eines endlichdimensionalen Vektorraums lässt sich zu einer Basis ergänzen.*

Das Korollar gilt auch für unendlichdimensionale Räume (insbesondere hat auch jeder unendlichdimensionale Vektorraum eine Basis), verlangt aber einen anderen Beweis (Korollar 10.1.2).

Das Problem, für Unterräume des $\mathbb{R}^n$ Basen konkret anzugeben, werden wir im nächsten Abschnitt lösen.

In Abschn. 9.7 benötigen wir folgendes Gegenstück zu Korollar 2.2.15, das die zweite Aussage in Satz 2.2.4 ergänzt.

Korollar 2.2.16 *Jedes Erzeugendensystem eines endlichdimensionalen Vektorraums enthält eine Basis.*

Beweis Sei $u_1, \ldots, u_n$ eine Basis von $V = \operatorname{lin} M$; hier kann M eine unendliche Menge sein. Jedes u_j kann dann durch gewisse Vektoren in M linear kombiniert werden, da M ein Erzeugendensystem ist. Insgesamt treten dabei endlich viele Vektoren $v_1, \ldots, v_r \in M$ auf, die also ein endliches Erzeugendensystem von V bilden. Nach Satz 2.2.4 enthält $\{v_1, \ldots, v_r\}$ eine Basis.   □

2.3 Der Rang einer Matrix

Sei A eine $m \times n$-Matrix mit den Spalten $s_1, \ldots, s_n \in \mathbb{R}^m$. Wir nennen die lineare Hülle dieser Vektoren den *Spaltenraum* von A; mit anderen Worten ist

$$\mathrm{SR}(A) := \mathrm{lin}\{s_1, \ldots, s_n\} = \{Ax : x \in \mathbb{R}^n\} \subset \mathbb{R}^m.$$

Definition 2.3.1 Die Dimension von $\mathrm{SR}(A)$ heißt der *Rang* von A; Bezeichnung: $\mathrm{rg}(A)$.

Der Rang von A gibt also die Maximalzahl linear unabhängiger Spalten an (warum?). Eigentlich sollte man vom *Spaltenrang* sprechen; zum Zusammenhang zum sogenannten Zeilenrang siehe Satz 2.3.10.

Zur Berechnung des Rangs ist es günstig, ein Lemma vorauszuschicken.

Lemma 2.3.2 *Sei S eine invertierbare $n \times n$-Matrix. Dann sind $x_1, \ldots, x_r \in \mathbb{R}^n$ genau dann linear unabhängig, wenn $Sx_1, \ldots, Sx_r$ linear unabhängig sind.*

Beweis Seien $x_1, \ldots, x_r$ linear unabhängig und gelte $\lambda_1 \cdot Sx_1 + \cdots + \lambda_r \cdot Sx_r = \vec{0}$. Dann ist auch $S(\lambda_1 x_1 + \cdots + \lambda_r x_r) = \vec{0}$ und, weil S invertierbar ist,

$$\lambda_1 x_1 + \cdots + \lambda_r x_r = S^{-1} S(\lambda_1 x_1 + \cdots + \lambda_r x_r) = \vec{0}.$$

Nach Voraussetzung sind alle $\lambda_k = 0$.

Da $x_k = S^{-1}(Sx_k)$ ist, ist damit auch die Umkehrung bewiesen; man muss nur den ersten Teil des Beweises mit S^{-1} statt S anwenden. □

Satz 2.3.3 *Sei A eine $m \times n$-Matrix.*

(a) *Wenn S eine invertierbare $n \times n$-Matrix ist, ist $\mathrm{SR}(A) = \mathrm{SR}(AS)$ und deshalb $\mathrm{rg}(A) = \mathrm{rg}(AS)$.*

(b) *Wenn S eine invertierbare $m \times m$-Matrix ist, ist $\mathrm{rg}(A) = \mathrm{rg}(SA)$.*

Beweis (a) Das ist klar, da

$$\mathrm{SR}(A) = \{Ax : x \in \mathbb{R}^n\} = \{ASy : y \in \mathbb{R}^n\} = \mathrm{SR}(AS),$$

denn die von S vermittelte Abbildung L_S (vgl. Abschn. 1.5) ist bijektiv.

(b) Das folgt aus Lemma 2.3.2, da SA die Spalten $Ss_1, \ldots, Ss_n$ hat, wenn $s_1, \ldots, s_n$ die Spalten von A sind. □

Dieser Satz liefert uns eine Berechnungsmöglichkeit von $\mathrm{rg}(A)$. Hierzu sehen wir uns die Zeilenstufenform A' von A an, die die Pivotspalten $s'_{j_1}, \ldots, s'_{j_r}$ habe, $1 \leq j_1 < j_2 < \cdots < j_r \leq n$. Diese sind linear unabhängig, also ist $\mathrm{rg}(A') \geq r$. Andererseits interessieren von den Spalten von A' nur die obersten r Einträge (der Rest sind Nullen); also können wir so tun, als wären es Vektoren in $\mathbb{R}^r$, wenn wir die „überflüssigen" Nullen vergessen. Dann impliziert Korollar 2.2.6 $\mathrm{rg}(A') \leq r$; es ist also $\mathrm{rg}(A') = r$. Nun ist nach Satz 1.6.2 $A' = SA$ für eine invertierbare $m \times m$-Matrix S. Nach Satz 2.3.3(b) ist auch $\mathrm{rg}(A) = r$. Mehr noch: Satz 2.2.11 impliziert den folgenden Satz.

Satz 2.3.4 *Besitzt die Zeilenstufenform einer $m \times n$-Matrix A ihre Pivotspalten an den Positionen $j_1, \ldots, j_r$, so bilden die Spalten $s_{j_1}, \ldots, s_{j_r}$ eine Basis des Spaltenraums von A.*

Aus diesem Satz und der Definition des Rangs ergibt sich:

Korollar 2.3.5 *Für eine $m \times n$-Matrix A gilt $\mathrm{rg}(A) \leq \min\{m, n\}$.*

Mit Satz 2.3.4 löst man auch das Problem, Basen in gewissen Unterräumen von $\mathbb{R}^m$ zu finden: Sei $U = \mathrm{lin}\{s_1, \ldots, s_n\}$ ein Unterraum von $\mathbb{R}^m$. Um eine Basis von U zu finden, schreibe man die Vektoren $s_1, \ldots, s_n$ als Spalten in eine Matrix A und wende Satz 2.3.4 an.

Ein zweites Problem lässt sich ebenfalls lösen. Gegeben seien linear unabhängige Vektoren $s_1, \ldots, s_l \in \mathbb{R}^m$. Um diese zu einer Basis von $\mathbb{R}^m$ zu ergänzen (vgl. Korollar 2.2.15), bilde man die Matrix mit den Spalten $s_1, \ldots, s_l, e_1, \ldots, e_m$ in dieser Reihenfolge (mit e_j sind die Einheitsvektoren in $\mathbb{R}^m$ gemeint). Auf diese Matrix wende man Satz 2.3.4 an, um eine gewünschte Basis zu erhalten. Beachte, dass die ersten l Spalten Pivotspalten der Zeilenstufenform sind (warum?).

Schließlich betrachten wir noch den Unterraum $\{x \in \mathbb{R}^n \colon Ax = \vec{0}\}$, der auch *Kern* der Matrix A genannt wird. Zuerst bestimmen wir seine Dimension, die der *Defekt* von A heißt:

$$\mathrm{df}(A) := \dim\{x \in \mathbb{R}^n \colon Ax = \vec{0}\}.$$

Der folgende Satz beinhaltet eine der zentralen Aussagen der Linearen Algebra.

Satz 2.3.6 *Für eine $m \times n$-Matrix A gilt*

$$\mathrm{df}(A) + \mathrm{rg}(A) = n.$$

Beweis Wenngleich man das aus Satz 1.3.2 herauslesen könnte, wollen wir einen Beweis führen, der die Techniken dieses Kapitels benutzt und auf allgemeinere Situationen übertragen werden kann (siehe Satz 3.1.8). Wir betrachten eine Basis $\{u_1, \ldots, u_k\}$ von

$U = \{x \in \mathbb{R}^n \colon Ax = \vec{0}\}$ und ergänzen sie zu einer Basis $\{u_1, \ldots, u_k, u_{k+1}, \ldots, u_n\}$ des $\mathbb{R}^n$. (Hier gehen Korollar 2.2.8 and Korollar 2.2.15 ein.) Es reicht zu zeigen, dass $Au_{k+1}, \ldots, Au_n$ eine Basis des Spaltenraums von A bilden.

Zunächst ist klar, dass die Au_j Elemente des Spaltenraums sind. Um zu zeigen, dass sie linear unabhängig sind, setzen wir

$$\lambda_{k+1} \cdot Au_{k+1} + \cdots + \lambda_n \cdot Au_n = \vec{0}$$

an. Dann ist auch $A(\lambda_{k+1}u_{k+1} + \cdots + \lambda_n u_n) = \vec{0}$, also $\lambda_{k+1}u_{k+1} + \cdots + \lambda_n u_n \in U$. Entwickeln wir dieses Element in die gewählte Basis von U:

$$\lambda_{k+1}u_{k+1} + \cdots + \lambda_n u_n = \lambda_1 u_1 + \cdots + \lambda_k u_k.$$

Da die $u_1, \ldots, u_n$ linear unabhängig sind, müssen alle $\lambda_j = 0$ sein; insbesondere ist $\lambda_{k+1} = \cdots = \lambda_n = 0$, was zu zeigen war.

Nun zeigen wir, dass $Au_{k+1}, \ldots, Au_n$ ein Erzeugendensystem von $\mathrm{SR}(A)$ bilden. Sei dazu $x \in \mathbb{R}^n$ geschrieben als

$$x = \xi_1 u_1 + \cdots + \xi_n u_n.$$

Da $u_1, \ldots, u_k \in U$, folgt

$$Ax = \xi_{k+1} \cdot Au_{k+1} + \cdots + \xi_n \cdot Au_n \in \mathrm{lin}\{Au_{k+1}, \ldots, Au_n\},$$

was zu zeigen war.   □

Man beachte, dass dieser Satz einen neuen Beweis für Satz 1.3.4 liefert.

Um eine Basis des Kerns von A, also des Lösungsraums des homogenen Gleichungssystems $Ax = \vec{0}$, zu bestimmen, geht man gemäß Satz 1.3.2 mit Rückwärtssubstitution vor; jede Nicht-Pivotspalte generiert dann eine Lösung, und all diese Lösungen sind linear unabhängig. Da es $n - r$ solche Spalten gibt, hat man nach Satz 2.3.6 wirklich eine Basis des Lösungsraums bestimmt.

Hier ein Beispiel. Für die Matrix

$$A = \begin{pmatrix} 2 & -4 & 2 & -2 \\ 2 & -1 & 3 & 4 \\ 4 & -8 & 3 & -2 \\ 0 & 0 & -1 & 2 \end{pmatrix}$$

ergibt sich als Zeilenstufenform (nachrechnen!)

$$\begin{pmatrix} 2 & -4 & 2 & -2 \\ 0 & 0 & 1 & -2 \\ 0 & 0 & 0 & 0 \\ 0 & 0 & 0 & 0 \end{pmatrix}.$$

Daher erhält man sämtliche Lösungen von $Ax = \vec{0}$ mit zwei freien Parametern t und s in der Form

$$x_4 = t, \quad x_3 = 2t, \quad x_2 = s, \quad x_1 = \frac{1}{2}(4s - 2 \cdot (2t) + 2t) = 2s - t,$$

also

$$x = \begin{pmatrix} 2s - t \\ s \\ 2t \\ t \end{pmatrix} = s \begin{pmatrix} 2 \\ 1 \\ 0 \\ 0 \end{pmatrix} + t \begin{pmatrix} -1 \\ 0 \\ 2 \\ 1 \end{pmatrix}.$$

Die Vektoren

$$\begin{pmatrix} 2 \\ 1 \\ 0 \\ 0 \end{pmatrix} \quad \text{und} \quad \begin{pmatrix} -1 \\ 0 \\ 2 \\ 1 \end{pmatrix}$$

bilden daher eine Basis des Lösungsraums des homogenen Gleichungssystems.

Mit dem Begriff des Rangs lässt sich die Lösbarkeit eines inhomogenen Gleichungssystems so formulieren.

Satz 2.3.7 *Seien A eine m × n-Matrix und b ∈ ℝ^m. Dann ist das Gleichungssystem Ax = b genau dann lösbar, wenn b im Spaltenraum von A liegt, und das ist äquivalent dazu, dass A und die erweiterte Koeffizientenmatrix (A | b) denselben Rang haben.*

Beweis Die erste Aussage ist klar, da $Ax = b$ genau dann lösbar ist, wenn b eine Linearkombination der Spalten von A ist. Das zeigt auch, dass in diesem Fall rg$(A) =$ rg$(A | b)$ ist. Gilt umgekehrt rg$(A) =$ rg$(A | b)$, so muss b von den Spalten von A linear abhängig sein (Beweis?). Daraus folgt die Lösbarkeit von $Ax = b$. $\qquad\square$

Wir haben den Rang einer Matrix als die Maximalzahl linear unabhängiger Spalten definiert. Genauso könnte man die Maximalzahl linear unabhängiger Zeilen betrachten.

Da in unserem Weltbild Vektoren immer Spalten sind, benötigen wir einen Kunstgriff, um diese Definition konsistent zu fassen.

Ist $A = (a_{ij})_{i=1,...,m; j=1,...,n}$ eine $m \times n$-Matrix, so nennen wir die $n \times m$-Matrix

$$A^t = (a_{ij}^t)_{i=1,...,n; j=1,...,m}, \quad a_{ij}^t = a_{ji},$$

die zu A *transponierte Matrix*. Beispiel:

$$A = \begin{pmatrix} 1 & 2 \\ 3 & 4 \\ 5 & 6 \end{pmatrix}, \quad A^t = \begin{pmatrix} 1 & 3 & 5 \\ 2 & 4 & 6 \end{pmatrix}.$$

Der *Zeilenrang* von A ist definitionsgemäß der Rang von A^t.

Zunächst bringen wir zwei nützliche Lemmata über transponierte Matrizen.

Lemma 2.3.8 *Ist A eine $m \times n$- und B eine $l \times m$-Matrix, so gilt $(BA)^t = A^t B^t$.*

Beweis In Zeile i und Spalte k der Matrix BA steht die Zahl $\sum_j b_{ij} a_{jk}$, deshalb steht in der transponierten Matrix $(BA)^t$ in der i-ten Zeile und k-ten Spalte

$$\sum_j b_{kj} a_{ji} = \sum_j (a_{ij}^t)(b_{jk}^t),$$

also dasselbe Element wie bei $A^t B^t$. $\square$

Lemma 2.3.9 *Ist S eine invertierbare $n \times n$-Matrix, so ist auch S^t invertierbar, und es gilt $(S^t)^{-1} = (S^{-1})^t$.*

Beweis Aus $SS^{-1} = S^{-1}S = E_n$ folgt nach Lemma 2.3.8 $E_n = E_n^t = (S^{-1})^t S^t = S^t (S^{-1})^t$; das zeigt $(S^t)^{-1} = (S^{-1})^t$. $\square$

Der folgende Satz ist recht überraschend.

Satz 2.3.10 *Für jede Matrix stimmen Zeilenrang und Spaltenrang überein.*

Beweis Wir wissen aus Satz 2.3.3, dass die Multiplikation einer Matrix A mit einer invertierbaren Matrix von rechts oder links den Rang unverändert lässt. Wegen Lemma 2.3.8 und 2.3.9 sowie Satz 1.6.2 reicht es daher, den Satz zu zeigen, wenn A in Zeilenstufenform vorliegt, was jetzt angenommen sei. Ist r die Anzahl der Pivotspalten, so gilt ja $\mathrm{rg}(A) = r$; siehe die Überlegungen vor Satz 2.3.4. Außerdem ist klar, dass genau die ersten r Spalten von A^t ($\hat{=}$ Zeilen von A) keine Nullspalten und linear unabhängig sind. Daher ist $\mathrm{rg}(A^t) = r = \mathrm{rg}(A)$. $\square$

Am Ende von Abschn. 1.1 haben wir Vermutungen über das typische Lösungsverhalten eines Gleichungssystems mit m Gleichungen und n Unbekannten formuliert. Jetzt wissen wir das genau: Bei einem homogenen Gleichungssystem, das durch eine $m \times n$-Matrix beschrieben wird, ist die Zahl der „relevanten" Gleichungen wichtig; „irrelevant" sind diejenigen Gleichungen, die sich durch andere ausdrücken lassen. Mit anderen Worten ist diese Anzahl r definitionsgemäß gleich dem Zeilenrang von A, also $r = \mathrm{rg}(A)$ nach Satz 2.3.10. Ist k die Anzahl der linear unabhängigen Lösungen von $Ax = \vec{0}$, so gilt nach Satz 2.3.6 $k + r = n$; insbesondere gibt es nichttriviale Lösungen genau dann, wenn $r < n$ ist.

Unsere Erkenntnisse über den Rang einer quadratischen Matrix können wir so zusammenfassen.

Korollar 2.3.11   *Für eine $n \times n$-Matrix A sind folgende Bedingungen äquivalent:*

   (i) $\mathrm{rg}(A) = n$.
  (ii)   *Die Spalten von A sind linear unabhängig.*
 (iii)   *Die Zeilen von A sind linear unabhängig.*
  (iv)   *Das homogene Gleichungssystem $Ax = \vec{0}$ hat nur die triviale Lösung $x = \vec{0}$.*
   (v)   *Für jedes $b \in \mathbb{R}^n$ ist das inhomogene Gleichungssystem $Ax = b$ lösbar.*
  (vi)   *Für jedes $b \in \mathbb{R}^n$ ist das inhomogene Gleichungssystem $Ax = b$ eindeutig lösbar.*
 (vii)   *A ist invertierbar.*
(viii)   *Es existiert eine $n \times n$-Matrix B mit $AB = E_n$.*
  (ix)   *Es existiert eine $n \times n$-Matrix B mit $BA = E_n$.*

Im übernächsten Kapitel (Korollar 4.2.5) werden wir als weitere äquivalente Bedingung

   (x) $\det(A) \neq 0$

hinzufügen können, wenn wir die Determinante studieren.

2.4   Summen von Unterräumen

Wir betrachten folgende Situation: V ist ein Vektorraum, und $U_1, \ldots, U_r$ sind endlich viele Unterräume. Als *Summe* dieser Unterräume bezeichnen wir die Menge

$$U_1 + \cdots + U_r = \{v \in V \colon \text{Es existieren } u_j \in U_j \text{ mit } v = u_1 + \cdots + u_r\}.$$

Lemma 2.4.1   *Es ist*

$$U_1 + \cdots + U_r = \mathrm{lin}(U_1 \cup \ldots \cup U_r);$$

insbesondere ist $U_1 + \cdots + U_r$ ein Unterraum von V.

Beweis Die Inklusion „⊂" ist klar nach Definition der Summe. Sei jetzt $v \in \mathrm{lin}(U_1 \cup \ldots \cup U_r)$; dann kann man

$$v = u_1 + \cdots + u_s$$

mit $u_i \in U_1 \cup \ldots \cup U_r$ schreiben (warum?). Nun sortieren wir die Indizes:

$$I_1 = \{i\colon u_i \in U_1\}, \ I_2 = \{i\colon u_i \in U_2\} \setminus I_1, \ I_3 = \{i\colon u_i \in U_3\} \setminus (I_1 \cup I_2) \text{ etc.}$$

(Einige der I_ρ können leer sein.) Dann haben wir die Darstellung[4]

$$v = \left(\sum_{i \in I_1} u_i\right) + \cdots + \left(\sum_{i \in I_r} u_i\right) \in U_1 + \cdots + U_r,$$

was die andere Inklusion zeigt. Der Zusatz ist wegen Satz 2.1.7 klar. □

Im Fall $r = 2$ hat man folgende wichtige Dimensionsformel.

Satz 2.4.2 *Sind U_1 und U_2 endlichdimensionale Unterräume von V, so ist auch $U_1 + U_2$ endlichdimensional, und es gilt*

$$\dim(U_1 + U_2) + \dim(U_1 \cap U_2) = \dim U_1 + \dim U_2.$$

Beweis Es sei $\{u_1, \ldots, u_r\}$ eine Basis von $U_1 \cap U_2$; wir ergänzen sie zu Basen $\{u_1, \ldots, u_r, v_{r+1}, \ldots, v_{r+k}\}$ bzw. $\{u_1, \ldots, u_r, w_{r+1}, \ldots, w_{r+l}\}$ von U_1 bzw. U_2. Es ist also $\dim(U_1 \cap U_2) = r$, $\dim U_1 = r + k$, $\dim U_2 = r + l$. Wir zeigen, dass $\{u_1, \ldots, u_r, v_{r+1}, \ldots, v_{r+k}, w_{r+1}, \ldots, w_{r+l}\}$ eine Basis von $U_1 + U_2$ ist, was die Behauptung liefert.

Diese Vektoren sind linear unabhängig: Gelte

$$\lambda_1 u_1 + \cdots + \lambda_r u_r + \mu_1 v_{r+1} + \cdots + \mu_k v_{r+k} + \nu_1 w_{r+1} + \cdots + \nu_l w_{r+l} = 0_V. \quad (2.4.1)$$

Dann ist

$$\nu_1 w_{r+1} + \cdots + \nu_l w_{r+l} = -(\lambda_1 u_1 + \cdots + \lambda_r u_r + \mu_1 v_{r+1} + \cdots + \mu_k v_{r+k}) \in U_1 \cap U_2$$

(denn die rechte Seite liegt in U_1 und die linke in U_2) und daher von der Form

$$\nu_1 w_{r+1} + \cdots + \nu_l w_{r+l} = \alpha_1 u_1 + \cdots + \alpha_r u_r.$$

---

[4] Die Summe über die leere Menge, $\sum_{i \in \emptyset} u_i$, ist definitionsgemäß 0.

Die lineare Unabhängigkeit von $u_1, \ldots, u_r, w_{r+1}, \ldots, w_{r+l}$ liefert, dass alle $\nu_i = 0$ sind. Da $u_1, \ldots, u_r, v_{r+1}, \ldots, v_{r+k}$ linear unabhängig sind, sind in (2.4.1) auch alle $\mu_i = 0$ und alle $\lambda_i = 0$.

Diese Vektoren bilden ein Erzeugendensystem von $U_1 + U_2$: Sei $v \in U_1 + U_2$, sagen wir $v = y_1 + y_2$ mit $y_j \in U_j$. Wir können y_j in die angegebenen Basen entwickeln; Addition zeigt dann $v \in \lin\{u_1, \ldots, u_r, v_{r+1}, \ldots, v_{r+k}, w_{r+1}, \ldots, w_{r+l}\}$. $\square$

Das folgende einfache Korollar ist oft hilfreich.

Korollar 2.4.3 *Seien U_1 und U_2 Unterräume des n-dimensionalen Vektorraums V mit* $\dim U_1 + \dim U_2 > n$. *Dann ist $U_1 \cap U_2 \neq \{0_V\}$.*

Wenn Unterräume U_1 und U_2 von V mit $U_1 \cap U_2 = \{0_V\}$ vorliegen, nennt man die Summe $U_1 + U_2$ eine *direkte Summe* und schreibt $U_1 \oplus U_2$; U_2 wird ein *Komplementärraum* zu U_1 (relativ zu $U_1 \oplus U_2$) genannt (zu Eindeutigkeit und Existenz siehe Korollar 5.3.11 und Satz 10.1.3). In diesem Fall gilt folgende Eindeutigkeitsaussage.

Satz 2.4.4 *Für $u \in U_1 \oplus U_2$ existieren eindeutig bestimmte $u_j \in U_j$ mit $u = u_1 + u_2$.*

Beweis Die Existenz solcher u_j ist klar nach Definition. Gelte nun

$$u = u_1 + u_2 = \tilde{u}_1 + \tilde{u}_2 \text{ mit } u_j, \tilde{u}_j \in U_j.$$

Dann ist $u - u = (u_1 - \tilde{u}_1) + (u_2 - \tilde{u}_2) = 0_V$, also $u_1 - \tilde{u}_1 = \tilde{u}_2 - u_2 \in U_1 \cap U_2 = \{0_V\}$. Das zeigt $u_1 = \tilde{u}_1$ und $u_2 = \tilde{u}_2$ und damit die behauptete Eindeutigkeit. $\square$

Allgemeiner spricht man von einer *direkten Summe* der Unterräume $U_1, \ldots, U_r$, wenn sich jedes Element von $U_1 + \cdots + U_r$ eindeutig als $u_1 + \cdots + u_r$ mit $u_j \in U_j$ darstellen lässt; Bezeichnung: $U_1 \oplus \cdots \oplus U_r$. Aus Satz 2.4.2 folgt induktiv

$$\dim(U_1 \oplus \cdots \oplus U_r) = \dim U_1 + \cdots + \dim U_r. \tag{2.4.2}$$

Eng verwandt mit den direkten Summen sind die *direkten Produkte* von Vektorräumen, die wir kurz streifen. Seien $V_1, \ldots, V_r$ Vektorräume und $V = V_1 \times \cdots \times V_r$ ihr kartesisches Produkt, d. h.

$$V = \{(v_1, \ldots, v_r) \colon v_j \in V_j \text{ für } j = 1, \ldots, r\}.$$

Wir führen eine Addition und eine Skalarmultiplikation auf V ein gemäß

$$(v_1, \ldots, v_r) + (w_1, \ldots, w_r) = (v_1 + w_1, \ldots, v_r + w_r),$$

$$\lambda(v_1, \ldots, v_r) = (\lambda v_1, \ldots, \lambda v_r).$$

Man überprüft dann, dass V mit diesen Operationen die Struktur eines Vektorraums trägt. (Tun Sie's!)

Sei für $j = 1, \ldots, r$

$$U_j = \{(v_1, \ldots, v_r) \in V: v_i = 0_{V_i} \text{ für } i \neq j\}.$$

Dann ist U_j ein Unterraum von V, und es gilt $V = U_1 \oplus \cdots \oplus U_r$ (Beweis?). Natürlich ist U_j „irgendwie dasselbe" wie V_j; aber um das präzise zu fassen, benötigen wir den Begriff des Vektorraum-Isomorphismus. Dazu mehr im folgenden Kapitel.

2.5 Aufgaben

Aufgabe 2.5.1 Sei U ein Untervektorraum von V. Dann ist $\{v \in V: v \notin U\}$ kein Untervektorraum von V.

Aufgabe 2.5.2 Seien U_1 und U_2 Untervektorräume von V. Dann ist auch $U_1 \cap U_2$ ein Untervektorraum von V.

Aufgabe 2.5.3 Untersuchen Sie, welche der folgenden Teilmengen U Unterräume des Vektorraums V sind.

(a) $V = \mathbb{R}^n$, $U = \{v \in V: v_n \geq 0\}$
(b) $V = \text{Abb}([0, 2])$, $U = \{f \in V: f(0) + f(1) + f(2) = 0\}$
(c) $V = \mathbb{R}^{n \times n}$, $U = \{A \in V: A \text{ ist nicht invertierbar}\}$
(d) $V = \text{Pol}(\mathbb{R})$, $U = \{f \in V: \int_0^1 f(x)\,dx = 0\}$

Bemerkungen: In (a) habe v die Koordinaten $v_1, \ldots, v_n$. In (d) sind elementare Kenntnisse der Integralrechung aus der Schule vorausgesetzt.

Aufgabe 2.5.4 Sei V ein Vektorraum, und seien U_1 und U_2 Unterräume von V. Zeigen Sie: Wenn $U_1 \cup U_2$ ein Unterraum von V ist, dann ist $U_1 \subset U_2$ oder $U_2 \subset U_1$.

Aufgabe 2.5.5 Zeigen Sie folgende Aussage: Die Vektoren $v_1, \ldots, v_n$ eines Vektorraums V sind genau dann linear abhängig, wenn einer von ihnen eine Linearkombination der übrigen ist.

Aufgabe 2.5.6 Sei A eine $m \times n$-Matrix, und seien $v_1, \ldots, v_k \in \mathbb{R}^n$. Zeigen Sie: Wenn $Av_1, \ldots, Av_k \in \mathbb{R}^m$ linear unabhängig sind, so sind auch $v_1, \ldots, v_k$ linear unabhängig. Gilt auch die Umkehrung?

Aufgabe 2.5.7

(a) Sei

$$M = \left\{ \begin{pmatrix} 1 \\ x \\ x^2 \end{pmatrix} : x \in \mathbb{R} \right\} \subset \mathbb{R}^3.$$

Zeigen Sie, dass je drei verschiedene Vektoren $v_1, v_2, v_3 \in M$ linear unabhängig sind.

(b) Bestimmen Sie 2222 verschiedene Basen des Vektorraums $\mathbb{R}^3$, die aus insgesamt 6666 verschiedenen Vektoren aus M bestehen.

Aufgabe 2.5.8 Die j-te Spaltensumme einer $m \times n$-Matrix $A = (a_{ij})$ ist

$$\sigma_j(A) = \sum_{i=1}^{m} a_{ij},$$

und die i-te Zeilensumme ist

$$\zeta_i(A) = \sum_{j=1}^{n} a_{ij}.$$

(a) Zeigen Sie, dass die Menge

$$V = \{A \in \mathbb{R}^{m \times n} : \sigma_1(A) = \cdots = \sigma_n(A) = \zeta_1(A) = \cdots = \zeta_m(A)\}$$

einen Unterraum von $\mathbb{R}^{m \times n}$ bildet.

(b) Bestimmen Sie im Fall $m = n = 2$ die Dimension von V und eine Basis.

Aufgabe 2.5.9 Sei V ein Vektorraum mit $\dim(V) \geq 2$ und einer Basis $v_1, \ldots, v_n$. Betrachten Sie die Vektoren

(a) $v_1 - v_2$, $v_2 - v_3$, $v_3 - v_4$, $\ldots$, $v_{n-1} - v_n$, $v_n - v_1$;
(b) $v_1 + v_2$, $v_2 + v_3$, $v_3 + v_4$, $\ldots$, $v_{n-1} + v_n$, $v_n + v_1$.

Für welche n bilden die Vektoren in (a) bzw. (b) ebenfalls eine Basis von V?

Aufgabe 2.5.10 Bestimmen Sie den Rang der Matrix

$$\begin{pmatrix} 1 & 3 & 0 & -1 & 2 \\ 0 & -2 & 4 & -2 & 0 \\ 3 & 11 & -4 & -1 & 6 \\ 2 & 5 & 3 & -4 & 0 \end{pmatrix}.$$

Aufgabe 2.5.11 Sei A die Matrix

$$\begin{pmatrix} 2 & -4 & 2 & -2 \\ 2 & -4 & 3 & -4 \\ 4 & -8 & 3 & -2 \\ 0 & 0 & -1 & 2 \end{pmatrix}.$$

Lösen Sie mit dem Gaußschen Algorithmus das Gleichungssystem $Ax = \vec{0}$, und bestimmen Sie den Rang von A.

Aufgabe 2.5.12 Bestimmen Sie eine Basis für den Unterraum von $\mathbb{R}^5$, der von den Vektoren

$$\begin{pmatrix} 1 \\ -1 \\ 0 \\ 2 \\ 1 \end{pmatrix}, \begin{pmatrix} 2 \\ 1 \\ -2 \\ 0 \\ 0 \end{pmatrix}, \begin{pmatrix} 0 \\ -3 \\ 2 \\ 4 \\ 2 \end{pmatrix}, \begin{pmatrix} 3 \\ 3 \\ -4 \\ -2 \\ -1 \end{pmatrix}, \begin{pmatrix} 2 \\ 4 \\ 1 \\ 0 \\ 1 \end{pmatrix}, \begin{pmatrix} 5 \\ 7 \\ -3 \\ -2 \\ 0 \end{pmatrix}$$

aufgespannt wird.

Aufgabe 2.5.13 Eine quadratische Matrix A heißt *symmetrisch*, wenn $A = A^t$ ist.

(a) Zeigen Sie für eine $m \times n$-Matrix A, dass AA^t und A^tA symmetrisch sind.
(b) Zeigen Sie für eine quadratische Matrix A, dass $A + A^t$ symmetrisch ist.

Aufgabe 2.5.14 Seien U_1, U_2, U_3 Unterräume des n-dimensionalen Vektorraums V.

(a) Zeigen Sie $\dim(U_1 \cap U_2 \cap U_3) \geq \dim(U_1) + \dim(U_2) + \dim(U_3) - 2n$.
(b) Geben Sie ein Beispiel, wo „$=$" vorkommt.
(c) Geben Sie ein Beispiel, wo „$>$" vorkommt.

Lineare Abbildungen

3

3.1 Definition und erste Eigenschaften

Die Diskussion linearer Gleichungssysteme in Kap. 1 hat gezeigt, dass die Hauptbeteiligten einerseits Vektoren und andererseits Matrizen sind. In Kap. 2 haben wir einen Blick auf die allgemeine Theorie der Vektoren geworfen, und nun wollen wir uns abstrakt den Matrizen widmen.

Jede Matrix generiert eine Abbildung (vgl. Satz 1.5.1), deren entscheidende Eigenschaften in der folgenden Definition herausgestellt sind.

Definition 3.1.1 Seien V und W Vektorräume und $L\colon V \to W$ eine Abbildung. Dann heißt L *linear*, wenn

(a) $L(u + v) = L(u) + L(v)$ für alle $u, v \in V$,
(b) $L(\lambda v) = \lambda \cdot L(v)$ für alle $v \in V, \lambda \in \mathbb{R}$.

Statt lineare Abbildung sagt man auch *linearer Operator* oder *lineare Transformation*.

Es gibt zahlreiche Beispiele linearer Abbildungen in der Algebra und der Analysis. Bevor wir einige davon kennenlernen, machen wir die einfache Bemerkung, dass für eine lineare Abbildung $L\colon V \to W$ stets $L(0_V) = 0_W$ gilt, da ja $L(0_V) = L(0 \cdot 0_V) = 0 \cdot L(0_V) = 0_W$. Ferner ist stets $L(-v) = -L(v)$, da ja $-v = (-1) \cdot v$ ist.

Beispiele 3.1.2

(a) In Satz 1.5.1 wurde bemerkt, dass für eine $m \times n$-Matrix A die Abbildung

$$L_A\colon \mathbb{R}^n \to \mathbb{R}^m, \quad L_A(x) = Ax$$

linear ist.

(b) Sei $D(I)$ der Vektorraum der differenzierbaren Funktionen auf einem Intervall I. Die aus der Schulmathematik bekannten Ableitungsregeln implizieren, dass

$$L\colon D(I) \to \mathrm{Abb}(I), \quad L(f) = f'$$

eine lineare Abbildung ist.

(c) Die Integration ist ebenfalls ein linearer Prozess, wie Sie in der Schulmathematik gelernt haben. Wir betrachten dies in folgendem Kontext. Sei $a < b$ und

$$L\colon \mathrm{Pol}([a, b]) \to \mathbb{R}, \quad L(f) = \int_a^b f(x)\, dx.$$

Dann ist L eine lineare Abbildung. Hier ist der Wertebereich $\mathbb{R}$; man spricht in diesem Fall von einem *linearen Funktional* oder einer *Linearform*.

(d) Wir wollen das folgende Funktional auf $\mathrm{Pol}(\mathbb{R})$ diskutieren:

$$L\colon \sum_{k=0}^n a_k \mathbf{x}^k \mapsto a_3.$$

($\mathbf{x}^k$ steht für die Funktion $x \mapsto x^k$.) Man kann unmittelbar die Bedingungen aus Definition 3.1.1 nachrechnen; aber eine Sache ist zuvor zu klären: Ist diese Abbildung wohldefiniert? Einerseits ist hierzu zu überlegen, was L mit z. B. quadratischen Polynomen macht, und andererseits, dass eine Polynomfunktion *eindeutig* ihre Koeffizienten bestimmt. Was Ersteres angeht, können wir ein quadratisches Polynom künstlich durch Nullen ergänzen, z. B. $2x^2 - x = 0 \cdot x^3 + 2x^2 - x$. Allgemein kann jede Polynomfunktion formal als unendliche Reihe $f = \sum_{k=0}^\infty a_k \mathbf{x}^k$ geschrieben werden, wobei aber nur endlich viele a_k von 0 verschieden sind. (Also: Es existiert $N \in \mathbb{N}_0$ mit $a_k = 0$ für $k > N$.) Was Letzteres angeht, ist nun Folgendes zu klären: Wenn $f \in \mathrm{Pol}(\mathbb{R})$ als $f = \sum_{k=0}^\infty a_k \mathbf{x}^k$ und als $f = \sum_{k=0}^\infty b_k \mathbf{x}^k$ dargestellt ist, wobei nur endlich viele a_k bzw. b_k nicht verschwinden, dann stimmt jeweils a_k mit b_k überein. Dies können wir z. B. mit Hilfe der Differentialrechnung begründen, da wir

$$a_k = \frac{f^{(k)}(0)}{k!} = b_k$$

schreiben können ($k! = 1 \cdot 2 \cdots k$ für $k \in \mathbb{N}$ und $0! = 1$; lies „k Fakultät").

Beachten Sie, dass Argument und Aussage auf sehr „kleinen" Definitionsbereichen zusammenbrechen: Die Funktion $f \in \mathrm{Pol}(\{0, 1\})$, $f(x) = x^2$, kann auf diesem Definitionsbereich auch durch $f(x) = x^3$ beschrieben werden!

(e) Die Welt der Matrizen hält weitere Beispiele linearer Abbildungen parat. Sei $A \in \mathbb{R}^{l \times m}$ und

$$L: \mathbb{R}^{m \times n} \to \mathbb{R}^{l \times n}, \quad L(B) = AB.$$

Dies ist eine lineare Abbildung, da z. B. in der i-ten Zeile und k-ten Spalte von $A(B + C)$ die Zahl

$$\sum_{j=1}^{m} a_{ij}(b_{jk} + c_{jk}) = \sum_{j=1}^{m} a_{ij}b_{jk} + \sum_{j=1}^{m} a_{ij}c_{jk}$$

steht, die auch bei der Matrix $AB + AC$ dort zu finden ist. (Hier sei $A = (a_{ij})$, $B = (b_{jk})$, $C = (c_{jk})$.) Genauso zeigt man $L(\lambda B) = \lambda L(B)$.

(f) Für eine $n \times n$-Matrix $A = (a_{ij})$ setzt man

$$\mathrm{tr}(A) = \sum_{i=1}^{n} a_{ii},$$

die *Spur* (engl. *trace*) von A. Das *Spurfunktional*

$$L: \mathbb{R}^{n \times n} \to \mathbb{R}, \quad L(A) = \mathrm{tr}(A)$$

ist klarerweise linear.

Lineare Abbildungen sind durch ihre Wirkung auf eine Basis eindeutig bestimmt, wie der nächste Satz lehrt (für den unendlichdimensionalen Fall siehe Satz 10.1.6).

Satz 3.1.3 *Sei V ein endlichdimensionaler Vektorraum mit einer Basis $B = \{v_1, \ldots, v_n\}$. Sei W ein weiterer Vektorraum, und sei $\Lambda: B \to W$ eine Abbildung. Dann existiert genau eine lineare Abbildung $L: V \to W$, die auf B mit Λ übereinstimmt: $L(v) = \Lambda(v)$ für alle $v \in B$.*

Beweis Sei $v \in V$. Nach Satz 2.2.13 existieren eindeutig bestimmte Zahlen $\lambda_1, \ldots, \lambda_n$ mit $v = \lambda_1 v_1 + \cdots + \lambda_n v_n$. Wenn es überhaupt eine wie im Satz beschriebene Abbildung gibt, muss sie wegen der Linearität den Vektor v auf $\lambda_1 \Lambda(v_1) + \cdots + \lambda_n \Lambda(v_n)$ abbilden. Diese Überlegung zeigt, dass es höchstens eine wie im Satz beschriebene Abbildung geben kann. Zum Beweis der Existenz definieren wir, motiviert durch obiges Argument,

$$L: V \to W, \quad L(v) = \lambda_1 \cdot \Lambda(v_1) + \cdots + \lambda_n \cdot \Lambda(v_n);$$

dann ist klar, dass stets $L(v_j) = \Lambda(v_j)$ ist (warum nämlich?). Zeigen wir jetzt, dass L linear ist. Sei ein weiteres Element $u \in V$ mit Basisentwicklung $u = \mu_1 v_1 + \cdots + \mu_n v_n$ gegeben; $u + v$ habe die Basisentwicklung $u + v = \rho_1 v_1 + \cdots + \rho_n v_n$. Da andererseits $u + v = (\mu_1 + \lambda_1)v_1 + \cdots + (\mu_n + \lambda_n)v_n$ ist und die Koeffizienten der Basisentwicklung eindeutig bestimmt sind, folgt stets $\rho_j = \mu_j + \lambda_j$. Daher ist

$$L(u + v) = \rho_1 \cdot \Lambda(v_1) + \cdots + \rho_n \cdot \Lambda(v_n)$$

$$= (\mu_1 + \lambda_1) \cdot \Lambda(v_1) + \cdots + (\mu_n + \lambda_n) \cdot \Lambda(v_n)$$

$$= (\mu_1 \cdot \Lambda(v_1) + \cdots + \mu_n \cdot \Lambda(v_n)) + (\lambda_1 \cdot \Lambda(v_1) + \cdots + \lambda_n \cdot \Lambda(v_n))$$

$$= L(u) + L(v).$$

Genauso beweist man Bedingung (b) aus Definition 3.1.1 (tun Sie's!).   □

Wir studieren als nächstes das Bild (engl. *range*) und den Kern (engl. *kernel*) einer linearen Abbildung; vgl. die allgemeinen Begriffe von Bild und Urbild aus Abschn. 1.4. Die Symbole V und W bezeichnen stets Vektorräume.

Definition 3.1.4 Sei $L: V \to W$ linear. Dann setzt man

$$\operatorname{ran}(L) = L(V) = \{L(v) \colon v \in V\} \subset W,$$

$$\ker(L) = L^{-1}(\{0_W\}) = \{v \in V \colon L(v) = 0_W\} \subset V.$$

Lemma 3.1.5 *Für eine lineare Abbildung $L: V \to W$ ist* $\operatorname{ran}(L)$ *ein Unterraum von W und* $\ker(L)$ *ein Unterraum von V.*

Beweis Zum Bild: Zunächst ist $0_W = L(0_V) \in \operatorname{ran}(L)$. Seien $w_1, w_2 \in \operatorname{ran}(L)$. Dann existieren $v_1, v_2 \in V$ mit $L(v_1) = w_1$, $L(v_2) = w_2$. Da L linear ist, folgt $L(v_1 + v_2) = w_1 + w_2$, also $w_1 + w_2 \in \operatorname{ran}(L)$. Genauso sieht man, dass $\lambda w \in \operatorname{ran}(L)$, wenn $\lambda \in \mathbb{R}$ und $w \in \operatorname{ran}(L)$ ist.

Zum Kern: Zunächst ist wieder $L(0_V) = 0_W$, also $0_V \in \ker(L)$. Seien $v_1, v_2 \in \ker(L)$. Dann gilt $L(v_1) = L(v_2) = 0_W$, und da L linear ist, folgt $L(v_1 + v_2) = L(v_1) + L(v_2) = 0_W$, also $v_1 + v_2 \in \ker(L)$. Genauso sieht man, dass $\lambda v \in \ker(L)$, wenn $\lambda \in \mathbb{R}$ und $v \in \ker(L)$ ist.   □

Hier ist ein weiteres sehr einfaches, aber wichtiges Lemma.

Lemma 3.1.6 *Sei $L: V \to W$ eine lineare Abbildung. Dann ist L genau dann injektiv, wenn* $\ker(L) = \{0_V\}$ *ist.*

Beweis Wenn L injektiv ist, folgt aus $L(v) = 0_W$ natürlich $v = 0_V$ (da ja $L(0_V) = 0_W$); das zeigt $\ker(L) = \{0_V\}$. Gilt umgekehrt $\ker(L) = \{0_V\}$ und ist $L(v_1) = L(v_2)$, so liefert die Linearität von L, dass $L(v_1 - v_2) = 0_W$, also $v_1 - v_2 \in \ker(L)$. Es folgt $v_1 = v_2$, und L ist injektiv.   □

Die folgenden Begriffe und Resultate sind vollkommen analog zu denen für Matrizen aus Abschn. 2.3.

Definition 3.1.7 Sei $L: V \to W$ linear. Man setzt

$$\mathrm{rg}(L) = \dim \mathrm{ran}(L) \qquad (Rang \text{ von } L),$$

$$\mathrm{df}(L) = \dim \ker(L) \qquad (Defekt \text{ von } L).$$

(Diese Dimensionen können Werte in $\mathbb{N}_0 \cup \{\infty\}$ annehmen.)

Satz 3.1.8 *Sei V endlichdimensional und $L: V \to W$ linear. Dann gilt*

$$\mathrm{df}(L) + \mathrm{rg}(L) = \dim(V).$$

Den *Beweis* dieses bedeutenden Satzes haben wir im Prinzip schon geführt – er ist identisch mit dem Beweis von Satz 2.3.6, wenn man die Notation anpasst.

Es folgt ein wichtiges Korollar, das wir im Matrixkontext in Satz 1.5.3 „zu Fuß" bewiesen haben.

Korollar 3.1.9 *Sei V endlichdimensional und $L: V \to V$ linear. Dann ist L genau dann injektiv, wenn L surjektiv ist.*

Beweis L ist genau dann injektiv, wenn $\mathrm{df}(L) = 0$ ist (Lemma 3.1.6). L ist genau dann surjektiv, wenn $\mathrm{rg}(L) = \dim(V)$ ist (Satz 2.2.12). Es bleibt, Satz 3.1.8 anzuwenden. $\square$

Es ist nicht nur wichtig, einzelne lineare Abbildungen zu studieren, sondern auch ihre Gesamtheit. Daher setzen wir

$$\mathscr{L}(V, W) = \{L: V \to W: L \text{ linear}\}.$$

In vielen Büchern zur Linearen Algebra wird diese Menge mit $\mathrm{Hom}(V, W)$ („Homomorphismen") bezeichnet. Im Fall $V = W$ schreiben wir $\mathscr{L}(V)$ statt $\mathscr{L}(V, V)$; Freunde der Algebra sprechen von Endomorphismen und schreiben $\mathrm{End}(V)$.

Für $L_1, L_2 \in \mathscr{L}(V, W)$ und $\lambda \in \mathbb{R}$ setzen wir ($v \in V$)

$$(L_1 + L_2)(v) = L_1(v) + L_2(v); \qquad (\lambda L_1)(v) = \lambda \cdot L_1(v).$$

Satz 3.1.10 *Mit diesen Operationen ist $\mathscr{L}(V, W)$ ein Vektorraum.*

Beweis Als erstes beachte man, dass $\mathscr{L}(V, W)$ definitionsgemäß eine Teilmenge von $\mathrm{Abb}(V, W)$ ist (Beispiel 2.1.2(d)) und die oben definierten Operationen dieselben wie im Vektorraum $\text{Abb}(V, W)$ sind. Es ist daher nur zu überprüfen, dass $\mathscr{L}(V, W)$ ein Unterraum von $\text{Abb}(V, W)$ ist.

Es ist klar, dass die Nullabbildung, die jedes $v \in V$ auf 0_W abbildet, in $\mathscr{L}(V, W)$ liegt, und es ist elementar nachzurechnen, dass Summen und skalare Vielfache linearer Abbildungen auch linear sind.   □

Auch die Komposition linearer Abbildungen ist linear:

Satz 3.1.11 *Sind* $L_1: V \to W$ *und* $L_2: W \to Z$ *linear, so auch* $L_2 \circ L_1: V \to Z$.

Beweis Nachrechnen!   □

3.2   Isomorphe Vektorräume

In der Mathematik trifft man häufig auf Objekte, die sich nicht in ihrer Struktur unterscheiden; diese fasst man dann als „isomorph" (also als mit dem vorliegenden Instrumentarium ununterscheidbar) auf. Um welche Struktur es dabei geht, hängt vom untersuchten Kontext ab. Geht es z. B. nur um die Anzahl der Elemente einer Menge, sind die Mengen $\{1, 2, 3\}$, $\{\emptyset, \{\emptyset\}, \{\{\emptyset\}\}\}$ sowie, ein Bonmot David Hilberts aufgreifend, {Tisch, Stuhl, Bierseidel} ununterscheidbar; zwischen je zwei der obigen Mengen gibt es nämlich eine bijektive Abbildung. In der Analysisvorlesung lernen Sie, dass es eine Bijektion zwischen $\mathbb{N}$ und $\mathbb{Q}$ gibt; wenn es also nur um die Anzahl der Elemente geht, ist $\mathbb{N}$ „dasselbe" wie $\mathbb{Q}$, wenngleich sich diese Mengen in anderen Strukturen unterscheiden (wenn man z. B. die Subtraktion oder Division von Elementen in Betracht zieht).

In der Linearen Algebra wird man Vektorräume als „isomorph" ansehen wollen, wenn es nicht nur eine Bijektion zwischen ihnen gibt, sondern wenn diese auch die Vektorraumoperationen respektiert. Bevor wir diese Idee formalisieren, halten wir ein Lemma fest. Weiterhin stehen V, W etc. für Vektorräume.

Lemma 3.2.1 *Sei* $L: V \to W$ *linear und bijektiv. Dann ist die Umkehrabbildung* $L^{-1}: W \to V$ *ebenfalls linear.*

Beweis Seien $w_1, w_2 \in W$. Dann existieren eindeutig bestimmte Elemente $v_1, v_2 \in V$ mit $L(v_1) = w_1$, $L(v_2) = w_2$. Da L linear ist, folgt $L(v_1 + v_2) = w_1 + w_2$, d. h.

$$L^{-1}(w_1 + w_2) = v_1 + v_2 = L^{-1}(w_1) + L^{-1}(w_2).$$

Genauso zeigt man $L^{-1}(\lambda w) = \lambda \cdot L^{-1}(w)$ für $\lambda \in \mathbb{R}$ und $w \in W$ (tun Sie's!).   □

Definition 3.2.2 Eine bijektive lineare Abbildung $L: V \to W$ heißt *Vektorraumisomorphismus* (oder kurz *Isomorphismus*). Zwei Vektorräume V und W heißen *isomorph*, wenn es zwischen ihnen einen Vektorraumisomorphismus gibt; in Zeichen: $V \cong W$.

Also überträgt ein Isomorphismus $L: V \to W$ die Vektorraumoperationen von V nach W, und wegen Lemma 3.2.1 überträgt L^{-1} die Vektorraumoperationen von W nach V. Daher sind V und W als Vektorräume nicht zu unterscheiden.

Der Isomorphiebegriff erfüllt die folgenden Beziehungen (warum?):

- $V \cong V$ (Reflexivität)
- $V \cong W \implies W \cong V$ (Symmetrie)
- $V \cong W, \ W \cong Z \implies V \cong Z$ (Transitivität)

Damit können wir die am Ende von Abschn. 2.4 gemachte Bemerkung präzisieren, dass (Bezeichnungen siehe dort) „U_j irgendwie dasselbe wie V_j" ist: Die Abbildung $L: V_j \to U_j, L(v) = (0, \ldots, 0, v, 0, \ldots, 0)$, ist offensichtlich ein Isomorphismus (v steht an der j-ten Stelle). Ein weiteres einfaches Beispiel bildet die Isomorphie des Raums $\mathbb{R}^{m \times n}$ aller $m \times n$-Matrizen mit dem Raum $\mathbb{R}^{m \cdot n}$. Hier ist ein interessanteres Beispiel.

Satz 3.2.3 $\mathscr{L}(\mathbb{R}^n, \mathbb{R}^m)$ *und* $\mathbb{R}^{m \times n}$ *sind isomorph*.

Beweis Wir werden einen „kanonischen" Isomorphismus angeben, nämlich

$$\Phi: \mathbb{R}^{m \times n} \to \mathscr{L}(\mathbb{R}^n, \mathbb{R}^m), \quad \Phi(A) = L_A,$$

wobei $L_A(x) = Ax$ wie in Satz 1.5.1.

Nach den Rechenregeln für die Matrix-Vektor-Multiplikation ist Φ linear. Um die Injektivität von Φ zu zeigen, müssen wir wegen Lemma 3.1.6 nur $\ker(\Phi) = \{0\}$ nachweisen:[1] Ist nämlich $\Phi(A) = 0$, also $L_A = 0$, so gilt $Ax = 0$ für alle $x \in \mathbb{R}^n$. Speziell ist für alle Einheitsvektoren $Ae_j = 0$, d. h. alle Spalten von A bestehen nur aus Nullen, und A ist die Nullmatrix.

Es bleibt, die Surjektivität von Φ nachzuweisen. Sei also $L \in \mathscr{L}(\mathbb{R}^n, \mathbb{R}^m)$. Wir setzen $s_j = L(e_j) \in \mathbb{R}^m$ und bilden die Matrix A mit den Spalten $s_1, \ldots, s_n$; es gilt also $L_A(e_j) = Ae_j = s_j$. Wegen der Eindeutigkeitsaussage in Satz 3.1.3 folgt $L = L_A = \Phi(A)$. Das beweist $\mathrm{ran}(\Phi) = \mathscr{L}(\mathbb{R}^n, \mathbb{R}^m)$, was zu zeigen war. $\qquad\square$

Der letzte Satz präzisiert, inwiefern $m \times n$-Matrizen und lineare Abbildungen „dasselbe" sind.

Als nächstes nehmen wir Beispiel 3.1.2(d) wieder auf. Wir bezeichnen mit $\mathbb{R}^{<\infty}$ die Menge der „abbrechenden" Folgen

---

[1] Ab jetzt werden wir nicht mehr zwischen den Symbolen für die Null in unterschiedlichen Vektorräumen differenzieren!

$$a_0, a_1, a_2, \ldots, a_N, 0, 0, \ldots,$$

also

$$\mathbb{R}^{<\infty} = \{(a_k)_{k \geq 0} : \exists N \in \mathbb{N}_0 \; \forall k > N \;\; a_k = 0\}.$$

Dies erweist sich sofort als Vektorraum, nämlich als Unterraum von $\mathrm{Abb}(\mathbb{N}_0)$.

Satz 3.2.4 $\mathrm{Pol}(\mathbb{R})$ *ist isomorph zu* $\mathbb{R}^{<\infty}$.

Beweis Die Abbildung

$$\Phi : \mathbb{R}^{<\infty} \to \mathrm{Pol}(\mathbb{R}), \quad \Phi((a_k)_{k \geq 0}) = \sum_{k=0}^{\infty} a_k \mathbf{x}^k$$

ist offensichtlich linear und surjektiv, und in Beispiel 3.1.2(d) wurde gezeigt, dass Φ injektiv ist. $\square$

Wir kommen zum Hauptsatz über die Isomorphie endlichdimensionaler Räume (Korollar 3.2.6). Der erste Schritt ist:

Satz 3.2.5 *Sei V ein n-dimensionaler Vektorraum. Dann ist V isomorph zu $\mathbb{R}^n$.*

Beweis Wir betrachten eine Basis B von V, die aus den Vektoren $b_1, \ldots, b_n$ bestehe, und setzen

$$K_B : \mathbb{R}^n \to V, \quad K_B(x) = x_1 b_1 + \cdots + x_n b_n, \tag{3.2.1}$$

wenn x die Koordinaten $x_1, \ldots, x_n$ hat. Klarerweise ist K_B linear, surjektiv (da B ein Erzeugendensystem ist) und injektiv (da B linear unabhängig ist). $\square$

Es gibt einen Umterschied zwischen den Isomorphismen aus Satz 3.2.3 und 3.2.4 sowie aus Satz 3.2.5: Im letzten Fall hängt die Wahl des Isomorphismus von der Wahl der betrachteten Basis ab, in den ersten beiden Fällen ist der Isomorphismus kanonisch (d. h. nicht von der willkürlichen Wahl einer Basis oder anderer Parameter abhängig).

Die Inverse der gerade betrachteten Abbildung K_B ist bedeutsam, da sie die Koordinaten eines Vektors in der betrachteten Basis wiedergibt; vgl. Satz 2.2.13.

Korollar 3.2.6 *Zwei endlichdimensionale Vektorräume V und W sind genau dann isomorph, wenn ihre Dimensionen übereinstimmen:*

$$V \cong W \quad \Leftrightarrow \quad \dim(V) = \dim(W).$$

Beweis Ist $\dim(V) = \dim(W) = n$, so gilt nach Satz 3.2.5 $V \cong \mathbb{R}^n$, $W \cong \mathbb{R}^n$, und wegen der Symmetrie und der Transitivität der Isomorphie-Relation auch $V \cong W$.

Ist umgekehrt etwa $\dim(V) < \dim(W)$ und $L\colon V \to W$ eine lineare Abbildung, so kann L wegen Satz 3.1.8 nicht surjektiv sein; deshalb sind V und W nicht isomorph.

Analog ergibt sich, dass eine lineare Abbildung $L\colon V \to W$ im Fall $\dim(V) > \dim(W)$ nicht injektiv sein kann; und wieder sind V und W nicht isomorph.

(Alternativ kann man argumentieren, dass ein Isomorphismus $L\colon V \to W$ eine Basis von V auf eine Basis von W abbildet.) $\qquad\square$

3.3   Matrixdarstellung und Koordinatentransformation

Wir betrachten endlichdimensionale Räume V und W mit Basen B und B' sowie $L \in \mathscr{L}(V, W)$. Wie bereits im Beweis von Satz 3.2.5 wird die Reihenfolge der Basisvektoren wichtig sein; daher betrachten wir Basen als Tupel statt als Mengen, etwa $B = (b_1, \dots, b_n)$ und $B' = (b'_1, \dots, b'_m)$, und sprechen von einer *geordneten Basis*. Mit Hilfe der Abbildungen K_B bzw. $K_{B'}$ (siehe (3.2.1) auf Seite 64) können wir die lineare Abbildung

$$\tilde{L} = K_{B'}^{-1} \circ L \circ K_B \colon \mathbb{R}^n \to \mathbb{R}^m \qquad (3.3.1)$$

definieren, die gemäß Satz 3.2.3 durch eine $m \times n$-Matrix M dargestellt werden kann. Wie sieht diese aus? Spätestens aus dem Beweis dieses Satzes wissen wir, dass die j-te Spalte s_j der Matrix M gerade $\tilde{L}(e_j)$ ist. Also müssen wir Folgendes tun: Starte mit e_j, bilde $K_B(e_j) = b_j$, bilde dann $L(b_j) \in W$ und entwickle diesen Vektor in die geordnete Basis B'; die entstandenen Koordinaten bilden die Spalte s_j.

Definition 3.3.1 Die soeben beschriebene Matrix heißt die *darstellende Matrix* von L bezüglich der geordneten Basen B und B'. Wir bezeichnen sie mit $M(L; B, B')$.

Beispiele 3.3.2

(a) Betrachte $\mathrm{Id}\colon V \to V$, die identische Abbildung $v \mapsto v$. Wenn man V im Urbildraum und im Bildraum mit derselben geordneten Basis B versieht, ist $M(\mathrm{Id}; B, B)$ immer die Einheitsmatrix E_n.

(b) Sei $\mathrm{Pol}_{<n}(\mathbb{R})$ der n-dimensionale Vektorraum aller Polynomfunktionen vom Grad $< n$. Wir betrachten $V = \mathrm{Pol}_{<4}(\mathbb{R})$ und $W = \mathrm{Pol}_{<3}(\mathbb{R})$ mit den geordneten Basen $B = (1, \mathbf{x}, \mathbf{x}^2, \mathbf{x}^3)$ und $B' = (1, \mathbf{x}, \mathbf{x}^2)$. Es sei $L\colon V \to W$ der Ableitungsoperator, $L(f) = f'$. Der obige Algorithmus führt wegen $L(\mathbf{x}^k) = k\mathbf{x}^{k-1}$ zu

$$M(L; B, B') = \begin{pmatrix} 0 & 1 & 0 & 0 \\ 0 & 0 & 2 & 0 \\ 0 & 0 & 0 & 3 \end{pmatrix}.$$

(c) Im Vektorraum $P_n = \text{Pol}_{<n}(\mathbb{R})$ der Polynomfunktionen auf $\mathbb{R}$ vom Grad $< n$ betrachten wir jetzt die geordnete Basis $B_n = (\mathbf{x}^{n-1}, \mathbf{x}^{n-2}, \ldots, \mathbf{x}, \mathbf{1})$. Es sei L: $P_n \to P_n$ durch

$$(L(p))(x) = (x+1)p'(x)$$

definiert, wo p' die Ableitung von p bezeichnet. [Einschub. Wie ist diese Formel zu lesen? Die Abbildung L macht aus einer Polynomfunktion p eine weitere Polynomfunktion $L(p)$; diese wird beschrieben durch ihre Wirkung auf ein $x \in \mathbb{R}$, und das ist $(L(p))(x)$. Bitte beachten: Eine Polynomfunktion macht aus Zahlen wieder Zahlen; unser L operiert „eine Etage höher" und macht aus Funktionen wieder Funktionen.] Wir beobachten, dass L wohldefiniert ist, d. h. dass $L(p)$ wirklich in P_n liegt, denn der Grad von p' ist (falls $p' \neq 0$) um 1 niedriger als der Grad von p. Ferner bestätigt man sofort (tun Sie's!), dass L linear ist.

Speziell sei $n = 3$, und wir wollen $M(L; B_3, B_3)$ bestimmen. Dazu sind $L(\mathbf{x}^2)$, $L(\mathbf{x})$ und $L(\mathbf{1})$ in die Basis B_3 zu entwickeln; man erhält

$$(L(\mathbf{x}^2))(x) = (x+1) \cdot 2x = 2x^2 + 2x$$

$$(L(\mathbf{x}))(x) = (x+1) \cdot 1 = x+1$$

$$(L(\mathbf{1}))(x) = 0$$

und deshalb

$$L(\mathbf{x}^2) = 2\mathbf{x}^2 + 2\mathbf{x}, \quad L(\mathbf{x}) = \mathbf{x} + \mathbf{1}, \quad L(\mathbf{1}) = 0_{P_3}.$$

Daher ist

$$M(L; B, B') = \begin{pmatrix} 2 & 0 & 0 \\ 2 & 1 & 0 \\ 0 & 1 & 0 \end{pmatrix}.$$

Formal kann $M(L; B, B')$ so beschrieben werden. Es sei

$$\Phi \colon \mathbb{R}^{m \times n} \to \mathscr{L}(\mathbb{R}^n, \mathbb{R}^m), \quad \Phi(A) = L_A$$

der Isomorphismus aus Satz 3.2.3. Dann ist

$$M(L; B, B') = \Phi^{-1}(K_{B'}^{-1} \circ L \circ K_B).$$

Dem entnimmt man den folgenden Satz.

Satz 3.3.3 *In den obigen Bezeichnungen ist $L \mapsto M(L; B, B')$ linear und in der Tat ein Isomorphismus der Vektorräume $\mathscr{L}(V, W)$ und $\mathbb{R}^{m \times n}$. Insbesondere ist*

$$\dim(\mathscr{L}(V, W)) = \dim(V) \cdot \dim(W).$$

Die Formel $M(L; B, B') = \Phi^{-1}(K_{B'}^{-1} \circ L \circ K_B)$ kann man auch so ausdrücken. Sei $v \in V$ und x der Koordinatenvektor bzgl. B, d. h. $x = K_B^{-1}(v)$, so ist

$$y := M(L; B, B')x = K_{B'}^{-1}(L(v)),$$

d. h. y ist der Koordinatenvektor von $L(v)$ bzgl. B'.

Wir haben in Satz 1.5.2 festgestellt, dass der Isomorphismus aus Satz 3.2.3 in dem Sinn multiplikativ ist, dass $L_{A_2 A_1} = L_{A_2} \circ L_{A_1}$ gilt; mit anderen Worten,

$$\Phi(A_2 A_1) = \Phi(A_2) \circ \Phi(A_1).$$

(Eigentlich müsste man die Φ's in der Notation unterscheiden, da verschieden dimensionierte Matrizen im Spiel sind – aber das würde die Notation allzu schwerfällig machen.) Das liefert in unserem Kontext Folgendes.

Satz 3.3.4 *Seien V, W, Z Vektorräume mit geordneten Basen B, B', B''. Seien $L_1 \in \mathscr{L}(V, W)$ und $L_2 \in \mathscr{L}(W, Z)$ mit darstellenden Matrizen $M(L_1; B, B')$ und $M(L_2; B', B'')$. Dann hat $L_2 \circ L_1$ die darstellende Matrix*

$$M(L_2 \circ L_1; B, B'') = M(L_2; B', B'')M(L_1; B, B').$$

Ist L_1 invertierbar, so hat L_1^{-1} die darstellende Matrix

$$M(L_1^{-1}; B', B) = M(L_1; B, B')^{-1}.$$

Beweis Es ist

$$
\begin{aligned}
\Phi(M(L_2 \circ L_1; B, B'')) &= K_{B''}^{-1} \circ (L_2 \circ L_1) \circ K_B \\
&= K_{B''}^{-1} \circ L_2 \circ (K_{B'} \circ K_{B'}^{-1}) \circ L_1 \circ K_B \\
&= (K_{B''}^{-1} \circ L_2 \circ K_{B'}) \circ (K_{B'}^{-1} \circ L_1 \circ K_B) \\
&= \Phi(M(L_2; B', B'')) \circ \Phi(M(L_1; B, B')) \\
&= \Phi(M(L_2; B', B'')M(L_1; B, B')).
\end{aligned}
$$

Da Φ invertierbar ist, folgt die erste Behauptung, und die zweite ergibt sich aus $L_1 \circ L_1^{-1} = \mathrm{Id}$. $\qquad\square$

Nun sei ein Vektorraum V mit zwei geordneten Basen A und B vorgelegt. Bezüglich dieser Basen hat ein Vektor $v \in V$ die Koordinaten $x_A = K_A^{-1}(v)$ bzw. $x_B = K_B^{-1}(v)$. Wir wollen x_B aus x_A berechnen. Das ist einfach, da

$$x_B = K_B^{-1}(v) = K_B^{-1}(K_A(x_A)),$$

also wird der Übergang $x_A \mapsto x_B$ durch die lineare Abbildung $K_B^{-1} \circ K_A \colon \mathbb{R}^n \to \mathbb{R}^n$ beschrieben. Diese wird ihrerseits durch eine Matrix dargestellt, die nichts anderes als $M(\text{Id}; A, B)$ ist; vgl. (3.3.1). Da A und B verschieden sein können, ist dies im Gegensatz zu Beispiel 3.3.2(a) nicht notwendig die Einheitsmatrix! Wir bezeichnen[2]

$$M_A^B = M(\text{Id}; A, B) \tag{3.3.2}$$

und nennen M_A^B die *Matrix der Koordinatentransformation* oder *Matrix des Basiswechsels* von A zu B. Es ist also $x_B = M_A^B x_A$.

Beispiele 3.3.5

(a) Wenn $V = \mathbb{R}^n$, $A = (a_1, \dots, a_n)$ und E die Einheitsvektorbasis ist, besteht M_A^E aus den Spalten $a_1, \dots, a_n$.

(b) Im $\mathbb{R}^2$ betrachten wir die geordneten Basen

$$A = \left(\begin{pmatrix} 1 \\ 1 \end{pmatrix}, \begin{pmatrix} 1 \\ -1 \end{pmatrix} \right), \qquad B = \left(\begin{pmatrix} 2 \\ 1 \end{pmatrix}, \begin{pmatrix} 1 \\ 0 \end{pmatrix} \right).$$

Um M_A^B zu berechnen, sind die Basisvektoren von A durch die Basisvektoren von B linear zu kombinieren. Scharfes Hinsehen zeigt

$$\begin{pmatrix} 1 \\ 1 \end{pmatrix} = \begin{pmatrix} 2 \\ 1 \end{pmatrix} - \begin{pmatrix} 1 \\ 0 \end{pmatrix}, \qquad \begin{pmatrix} 1 \\ -1 \end{pmatrix} = -\begin{pmatrix} 2 \\ 1 \end{pmatrix} + 3 \begin{pmatrix} 1 \\ 0 \end{pmatrix},$$

so dass

$$M_A^B = \begin{pmatrix} 1 & -1 \\ -1 & 3 \end{pmatrix}.$$

(c) Aus Satz 3.3.4 ergibt sich sofort $M_B^A = (M_A^B)^{-1}$.

---

[2] Die Literatur hält hier die unterschiedlichsten Notationen bereit; insbesondere wird die hier eingeführte Matrix M_A^B andernorts mit M_B^A bezeichnet. Ich habe M_A^B gewählt, weil man es M-A-B ausspricht und so an die Richtung „von A nach B" erinnert wird.

(d) Seien $A = (a_1, \ldots, a_n)$ und $B = (b_1, \ldots, b_n)$ zwei geordnete Basen des $\mathbb{R}^n$; wir wollen ein Berechnungsverfahren für M_A^B angeben. Bezeichnet $E = (e_1, \ldots, e_n)$ die Einheitsvektorbasis, so ist wegen (a) und (c) sowie Satz 3.3.4 $M_A^B = M_E^B M_A^E = (M_B^E)^{-1} M_A^E$, und die Spalten von M_A^E bzw. M_B^E sind $a_1, \ldots, a_n$ bzw. $b_1, \ldots, b_n$. Also könnten wir mit dem Verfahren aus Abschn. 1.5 die Inverse von M_B^E berechnen und anschließend mit M_A^E malnehmen. Man kann allerdings ein paar Rechenschritte mit folgendem Algorithmus einsparen. Wir bilden die $n \times 2n$-Matrix $(M_B^E \mid M_A^E) = (b_1 \ldots b_n \mid a_1 \ldots a_n)$ und überführen sie in die reduzierte Zeilenstufenform. (Der Strich ist nur der Deutlichkeit halber eingefügt.) Da $b_1, \ldots, b_n$ linear unabhängig sind, entsteht dabei eine Matrix der Form $(e_1 \ldots e_n \mid c_1 \ldots c_n)$. Die durchgeführten Zeilenoperationen entsprechen der Multiplikation mit einer invertierbaren Matrix S von links, die wegen $Sb_j = e_j$ genau die Inverse von M_B^E ist. Die rechts vom Strich stehenden Spalten sind daher $c_j = Sa_j = (M_B^E)^{-1} a_j$ und deswegen die Spalten von $(M_B^E)^{-1} M_A^E$. Kurz gesagt entsteht aus $(M_B^E \mid M_A^E)$ durch Überführung in die reduzierte Zeilenstufenform $(E_n \mid M_A^B)$.

Nun ist es nicht mehr schwer, für eine lineare Abbildung $L\colon V \to W$ die Matrixdarstellungen bezüglich verschiedener geordneter Basen A, B von V bzw. A', B' von W ineinander umzurechnen. Schreiben wir (V, A), um anzudeuten, dass auf V die Basis A betrachtet wird, so ist doch $L\colon (V, A) \to (W, A')$ durch die Komposition

$$L\colon (V, A) \xrightarrow{\ \text{Id}\ } (V, B) \xrightarrow{\ L\ } (W, B') \xrightarrow{\ \text{Id}\ } (W, A')$$

gegeben, und Satz 3.3.4 liefert:

Satz 3.3.6 *Mit den obigen Bezeichnungen gilt:*

$$M(L; A, A') = M_{B'}^{A'} M(L; B, B') M_A^B.$$

Im Fall $V = W$, $A = A'$ und $B = B'$ erhält man wegen Beispiel 3.3.5(c)

$$M(L; A; A) = (M_A^B)^{-1} M(L; B, B) M_A^B.$$

Nennt man zwei quadratische Matrizen M_1 und M_2 *ähnlich*, wenn es eine invertierbare Matrix S mit $M_1 = S^{-1} M_2 S$ gibt, so erhalten wir:

Korollar 3.3.7 *Die darstellenden Matrizen $M(L; A, A)$ und $M(L; B, B)$ sind stets ähnlich.*

Wir halten abschließend eine Transformationsformel für die Basisvektoren fest.

Satz 3.3.8 *Seien $A = (a_1, \ldots, a_n)$ und $B = (b_1, \ldots, b_n)$ geordnete Basen von V. Sei $M_A^B = (m_{ij})$. Dann gilt für alle j*

$$a_j = \sum_{i=1}^{n} m_{ij} b_i. \tag{3.3.3}$$

Beweis Für festes j ist $(m_{ij})_i$ die j-te Spalte von M_A^B, gibt also die Koordinaten von a_j in der Basis B wieder. Genau das ist in (3.3.3) behauptet.   □

3.4   Aufgaben

Aufgabe 3.4.1 Untersuchen Sie folgende Abbildungen $L_j \colon \mathrm{Abb}(\mathbb{R}) \to W$ auf Linearität:

(a) $W = \mathbb{R} \colon L_1(f) = f(0)$, $L_2(f) = f(0)^2$, $L_3(f) = f(0) - 1$, $L_4(f) = f(0) - f(1)$;
(b) $W = \mathrm{Abb}(\mathbb{R}) \colon (L_5(f))(x) = f(x^2)$, $(L_6(f))(x) = f(x - 1)$.

Aufgabe 3.4.2 Sei $L \colon \mathbb{R}^n \to \mathbb{R}$ ein lineares Funktional. Zeigen Sie: Es existieren $a_1, \ldots, a_n \in \mathbb{R}$ mit

$$L(x) = \sum_{k=1}^{n} a_k x_k \quad \text{für alle } x = \begin{pmatrix} x_1 \\ \vdots \\ x_n \end{pmatrix} \in \mathbb{R}^n.$$

(Hinweis: Betrachten Sie $L(e_k)$!)

Aufgabe 3.4.3 Eine lineare Abbildung $P \colon V \to V$ auf einem Vektorraum heißt eine *Projektion*, wenn $P^2 = P$ ist ($P^2 := P \circ P$). Zeigen Sie: Für eine Projektion gilt $V = \mathrm{ran}(P) \oplus \ker(P)$.

Aufgabe 3.4.4 Seien V, W, Z Vektorräume.

(a) Sei $T \in \mathscr{L}(Z, V)$. Dann ist die Abbildung

$$\Psi_1 \colon \mathscr{L}(V, W) \to \mathscr{L}(Z, W), \quad \Psi_1(L) = L \circ T$$

linear.
(b) Sei $T \in \mathscr{L}(W, Z)$. Dann ist die Abbildung

$$\Psi_2 \colon \mathscr{L}(V, W) \to \mathscr{L}(V, Z), \quad \Psi_2(L) = T \circ L$$

linear.

Aufgabe 3.4.5 Die Spur (engl. *trace*) $\operatorname{tr}(A)$ einer $n \times n$-Matrix $A = (a_{ij})$ ist durch

$$\operatorname{tr}(A) = \sum_{i=1}^{n} a_{ii}$$

erklärt; $\operatorname{tr}(A)$ ist also die Summe der Hauptdiagonalelemente.

(a) Zeigen Sie $\operatorname{tr}(AB) = \operatorname{tr}(BA)$ für $n \times n$-Matrizen A und B.
(b) Ist S zusätzlich eine invertierbare $n \times n$-Matrix, so gilt $\operatorname{tr}(S^{-1}AS) = \operatorname{tr}(A)$.

Aufgabe 3.4.6 Sei $L\colon V \to V$ linear. Zeigen Sie, dass genau dann $L^2 = L$ gilt, wenn $Lx = x$ für alle $x \in \operatorname{ran}(L)$ ist.

Aufgabe 3.4.7 Seien $L\colon V \to W$ linear, $\{v_1, \ldots, v_n\}$ eine Basis von V und $w_j = L(v_j)$ für $j = 1, \ldots, n$. Zeigen Sie, dass L genau dann surjektiv ist, wenn $\{w_1, \ldots, w_n\}$ ein Erzeugendensystem von W ist.

Aufgabe 3.4.8 Seien $L\colon V \to W$ linear, $v_1, \ldots, v_n \in V$ und $w_j = L(v_j)$ für $j = 1, \ldots, n$. Zeigen Sie: Wenn $\{w_1, \ldots, w_n\}$ linear unabhängig ist, dann auch $\{v_1, \ldots, v_n\}$.

Aufgabe 3.4.9 Seien $L\colon V \to W$ linear und injektiv, $\{v_1, \ldots, v_n\}$ eine Basis von V und $w_j = L(v_j)$ für $j = 1, \ldots, n$. Zeigen Sie, dass $\{w_1, \ldots, w_n\}$ linear unabhängig ist.

Aufgabe 3.4.10 Sei $(b_1, \ldots, b_5)$ eine geordnete Basis von V. Die lineare Abbildung $L\colon V \to V$ sei bezüglich dieser Basis durch die Matrix

$$\begin{pmatrix} 0 & 1 & 1 & -2 & 1 \\ 1 & -1 & 1 & 2 & 1 \\ 2 & 1 & 1 & 0 & 2 \\ 3 & -1 & 2 & -2 & 2 \\ 4 & 1 & 2 & 0 & 3 \end{pmatrix}$$

dargestellt. Bestimmen Sie den Vektor $v = L(b_1 + b_3 - b_4) \in V$, d. h., schreiben Sie v als Linearkombination der b_j.

Aufgabe 3.4.11 Sei P_4 der Unterraum von $\operatorname{Pol}(\mathbb{R})$, der von den Monomen $\mathbf{1}, \mathbf{x}, \mathbf{x}^2, \mathbf{x}^3$ aufgespannt wird. In P_4 betrachte die geordnete Basis $B = (\mathbf{x}, \mathbf{1} + \mathbf{x}, \mathbf{x} + \mathbf{x}^2, \mathbf{x}^3)$ sowie die lineare Abbildung ($p' = $ Ableitung von p)

$$L\colon P_4 \to P_4, \quad L(p) = p'' - 4p' + p.$$

Bestimmen Sie $M(L; B, B)$.

Aufgabe 3.4.12 Sei $P_n = \text{Pol}_{<n}(\mathbb{R})$ der Vektorraum der Polynomfunktionen auf $\mathbb{R}$ vom Grad $< n$. Betrachten Sie die geordnete Basis $B_n = (\mathbf{x}^{n-1}, \mathbf{x}^{n-2}, \ldots, \mathbf{x}, \mathbf{1})$ von P_n. Sei $L: P_3 \to P_3$ die Abbildung ($p' = $ Ableitung von p)

$$(L(p))(x) = (x+1)p'(x).$$

Dann ist L linear.

(a) Ist L injektiv?
(b) Bestimmen Sie die Matrixdarstellung $M(L; B_3, B_3)$ von L bezüglich der geordneten Basen B_3 und B_3.

Aufgabe 3.4.13 Sei $\text{Pol}_{<n}(\mathbb{R})$ der Vektorraum der Polynomfunktionen auf $\mathbb{R}$ vom Grad $< n$. Betrachten Sie die geordnete Basis $B_n = (\mathbf{x}^{n-1}, \mathbf{x}^{n-2}, \ldots, \mathbf{x}, \mathbf{1})$ von P_n. Sei $L: P_2 \to P_3$ die lineare Abbildung

$$(L(p))(x) = (x+1)p(x-2).$$

Bestimmen Sie die Matrixdarstellung von L bezüglich der geordneten Basen B_2 und B_3.

Determinanten

4

4.1   Determinantenformen

Gegeben sei ein lineares Gleichungssystem $Ax = b$ mit n Gleichungen und n Unbekannten, mit anderen Worten ist A eine $n \times n$-Matrix. Wir versuchen, der Matrix A eine Zahl, ihre Determinante $\det(A)$, zuzuordnen, an der man ablesen kann, ob solch ein Gleichungssystem eindeutig lösbar ist oder nicht. Wir wünschen uns also eine Zuordnung $A \mapsto \det(A)$, so dass

$$\det(A) \neq 0 \quad \Leftrightarrow \quad A \text{ invertierbar};$$

in Korollar 4.2.5 werden wir dieses Ziel erreichen.

Einen ersten Hinweis, wie man einen solchen Parameter ansetzen könnte, liefert folgende Überlegung in den Dimensionen 2 und 3. Sei A eine 2×2-Matrix mit den Spalten s_1 und s_2; wir betrachten das von s_1 und s_2 aufgespannte Parallelogramm. Dann sind s_1 und s_2 genau dann linear unabhängig (d. h. A ist invertierbar), wenn der Flächeninhalt dieses Parallelogramms $\neq 0$ ist. Analog betrachte man den von den drei Spalten einer 3×3-Matrix aufgespannten Spat im $\mathbb{R}^3$; die drei Spalten sind genau dann linear unabhängig, wenn das Volumen dieses Spats $\neq 0$ ist.

Die Idee der Determinante ist älter als der Begriff der Matrix selbst. Während Leibniz bereits Determinanten studierte, wurden Matrizen erst im 19. Jahrhundert formal eingeführt, der moderne Vektorraumbegriff stammt aus dem frühen 20. Jahrhundert.

Wir werden Determinanten einer Matrix nach der Methode von Weierstraß definieren. Das heißt, zuerst werden wir abstrakt Forderungen aufstellen, denen eine Determinante nachkommen sollte, dann Existenz und Eindeutigkeit nachweisen und weitere Eigenschaften diskutieren. Leider erweist sich die Einführung – und anschließend die konkrete

© Der/die Autor(en), exklusiv lizenziert an Springer Nature Switzerland AG 2022
D. Werner, *Lineare Algebra*, Grundstudium Mathematik,
https://doi.org/10.1007/978-3-030-91107-2_4

Berechnung – als ziemlich mühsam.[1] Trotzdem bleibt der Begriff der Determinante für Anwendungen in Analysis und Geometrie unabdingbar.

Wir werden nun (siehe Definition 4.1.3) unsere Forderungen an die Determinante formulieren. In diesem Abschnitt werden wir den Standpunkt einnehmen, statt einer Matrix ihren Spalten eine „Determinante" zuzuordnen. Der erste dafür notwendige Begriff ist ganz allgemein.

Definition 4.1.1 Sei V ein Vektorraum und sei $\Delta\colon V^n = V \times \cdots \times V \to \mathbb{R}$ eine Funktion. Dann heißt Δ eine *Multilinearform* (genauer: n-Linearform), falls Δ in jeder der n Variablen linear ist, wenn die übrigen $n-1$ Variablen festgehalten werden.

Damit ist Folgendes gemeint: Für jedes n-Tupel $(v_1, \ldots, v_n) \in V^n$ und jedes $j \in \{1, \ldots, n\}$ ist die Abbildung

$$V \ni x \mapsto \Delta(v_1, \ldots, v_{j-1}, x, v_{j+1}, \ldots, v_n)$$

linear.

Beispiele 4.1.2

(a) Sei $V = \mathbb{R}$ und $\Delta(a_1, \ldots, a_n) = a_1 \cdots a_n$, das Produkt dieser n Zahlen. Dies ist eine Multilinearform.

(b) Sei $V = \mathbb{R}^2$ und $n = 2$. Dann ist

$$\Delta\colon \left(\begin{pmatrix} \alpha_1 \\ \beta_1 \end{pmatrix}, \begin{pmatrix} \alpha_2 \\ \beta_2 \end{pmatrix} \right) \mapsto \alpha_1 \beta_2 - \beta_1 \alpha_2$$

eine Multilinearform.

Jetzt betrachten wir spezielle n-Linearformen für $V = \mathbb{R}^n$.

Definition 4.1.3 Sei $\Delta\colon (\mathbb{R}^n)^n \to \mathbb{R}$ eine Multilinearform. Dann heißt Δ eine *Determinantenform*, wenn $\Delta(s_1, \ldots, s_n) = 0$ ist, sobald zwei der Vektoren $s_1, \ldots, s_n$ übereinstimmen.

In dieser Definition und im Folgenden stellen wir uns $s_1, \ldots, s_n$ als Spalten einer $n \times n$-Matrix vor (daher die Bezeichnung s_j) und nennen sie auch Spalten.

---

[1] Das hat Sheldon Axler veranlasst, ein Buch zu schreiben, wie man in der fortgeschrittenen Linearen Algebra (= Lineare Algebra II) ohne den Begriff der Determinante auskommt: *Linear Algebra Done Right*. Springer, 3. Auflage 2015. Vgl. auch seine Arbeit *Down With Determinants!*, Amer. Math. Monthly 102, No. 2 (1995), 139–154.

In Beispiel 4.1.2(b) finden wir eine Determinantenform, und in Beispiel 4.1.2(a) ebenfalls, wenn $n = 1$ ist (aber nur dann). Die eingangs genannte Flächeninhalts- bzw. Volumenform ist eine Determinantenform, wenn man sich Flächeninhalt bzw. Volumen als „orientiert" vorstellt, ähnlich wie bei der geometrischen Interpretation des bestimmten Integrals die Fläche „unter der x-Achse" als negativ angesehen wird.

Wir ziehen ein paar unmittelbare Konsequenzen aus der Definition.

Lemma 4.1.4 *Es sei* $\Delta \colon (\mathbb{R}^n)^n \to \mathbb{R}$ *eine Determinantenform, und es seien* $s_1, \dots, s_n \in \mathbb{R}^n$.

(a) *Sind* $s_1, \dots, s_n$ *linear abhängig, so ist* $\Delta(s_1, \dots, s_n) = 0$.

(b) *Ist* $i \neq j$ *und* $\lambda \in \mathbb{R}$*, so ist*

$$\Delta(s_1, \dots, s_{j-1}, s_j + \lambda s_i, s_{j+1}, \dots, s_n) = \Delta(s_1, \dots, s_n).$$

Kurz: Addiert man zu einer Spalte ein Vielfaches einer anderen Spalte, so ändert sich der Wert von Δ *nicht.*

(c) *Ist* $i > j$*, so ist*

$$\Delta(s_1, \dots, s_{j-1}, s_i, s_{j+1}, \dots, s_{i-1}, s_j, s_{i+1}, \dots, s_n) = -\Delta(s_1, \dots, s_n).$$

Kurz: Vertauscht man zwei verschiedene Spalten, so ändert der Wert von Δ *sein Vorzeichen.*

Beweis

(a) Wenn $s_1, \dots, s_n$ linear abhängig sind, ist eine dieser Spalten eine Linearkombination der übrigen; um die Notation nicht zu schwerfällig zu machen, wollen wir annehmen, dass das s_1 ist: $s_1 = \sum_{j=2}^{n} \lambda_j s_j$. Da Δ in der 1. Spalte linear ist, folgt

$$\Delta(s_1, \dots, s_n) = \Delta(\lambda_2 s_2 + \dots + \lambda_n s_n, s_2, \dots, s_n)$$

$$= \sum_{j=2}^{n} \lambda_j \Delta(s_j, s_2, \dots, s_n) = 0,$$

da jeder Summand nach Definition einer Determinantenform verschwindet.

(b) Die linke Seite ist wegen der Linearität in der j-ten Spalte (der Übersichtlichkeit halber wird jetzt nur diese notiert)

$$\Delta(\dots, s_j + \lambda s_i, \dots) = \Delta(\dots, s_j, \dots) + \lambda \Delta(\dots, s_i, \dots)$$

$$= \Delta(s_1, \dots, s_n) + \lambda \cdot 0 = \Delta(s_1, \dots, s_n).$$

(c) Wieder notieren wir nur die j-te und die i-te Spalte und wenden (b) mehrfach an:

$$\Delta(\ldots, s_i, \ldots, s_j, \ldots) = \Delta(\ldots, s_i + s_j, \ldots, s_j, \ldots)$$
$$= \Delta(\ldots, s_i + s_j, \ldots, s_j - (s_i + s_j), \ldots)$$
$$= \Delta(\ldots, s_i + s_j, \ldots, -s_i, \ldots)$$
$$= \Delta(\ldots, (s_i + s_j) - s_i, \ldots, -s_i, \ldots)$$
$$= \Delta(\ldots, s_j, \ldots, -s_i, \ldots)$$
$$= -\Delta(\ldots, s_j, \ldots, s_i, \ldots).$$

Das war zu zeigen.   □

Seien nun $s_1, \ldots, s_n \in \mathbb{R}^n$ mit $s_j = (a_{ij})_i$; also $s_j = a_{1j}e_1 + \cdots + a_{nj}e_n$. (Die e_k sind wie immer die Einheitsvektoren.) Wir wollen diese Darstellung in eine Determinantenform Δ einsetzen und sehen, was wir erhalten. Zuerst setzen wir s_1 ein und nutzen die Linearität in der 1. Spalte:

$$\Delta(s_1, \ldots, s_n) = \sum_{i_1=1}^{n} a_{i_1 1} \Delta(e_{i_1}, s_2, \ldots, s_n).$$

Jetzt setzen wir s_2 ein und nutzen die Linearität in der 2. Spalte:

$$\Delta(s_1, \ldots, s_n) = \sum_{i_1=1}^{n} \sum_{i_2=1}^{n} a_{i_1 1} a_{i_2 2} \Delta(e_{i_1}, e_{i_2}, s_3, \ldots, s_n).$$

Analog setzen wir nun nach und nach die übrigen Spalten ein:

$$\Delta(s_1, \ldots, s_n) = \sum_{i_1=1}^{n} \sum_{i_2=1}^{n} \cdots \sum_{i_n=1}^{n} a_{i_1 1} a_{i_2 2} \cdots a_{i_n n} \Delta(e_{i_1}, e_{i_2}, \ldots, e_{i_n}).$$

Jetzt nutzen wir die charakterisierende Eigenschaft einer Determinantenform aus und schließen, dass $\Delta(e_{i_1}, \ldots, e_{i_n})$ immer dann verschwindet, wenn zwei der Indices übereinstimmen. Anders gesagt brauchen wir in der n-fachen Summe nur die Indextupel zu berücksichtigen, die paarweise verschieden sind. Bei diesen handelt es sich aber um nichts anderes als um eine Umordnung von $\{1, \ldots, n\}$.

Die mathematische Vokabel dafür lautet *Permutation*. Eine Permutation $\pi \colon \{1, \ldots, n\} \to \{1, \ldots, n\}$ ist definitionsgemäß eine bijektive Abbildung; die Menge all dieser Permutationen wird mit $\mathfrak{S}_n$ bezeichnet. Es ist nicht schwer, mit vollständiger Induktion zu beweisen, dass $\mathfrak{S}_n$ eine Menge mit $n!$ Elementen ist (also ziemlich groß ist). (Für Kartenspieler: Die Zahl der Anordnungen eines 32-er Blatts ist $32! \approx 2.6 \cdot 10^{35}$.)

Zurück zu unserer Determinantenform; die letzte Überlegung hat

$$\Delta(s_1, \ldots, s_n) = \sum_{\pi \in \mathfrak{S}_n} a_{\pi(1),1} \cdots a_{\pi(n),n} \Delta(e_{\pi(1)}, \ldots, e_{\pi(n)})$$

gezeigt. Der finale Schritt ist nun, dass durch systematische Spaltenvertauschungen $e_{\pi(1)}, \ldots, e_{\pi(n)}$ in $e_1, \ldots, e_n$ überführt werden kann, wobei das System der Vertauschungen unabhängig von der vorliegenden Form Δ ist.[2] (Nämlich so: Falls $\pi(1) = 1$, mache nichts im ersten Schritt; ansonsten tausche $e_{\pi(1)}$ und e_1. Falls jetzt an der 2. Position e_2 steht, mache nichts; ansonsten tausche diesen Einheitsvektor mit e_2; etc.) Nach Lemma 4.1.4(c) existieren also nur von π abhängige Vorzeichen $\varepsilon(\pi)$, so dass

$$\Delta(s_1, \ldots, s_n) = \sum_{\pi \in \mathfrak{S}_n} \varepsilon(\pi) a_{\pi(1),1} \cdots a_{\pi(n),n} \Delta(e_1, \ldots, e_n). \tag{4.1.1}$$

Damit ist insbesondere folgender Eindeutigkeitssatz gezeigt.

Satz 4.1.5 *Zu jedem $c \in \mathbb{R}$ existiert höchstens eine Determinantenform $\Delta \colon (\mathbb{R}^n)^n \to \mathbb{R}$ mit $\Delta(e_1, \ldots, e_n) = c$.*

Es ergeben sich sofort folgende Aussagen.

Korollar 4.1.6

(a) *Sind Δ und Δ' Determinantenformen, so gilt*

$$\Delta(e_1, \ldots, e_n)\Delta' = \Delta'(e_1, \ldots, e_n)\Delta.$$

(b) *Ist Δ eine Determinantenform mit $\Delta(e_1, \ldots, e_n) = 0$, so ist $\Delta = 0$.*

Beweis

(a) Die linke Seite und die rechte Seite definieren Determinantenformen, die $(e_1, \ldots, e_n)$ auf $c = \Delta(e_1, \ldots, e_n)\Delta'(e_1, \ldots, e_n)$ abbilden, also stimmen sie nach Satz 4.1.5 überein.

(b) folgt aus Satz 4.1.5 bzw. (4.1.1). $\qquad\square$

Als nächstes wollen wir die Existenz von Determinantenformen beweisen.

---

[2] Allerdings wissen wir an dieser Stelle noch nicht, ob es außer $\Delta = 0$ überhaupt Determinantenformen gibt.

Satz 4.1.7 *Zu jedem* $c \in \mathbb{R}$ *existiert genau eine Determinantenform* $\Delta\colon (\mathbb{R}^n)^n \to \mathbb{R}$ *mit* $\Delta(e_1, \ldots, e_n) = c.$

Beweis Die Eindeutigkeit ist ja in Satz 4.1.5 schon bewiesen, daher ist jetzt die Existenz zu zeigen, die im Fall $c = 0$ klar ist. Ferner reicht es, den Fall $c = 1$ zu betrachten (warum?). Man könnte nun (4.1.1) als Ansatz nehmen, um Δ zu definieren; um zu zeigen, dass dieses Δ wirklich eine Determinantenform ist, müsste man die Vorzeichen genauer studieren, was ich jedoch vermeiden möchte.

Stattdessen werden wir per Induktion beweisen:

- Zu jedem $n \in \mathbb{N}$ existiert eine Determinantenform $\Delta_n\colon (\mathbb{R}^n)^n \to \mathbb{R}$ mit $\Delta_n(e_1, \ldots, e_n) = 1$, eine sogenannte *normierte* Determinantenform.

Der Induktionsanfang ist klar; zu $n = 2$ betrachte auch Beispiel 4.1.2(b). Wir nehmen nun an, dass die obige Aussage für $n - 1$ bewiesen ist, und wir müssen sie für n verifizieren. Wie oben sei $s_j = (a_{ij})_{i=1,\ldots,n}$; wir setzen $s'_j = (a_{ij})_{i=2,\ldots,n} \in \mathbb{R}^{n-1}$ und machen den Ansatz

$$\Delta_n(s_1, \ldots, s_n) = \sum_{j=1}^{n} (-1)^{1+j} a_{1j} \Delta_{n-1}(s'_1, \ldots, s'_{j-1}, s'_{j+1}, \ldots, s'_n), \tag{4.1.2}$$

wobei Δ_{n-1} die laut Induktionsvoraussetzung gegebene (und laut Satz 4.1.5 eindeutig bestimmte) normierte Determinantenform ist. Explizit ist

$$\Delta_n(s_1, \ldots, s_n) = a_{11} \Delta_{n-1}(s'_2, \ldots, s'_n) - a_{12} \Delta_{n-1}(s'_1, s'_3, \ldots, s'_n)$$
$$+ a_{13} \Delta_{n-1}(s'_1, s'_2, s'_4, \ldots, s'_n) \pm \text{etc.}$$

Dass Δ_n leistet, was es soll, sieht man so.

(1) Δ_n ist in der k-ten Spalte linear, da es jeder Summand $a_{1j} \Delta_{n-1}(s'_1, \ldots, s'_{j-1}, s'_{j+1}, \ldots, s'_n)$ ist, denn für $j = k$ ist der zweite Faktor bezüglich k eine Konstante, und für $j \neq k$ ist a_{1j} bezüglich k eine Konstante und der zweite Faktor in der entsprechenden Spalte linear. Also ist Δ_n eine Multilinearform.

(2) Stimmen zwei Spalten überein, sagen wir $s_{j_1} = s_{j_2}$ für $j_1 < j_2$, so gilt auch $s'_{j_1} = s'_{j_2}$, und nach Induktionsvoraussetzung verschwinden alle Summanden in (4.1.2), die zu $j \notin \{j_1, j_2\}$ gehören. Die Summanden zu j_1 und j_2 stimmen aber bis auf das Vorzeichen überein, das verschieden ist, so dass die Summe wieder 0 ergibt. Es ist nämlich nach Voraussetzung $a_{1j_1} = a_{1j_2}$, und

$$\Delta_{n-1}(s'_1, \ldots, s'_{j_1-1}, s'_{j_1+1}, \ldots, s'_n) \quad \text{und} \quad \Delta_{n-1}(s'_1, \ldots, s'_{j_2-1}, s'_{j_2+1}, \ldots, s'_n)$$

können sich höchstens im Vorzeichen unterscheiden, da links und rechts dieselben Spalten stehen mit dem Unterschied, dass $s' := s'_{j_2} = s'_{j_1}$ rechts $j_2 - j_1 - 1$ Positionen weiter vorne steht als links; z. B. $j_1 = 2$, $j_2 = 6$, $s' := s'_2 = s'_6$:

$$\text{links:} \quad s'_1, s'_3, s'_4, s'_5, s', s'_7, \ldots$$
$$\text{rechts:} \quad s'_1, s', s'_3, s'_4, s'_5, s'_7, \ldots$$

Durch $j_2 - j_1 - 1$ Spaltenvertauschungen werden die beiden Muster zur Deckung gebracht, d. h. nach Lemma 4.1.4(c)

$$\Delta_{n-1}(s'_1, \ldots, s'_{j_1-1}, s'_{j_1+1}, \ldots, s'_n) = (-1)^{j_2-j_1-1} \Delta_{n-1}(s'_1, \ldots, s'_{j_2-1}, s'_{j_2+1}, \ldots, s'_n)$$

und

$$(-1)^{1+j_1} a_{1j_1} \Delta_{n-1}(s'_1, \ldots, s'_{j_1-1}, s'_{j_1+1}, \ldots, s'_n)$$

$$= -(-1)^{1+j_2} a_{1j_2} \Delta_{n-1}(s'_1, \ldots, s'_{j_2-1}, s'_{j_2+1}, \ldots, s'_n).$$

(3) Schließlich gilt $\Delta_n(e_1, \ldots, e_n) = 1$, da für die Einheitsvektoren in (4.1.2) für $j \geq 2$ alle $a_{1j} = 0$ sind und der erste Summand $(-1)^{1+1} \cdot 1 \cdot \Delta_{n-1}(e_2, \ldots, e_n) = 1$ ist. $\quad\square$

Wir haben also gezeigt, dass es zu jedem n genau eine normierte (siehe den Beweis von Satz 4.1.7) Determinantenform gibt.

4.2 Die Determinante

In diesem Abschnitt bezeichne Δ die soeben nachgewiesene eindeutig bestimmte normierte Determinantenform.

Definition 4.2.1 Sei A eine $n \times n$-Matrix mit den Spalten $s_1, \ldots, s_n$. Die *Determinante* von A ist dann $\det(A) = \Delta(s_1, \ldots, s_n)$.

Aus Abschn. 4.1 können wir folgende Informationen entnehmen.

- Die Determinante ist linear in jeder Spalte.
- Addiert man zu einer Spalte ein Vielfaches einer anderen Spalte, so ändert sich der Wert der Determinante nicht
- Vertauscht man zwei Spalten, so ändert die Determinante ihr Vorzeichen.
- Sind die Spalten linear abhängig, verschwindet die Determinante.
- Für die Einheitsmatrix ist $\det(E_n) = 1$.

Aus (4.1.1) entnehmen wir die *Leibniz-Formel* für die Determinante.

Satz 4.2.2 *Es existieren Vorzeichen* $\varepsilon(\pi)$, *so dass für jede Matrix* $A = (a_{ij})$ *gilt*

$$\det(A) = \sum_{\pi \in \mathfrak{S}_n} \varepsilon(\pi) a_{\pi(1),1} \cdots a_{\pi(n),n}. \tag{4.2.1}$$

Die $\varepsilon(\pi)$ werden *Vorzeichen* bzw. *Signum* der Permutation π genannt. Viele Bücher zur Linearen Algebra studieren diese zuerst kombinatorisch, bevor sie sie zur Definition der Determinante gemäß der obigen Formel einsetzen. (Wir haben das anders gemacht.) A posteriori werden sich die $\varepsilon(\pi)$ als Determinanten von Permutationsmatrizen herausstellen, vgl. (4.2.2) im Beweis von Satz 4.2.7.

Mittels Satz 4.2.2 können wir sofort die Determinante einer Dreiecksmatrix berechnen. Zur Erinnerung (vgl. Abschn. 1.6): Eine quadratische Matrix (a_{ij}) heißt obere (bzw. untere) Dreiecksmatrix, wenn $a_{ij} = 0$ für $i > j$ (bzw. $i < j$) ist.

Korollar 4.2.3 *Die Determinante einer Dreiecksmatrix* A *ist das Produkt ihrer Hauptdiagonalelemente:* $\det(A) = a_{11} \cdots a_{nn}$.

Beweis Das folgt aus Satz 4.2.2, da bei einer Dreiecksmatrix jeder Summand in (4.2.1), der zu einer Permutation $\pi \neq \mathrm{id}$ gehört, verschwindet und konstruktionsgemäß $\varepsilon(\mathrm{id}) = 1$ ist. □

Wir kommen zum Multiplikationssatz.

Satz 4.2.4 *Für* $n \times n$-*Matrizen* A *und* B *gilt*

$$\det(AB) = \det(A) \det(B).$$

Beweis Wir betrachten die durch

$$\tilde{\Delta}(s_1, \ldots, s_n) = \Delta(As_1, \ldots, As_n)$$

definierte Abbildung. Es ist klar, dass dies eine Determinantenform ist. Also gilt wegen Korollar 4.1.6(a) $\tilde{\Delta} = \tilde{\Delta}(e_1, \ldots, e_n)\Delta$, d. h., wenn $s_j = Be_j$ die Spalten von B und also $As_1, \ldots, As_n$ die Spalten von AB sind, gilt

$$\det(AB) = \Delta(As_1, \ldots, As_n)$$
$$= \tilde{\Delta}(s_1, \ldots, s_n)$$
$$= \tilde{\Delta}(e_1, \ldots, e_n)\Delta(s_1, \ldots, s_n)$$
$$= \det(A) \det(B).$$

Das war zu zeigen. □

Korollar 4.2.5 *Eine $n \times n$-Matrix ist genau dann invertierbar, wenn* $\det(A) \neq 0$ *ist. In diesem Fall ist* $\det(A^{-1}) = 1/\det(A)$.

Beweis Wenn A invertierbar ist, ist $AA^{-1} = E_n$, also nach Satz 4.2.4

$$1 = \det(E_n) = \det(A)\det(A^{-1}).$$

Insbesondere ist $\det(A) \neq 0$ und $\det(A^{-1}) = 1/\det(A)$.

Wenn A nicht invertierbar ist, sind die Spalten von A linear abhängig; vgl. Satz 2.3.6 und Korollar 2.3.11. Aus Lemma 4.1.4(a) folgt $\det(A) = 0$. □

In Korollar 3.3.7 wurden zwei Matrizen A und B ähnlich genannt, wenn es eine invertierbare Matrix S mit $B = S^{-1}AS$ gibt. Daher hat man noch folgendes unmittelbare Korollar.

Korollar 4.2.6 *Ähnliche Matrizen haben dieselbe Determinante.*

Der nächste Satz erlaubt uns, von den Spalten einer Matrix zu den Zeilen umzuschwenken. Die transponierte Matrix wurde vor Satz 2.3.10 eingeführt.

Satz 4.2.7 *Für eine $n \times n$-Matrix A gilt* $\det(A) = \det(A^t)$.

Beweis Da A genau dann nicht invertierbar ist, wenn es A^t auch nicht ist, gilt in diesem Fall nach Korollar 4.2.5 $\det(A) = 0 = \det(A^t)$.

Im Fall, dass A invertierbar ist, schreiben wir gemäß Satz 1.6.3 $A = PLR$ mit einer Permutationsmatrix P, einer unteren Dreiecksmatrix L und einer oberen Dreiecksmatrix R. (Übrigens könnten wir das auch im nicht invertierbaren Fall machen, dann hätte R mindestens eine 0 auf der Hauptdiagonalen.) Es ist $A^t = R^t L^t P^t$, und nach Korollar 4.2.3 ist $\det(L) = \det(L^t)$ sowie $\det(R) = \det(R^t)$. Wegen des Multiplikationssatzes 4.2.4 ist der Beweis daher erbracht, wenn wir $\det(P) = \det(P^t)$ zeigen können.

Sei also P eine Permutationsmatrix, d. h. in jeder Zeile und in jeder Spalte steht genau eine 1 und ansonsten nur Nullen. Es existiert also eine Permuation π mit $P = P_\pi := (e_{\pi(1)} \ldots e_{\pi(n)})$, und aus (4.2.1) in Satz 4.2.2 ergibt sich

$$\det(P) = \det(P_\pi) = \varepsilon(\pi) \in \{\pm 1\}. \tag{4.2.2}$$

Nun ist π definitionsgemäß eine bijektive Abbildung von $\{1, \ldots, n\}$ auf sich mit Umkehrabbildung π^{-1}. Dann ist klar, dass P_π^{-1} die Spaltendarstellung $(e_{\pi^{-1}(1)} \ldots e_{\pi^{-1}(n)})$ hat, d. h. $P_\pi^{-1} = P_{\pi^{-1}} = P_\pi^t$. (Beachte: P_π hat die Einsen an den Stellen $(\pi(j), j)$, $P_{\pi^{-1}}$ hat die Einsen an den Stellen $(\pi^{-1}(j), j) = (i, \pi(i))$, genau wie P_π^t.) Es folgt

$$\det(P_\pi^t) = \det(P_\pi^{-1}) = \frac{1}{\det(P_\pi)} = \det(P_\pi),$$

da letztere Determinante 1 oder -1 ist.   □

Da die Zeilen von A den Spalten von A^t entsprechen, können wir die oben aufgestellten Spaltenregeln wegen des letzten Satzes genauso für Zeilen aufstellen; also:

* Die Determinante ist linear in jeder Zeile.
* Addiert man zu einer Zeile ein Vielfaches einer anderen Zeile, so ändert sich der Wert der Determinante nicht.
* Vertauscht man zwei Zeilen, so ändert die Determinante ihr Vorzeichen.
* Sind die Zeilen linear abhängig, verschwindet die Determinante.

Wir kommen nun zu einem Berechnungsverfahren für Determinanten. Dazu führen wir folgende Notation ein. Ist A eine $n \times n$-Matrix und sind $i, j \in \{1, \dots, n\}$, so bezeichnet A_{ij} diejenige $(n-1) \times (n-1)$-Matrix, die durch Streichung der i-ten Zeile und j-ten Spalte von A entsteht. Beispiel:

$$A = \begin{pmatrix} 3 & 2 & 0 & 1 \\ -2 & 4 & 1 & 2 \\ 0 & -1 & 0 & 1 \\ -1 & 2 & 0 & -1 \end{pmatrix} \quad \rightsquigarrow \quad A_{23} = \begin{pmatrix} 3 & 2 & 1 \\ 0 & -1 & 1 \\ -1 & 2 & -1 \end{pmatrix}$$

Die induktive Konstruktion der normierten Determinantenform (und damit der Determinante) in Satz 4.1.7 zeigt

$$\det(A) = \sum_{j=1}^n (-1)^{1+j} a_{1j} \det(A_{1j}). \tag{4.2.3}$$

Man führt also die Berechnung der Determinante der $n \times n$-Matrix A auf die Berechnung der Determinanten von kleineren Matrizen zurück. Man nennt dieses Verfahren „Entwicklung nach der 1. Zeile"; offensichtlich ist es sehr rechenintensiv. Allgemeiner hat man folgende Regeln.

Satz 4.2.8 (Laplacescher Entwicklungssatz)

(a) *(Entwicklung nach der i-ten Zeile)*

$$\det(A) = \sum_{j=1}^n (-1)^{i+j} a_{ij} \det(A_{ij}) \tag{4.2.4}$$

(b) *(Entwicklung nach der j-ten Spalte)*

$$\det(A) = \sum_{i=1}^{n}(-1)^{i+j}a_{ij}\det(A_{ij}) \qquad (4.2.5)$$

Beweis

(a) Der Fall $i = 1$ ist (4.2.3); im allgemeinen Fall kann man nach $i - 1$ Zeilenvertauschungen die i-te Zeile nach ganz oben bringen und die 2. bis $i - 1$-te Zeile um eins nach unten rutschen lassen. Dann kann man auf die neue Situation (4.2.3) anwenden; das liefert $(-1)^{i-1}\det(A)$, was (4.2.4) beweist.

(b) sieht man, indem man (a) auf A^t anwendet und Satz 4.2.7 benutzt.   □

Die Anwendung des Laplaceschen Entwicklungssatzes verbietet sich bei voll besetzten Matrizen wegen des immensen Rechenaufwands. Wenn es jedoch viele Nullen gibt, verringert sich der Aufwand sehr, weil man die entsprechenden $\det(A_{ij})$ gar nicht berechnen muss, wenn der Vorfaktor $a_{ij} = 0$ ist. In der Tat können wir für die oben angegebene Beispielmatrix die Determinante jetzt schnell ausrechnen (es ist üblich, die Determinante einer konkreten Matrix mit senkrechten Strichen zu bezeichnen):

$$\begin{vmatrix} 3 & 2 & 0 & 1 \\ -2 & 4 & 1 & 2 \\ 0 & -1 & 0 & 1 \\ -1 & 2 & 0 & -1 \end{vmatrix} = (-1)^{2+3}\cdot 1 \cdot \begin{vmatrix} 3 & 2 & 1 \\ 0 & -1 & 1 \\ -1 & 2 & -1 \end{vmatrix}$$

(Entwicklung nach der 3. Spalte)

$$= -\left((-1)^{2+2}\cdot(-1)\cdot\begin{vmatrix} 3 & 1 \\ -1 & -1 \end{vmatrix} + (-1)^{2+3}\cdot 1 \cdot \begin{vmatrix} 3 & 2 \\ -1 & 2 \end{vmatrix}\right)$$

(Entwicklung nach der 2. Zeile)

$$= -(2 - 8) = 6,$$

da

$$\begin{vmatrix} a & b \\ c & d \end{vmatrix} = ad - bc.$$

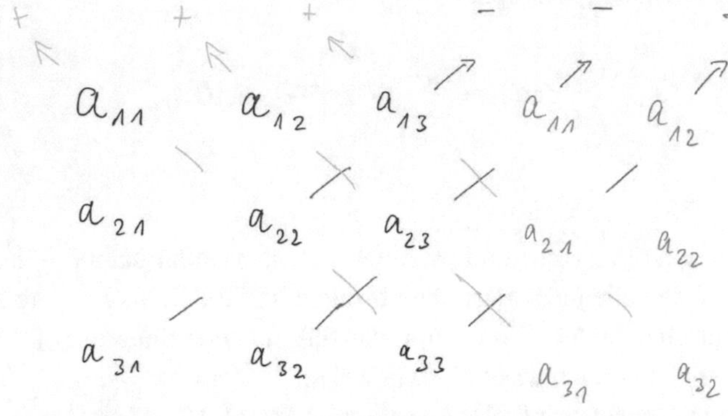

Abb. 4.1 Die Jägerzaunregel

Bei einer allgemeinen 3×3-Matrix liefert die Entwicklung nach der 1. Zeile

$$
\begin{vmatrix} a_{11} & a_{12} & a_{13} \\ a_{21} & a_{22} & a_{23} \\ a_{31} & a_{32} & a_{33} \end{vmatrix} = a_{11} \begin{vmatrix} a_{22} & a_{23} \\ a_{32} & a_{33} \end{vmatrix} - a_{12} \begin{vmatrix} a_{21} & a_{23} \\ a_{31} & a_{33} \end{vmatrix} + a_{13} \begin{vmatrix} a_{21} & a_{22} \\ a_{31} & a_{32} \end{vmatrix}
$$

$$
= a_{11}a_{22}a_{33} + a_{12}a_{23}a_{31} + a_{13}a_{21}a_{32}
$$

$$
- a_{11}a_{23}a_{32} - a_{12}a_{21}a_{33} - a_{13}a_{22}a_{31};
$$

dies ist als *Sarrussche Regel* oder „Jägerzaunregel" (siehe Abb. 4.1) bekannt. Man erkennt die Form von (4.2.1) und die Vorzeichen der auftauchenden Permutationen. (Vorsicht: Ein Analogon dieser Regel für andere als 3×3-Matrizen ist falsch!)

Ein wichtiges Beispiel einer Determinante ist die *Vandermondesche Determinante*, die im nächsten Satz berechnet wird.

Satz 4.2.9 *Seien $x_0, \dots, x_{n-1} \in \mathbb{R}$. Betrachte die $n \times n$-Matrix*

$$
M_n = \begin{pmatrix} 1 & x_0 & \dots & x_0^{n-1} \\ 1 & x_1 & \dots & x_1^{n-1} \\ \vdots & \vdots & & \vdots \\ 1 & x_{n-1} & \dots & x_{n-1}^{n-1} \end{pmatrix}
$$

Dann ist

$$
\det(M_n) = \prod_{0 \le i < j \le n-1} (x_j - x_i).
$$

(Hier ist $\prod$ das Produktzeichen, der Cousin des Summenzeichens.)

Beweis Wir führen einen Induktionsbeweis. Die Aussage ist richtig für $n = 1$ (das „leere Produkt" ist definitionsgemäß $= 1$) und für $n = 2$. Nehmen wir an, sie ist für M_n bereits bewiesen, und betrachten wir

$$
M_{n+1} = \begin{pmatrix}
1 & x_0 & \cdots & x_0^n \\
1 & x_1 & \cdots & x_1^n \\
\vdots & \vdots & & \vdots \\
1 & x_{n-1} & \cdots & x_{n-1}^n \\
1 & x_n & \cdots & x_n^n
\end{pmatrix}.
$$

Von rechts nach links vorgehend, subtrahieren wir x_n mal Spalte j von Spalte $j + 1$ (d. h. $s_{j+1} \rightsquigarrow s_{j+1} - x_n s_j$ in ähnlicher Notation wie in Kap. 1). Das ändert die Determinante nicht und führt zur Matrix (der Lesbarkeit halber wurden Klammern gesetzt)

$$
\begin{pmatrix}
1 & (x_0 - x_n) & \cdots & (x_0^{n-1} - x_0^{n-2}x_n) & (x_0^n - x_0^{n-1}x_n) \\
1 & (x_1 - x_n) & \cdots & (x_1^{n-1} - x_1^{n-2}x_n) & (x_1^n - x_1^{n-1}x_n) \\
\vdots & \vdots & & \vdots & \vdots \\
1 & (x_{n-1} - x_n) & \cdots & (x_{n-1}^{n-1} - x_{n-1}^{n-2}x_n) & (x_{n-1}^n - x_{n-1}^{n-1}x_n) \\
1 & (x_n - x_n) & \cdots & (x_n^{n-1} - x_n^{n-2}x_n) & (x_n^n - x_n^{n-1}x_n)
\end{pmatrix}.
$$

In der letzten Zeile steht vorn eine 1 und sonst nur Nullen; Entwicklung nach dieser Zeile zeigt

$$
\det(M_{n+1}) = (-1)^{n+2} \begin{vmatrix}
(x_0 - x_n) & \cdots & (x_0^{n-1} - x_0^{n-2}x_n) & (x_0^n - x_0^{n-1}x_n) \\
(x_1 - x_n) & \cdots & (x_1^{n-1} - x_1^{n-2}x_n) & (x_1^n - x_1^{n-1}x_n) \\
\vdots & & \vdots & \vdots \\
(x_{n-1} - x_n) & \cdots & (x_{n-1}^{n-1} - x_{n-1}^{n-2}x_n) & (x_{n-1}^n - x_{n-1}^{n-1}x_n)
\end{vmatrix}.
$$

Hier kann man in der 1. Zeile den Faktor $x_0 - x_n$ ausklammern, in der 2. Zeile kann man $x_1 - x_n$ ausklammern usw; was übrig bleibt, ist genau $\det(M_n)$. Das liefert zusammen mit der Induktionsvoraussetzung

$$
\det(M_{n+1}) = (-1)^n (x_0 - x_n) \cdots (x_{n-1} - x_n) \det(M_n)
$$

$$
= (x_n - x_0) \cdots (x_n - x_{n-1}) \det(M_n)
$$

$$
= (x_n - x_0) \cdots (x_n - x_{n-1}) \prod_{0 \leq i < j \leq n-1} (x_j - x_i)
$$

$$
= \prod_{0 \leq i < j \leq n} (x_j - x_i),
$$

was zu zeigen war. $\qquad\square$

Der Multiplikationssatz gestattet es, Determinanten auch für lineare Abbildungen $L\colon V \to V$ eines endlichdimensionalen Raums zu definieren. Wir wählen nämlich eine geordnete Basis B von V und betrachten die Matrixdarstellung $M(L; B, B)$ von L. Hat man eine andere geordnete Basis A, so existiert nach Korollar 3.3.7 eine invertierbare Matrix S mit

$$M(L; A, A) = S^{-1} M(L; B, B) S;$$

aus Satz 4.2.4 folgt (vgl. Korollar 4.2.6)

$$\det M(L; A, A) = \det M(L; B, B),$$

und die folgende Definition hängt daher nicht von der Wahl der Basis ab.

Definition 4.2.10 Ist V ein endlichdimensionaler Vektorraum mit einer geordneten Basis B und $L \in \mathscr{L}(V)$, so setze

$$\det(L) = \det M(L; B, B).$$

Satz 3.3.4 liefert, dass auch in diesem Kontext ein Multiplikationssatz gilt.

Satz 4.2.11 *Es sei V ein endlichdimensionaler Vektorraum, und es seien $L, L_1, L_2 \in \mathscr{L}(V)$.*

(a) $\det(L_2 \circ L_1) = \det(L_2)\det(L_1)$.
(b) *L ist genau dann bijektiv, wenn $\det(L) \neq 0$ ist.*

4.3   Anwendungen

In einer ersten Anwendung greifen wir noch einmal das Problem auf, ob die Koeffizienten einer Polynomfunktion auf einer Teilmenge $T \subset \mathbb{R}$ von dieser eindeutig bestimmt werden. Wir wissen bereits, dass das für $T = \mathbb{R}$ richtig ist (Satz 3.2.4), aber nicht immer (Beispiel 3.1.2(d)). Wir betrachten nun eine Teilmenge $T \subset \mathbb{R}$ und die Polynomfunktionen vom Grad $< n$, aufgefasst als Funktionen auf T; also $\mathrm{Pol}_{<n}(T) = \mathrm{lin}\{\mathbf{x}^0, \dots, \mathbf{x}^{n-1}\}$ mit $\mathbf{x}^k\colon T \ni x \mapsto x^k$.

Satz 4.3.1 *Wenn T mindestens n Elemente enthält, sind $\mathbf{x}^0, \dots, \mathbf{x}^{n-1}$ linear unabhängige Funktionen auf T. In diesem Fall ist $\dim \mathrm{Pol}_{<n}(T) = n$, und $(a_0, \dots, a_{n-1}) \mapsto \sum_{k=0}^{n-1} a_k \mathbf{x}^k$ ist injektiv. Insbesondere gilt $\mathrm{Pol}(T) \cong \mathbb{R}^{<\infty}$, wenn T unendlich viele Elemente hat.*

Beweis Seien $\lambda_0, \ldots, \lambda_{n-1} \in \mathbb{R}$ mit $\lambda_0 \mathbf{x}^0 + \cdots + \lambda_{n-1} \mathbf{x}^{n-1} = 0$. Betrachte n paarweise verschiedene Elemente $x_0, \ldots, x_{n-1} \in T$. Insbesondere gilt dann für $i = 0, \ldots, n-1$

$$\lambda_0 x_i^0 + \cdots + \lambda_{n-1} x_i^{n-1} = 0,$$

d. h. für den Vektor λ mit den Koordinaten $\lambda_0, \ldots, \lambda_{n-1}$ gilt

$$M_n \lambda = 0,$$

wo M_n die Vandermondesche Matrix aus Satz 4.2.9 ist. Da die x_i paarweise verschieden sind, ist $\det(M_n) \neq 0$; also ist M_n invertierbar, und es folgt $\lambda_0 = \ldots = \lambda_{n-1} = 0$. Damit ist alles gezeigt. $\qquad\square$

Die zweite Anwendung betrifft die *Cramersche Regel*.

Satz 4.3.2 *Sei A eine invertierbare $n \times n$-Matrix, sei $b \in \mathbb{R}^n$, und sei $x \in \mathbb{R}^n$ die eindeutig bestimmte Lösung von $Ax = b$. Sei B_j die Matrix, die man erhält, wenn man die j-te Spalte von A durch b ersetzt. Dann gilt für die j-te Koordinate von x*

$$x_j = \frac{\det B_j}{\det A}.$$

Beweis A habe die Spalten $s_1, \ldots, s_n$. Da die Determinante linear in der j-ten Spalte ist, gilt (nur die j-te Spalte wird angezeigt)

$$\det B_j = \det(\ldots b \ldots)$$

$$= \det\left(\ldots \sum_{k=1}^n x_k s_k \ldots\right)$$

$$= \sum_{k=1}^n x_k \det(\ldots s_k \ldots)$$

$$= x_j \det(\ldots s_j \ldots) = x_j \det A,$$

da bei Summanden mit $k \neq j$ zwei identische Spalten auftreten und die entsprechenden Determinanten verschwinden. Weil bei einer invertierbaren Matrix $\det A \neq 0$ ist, folgt die Behauptung. $\qquad\square$

Die Cramersche Regel gibt die Lösung eines linearen Gleichungssystems durch eine geschlossene Formel an, aber diese Formel ist numerisch nicht effektiv auszuwerten. Ihre eigentliche Bedeutung liegt auf einer theoretischen Ebene. Aufgrund der Darstellung (4.2.1) in Satz 4.2.2 kann man nämlich ablesen, dass die Determinante eine stetige

Funktion der n^2 Argumente $a_{11}, \ldots, a_{nn}$ ist. In der Analysis lernen Sie, dass mit Hilfe der Stetigkeit aus $\det(A) \neq 0$ auch $\det(\tilde{A}) \neq 0$ folgt, wenn die Einträge von $\tilde{A}$ hinreichend nahe bei denen von A liegen (ε-δ-Kriterium). Daher können wir für solche $\tilde{A}$ schließen: Wenn $Ax = b$ eindeutig lösbar ist, so auch $\tilde{A}\tilde{x} = b$, und die Lösung x hängt stetig von den Einträgen von A ab (*das* ist die wichtige Konsequenz der Cramerschen Regel!).

Auf ähnliche Weise können wir eine geschlossene Formel für die Inverse einer Matrix angeben. Sei $A = (a_{ij})$ eine invertierbare $n \times n$-Matrix mit den Spalten $s_1, \ldots, s_n$. Seien A_{ij} die Streichungsmatrizen wie in Satz 4.2.8. Durch Entwicklung nach der j-ten Spalte sieht man

$$\det(s_1 \ldots s_{j-1} e_i s_{j+1} \ldots s_n) = (-1)^{i+j} \det A_{ij} =: a_{ji}^{\#}.$$

Diese Zahlen (bitte die Reihenfolge der Indices beachten!) heißen die *Kofaktoren* der Matrix A und $A^{\#} = (a_{ij}^{\#})$ die *komplementäre* Matrix.[3]

Satz 4.3.3 *Es gilt* $A^{\#}A = \det(A)E_n$. *Für invertierbares* A *ist also*

$$A^{-1} = \frac{1}{\det(A)} A^{\#}.$$

Beweis In der j-ten Zeile und k-ten Spalte von $A^{\#}A$ steht

$$\sum_{i=1}^{n} a_{ji}^{\#} a_{ik} = \sum_{i=1}^{n} a_{ik} \det(s_1 \ldots s_{j-1} e_i s_{j+1} \ldots s_n)$$
$$= \det(s_1 \ldots s_{j-1} s_k s_{j+1} \ldots s_n),$$

und das ist $= 0$, wenn $j \neq k$ ist, da eine Spalte doppelt vorkommt, und $= \det(A)$, wenn $j = k$ ist. Also ist $A^{\#}A = \det(A)E_n$. Für den Zusatz bleibt, Lemma 1.5.5 anzuwenden. $\square$

Wieder darf man den Satz nicht als Einladung verstehen, die Inverse auf diese Weise konkret zu berechnen! (Ein praktikables Verfahren wurde in Abschn. 1.5 vorgestellt.) Eine Ausnahme ist der Fall einer 2×2-Matrix, wo die vier Einträge von $A^{\#}$ sofort abgelesen werden können, nämlich

$$A = \begin{pmatrix} a & b \\ c & d \end{pmatrix} \rightsquigarrow A^{\#} = \begin{pmatrix} d & -b \\ -c & a \end{pmatrix}, \ \det(A) = ad - bc,$$

---

[3] Manche Bücher nennen sie die adjungierte Matrix, aber dieser Begriff ist in diesem Text den Innenprodukträumen vorbehalten.

also

$$\begin{pmatrix} a & b \\ c & d \end{pmatrix}^{-1} = \frac{1}{ad - bc} \begin{pmatrix} d & -b \\ -c & a \end{pmatrix}.$$

Wenngleich Determinanten nur für quadratische Matrizen erklärt sind, sind sie auch für andere Matrizen nützlich. Ist A eine $m \times n$-Matrix und streicht man dort $m - s$ Zeilen und $n - s$ Spalten, so bleibt eine $s \times s$-Matrix übrig, deren Determinante ein *Minor* der Ordnung s genannt wird.

Satz 4.3.4 *Sei A eine $m \times n$-Matrix mit* $\mathrm{rg}(A) = r$. *Dann gilt:*

(a) *Es gibt einen Minor der Ordnung r, der nicht verschwindet.*
(b) *Jeder Minor der Ordnung $r + 1$ verschwindet.*

Beweis

(a) Wähle r Spalten, die linear unabhängig sind, und bilde damit eine $m \times r$-Matrix vom Rang r. Diese hat nach Satz 2.3.10 r linear unabhängige Zeilen, so dass man eine $r \times r$-Minor erhält, der nicht verschwindet.
(b) Diese Bedingung ist leer für $r = \min\{m, n\}$ und wegen des Allquantors („Jeder Minor ... ") automatisch erfüllt. Ansonsten sind je $r + 1$ Spalten linear abhängig, und in der daraus gebildeten $m \times (r + 1)$-Matrix wegen Satz 2.3.10 je $r + 1$ Zeilen ebenfalls linear abhängig. Daher verschwindet jeder Minor der Ordnung $r + 1$. $\qquad\square$

4.4 Ein erster Blick auf Eigenwerte

Wir beginnen mit einem Gleichungssystem, das die Welt verändert hat.[4]

We assume page A has pages $T_1 \ldots T_n$ which point to it (i.e., are citations). The parameter d is a damping factor which can be set between 0 and 1. We usually set d to 0.85. There are more details about d in the next section. Also $C(A)$ is defined as the number of links going out of page A. The PageRank of a page A is given as follows:

$$PR(A) = (1 - d) + d(PR(T_1)/C(T_1) + \cdots + PR(T_n)/C(T_n))$$

Note that the PageRanks form a probability distribution over web pages, so the sum of all web pages' PageRanks will be one.

---

[4] S. Brin, L. Page, *The Anatomy of a Large-Scale Hypertextual Web Search Engine.* Computer Networks and ISDN Systems 30 (1998), 107–117.

Dies ist die Definition des PageRank-Algorithmus, mit dem Google die Relevanz von Internetseiten berechnet (und Milliarden verdient), aus der Originalveröffentlichung der Google-Gründer, inklusive eines (Tipp-?) Fehlers, siehe unten.

Übersetzen wir dies in die Sprache der Linearen Algebra. Es geht um die Bewertung der N Webseiten, die das Internet ausmachen. Jede Seite erhält eine Bewertung, ihren „PageRank", eine Zahl zwischen 0 und 1. All diese bilden einen Vektor $x = (x_j)_j \in \mathbb{R}^N$ mit $\sum_j x_j = 1$, wobei also x_j der PageRank der Seite j ist. Die Anzahl der Links, die von Seite j ausgehen, sei $C(j)$. Ferner sei A die $N \times N$-Matrix mit $a_{ij} = 1/C(j)$, wenn Seite j einen Link auf Seite i hat, und $a_{ij} = 0$, wenn das nicht der Fall ist. Ferner sei $\mathbb{E}$ die Matrix, die an jeder Stelle den Eintrag 1 hat. Sei

$$G = \frac{1-d}{N}\mathbb{E} + dA. \tag{4.4.1}$$

Dann ist das System

$$Gx = x \tag{4.4.2}$$

mit der Forderung $x_j \geq 0$, $\sum_{j=1}^N x_j = 1$ zu lösen. (Bei Brin/Page ist $d = 0{,}85$, und in der obigen Quelle steht $1 - d$ statt $\frac{1-d}{N}$; aus den weiteren Ausführungen ergibt sich, dass Letzteres gemeint sein muss.)

Probleme vom Typ (4.4.2) sind *Eigenwertprobleme*, die wir jetzt definieren.

Definition 4.4.1

(a) Sei V ein Vektorraum, und sei $L\colon V \to V$ eine lineare Abbildung. Eine Zahl $\lambda \in \mathbb{R}$ heißt *Eigenwert* von L, wenn es einen Vektor $v \neq 0$ mit $L(v) = \lambda v$ gibt. Jedes solche von 0 verschiedene $v \in V$ heißt ein *Eigenvektor* zu λ, und $\{v \in V\colon L(v) = \lambda v\}$ ist der zugehörige *Eigenraum*.

(b) Sei A eine $n \times n$-Matrix. Eine Zahl $\lambda \in \mathbb{R}$ heißt *Eigenwert* von A, wenn es einen Vektor $x \neq 0$ mit $Ax = \lambda x$ gibt. Jedes solche von 0 verschiedene $x \in \mathbb{R}^n$ heißt ein *Eigenvektor* zu λ, und $\{x \in \mathbb{R}^n\colon Ax = \lambda x\}$ ist der zugehörige *Eigenraum*.

Diese beiden Begriffe sind auf endlichdimensionalen Vektorräumen vollkommen symmetrisch: Ist λ ein Eigenwert der Matrix A, so ist λ auch ein Eigenwert der zugehörigen linearen Abbildung L_A. Ist λ ein Eigenwert der linearen Abbildung $L\colon V \to V$ mit Eigenvektor v und ist M die bzgl. einer geordneten Basis B darstellende Matrix von L sowie $K_B\colon \mathbb{R}^n \to V$ die entsprechende Koordinatenabbildung, so gilt $M(K_B^{-1}(v)) = \lambda K_B^{-1}(v)$ (vgl. (3.3.1) auf Seite 65), also ist λ ebenfalls Eigenwert von M. Daher brauchen wir im endlichdimensionalen Fall Eigenwert überlegungen nur im Kontext von Abbildungen *oder* von Matrizen anzustellen.[5]

Wir beobachten noch, dass der Eigenraum zu λ genau $\ker(L - \lambda \, \mathrm{Id})$ bzw. $\ker(A - \lambda E_n)$ $:= \{x \in \mathbb{R}^n \colon (A - \lambda E_n)x = 0\}$ ist, also wirklich ein Unterraum von V bzw. $\mathbb{R}^n$ ist; daher ist die Bezeichnung Eigen*raum* gerechtfertigt.

Sei $L \colon V \to V$ linear und $\dim(V) < \infty$. Definitionsgemäß ist λ ein Eigenwert von L, wenn $\ker(L - \lambda \, \mathrm{Id}) \neq \{0\}$ ist, was nach Korollar 3.1.9 genau dann passiert, wenn $L - \lambda \, \mathrm{Id}$ nicht bijektiv ist, was nach Satz 4.2.11(b) zu $\det(L - \lambda \, \mathrm{Id}) = 0$ äquivalent ist. Dasselbe Argument funktioniert für Matrizen (führen Sie es aus!). Daher haben wir folgenden Satz gezeigt.

Satz 4.4.2

(a) *Sei $L \colon V \to V$ linear und $\dim(V) < \infty$. Dann ist λ genau dann ein Eigenwert von L, wenn $\det(L - \lambda \, \mathrm{Id}) = 0$ ist.*

(b) *Sei A eine $n \times n$-Matrix. Dann ist λ genau dann ein Eigenwert von A, wenn $\det(A - \lambda E_n) = 0$ ist.*

Betrachten wir jetzt den Matrixfall genauer. Zuerst untersuchen wir die Eigenwerte der transponierten Matrix. Da $(A - \lambda E_n)^t = A^t - \lambda E_n$, folgt aus Satz 4.2.7 sofort:

Satz 4.4.3 *Eine $n \times n$-Matrix A hat dieselben Eigenwerte wie ihre transponierte Matrix A^t.*

Natürlich brauchen die Eigenräume nicht übereinzustimmen!

Nach Satz 4.4.2 sind die Eigenwerte von A genau die Nullstellen der Funktion

$$\chi_A \colon \lambda \mapsto \det(A - \lambda E_n).$$

Diese Funktion wollen wir genauer studieren. Nach der Leibniz-Darstellung der Determinante ((4.2.1) in Satz 4.4.2) hat χ_A die Gestalt

$$\chi_A(\lambda) = \sum_{\pi \in \mathfrak{S}_n} \varepsilon(\pi) \tilde{a}_{\pi(1),1} \cdots \tilde{a}_{\pi(n),n},$$

wo $\tilde{a}_{ij} = a_{ij}$ für $i \neq j$ und $\tilde{a}_{ii} = a_{ii} - \lambda$ ist. Daraus ersieht man, dass χ_A eine Polynomfunktion mit dem führenden Koeffizienten $(-1)^n$ (beachte $\varepsilon(\mathrm{id}) = 1$) und dem absoluten Glied $\det(A)$ ist:

---

[5] Im unendlichdimensionalen Fall lernt man etwas über Eigenwerte in der Funktionalanalysis.

$$\chi_A(\lambda) = (-1)^n \lambda^n + a_{n-1}\lambda^{n-1} + \cdots + a_1\lambda + \det(A).$$

Definition 4.4.4 χ_A heißt das *charakteristische Polynom* von A.

Aus der Algebra ist bekannt (vgl. Korollar 7.1.5), dass ein Polynom vom Grad n höchstens n Nullstellen hat, daher hat eine reelle Matrix höchstens n Eigenwerte. Es kann aber vorkommen, dass es überhaupt keine Eigenwerte gibt; z. B. gilt für $A = \begin{pmatrix} 0 & -1 \\ 1 & 0 \end{pmatrix}$

$$\chi_A(\lambda) = \det(A - \lambda E_2) = \begin{vmatrix} -\lambda & -1 \\ 1 & -\lambda \end{vmatrix} = \lambda^2 + 1,$$

also besitzt χ_A keine reellen Nullstellen. (Aus dem Zwischenwertsatz der Analysis folgt jedoch, dass χ_A für ungerades n stets eine reelle Nullstelle hat.) Sie werden in Abschn. 7.2 Weiteres zum Eigenwertproblem kennenlernen; wir wollen jedoch an dieser Stelle wenigstens ein Beispiel durchrechnen.

Beispiel 4.4.5 Sei

$$A = \begin{pmatrix} 2 & 1 & 0 \\ -1 & 0 & 1 \\ 1 & 3 & 1 \end{pmatrix}.$$

Um die Eigenwerte von A zu bestimmen, berechnen wir das charakteristische Polynom:

$$\begin{aligned}
\chi_A(\lambda) &= \begin{vmatrix} 2-\lambda & 1 & 0 \\ -1 & -\lambda & 1 \\ 1 & 3 & 1-\lambda \end{vmatrix} \\
&= (2-\lambda)\begin{vmatrix} -\lambda & 1 \\ 3 & 1-\lambda \end{vmatrix} - \begin{vmatrix} -1 & 1 \\ 1 & 1-\lambda \end{vmatrix} \\
&= (2-\lambda)(-\lambda + \lambda^2 - 3) - (-(1-\lambda) - 1) \\
&= (2-\lambda)(\lambda^2 - \lambda - 3) - (\lambda - 2) \\
&= -(\lambda - 2)(\lambda^2 - \lambda - 2) = -(\lambda - 2)^2(\lambda + 1)
\end{aligned}$$

Die Eigenwerte sind also $\lambda_1 = -1$ und $\lambda_2 = 2$.

Um die Eigenvektoren zu λ_1 zu bestimmen, benötigt man die nichttrivialen Lösungen von $(A - \lambda_1 E_3)x = 0$. Wendet man den Gaußschen Algorithmus auf $A - \lambda_1 E_3$ an, erhält man durch elementare Zeilenumformungen

$$\begin{pmatrix} 3 & 1 & 0 \\ -1 & 1 & 1 \\ 1 & 3 & 2 \end{pmatrix} \rightsquigarrow \begin{pmatrix} 3 & 1 & 0 \\ 0 & 4/3 & 1 \\ 0 & 8/3 & 2 \end{pmatrix} \rightsquigarrow \begin{pmatrix} 3 & 1 & 0 \\ 0 & 4/3 & 1 \\ 0 & 0 & 0 \end{pmatrix}.$$

Daran sieht man, dass man für eine Lösung von $(A - \lambda_1 E_3)x = 0$ die 3. Koordinate von x frei wählen kann (x_3), und daraus ergibt sich

$$x_2 = -\frac{3}{4}x_3, \quad x_1 = -\frac{1}{3}x_2 = \frac{1}{4}x_3.$$

Daher sind genau die Vektoren der Form

$$x_3 \begin{pmatrix} 1/4 \\ -3/4 \\ 1 \end{pmatrix}, \ x_3 \neq 0$$

die Eigenvektoren von A zum Eigenwert -1.

Eine analoge Rechnung für den Eigenwert $\lambda_2 = 2$ führt auf die folgenden Zeilenumformungen für die Matrix $A - \lambda_2 E_3$ (diesmal benötigt man auch eine Zeilenvertauschung)

$$\begin{pmatrix} 0 & 1 & 0 \\ -1 & -2 & 1 \\ 1 & 3 & -1 \end{pmatrix} \rightsquigarrow \begin{pmatrix} 1 & 3 & -1 \\ -1 & -2 & 1 \\ 0 & 1 & 0 \end{pmatrix} \rightsquigarrow \begin{pmatrix} 1 & 3 & -1 \\ 0 & 1 & 0 \\ 0 & 1 & 0 \end{pmatrix} \rightsquigarrow \begin{pmatrix} 1 & 3 & -1 \\ 0 & 1 & 0 \\ 0 & 0 & 0 \end{pmatrix}.$$

Wieder kann man x_3 frei wählen und erhält $x_2 = 0$ sowie $x_1 = x_3$. Genau die Vektoren der Form

$$x_3 \begin{pmatrix} 1 \\ 0 \\ 1 \end{pmatrix}, \ x_3 \neq 0$$

sind die Eigenvektoren von A zum Eigenwert 2.

Nun zurück zur Google-Matrix G aus (4.4.1). Diese hat die Eigenschaft, dass alle Einträge ≥ 0 sind und alle Spaltensummen $= 1$ sind;[6] eine solche Matrix heiße *spaltenstochastisch*. (Um zu zeigen, dass die j-te Spaltensumme $= 1$ ist, ist nur $\sum_{i=1}^{N} a_{ij} = 1$ zu zeigen; diese Summe ist aber $\sum_{i \in I_j} 1/C(j)$, wobei I_j die Menge der Seiten ist, auf die j verlinkt. Davon gibt es $C(j)$ Stück, so dass $\sum_{i \in I_j} 1/C(j) = C(j) \cdot 1/C(j) = 1$.)

---

[6] An dieser Stelle wird der Einfachheit halber vorausgesetzt, dass es keine „dangling nodes" gibt, also Seiten, die auf keine anderen Seiten verlinken.

Satz 4.4.6 *Ist S eine spaltenstochastische Matrix, so ist* 1 *ein Eigenwert von S.*

Beweis S^t ist eine Matrix, deren Zeilensummen $= 1$ sind, also ist für den Vektor e, dessen sämtliche Koordinaten 1 sind, $S^t e = e$. Daher ist 1 ein Eigenwert von S^t und deshalb auch von S (siehe Satz 4.4.3). □

Also hat die Google-Matrix einen Eigenvektor zum Eigenwert 1; es war jedoch bei (4.4.2) verlangt, dass dieser nichtnegative Einträge hat, was wir noch nicht wissen. Aber G besitzt darüber hinaus die Eigenschaft, dass alle Einträge > 0 sind (sie sind ja $\geq \frac{1-d}{N}$); eine Matrix mit dieser Eigenschaft heiße *strikt positiv*. Über solche Matrizen trifft der *Satz von Perron-Frobenius* folgende Aussage.

Satz 4.4.7 *Sei S eine strikt positive spaltenstochastische Matrix. Dann ist der Eigenraum zum Eigenwert* $\lambda = 1$ *eindimensional. Genauer gilt: Es gibt genau einen Eigenvektor* $u = (u_i)$ *zum Eigenwert* $\lambda = 1$ *mit* $u_i > 0$ *für alle i und* $\sum_{i=1}^{n} u_i = 1$, *und jeder Eigenvektor zu* $\lambda = 1$ *ist ein Vielfaches von u.*

Beweis Wenn in diesem Beweis von Eigenvektoren die Rede ist, sind stets Eigenvektoren ($\neq 0$) von $S = (s_{ij})$ zum Eigenwert 1 gemeint; dass es solche Eigenvektoren gibt, zeigt Satz 4.4.6.

Sei $x = (x_i)$ ein Eigenvektor. Wir zeigen zuerst, dass alle $x_i \geq 0$ oder alle $x_i \leq 0$ sind. Gäbe es nämlich ein $x_k > 0$ und ein $x_l < 0$, wo wäre wegen $s_{ij} > 0$

$$|x_i| = \left| \sum_{j=1}^{n} s_{ij} x_j \right| < \sum_{j=1}^{n} s_{ij} |x_j|$$

(an dieser Stelle benutzt man, dass $|\alpha + \beta| < |\alpha| + |\beta|$ für $\alpha < 0 < \beta$) und deshalb wegen $\sum_{i=1}^{n} s_{ij} = 1$

$$\sigma := \sum_{i=1}^{n} |x_i| < \sum_{i=1}^{n} \sum_{j=1}^{n} s_{ij} |x_j| = \sum_{j=1}^{n} \left(\sum_{i=1}^{n} s_{ij} \right) |x_j| = \sum_{j=1}^{n} |x_j| = \sigma.$$

Aber das ist unmöglich.

Es gilt sogar $x_i > 0$ für alle i oder $x_i < 0$ für alle i: Da wenigstens eine Koordinate von x nicht verschwindet, sagen wir $x_r \neq 0$, ist nämlich

$$|x_i| = \sum_{j=1}^{n} s_{ij} |x_j| \geq s_{ir} |x_r| > 0,$$

denn alle s_{ij} sind strikt positiv.

Das hat folgende Konsequenz: Wenn $Sz = z$ ist und z eine verschwindende Koordinate hat, ist $z = 0$. Damit können wir zeigen, dass je zwei Eigenvektoren $x = (x_i)$ und $y = (y_i)$ linear abhängig sind: Für $z = y_1 x - x_1 y$ gilt nämlich $Sz = z$, und die erste Koordinate von z verschwindet; daher folgt $y_1 x - x_1 y = 0$, und wegen $x_1, y_1 \neq 0$ (siehe oben) ist das eine nichttriviale Linearkombination.

Deshalb ist $\ker(S - E_n)$ eindimensional: $\ker(S - E_n) = \lin\{\tilde{u}\}$. Dann ist $u = \tilde{u} / \sum_{i=1}^{n} \tilde{u}_i$ der gesuchte Eigenvektor mit positiven Koordinaten und Koordinatensumme 1, und er ist eindeutig bestimmt. $\qquad\square$

Dieser Satz beweist, dass Googles PageRank-Vektor existiert und eindeutig bestimmt ist (wenn $0 < d < 1$). K. Bryan und T. Leise nennen ihn den 25-Milliarden-Dollar-Eigenvektor.[7]

Eine ganz andere Frage ist die der numerischen Berechnung (die Google-Matrix hat mehr als 200 Milliarden Zeilen und Spalten!). Vorlesungen und Bücher zur numerischen Linearen Algebra[8] erklären effektive Verfahren dafür.

4.5 Aufgaben

Aufgabe 4.5.1 Sei $\Delta\colon (\mathbb{R}^3)^3 \to \mathbb{R}$ eine Determinantenform. Seien $s_1, s_2, s_3 \in \mathbb{R}^3$ so, dass $\Delta(s_1, s_2, s_3) = 3$. Bestimmen Sie $\Delta(t_1, t_2, t_3)$ für die folgenden Spalten:

(a) $t_1 = s_1 + s_1, t_2 = s_1 + s_2, t_3 = s_1 + s_3$
(b) $t_1 = s_1, t_2 = s_2, t_3 = 2s_1 + 3s_2$
(c) $t_1 = s_1, t_2 = s_2, t_3 = 2s_1 + 3s_2 + 2s_3$
(d) $t_1 = s_1 + s_2, t_2 = s_2 + s_3, t_3 = s_3 + s_1$

Aufgabe 4.5.2 Es seien $k, l \in \mathbb{N}, n = k + l$, A_1 eine $k \times k$-Matrix, A_2 eine $l \times l$-Matrix, B eine $l \times k$-Matrix. Es sei A die $n \times n$-Matrix

$$\begin{pmatrix} A_1 & 0 \\ B & A_2 \end{pmatrix}.$$

Zeigen Sie (z. B. durch vollständige Induktion nach k)

$$\det(A) = \det(A_1)\det(A_2).$$

---

[7] Das war der Wert der Firma Google im Jahr 2004; vgl. K. Bryan und T. Leise, *The $25,000,000,000 eigenvector: The linear algebra behind Google.* SIAM Rev. 48, No. 3 (2006), 569–581.

[8] Z. B. F. Bornemann, *Numerische lineare Algebra.* Springer Spektrum, 2. Auflage 2018.

Aufgabe 4.5.3 Berechnen Sie die folgende Determinante:

$$\begin{vmatrix} 2 & 3 & 4 & 6 \\ 2 & 0 & -9 & 6 \\ 4 & 1 & 0 & 2 \\ 0 & 1 & -1 & 0 \end{vmatrix}$$

Aufgabe 4.5.4 Bestimmen Sie die Determinante der Abbildung L aus Aufgabe 3.4.12.

Aufgabe 4.5.5 Eine $n \times n$-Matrix $A = (a_{ij})$ erfülle die Bedingung

$$\sum_{j=1}^{n} a_{ij} a_{kj} = \begin{cases} 0 & \text{für } i \neq k, \\ 1 & \text{für } i = k. \end{cases}$$

Zeigen Sie, dass $\det(A) = 1$ oder $\det(A) = -1$ ist.

Aufgabe 4.5.6 Bestimmen Sie sämtliche Eigenwerte und die dazugehörigen Eigenvektoren für die Matrix

$$\begin{pmatrix} 1 & 0 & 0 \\ -8 & 4 & -6 \\ 8 & 1 & 9 \end{pmatrix}.$$

Aufgabe 4.5.7 Sei V ein Vektorraum und $P: V \to V$ eine Projektion (vgl. Aufgabe 3.4.3). Zeigen Sie, dass ein Eigenwert von P entweder 0 oder 1 ist.

Etwas Algebra

5

5.1 Körper und K-Vektorräume

Bislang haben wir Vektorräume über $\mathbb{R}$ kennengelernt, d. h., wir konnten einen Vektor mit einer reellen Zahl malnehmen. In der Algebra nimmt man einen allgemeineren Standpunkt ein, der auch in der Eigenwerttheorie nützlich ist. Man ersetzt nämlich $\mathbb{R}$ durch ein System von „Zahlen", in dem die von den reellen Zahlen bekannten Rechenregeln der Addition und der Multiplikation gelten; so etwas nennt man einen *Körper*, siehe Definition 5.1.3.

Der Definition eines Körpers schicken wir die Definition einer anderen bedeutsamen algebraischen Struktur voraus, der einer Gruppe.

Definition 5.1.1 Es sei G eine Menge mit einer inneren Verknüpfung $*$, d. h., jedem Paar (x, y) von Elementen von G wird ein Element $x * y \in G$ zugeordnet. Dann heißt $(G, *)$ eine *Gruppe*, wenn folgende Bedingungen erfüllt sind.

(a) Assoziativität: $(x * y) * z = x * (y * z)$ für alle $x, y, z \in G$.
(b) Es existiert ein neutrales Element $e \in G$ mit $e * x = x * e = x$ für alle $x \in G$.
(c) Zu jedem $x \in G$ existiert ein inverses Element $x' \in G$ mit $x * x' = x' * x = e$.

Gilt zusätzlich das Kommutativgesetz

(d) $x * y = y * x$ für alle $x, y \in G$,

so spricht man von einer *abelschen* oder *kommutativen Gruppe*.

Es ist schnell zu sehen, dass das neutrale und das inverse Element jeweils eindeutig bestimmt sind. Sind nämlich e und e' neutrale Elemente, so ist $e * e' = e'$, weil e neutral ist, und $e * e' = e$, weil e' neutral ist, so dass $e = e'$ folgt. Sind x' und x'' beide invers zu x, so zeigt das Assoziativgesetz

$$x'' = e * x'' = (x' * x) * x'' = x' * (x * x'') = x' * e = x'.$$

Wem diese Argumente bekannt vorkommen, wird im folgenden Beispiel 5.1.2(f) eine Erklärung finden.

Beispiele 5.1.2

(a) Offensichtliche Beispiele von Gruppen sind $(\mathbb{Z}, +)$, $(\mathbb{R}, +)$, $(\mathbb{Q}, +)$, $(\mathbb{R} \setminus \{0\}, \cdot)$ und $(\mathbb{Q} \setminus \{0\}, \cdot)$. Sie sind alle abelsch. $(\mathbb{N}, +)$, $(\mathbb{R}, \cdot)$ und $(\mathbb{Q}, \cdot)$ sind keine Gruppen (warum nicht?).

(b) Sei $n \in \mathbb{N}$ und $\mathbb{Z}_n = \{0, \ldots, n - 1\}$. Wir führen folgende „Addition" auf $\mathbb{Z}_n$ ein: $x \oplus y = z$, wenn die übliche Addition $x + y$ bei Division durch n den Rest z lässt. $(\mathbb{Z}_n, \oplus)$ ist dann eine abelsche Gruppe, wie man schnell überprüft. In der Algebra lernt man eine intelligentere Beschreibung dieser Gruppe kennen.

(c) Wir führen folgende „Multiplikation" auf $\mathbb{Z}_n$ ein: $x \odot y = z$, wenn die übliche Multiplikation $x \cdot y$ bei Division durch n den Rest z lässt. $(\mathbb{Z}_n, \odot)$ ist eine assoziative und kommutative Struktur mit dem neutralen Element 1. Es handelt sich jedoch nicht um eine Gruppe, da 0 kein multiplikativ Inverses besitzt. Betrachte nun $\mathbb{Z}_n^* = \{1, \ldots, n - 1\}$. Ist n keine Primzahl, so ist $\odot$ auf $\mathbb{Z}_n^*$ keine innere Verknüpfung, denn es existieren $n_1, n_2 \in \mathbb{Z}_n^*$ mit $n_1 \cdot n_2 = n$, also $n_1 \odot n_2 = 0$. Wenn n jedoch eine Primzahl ist, ist $(\mathbb{Z}_n^*, \odot)$ eine abelsche Gruppe, wie man in der Algebra lernt.

(d) In Abschn. 4.1 wurde die Menge $\mathfrak{S}_n$ der Permutationen (= Bijektionen) von $\{1, \ldots, n\}$ eingeführt. Mit der Komposition als Verknüpfung erhält man eine Gruppe (warum?), die jedoch für $n \geq 3$ nicht abelsch ist (Beispiel?). Allgemeiner sei X eine Menge und $\mathrm{Bij}(X)$ die Menge der Bijektionen von X, versehen mit der Komposition als innerer Verknüpfung. (Beachte: Wenn f und g bijektiv sind, ist es auch $f \circ g$; also handelt es sich wirklich um eine *innere* Verknüpfung.) $(\mathrm{Bij}(X), \circ)$ ist eine Gruppe, die nicht abelsch ist, wenn X mehr als zwei Elemente hat.

(e) Sei $\mathrm{GL}(n, \mathbb{R})$ die Menge aller invertierbaren $n \times n$-Matrizen, versehen mit dem Matrixprodukt. Auch hier handelt es sich um eine Gruppe, die für $n \geq 2$ nicht abelsch ist. Genauso ist $\mathrm{SL}(n, \mathbb{R}) = \{A \in \mathrm{GL}(n, \mathbb{R}) : \det(A) = 1\}$ eine Gruppe.

(f) Sei V ein $(\mathbb{R}\text{-})$Vektorraum; dann ist $(V, +)$ eine abelsche Gruppe.

Gruppen werden im Detail in der Algebra studiert. Uns dienen sie hauptsächlich dazu, die folgende Definition prägnant zu fassen.

Definition 5.1.3 Es sei K eine Menge, die mit zwei inneren Verknüpfungen $+$ und $\cdot$ ausgestattet sei. Es gelte:

(a) $(K, +)$ ist eine abelsche Gruppe mit dem neutralen Element 0.

(b) $(K \setminus \{0\}, \cdot)$ ist eine abelsche Gruppe mit dem neutralen Element $1 \neq 0$.

(c) Es gilt das Distributivgesetz, also

$$(\lambda + \mu) \cdot v = (\lambda \cdot v) + (\mu \cdot v) \qquad \text{für alle } \lambda, \mu, v \in K.$$

Dann heißt K (genauer $(K, +, \cdot)$ und noch genauer $(K, +, \cdot, 0, 1)$) ein *Körper*.[1]

Wie üblich, schreibt man auch $\lambda\mu$ statt $\lambda \cdot \mu$ und $\lambda - \mu$ statt $\lambda + (-\mu)$. Ferner gilt stets $-\lambda = (-1)\lambda$ (Beweis?).

Eine unmittelbare Folgerung ist $0 \cdot \lambda = 0$ für alle $\lambda \in K$, da

$$0 \cdot \lambda = (0 + 0) \cdot \lambda = 0 \cdot \lambda + 0 \cdot \lambda,$$

also

$$0 = 0 \cdot \lambda - 0 \cdot \lambda = (0 \cdot \lambda + 0 \cdot \lambda) - 0 \cdot \lambda = 0 \cdot \lambda + (0 \cdot \lambda - 0 \cdot \lambda) = 0 \cdot \lambda + 0 = 0 \cdot \lambda.$$

(Auch dieses Argument sollte Ihnen bekannt vorkommen!) Daher gelten das Assoziativgesetz und das Kommutativgesetz der Multiplikation sowie die Neutralität der 1, die formal laut (b) nur in $K \setminus \{0\}$ verlangt waren, tatsächlich in ganz K.

Beispiele 5.1.4

(a) $(\mathbb{R}, +, \cdot)$ und $(\mathbb{Q}, +, \cdot)$ sind Körper.

(b) (Vgl. Beispiel 5.1.2(b) und (c)) Ist p eine Primzahl, so ist $(\mathbb{Z}_p, \oplus, \odot)$ ein Körper, wie man in der Algebra lernt. Endliche Körper sind nicht nur in der Algebra wichtig, sondern auch in der angewandten Mathematik (Kryptographie).

(c) In der Zahlentheorie sind die Körper zwischen $\mathbb{Q}$ und $\mathbb{R}$ wichtig, z. B. $\mathbb{Q}(\sqrt{2}) = \{a + b\sqrt{2} : a, b \in \mathbb{Q}\}$. Es ist einfach nachzurechnen, dass $(\mathbb{Q}(\sqrt{2}), +, \cdot)$ wirklich ein Körper ist.

(d) Das für diese Vorlesung wichtigste Beispiel ist der Körper $\mathbb{C}$ der komplexen Zahlen, den wir jetzt beschreiben.

In den Formeln von Tartaglia und Cardano zur Lösung einer kubischen Gleichung kommen Terme vor, die die Quadratwurzel aus einer negativen Zahl enthalten können. Obwohl solche Wurzeln in $\mathbb{R}$ nicht existieren, hat das Rechnen mit einer imaginären Wurzel aus -1 im 16. und 17. Jahrhundert erfolgreich reelle Lösungen einer kubischen Gleichung produziert. Schreibt man i für die hypothetische Wurzel aus -1, kann man Zahlen der Form $a + bi$, $a, b \in \mathbb{R}$, bilden, und mit ihnen wie üblich zu rechnen bedeutet, dass Addition und Multiplikation den aus der Schule bekannten Rechenregeln genügen. Wir wollen nun begründen, dass das wirklich möglich ist.

Auf der Menge der Paare reeller Zahlen führen wir eine Addition und eine Multiplikation ein, nämlich

---

[1] Um die Wortwahl zu verstehen, denke man an Körperschaft, nicht an Körper im Sinn von Leib. Auf Englisch heißt Körper *field*.

$$(a, b) + (a', b') = (a + a', b + b')$$

$$(a, b) \cdot (a', b') = (aa' - bb', ab' + a'b)$$

(Wenn man sich hier (a, b) durch $a + bi$ und (a', b') durch $a' + b'i$ ersetzt vorstellt und formal ohne viel Federlesens ausmultipliziert, erhält man $(aa' - bb') + (ab' + a'b)i$, was das Paar $(aa' - bb', ab' + a'b)$ symbolisiert.) Man kann nun verifizieren, dass $\mathbb{R}^2$ mit diesen Operationen einen Körper bildet; das multiplikativ Inverse zu $(a, b) \neq (0, 0)$ ist $(a/(a^2 + b^2), -b/(a^2 + b^2))$; informelle Eselsbrücke hierfür:

$$\frac{1}{a + bi} = \frac{a - bi}{(a + bi)(a - bi)} = \frac{a - bi}{a^2 + b^2}.$$

Der Körper $\mathbb{R}^2$ enthält via $\rho\colon r \mapsto (r, 0)$ die reellen Zahlen als Teilkörper, und für das Element $(0, 1) \in \mathbb{R}^2$ gilt $(0, 1) \cdot (0, 1) = (-1, 0)$; also kann man $(0, 1) \in \mathbb{R}^2$ als Wurzel aus -1 auffassen. Setzt man $(1, 0) = \underline{1}$ und $(0, 1) = i$, kann man $(a, b) \in \mathbb{R}^2$ als $a\underline{1} + bi$ repräsentieren. (Beachten Sie, dass wir erst an dieser Stelle i präzise definieren; vorher war i in der Eselsbrücke mehr ein Wunschtraum als ein mathematisches Objekt.) Da $\underline{1} \in \mathbb{R}^2$ der reellen Zahl 1 via ρ entspricht, schreibt man $a + bi$ statt (a, b).

Der hier beschriebene Körper wird der Körper $\mathbb{C}$ der komplexen Zahlen genannt. Ist $z = a + bi \in \mathbb{C}$ $(a, b \in \mathbb{R})$, nennt man $a = \operatorname{Re} z$ den *Realteil* und $b = \operatorname{Im} z$ den *Imaginärteil* von z; beachten Sie, dass der Imaginärteil von z eine reelle Zahl ist. Ferner nennt man $\overline{z} = a - bi$ die zu z *konjugiert komplexe Zahl*; es gelten $\operatorname{Re} z = \frac{1}{2}(z + \overline{z})$, $\operatorname{Im} z = \frac{1}{2i}(z - \overline{z})$ sowie $\overline{w + z} = \overline{w} + \overline{z}$ und $\overline{wz} = \overline{w}\,\overline{z}$, wie man durch Nachrechnen sofort bestätigt.

Trotz seiner Abstraktheit ist im Begriff des Körpers doch nichts anderes als die Grundschularithmetik kodiert. Im bisherigen Verlauf der Vorlesung haben wir bei der Entwicklung der Theorie der Vektorräume und der linearen Abbildungen nur diese arithmetischen Grundlagen von $\mathbb{R}$ benutzt (Ausnahme: Satz 4.4.6 und 4.4.7, wo auch die $\geq$-Relation reeller Zahlen eine Rolle spielte). Daher ist es nun ein Leichtes, mit Hilfe des folgenden Begriffes sämtliche bisherigen Überlegungen weiterzuentwickeln.

Definition 5.1.5 Seien K ein Körper und V eine Menge. Es existiere eine innere Verknüpfung $V \times V \ni (v, w) \mapsto v + w \in V$ und eine Abbildung $K \times V \ni (\lambda, v) \mapsto \lambda \cdot v =: \lambda v \in V$ mit folgenden Eigenschaften:

(a) $(V, +)$ ist eine abelsche Gruppe.

(b) $\lambda(v + w) = \lambda v + \lambda w$ für alle $\lambda \in K$, $v, w \in V$ (1. Distributivgesetz).

(c) $(\lambda + \mu)v = \lambda v + \mu v$ für alle $\lambda, \mu \in K$, $v \in V$ (2. Distributivgesetz).

(d) $(\lambda\mu)v = \lambda(\mu v)$ für alle $\lambda, \mu \in K$, $v \in V$ (Assoziativität der Skalarmultiplikation).

(e) $1 \cdot v = v$ für alle $v \in V$.

Dann heißt V ein *K-Vektorraum*.

Die Elemente von K heißen in diesem Kontext auch *Skalare*.

Beispiele 5.1.6

(a) Der Koordinatenraum K^n ist ein K-Vektorraum, wobei die arithmetischen Operationen Addition und Skalarmultiplikation analog zu $\mathbb{R}^n$ zu verstehen sind.

(b) $\mathbb{C}$ ist ein $\mathbb{R}$-Vektorraum, und $\mathbb{R}$ ist ein $\mathbb{Q}$-Vektorraum.

(c) Sei X eine Menge und K ein Körper. $\mathrm{Abb}(X, K) = \{f \colon X \to K \colon f \text{ ist eine Funktion}\}$ ist mit den zu Beispiel 2.1.2(c) analogen Operationen ein K-Vektorraum.

(d) Da $\mathbb{Q}(\sqrt{2})$ selbst ein Körper ist (Beispiel 5.1.4(c)), ist es insbesondere ein $\mathbb{Q}$-Vektorraum. Die Tatsache, dass Körpererweiterungen insbesondere Vektorräume sind (die eine Dimension haben), spielt in der Algebra eine große Rolle. Zum Beispiel wird in der Algebra so gezeigt, dass die Anzahl der Elemente eines endlichen Körpers immer eine Primzahlpotenz ist.

Sämtliche Begriffe und Resultate der ersten vier Kapitel können auf den allgemeinen Fall eines K-Vektorraums wörtlich übertragen werden! (Die einzigen Ausnahmen sind wie gesagt Satz 4.4.6 und 4.4.7. Und bei komplexen Vektorräumen wäre die Wahl des Buchstabens i als Summationsindex zu vermeiden.)

Bei der Betrachtung der Dimension eines Vektorraums ($\dim(V)$) ist es manchmal sinnvoll, explizit den zugrundeliegenden Körper anzusprechen ($\dim_K(V)$); z. B. ist in Beispiel 5.1.6(b) $\dim_{\mathbb{C}}(\mathbb{C}) = 1$, aber $\dim_{\mathbb{R}}(\mathbb{C}) = 2$ (da 1 und i über $\mathbb{R}$ linear unabhängig sind), und es ist $\dim_{\mathbb{R}}(\mathbb{R}) = 1$, aber $\dim_{\mathbb{Q}}(\mathbb{R}) = \infty$. (Andernfalls gäbe es eine endliche Basis $r_1, \ldots, r_n$ von $\mathbb{R}$ über $\mathbb{Q}$, d. h., jede reelle Zahl wäre als eindeutige Linearkombination $r = \lambda_1 r_1 + \cdots + \lambda_n r_n$ mit rationalen Koeffizienten darstellbar; aber das würde implizieren, dass $\mathbb{R}$ abzählbar ist.)

Wenn im Weiteren von Vektorräumen die Rede ist, sind stets Vektorräume über einem Körper K gemeint; nur wenn es wichtig ist, um welchen Körper es sich handelt, wird dies explizit erwähnt.

Bei der Übertragung unserer bisherigen Arbeit auf abstrakteres Terrain gibt es eine heikle Stelle, nämlich wenn es um Polynome geht. Dem widmen wir uns im nächsten Abschnitt.

5.2 Polynome, Ringe und K-Algebren

Wir haben bislang Polynome als Polynomfunktionen (auf $\mathbb{R}$ oder Teilmengen von $\mathbb{R}$) behandelt. Dabei haben wir festgestellt, dass eine Polynomfunktion auf $\mathbb{R}$ ihre Koeffizienten eindeutig bestimmt, vgl. Satz 3.2.4. Dort wurde gezeigt, dass

$$\Phi \colon \mathbb{R}^{<\infty} \to \mathrm{Pol}(\mathbb{R}), \quad \Phi((a_k)_{k \geq 0}) = \sum_{k=0}^{\infty} a_k \mathbf{x}^k$$

ein Vektorraumisomorphismus ist; zur Erinnerung:

$$\mathbb{R}^{<\infty} = \{(a_k)_{k\geq 0} \colon a_k \in \mathbb{R}, \ \exists N \in \mathbb{N} \ \forall k > N \ a_k = 0\}.$$

Mit Hilfe der Vandermondeschen Determinante konnte man in Satz 4.3.1 sehen, dass das auch stimmt, wenn man $\mathrm{Pol}(\mathbb{R})$ durch $\mathrm{Pol}(T)$ mit einer unendlichen Menge $T \subset \mathbb{R}$ ersetzt. Mit diesem Argument erhält man dasselbe Resultat wie Satz 3.2.4 für einen Körper mit unendlich vielen Elementen statt $\mathbb{R}$.

Satz 5.2.1 *Für einen Körper K mit unendlich vielen Elementen gilt*

$$K^{<\infty} \cong \mathrm{Pol}(K, K);$$

Letzteres bezeichnet den Raum der Polynomfunktionen von K nach K.

Über endlichen Körpern kann ein solches Resultat allein deshalb nicht stimmen, weil es unendlich viele Folgen in $K^{<\infty}$ gibt, aber nur endlich viele Abbildungen von K nach K.

Konkret ist für $K = \mathbb{Z}_2$ die Polynomfunktion $\mathbf{x}$ identisch mit der Polynomfunktion $\mathbf{x}^2$, aber im Rahmen der Algebra möchte man, dass ein abstrakter Ausdruck wie X definitiv etwas anderes als X^2 ist. Dafür gibt es mehrere Gründe: Zum Beispiel möchte man in X oder X^2 (oder einen allgemeinen polynomialen Ausdruck) auch andere Objekte als Zahlen oder Körperelemente einsetzen, für $K = \mathbb{Z}_2$ etwa die Matrix $A = \left(\begin{smallmatrix} 0 & 1 \\ 1 & 0 \end{smallmatrix}\right)$, für die $A^2 \neq A$ ist, obwohl als Polynomfunktion $\mathbf{x}^2 = \mathbf{x}$ ist.

Ein möglicher Ausweg ist, dass man *definitionsgemäß* ein Polynom mit der Koeffizientenfolge $(a_k)_{k\geq 0}$ identifiziert (in dieser Sichtweise ist ein Polynom ein Element von $K^{<\infty}$ und von einer Polynomfunktion zu unterscheiden). Im K-Vektorraum $K^{<\infty}$ hat man die übliche Addition und Skalarmultiplikation, man hat aber auch eine (innere) Multiplikation gemäß

$$(a_k) * (b_k) = (c_k) \qquad \Leftrightarrow \qquad c_k = \sum_{l=0}^{k} a_l b_{k-l}. \tag{5.2.1}$$

Der Hintergrund dieser Definition ist, dass beim formalen Ausmultiplizieren der polynomialen Ausdrücke $\sum a_k X^k$ und $\sum b_k X^k$ genau $\sum c_k X^k$ mit c_k wie oben entsteht (man beachte, dass alle Summen in Wahrheit endliche Summen sind):

$$\left(\sum a_k X^k\right)\left(\sum b_k X^k\right) = \sum c_k X^k \qquad \Leftrightarrow \qquad c_k = \sum_{l=0}^{k} a_l b_{k-l}. \tag{5.2.2}$$

In der Algebra führt man daher den Begriff einer *Unbestimmten* X ein (die Definition ist leider etwas kompliziert); der Sinn dieser Konstruktion ist, dass es beim Rechnen mit einer Unbestimmten keinerlei Vereinfachungen à la $\mathbf{x}^2 = \mathbf{x}$ gibt. (Im Folgenmodell der Polynome ist X einfach $(0, 1, 0, 0, 0, \dots)$.) Die übliche Bezeichnung für den Vektorraum der Polynome über einem Körper K in der Algebra ist $K[X]$; die Elemente von $K[X]$ werden mit $\sum_{k=0}^{n} a_k X^k$ statt $(a_0, a_1, \dots, a_n, 0, 0, \dots)$ bezeichnet. Die Vektorraumoperationen sind (alle Summen sind endlich)

$$\sum a_k X^k + \sum b_k X^k = \sum (a_k + b_k) X^k,$$

$$\lambda \sum a_k X^k = \sum (\lambda a_k) X^k.$$

Ein Element von $K[X]$ wird typischerweise mit $P(X)$ oder P bezeichnet. Von unserem Standpunkt ist das nur eine notationstechnisch intuitivere Beschreibung als $K^{<\infty}$.

Ist $P = \sum_{k=0}^{n} a_k X^k$ ein von 0 verschiedenes Polynom mit $a_n \neq 0$, nennt man $n \in \mathbb{N}_0$ den *Grad* von P; definitionsgemäß hat $P = 0$ den Grad $-\infty$. Man beachte, dass diese Definition über endlichen Körpern nur für Polynome und nicht für Polynomfunktionen sinnvoll ist, da ja z. B. $\mathbf{x} = \mathbf{x}^2$ über $\mathbb{Z}_2$.

Im Vergleich zu den Polynomfunktionen können wir Folgendes sagen. Sei $P(X) = \sum_{k=0}^{n} a_k X^k \in K[X]$; dem können wir die Polynomfunktion $\mathbf{p} \colon K \to K$, $\mathbf{p}(x) = \sum_{k=0}^{n} a_k x^k$, zuordnen. Die Abbildung

$$\Psi \colon K[X] \to \mathrm{Pol}(K, K), \quad \Psi(P) = \mathbf{p}$$

ist linear und surjektiv, und sie ist genau dann injektiv, wenn K unendlich viele Elemente hat (siehe oben). Zu jedem $\lambda \in K$ ist ferner die Abbildung

$$\psi_\lambda \colon K[X] \to K, \quad \psi_\lambda(P) = \mathbf{p}(\lambda)$$

linear; ψ_λ erläutert, wie man in Polynome Zahlen (= Körperelemente) einsetzt.

Ein $\lambda \in K$ mit $\psi_\lambda(P) = 0$, also $\mathbf{p}(\lambda) = 0$, nennt man *Nullstelle* von P. Im Nullstellenverhalten der Polynome erkennt man einen fundamentalen Unterschied zwischen $\mathbb{R}$ und $\mathbb{C}$: Während zum Beispiel $X^2 + 1$ über $\mathbb{R}$ keine Nullstellen hat, hat jedes nichtkonstante Polynom über $\mathbb{C}$ eine Nullstelle. Diese grundlegende Aussage ist als *Fundamentalsatz der Algebra* bekannt[2] (vgl. Satz 7.1.6).

---

[2] Ein ganzes Buch, das sich unterschiedlichen Beweisen dieses Satzes widmet, ist: G. Rosenberger, B. Fine, *The Fundamental Theorem of Algebra*, Springer 1997. Einen sehr elementaren Beweis mit Methoden der Analysis findet man bei E. Behrends, *Analysis 1*, 6. Auflage, Springer Spektrum 2015. In diesem Buch wird in Abschn. 7.6 ein Beweis mit Methoden der Linearen Algebra geführt.

Ebenso können wir zu einer $n \times n$-Matrix A über K den Ausdruck

$$P(A) = \sum_{k=0}^{n} a_k A^k \tag{5.2.3}$$

bilden. Diese Prozedur wollen wir nun etwas allgemeiner fassen, indem wir die Struktur eines Rings[3] definieren.

Definition 5.2.2 Sei R eine Menge mit zwei inneren Verknüpfungen $+$ und $\cdot$. Es gelte:

(a) $(R, +)$ ist eine abelsche Gruppe (mit dem neutralen Element 0).
(b) $(x \cdot y) \cdot z = x \cdot (y \cdot z)$ für alle $x, y, z \in R$.
(c) $x \cdot (y + z) = xy + xz$, $(y + z) \cdot x = yx + zx$ für alle $x, y, z \in R$.

Dann heißt R (genauer $(R, +, \cdot)$) ein *Ring*. Falls zusätzlich

(d) $xy = yx$ für alle $x, y \in R$

gilt, heißt R ein *kommutativer Ring*. Falls ein Element $1 \in R$ mit

(e) $1 \cdot x = x \cdot 1 = x$ für alle $x \in R$

existiert, heißt R ein *Ring mit Einselement*.

Oben steht xy (etc.) natürlich abkürzend für $x \cdot y$.

Beispiele 5.2.3

(a) Jeder Körper ist ein kommutativer Ring mit Einselement. Auch $(\mathbb{Z}, +, \cdot)$ ist ein kommutativer Ring mit Einselement, aber $2\mathbb{Z} = \{2n \colon n \in \mathbb{Z}\}$ ist ein kommutativer Ring ohne Einselement.
(b) (Vgl. Beispiel 5.1.2(b) und (c)) $(\mathbb{Z}_n, \oplus, \odot)$ ist ein kommutativer Ring mit Einselement.
(c) Sei K ein Körper. Für $n \geq 2$ ist $K^{n \times n}$ mit der Matrixmultiplikation ein nichtkommutativer Ring mit Einselement.
(d) Sei K ein Körper; $K[X]$ mit der üblichen Addition und der Multiplikation aus (5.2.2) ist ein kommutativer Ring mit Einselement.

In Körpern gilt (warum?)

$$\lambda\mu = 0 \qquad \Rightarrow \qquad \lambda = 0 \text{ oder } \mu = 0;$$

---

[3] Auch der Name *Ring* hat soziologischen Ursprung (vgl. Weißer Ring, RCDS, Ringvereine etc.); man sollte nicht an ein Schmuckstück denken.

man nennt das *Nullteilerfreiheit*. Ringe brauchen nicht nullteilerfrei zu sein; z. B. gilt $2 \odot 3 = 0$ in $\mathbb{Z}_6$, auch $K^{n \times n}$ ist für $n \geq 2$ nicht nullteilerfrei:

$$A = \begin{pmatrix} 0 & 1 \\ 0 & 0 \end{pmatrix}, \qquad A^2 = \begin{pmatrix} 0 & 0 \\ 0 & 0 \end{pmatrix}.$$

Die für die Lineare Algebra wichtigen Ringe haben eine weitere Struktur; sie sind nämlich außerdem Vektorräume, wobei die Ringmultiplikation und die Vektorraumoperationen miteinander verträglich sind. Die genauen Bedingungen erläutert die nächste Definition.

Definition 5.2.4 Es seien K ein Körper und R ein Ring mit Einselement, der gleichzeitig ein K-Vektorraum ist, so dass für $\lambda \in K$ und $A, B \in R$

$$\lambda(AB) = (\lambda A)B = A(\lambda B)$$

erfüllt ist. Dann nennt man R eine *K-Algebra* (mit Einheit).

Beispiele für K-Algebren sind $K[X]$, $K^{n \times n}$ und $\mathscr{L}(V)$, wenn V ein K-Vektorraum ist.

Seien R eine K-Algebra und $A \in R$. Zu einem Polynom $P(X) = \sum_{k=0}^{n} a_k X^k \in K[X]$ können wir das Element

$$P(A) = \sum_{k=0}^{n} a_k A^k \in R$$

assoziieren, wo A^0 für das Einselement von R steht. Diese *Einsetzungsabbildung* erfüllt (nachrechnen!)

$$(\lambda P)(A) = \lambda P(A),$$

$$(P + Q)(A) = P(A) + Q(A),$$

$$(P \cdot Q)(A) = P(A)Q(A);$$

d. h. $P \mapsto P(A)$ ist ein sogenannter *Algebrenhomomorphismus* (oder linearer *Ringhomomorphismus*); sein Bild ist eine kommutative Unteralgebra von R. Das Matrixpolynom in (5.2.3) ist ein Spezialfall dieser Situation.

In Abschn. 4.4 haben wir das charakteristische Polynom χ_A einer Matrix über $\mathbb{R}$ kennengelernt, und zwar als Polynomfunktion. Ist K ein Körper mit unendlich vielen Elementen, kann man analog wegen Satz 5.2.1 χ_A wahlweise als Polynom oder Polynomfunktion ansehen; für endliche Körper ist hier aber zu unterscheiden.

Formal ist $\chi_A(X)$ als Determinante

$$\chi_A(X) = \begin{vmatrix} a_{11} - X & a_{12} & \dots & a_{1n} \\ a_{21} & a_{12} - X & \dots & a_{2n} \\ \vdots & \vdots & & \vdots \\ a_{n1} & a_{n2} & \dots & a_{nn} - X \end{vmatrix} \qquad (5.2.4)$$

definiert; im Fall einer Unbestimmten X (statt eines Körperelements) stehen auf der Hauptdiagonalen aber gar keine Körperelemente, sondern Polynome, und für solche Objekte ist unsere Determinantentheorie gar nicht ausgelegt! Es gibt mehrere Auswege: (1) Man *definiert* diese Determinante gemäß der Leibnizdarstellung (4.2.1) mit $\varepsilon(\pi) = \det(P_\pi)$, der Determinante der entsprechenden Permutationsmatrix. In jedem Summanden kommen nur Produkte von Polynomen, also Polynome vor; so erhält man als Determinante $\det(A - XE_n)$ ein Polynom. (2) Man entwickelt eine Determinantentheorie für kommutative Ringe statt Körper, analog zum ersten Vorschlag. (3) Man kann den Ring der Polynome $K[X]$ zum Körper $K(X)$ der „rationalen Funktionen" (das sind formale Quotienten $P(X)/Q(X)$ von Polynomen und im Allgemeinen keine Funktionen) erweitern und dann unsere Determinantentheorie in diesem Körper anwenden. Bei jedem dieser Zugänge erhält man $\chi_A(X) \in K[X]$ als wohldefiniertes Polynom.

Bei diesem erweiterten Determinantenbegriff gilt der Multiplikationssatz wie in Satz 4.2.4; in Korollar 4.2.5 muss man jedoch statt „$\det(A) \neq 0$" als Voraussetzung „$\det(A)$ ist invertierbar" lesen.

Das charakteristische Polynom wird in Kap. 7 eine bedeutende Rolle spielen. Hier eine kurze Vorschau: Genau wie in Satz 4.4.2 sind die Nullstellen dieses Polynoms, also die Körperelemente mit $\chi_A(\lambda) = 0$, die Eigenwerte von A. Wie wir bereits an einem Beispiel gesehen haben, braucht eine reelle Matrix keine Eigenwerte zu besitzen; nach dem Fundamentalsatz der Algebra gibt es aber immer Eigenwerte in $\mathbb{C}$.

5.3   Quotientenvektorräume

Wir beginnen mit einem Exkurs über Äquivalenzrelationen. Eine Relation $\sim$ auf einer Menge X ist formal nichts anderes als eine Teilmenge von $X \times X$, allerdings ist die Schreibweise „$x \sim y$" für „x steht in Relation zu y" intuitiver als „$(x, y) \in \sim$". Als Kompromiss schreiben wir

$$R_\sim = \{(x, y) \in X \times X : x \sim y\}.$$

Zum Beispiel ist für die Relation „Gleichheit"

$$R_= = \{(x, y) \in X \times X : x = y\} = \{(x, x) : x \in X\},$$

die „Diagonale" in $X \times X$. Äquivalenzrelationen schwächen den Begriff der Gleichheit ab und verlangen nur, dass Elemente in gewissen Aspekten übereinstimmen (siehe die folgenden Beispiele). Hier ist die formale Definition.

Definition 5.3.1 Eine Relation $\sim$ auf einer Menge X heißt *Äquivalenzrelation*, wenn folgende Bedingungen erfüllt sind:

(a) $x \sim x$ für alle $x \in X$ (Reflexivität),
(b) $x \sim y \implies y \sim x$ (Symmetrie),
(c) $x \sim y$, $y \sim z \implies x \sim z$ (Transitivität).

Diese Eigenschaften haben wir schon bei der Isomorphie von Vektorräumen kennengelernt.

Beispiele 5.3.2

(a) Die Gleichheit ist auf jeder Menge eine Äquivalenzrelation. Die Relation „$x \sim y$, wenn $x \geq y$" ist keine Äquivalenzrelation auf $\mathbb{R}$, da die Symmetrie verletzt ist.
(b) Sei $n \in \mathbb{N}$. Für $x, y \in \mathbb{Z}$ gelte $x \sim y$, wenn n die Differenz $y - x$ teilt. Dies ist eine Äquivalenzrelation.
(c) Betrachte die Ebene $\mathbb{R}^2$ und eine Gerade $g \subset \mathbb{R}^2$. Für $x, y \in \mathbb{R}^2$ gelte $x \sim y$, wenn x und y auf einer zu g parallelen Geraden liegen. Auch dies ist eine Äquivalenzrelation.
(d) Sei V ein K-Vektorraum und $U \subset V$ ein Unterraum. Für $v, v' \in V$ gelte $v' \sim v$, wenn $v' - v \in U$. Dies ist eine Äquivalenzrelation, wie man sofort nachrechnet. Das Beispiel (c) ist der Spezialfall $K = \mathbb{R}$, $V = \mathbb{R}^2$, $\dim(U) = 1$.

Mit einer Äquivalenzrelation einher geht eine Zerlegung der Grundmenge in Äquivalenzklassen.

Definition 5.3.3 Sei $\sim$ eine Äquivalenzrelation auf X. Die *Äquivalenzklasse* von $x \in X$ ist

$$[x] = \{y \in X : y \sim x\}.$$

Jedes Element einer Äquivalenzklasse Z wird ein *Repräsentant* von Z genannt.

Das folgende Lemma ist grundlegend.

Lemma 5.3.4 *Sei $\sim$ eine Äquivalenzrelation auf X. Zwei Äquivalenzklassen sind entweder disjunkt oder identisch.*

Beweis Seien $[x_1]$ und $[x_2]$ zwei nicht disjunkte Äquivalenzklassen; wir werden $[x_1] = [x_2]$ zeigen. Wähle $z \in [x_1] \cap [x_2]$, d.h. $z \sim x_1$ und $z \sim x_2$; wegen der Symmetrie und

Transitivität von $\sim$ folgt dann $x_1 \sim x_2$. Nun sei $y \in [x_1]$, d. h. $y \sim x_1$; wegen $x_1 \sim x_2$ erhält man $y \sim x_2$, d. h. $y \in [x_2]$. Analog zeigt man für $y \in [x_2]$, dass auch $y \in [x_1]$ (tun Sie's!). Das beweist $[x_1] = [x_2]$. $\square$

Das Lemma garantiert, dass man wirklich eine Zerlegung von X in paarweise disjunkte Teilmengen erhält. Wir wollen die Äquivalenzklassen in den obigen Beispielen bestimmen.

Beispiele 5.3.5

(a) (Vgl. Beispiel 5.3.2(a)) Hier ist $[x] = \{x\}$.
(b) (Vgl. Beispiel 5.3.2(b)) Hier besteht $[x]$ aus all denjenigen ganzen Zahlen, die bei der Division durch n denselben Rest wie x lassen. Also ist $\{0, \ldots, n-1\} = \mathbb{Z}_n$ ein vollständiges System von Repräsentanten der Äquivalenzklassen dieser Äquivalenzrelation.
(c) (Vgl. Beispiel 5.3.2(c)) Hier ist $[x]$ diejenige zu g parallele Gerade, auf der x liegt.
(d) (Vgl. Beispiel 5.3.2(d)) Dies ist in dieser Allgemeinheit schwierig zu visualisieren; versuchen Sie sich an $V = \mathbb{R}^3$, $\dim(U) = 2$. Man schreibt für diese Äquivalenzrelation die Äquivalenzklasse $[v]$ auch als $v + U$:

$$v + U := \{v' \in V : v' - v \in U\} = \{v + u : u \in U\}$$

Im Rest dieses Abschnitts werden wir das letzte Beispiel intensiv studieren; insbesondere werden wir überlegen, wie man mit diesen Äquivalenzklassen rechnet. Damit beginnen wir jetzt.

Sei also V ein K-Vektorraum, $U \subset V$ ein Unterraum. Wir wollen die Summe zweier Äquivalenzklassen $v_1 + U$ und $v_2 + U$ definieren. Die folgende Idee sieht vielversprechend aus:

$$(v_1 + U) + (v_2 + U) := (v_1 + v_2) + U \qquad (5.3.1)$$

Das Problem hierbei ist, dass wir die Summenbildung von Klassen mit Hilfe der Summenbildung von Repräsentanten durchgeführt haben, und andere Wahlen von Repräsentanten könnten zu einem anderen Resultat führen. Wir müssen daher Folgendes wissen, um die Wohldefiniertheit in (5.3.1) zu garantieren:

$$v_1 + U = v_1' + U, \ v_2 + U = v_2' + U \ \Rightarrow \ (v_1 + v_2) + U = (v_1' + v_2') + U \qquad (5.3.2)$$

Es seien also v_1 und v_1' (bzw. v_2 und v_2') Repräsentanten derselben Äquivalenzklasse, d. h. sie sind äquivalent: $v_1 - v_1' \in U$, $v_2 - v_2' \in U$. Deshalb existieren $u_1, u_2 \in U$ mit $v_1 = v_1' + u_1$, $v_2 = v_2' + u_2$. Sei jetzt $w \in (v_1 + v_2) + U$, also ist $w = v_1 + v_2 + u$ für ein geeignetes $u \in U$. Damit ist ebenfalls $w = v_1' + v_2' + u_1 + u_2 + u = v_1' + v_2' + u'$, wo $u' = u_1 + u_2 + u \in U$ (denn U ist ein Unterraum). Das zeigt $w \in (v_1' + v_2') + U$ und damit $(v_1 + v_2) + U \subset (v_1' + v_2') + U$. Die umgekehrte Inklusion kann man genauso zeigen (tun Sie's!), oder man wendet Lemma 5.3.4 an. Somit ist (5.3.2) bewiesen, und die Addition (5.3.1) ist wohldefiniert.

Genauso kann man die skalare Multiplikation einführen:

$$\lambda \cdot (v + U) := \lambda v + U \qquad (5.3.3)$$

Die Wohldefiniertheit ergibt sich aus

$$v + U = v' + U, \ \lambda \in K \quad \Rightarrow \quad \lambda v + U = \lambda v' + U \qquad (5.3.4)$$

In der Tat: Wenn $v - v' \in U$ ist, ist auch $\lambda v - \lambda v' = \lambda(v - v') \in U$ (denn U ist ein Unterraum), woraus sich (5.3.4) ergibt.

Veranschaulichen Sie sich diese Operationen am Beispiel $V = \mathbb{R}^2$, $\dim(U) = 1$!

Definition 5.3.6 Sei V ein K-Vektorraum, und sei $U \subset V$ ein Unterraum. Wir bezeichnen die Menge aller Äquivalenzklassen $v + U$ mit V/U und versehen V/U mit der in (5.3.1) bzw. (5.3.3) eingeführten Addition bzw. Skalarmultiplikation.

Satz 5.3.7 *Seien V und U wie in Definition 5.3.6. Dann ist $(V/U, +, \cdot)$ ein K-Vektorraum.*

Beweis Sämtliche Forderungen aus Definition 5.1.5 sind leicht auf die entsprechenden Aussagen über die Repräsentanten zurückzuführen; zum Beispiel ist U das neutrale Element für die Addition in V/U, das additiv Inverse zu $v + U$ ist $(-v) + U$ (da $v + (-v) = 0$ ist), und um etwa das 1. Distributivgesetz einzusehen, schreibe man

$$\lambda \cdot ((v + U) + (w + U)) = \lambda \cdot ((v + w) + U)$$
$$= \lambda(v + w) + U$$
$$= (\lambda v + \lambda w) + U$$
$$= (\lambda v + U) + (\lambda w + U)$$
$$= \lambda \cdot (v + U) + \lambda \cdot (w + U).$$

Alle übrigen Rechnungen sind ganz ähnlich (führen Sie sie aus!). $\qquad\qquad\square$

Wir nennen V/U den *Quotientenvektorraum von V nach U*. Sie sollten im Gedächtnis behalten, dass die Hauptschwierigkeit bei der Einführung von V/U die Wohldefiniertheit (d. h. der Nachweis der Unabhängigkeit von den Repräsentanten) der Addition und Skalarmultiplikation war.

Eine einfache, aber wichtige Bemerkung ist, dass die kanonische Abbildung

$$Q: V \to V/U, \quad Q(v) = v + U$$

linear und surjektiv mit Kern $\ker(Q) = U$ ist.

Diese Bemerkung liefert sofort wegen $\dim(V) = \dim(\ker(Q)) + \dim(\operatorname{ran}(Q))$ die folgende Dimensionsformel.

Korollar 5.3.8 *Ist V endlichdimensional, so ist*

$$\dim V/U = \dim V - \dim U.$$

Auch für unendlichdimensionale V kann es vorkommen, dass V/U endlichdimensional ist; Beispiel: $V = \operatorname{Abb}(\mathbb{R})$, $U = \{f \in V: f(0) = f(1) = 0\}$, dann ist für

$$L: V \to \mathbb{R}^2, \quad L(f) = \begin{pmatrix} f(0) \\ f(1) \end{pmatrix}$$

$U = \ker L$ sowie $\mathbb{R}^2 = \operatorname{ran} L$, also nach dem folgenden Homomorphiesatz, Satz 5.3.9, $\dim V/U = \dim \mathbb{R}^2 = 2$. Man nennt $\dim V/U$ die *Kodimension* von U in V.

Quotientenvektorräume sind interessante Hilfsmittel in der Operatortheorie, also der Theorie der linearen Abbildungen. Ein wichtiges Resultat ist der *Homomorphiesatz der Linearen Algebra*.[4]

Satz 5.3.9 (Homomorphiesatz) *Seien V und W K-Vektorräume und $L: V \to W$ linear. Dann gilt*

$$V/\ker L \cong \operatorname{ran} L.$$

Beweis Wir zeigen, dass

$$\Phi: V/\ker L \to \operatorname{ran} L, \quad \Phi(v + \ker L) = L(v)$$

ein wohldefinierter Isomorphismus ist.

Zur Wohldefiniertheit muss man zeigen:

$$v_1 + \ker L = v_2 + \ker L \quad \Rightarrow \quad L(v_1) = L(v_2).$$

---

[4] In der Gruppen- und Ringtheorie gibt es ebenfalls einen Homomorphiesatz.

Das stimmt, da die Voraussetzung $v_1 - v_2 \in \ker L$ impliziert, also $L(v_1 - v_2) = 0$. Da L linear ist, erhält man $L(v_1) = L(v_2)$.

Dass Φ linear ist, ist leicht nachzurechnen:

$$\Phi((v_1 + \ker L) + (v_2 + \ker L)) = \Phi((v_1 + v_2) + \ker L)$$

$$= L(v_1 + v_2) = L(v_1) + L(v_2)$$

$$= \Phi(v_1 + \ker L) + \Phi(v_2 + \ker L)$$

bzw.

$$\Phi(\lambda(v + \ker L)) = \Phi((\lambda v) + \ker L)$$

$$= L(\lambda v) = \lambda L(v) = \lambda \Phi(v + \ker L)$$

Die Injektivität ergibt sich so. Gelte $\Phi(v + \ker L) = 0$; dann ist $L(v) = 0$, also $v \in \ker L$, so dass $v + \ker L = \ker L$ die Nullklasse ist. Die Surjektivität gilt nach Konstruktion von Φ. $\qquad\square$

Korollar 5.3.10 *Jede lineare Abbildung $L\colon V \to W$ faktorisiert gemäß*

$$L\colon V \xrightarrow{\ Q\ } V/\ker L \xrightarrow{\ \Phi\ } \operatorname{ran} L \xrightarrow{\ j\ } W,$$

wobei Q die kanonische lineare Surjektion $v \mapsto v + \ker L$, Φ der Isomorphismus aus dem Homomorphiesatz und j die identische Injektion $w \mapsto w$ von $\operatorname{ran} L$ *nach W ist.*

Beweis Das ist nur eine Umschreibung der Definition von Φ aus dem letzten Beweis. $\qquad\square$

Korollar 5.3.11 *Gelte $V = U \oplus U'$. Dann ist $V/U \cong U'$. Insbesondere sind je zwei Komplementärräume zu U isomorph.*

Beweis Zum Begriff der direkten Summe, siehe Satz 2.4.4. Wegen dieses Satzes ist die Abbildung

$$L\colon V = U \oplus U' \to U', \quad v = u + u' \mapsto u'$$

wohldefiniert und linear. Ihr Kern ist U, und ihr Bild ist U'. Die Behauptung folgt daher aus dem Homomorphiesatz. $\qquad\square$

5.4   Aufgaben

Aufgabe 5.4.1 Sei $G = \mathbb{R} \setminus \{-1\}$. Für $x, y \in G$ setze $x * y = xy + x + y$. Zeigen Sie, dass $(G, *)$ eine Gruppe ist.

Aufgabe 5.4.2 Sei V ein $\mathbb{C}$-Vektorraum mit der Addition $+$ und der skalaren Multiplikation $\cdot$. Wir definieren für $\lambda \in \mathbb{C}$ und $v \in V$

$$\lambda * v = \overline{\lambda} \cdot v.$$

(a) Zeigen Sie, dass $(V, +, *)$ ein $\mathbb{C}$-Vektorraum ist.

(b) Sei jetzt $V = \mathbb{C}^n$; die übliche Addition sei mit $+$ und die übliche skalare Multiplikation mit $\cdot$ bezeichnet. Sind $(V, +, \cdot)$ und $(V, +, *)$ isomorph? Ist Id ein Vektorraumisomorphismus?

Aufgabe 5.4.3 Bestimmen Sie die Inverse der komplexen Matrix

$$\begin{pmatrix} i & 1 \\ -1-i & 1+i \end{pmatrix}.$$

Hinweis: $\dfrac{1}{a+ib} = \dfrac{a-ib}{(a+ib)(a-ib)} = \cdots$

Aufgabe 5.4.4

(a) Berechnen Sie die Determinante der komplexen Matrix

$$A = \begin{pmatrix} 1 & 2 & -i & 0 \\ 2 & 0 & 0 & 2 \\ 3 & 1 & 0 & 3 \\ 4 & -1 & i & 0 \end{pmatrix}.$$

(b) Bilden die Spaltenvektoren von A eine Basis des $\mathbb{C}$-Vektorraums $\mathbb{C}^4$?

Aufgabe 5.4.5 Sei $A \in \mathbb{C}^{n \times n}$ eine Matrix, deren sämtliche Einträge reelle Zahlen sind. Sei $\lambda \in \mathbb{C}$ ein Eigenwert von A mit Eigenvektor $v = (v_i) \in \mathbb{C}^n$. Zeigen Sie, dass $\overline{\lambda}$ ein Eigenwert von A mit Eigenvektor $\overline{v} = (\overline{v}_i)$ ist.

Aufgabe 5.4.6 Auf $\mathbb{R}$ betrachte die Relation

$$x \sim y \quad \Leftrightarrow \quad y - x \in \mathbb{Q}.$$

Zeigen Sie, dass es sich dabei um eine Äquivalenzrelation handelt.

Aufgabe 5.4.7 Sei $V = \text{Abb}(\mathbb{R})$ und U der Unterraum $U = \{f \in V : f(x) = 0$ für alle $x \in [0, 1]\}$. Zeigen Sie durch Angabe eines expliziten Vektorraumisomorphismus, dass V/U und $\text{Abb}([0, 1])$ isomorph sind.

Innenprodukträume

6

6.1 Skalarprodukte

Wir kehren zum klassischen Fall der $\mathbb{R}$- und $\mathbb{C}$-Vektorräume zurück; um beide Fälle simultan zu behandeln, ist es manchmal praktisch, das Symbol $\mathbb{K}$ zu verwenden, das wahlweise für $\mathbb{R}$ oder $\mathbb{C}$ steht: $\mathbb{K} \in \{\mathbb{R}, \mathbb{C}\}$.

Wir wollen innere Produkte in $\mathbb{K}$-Vektorräumen einführen; dies wird es u. a. ermöglichen zu sagen, dass zwei Vektoren senkrecht aufeinander stehen. Zunächst benötigen wir eine Vorbemerkung über komplexe Zahlen. Für $z = a + ib$ mit $a, b \in \mathbb{R}$ nennt man

$$|z| = \sqrt{a^2 + b^2} = \sqrt{z\bar{z}}$$

den *Betrag* von z. Der Betrag hat folgende Eigenschaften ($z, w \in \mathbb{C}$ beliebig):

(a) $|z| \geq 0$ und $|z| = 0$ genau dann, wenn $z = 0$.
(b) $|z| = |\bar{z}|$, $|\operatorname{Re} z| \leq |z|$, $|\operatorname{Im} z| \leq |z|$
(c) $|zw| = |z|\,|w|$
(d) $|z + w| \leq |z| + |w|$

Beweis hierfür: (a) und (b) sind klar, (c) folgt aus

$$|zw|^2 = (zw)(\overline{zw}) = zw\bar{z}\,\overline{w} = |z|^2|w|^2$$

und (d) aus

$$|z + w|^2 = (z + w)(\overline{z} + \overline{w}) = |z|^2 + z\overline{w} + w\overline{z} + |w|^2$$
$$= |z|^2 + 2\mathrm{Re}\, z\overline{w} + |w|^2$$
$$\leq |z|^2 + 2|z\overline{w}| + |w|^2$$
$$= |z|^2 + 2|z||w| + |w|^2 = (|z| + |w|)^2.$$

Definition 6.1.1 Sei V ein $\mathbb{K}$-Vektorraum. Eine Abbildung $V \times V \ni (v, w) \mapsto \langle v, w \rangle \in \mathbb{K}$ heißt *inneres Produkt* oder *Skalarprodukt*, wenn folgende Bedingungen erfüllt sind.

(a) Für jedes $w \in V$ ist $v \mapsto \langle v, w \rangle$ linear.

(b) Für $v, w \in V$ ist $\langle v, w \rangle = \overline{\langle w, v \rangle}$.

(c) Für $v \in V$ ist $\langle v, v \rangle$ eine reelle Zahl, es ist $\langle v, v \rangle \geq 0$, und es gilt $\langle v, v \rangle = 0$ genau dann, wenn $v = 0$ ist.

Ein mit einem Skalarprodukt versehener $\mathbb{K}$-Vektorraum wird *Innenproduktraum* genannt.

Einige Bemerkungen hierzu:

(1) Im Fall $\mathbb{K} = \mathbb{R}$ lautet (b) einfach $\langle v, w \rangle = \langle w, v \rangle$.

(2) Wegen (a) und (b) ist im reellen Fall auch $w \mapsto \langle v, w \rangle$ für jedes $v \in V$ linear; $\langle\, .\, ,\, .\, \rangle$ ist eine *Bilinearform*. (Multilinearformen wurden in Definition 4.1.1 definiert.)

(3) Im Fall $\mathbb{K} = \mathbb{C}$ ist $w \mapsto \langle v, w \rangle$ zwar additiv ($\langle v, (w_1 + w_2) \rangle = \langle v, w_1 \rangle + \langle v, w_2 \rangle$), aber nicht linear; in der Tat ist es *antilinear*:

$$\langle v, \lambda w \rangle = \overline{\langle \lambda w, v \rangle} = \overline{\lambda}\,\overline{\langle w, v \rangle} = \overline{\lambda} \langle v, w \rangle.$$

Man nennt $\langle\, .\, ,\, .\, \rangle$ eine *Sesquilinearform* (sesqui $= 1\frac{1}{2}$).

(4) Auch im Fall $\mathbb{K} = \mathbb{C}$ ist stets $\langle v, v \rangle \in \mathbb{R}$, obwohl $\langle v, w \rangle$ im Allgemeinen nicht reell ist.

(5) Ein Innenproduktraum über dem Körper $\mathbb{R}$ wird auch *euklidischer Vektorraum* und ein Innenproduktraum über dem Körper $\mathbb{C}$ wird auch *unitärer Vektorraum* genannt. In beiden Fällen spricht man auch von einem *Prähilbertraum*.

(6) Man unterscheide die Begriffe Skalarprodukt (also $\langle v, w \rangle$) und skalares Produkt (also $\lambda \cdot v$)!

Beispiele 6.1.2

(a) Das *euklidische Skalarprodukt* des $\mathbb{R}^n$ ist durch

$$\langle v, w \rangle_e = \sum_{k=1}^{n} v_k w_k \qquad (v = (v_k),\ w = (w_k))$$

und das *euklidische Skalarprodukt* des $\mathbb{C}^n$ ist durch

$$\langle v, w \rangle_e = \sum_{k=1}^{n} v_k \overline{w_k} \qquad (v = (v_k), \ w = (w_k))$$

erklärt.

(b) Sei $A \in \mathbb{R}^{n \times n}$ mit $a_{kl} = a_{lk}$ für alle $k, l = 1, \ldots, n$, also $A = A^t$ („A ist symmetrisch"). Setze für $v, w \in \mathbb{R}^n$

$$\langle v, w \rangle = \langle v, Aw \rangle_e = \sum_{k=1}^{n} \sum_{l=1}^{n} v_k a_{kl} w_l.$$

Diese Form erfüllt die Bedingungen (a) und (b) eines Skalarprodukts, und (c) ist erfüllt, wenn zusätzlich

$$\langle v, Av \rangle > 0 \qquad \text{für alle } 0 \neq v \in \mathbb{R}^n$$

erfüllt ist. Solch eine Matrix heißt *positiv definit*. Wir werden sehen, dass diese Eigenschaft durch die Eigenwerte der symmetrischen Matrix A charakterisiert werden kann: Sie müssen alle > 0 sein (Satz 8.3.2).

(c) Sei $V = \text{Pol}([a, b], \mathbb{R})$ (oder $C([a, b], \mathbb{R})$, der Vektorraum der reellwertigen stetigen Funktionen auf $[a, b]$) und

$$\langle f, g \rangle = \int_a^b f(t) g(t) \, dt.$$

Aus den Sätzen der Integrationstheorie folgt, dass es sich um ein Skalarprodukt handelt. Wer sich traut, komplexwertige Funktionen zu integrieren, erhält mit dem Ansatz

$$\langle f, g \rangle = \int_a^b f(t) \overline{g(t)} \, dt$$

ein Skalarprodukt auf $V = \text{Pol}([a, b], \mathbb{C})$ (bzw. $C([a, b], \mathbb{C})$).

In einem Innenproduktraum kann man Orthogonalität erklären.

Definition 6.1.3 Sei V ein Innenproduktraum.[1] Zwei Elemente $v, w \in V$ heißen *orthogonal*, wenn $\langle v, w \rangle = 0$ ist. Das *orthogonale Komplement* einer Teilmenge $A \subset V$

---

[1] Das zugehörige Skalarprodukt wird stets mit $\langle \, . \, , \, . \, \rangle$ bezeichnet.

ist

$$A^\perp = \{v \in V \colon \langle v, w \rangle = 0 \text{ für alle } w \in A\}.$$

Man rechnet sofort folgendes Lemma nach.

Lemma 6.1.4 *Sei V ein Innenproduktraum.*

(a) *$A^\perp$ ist stets ein Unterraum von V, und es gilt stets $A^\perp = (\operatorname{lin} A)^\perp$. Außerdem ist $A_1^\perp \subset A_2^\perp$ für $A_2 \subset A_1$.*

(b) *Ist U ein Unterraum von V, so gilt $U \cap U^\perp = \{0\}$.*

Um (b) einzusehen, betrachte man $u \in U \cap U^\perp$; definitionsgemäß gilt dann $\langle u, u \rangle = 0$, also $u = 0$.

Ein Spezialfall von (b) ist die Aussage $V^\perp = \{0\}$ (warum?); mit anderen Worten: Erfüllt $z \in V$, dass $\langle v, z \rangle = 0$ für alle $v \in V$, so ist $z = 0$. Diese Bemerkung werden wir häufig benutzen.

Des Weiteren eröffnet ein Innenproduktraum die Möglichkeit, die „Länge" eines Vektors zu definieren. Dazu führen wir den Begriff der Norm ein.

Definition 6.1.5 Sei V ein $\mathbb{K}$-Vektorraum. Eine Funktion $N \colon V \to \mathbb{R}$ heißt eine *Norm*, wenn folgende Bedingungen erfüllt sind.

(a) $N(v) \geq 0$ für alle $v \in V$ und $N(v) = 0$ genau dann, wenn $v = 0$ ist.

(b) $N(\lambda v) = |\lambda| N(v)$ für alle $\lambda \in \mathbb{K}$, $v \in V$.

(c) $N(v + w) \leq N(v) + N(w)$ für alle $v, w \in V$.

Die letzte Ungleichung wird auch *Dreiecksungleichung* genannt; siehe Abb. 6.1.

Abb. 6.1 Die
Dreiecksungleichung im $\mathbb{R}^2$

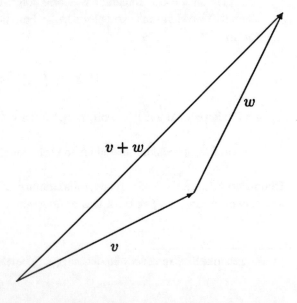

Definition 6.1.6 In einem Innenproduktraum setzen wir

$$\|v\| = \langle v, v \rangle^{1/2}.$$

Satz 6.1.7 *Sei V ein Innenproduktraum.*

(a) *(Cauchy-Schwarzsche Ungleichung)*
  Für $v, w \in V$ gilt

$$|\langle v, w \rangle| \le \|v\| \, \|w\|.$$

(b) *$v \mapsto \|v\|$ definiert eine Norm auf V.*

Beweis

(a) Die Ungleichung ist richtig, wenn $w = 0$ ist; daher setzen wir jetzt $w \ne 0$ (und deshalb $\|w\| \ne 0$) voraus. Durch geschickte Wahl von $\lambda \in \mathbb{K}$ werden wir die Ungleichung $\langle v + \lambda w, v + \lambda w \rangle \ge 0$ in die Cauchy-Schwarzsche Ungleichung überführen. Man rechnet für ein einstweilen beliebiges $\lambda \in \mathbb{K}$ (für $\mathbb{K} = \mathbb{R}$ kann man sich die Konjugiert-Striche sparen)

$$0 \le \langle v + \lambda w, v + \lambda w \rangle$$
$$= \langle v, v \rangle + \langle v, \lambda w \rangle + \langle \lambda w, v \rangle + \langle \lambda w, \lambda w \rangle$$
$$= \langle v, v \rangle + \overline{\lambda} \langle v, w \rangle + \lambda \overline{\langle v, w \rangle} + |\lambda|^2 \langle w, w \rangle.$$

Speziell setzen wir jetzt $\lambda = -\frac{\langle v, w \rangle}{\|w\|^2}$ und erhalten

$$0 \le \|v\|^2 - \frac{|\langle v, w \rangle|^2}{\|w\|^2} - \frac{|\langle v, w \rangle|^2}{\|w\|^2} + \frac{|\langle v, w \rangle|^2}{\|w\|^4} \|w\|^2 = \|v\|^2 - \frac{|\langle v, w \rangle|^2}{\|w\|^2}.$$

Umstellen liefert $|\langle v, w \rangle| \le \|v\| \, \|w\|$.

(b) Die ersten beiden Eigenschaften einer Norm folgen durch Einsetzen aus den entsprechenden Eigenschaften eines Skalarprodukts. Zum Beweis der Dreiecksungleichung schätzen wir ab

$$\|v + w\|^2 = \langle v + w, v + w \rangle$$
$$= \|v\|^2 + \langle v, w \rangle + \langle w, v \rangle + \|w\|^2$$
$$= \|v\|^2 + 2\mathrm{Re}\langle v, w \rangle + \|w\|^2$$
$$\le \|v\|^2 + 2|\langle v, w \rangle| + \|w\|^2$$
$$\le \|v\|^2 + 2\|v\| \, \|w\| + \|w\|^2 = (\|v\| + \|w\|)^2,$$

wobei bei der letzten Ungleichung die Cauchy-Schwarzsche Ungleichung einging. $\square$

Die zum euklidischen Skalarprodukt gehörige Norm nennen wir die *euklidische Norm*; Bezeichnung $\| \cdot \|_2$.

Die letzte Rechnung zeigt für orthogonale v und w

$$\|v + w\|^2 = \|v\|^2 + \|w\|^2,$$

also die abstrakte Form des *Satzes von Pythagoras*. Per Induktion ergibt sich sofort die allgemeinere Version

$$\|v_1 + \cdots + v_r\|^2 = \|v_1\|^2 + \cdots + \|v_r\|^2 \tag{6.1.1}$$

für paarweise orthogonale v_j.

Eine andere wichtige Konsequenz ist die *Parallelogrammgleichung*

$$\|v + w\|^2 + \|v - w\|^2 = 2\|v\|^2 + 2\|w\|^2, \tag{6.1.2}$$

die man sofort nachrechnet. Ihr Name leitet sich vom Spezialfall des $\mathbb{R}^2$ mit der euklidischen Norm her, wo die linke Seite die Summe der Quadrate über den Diagonalen eines Parallelogramms und die rechte Seite die Summe der Quadrate über seinen vier Seiten darstellt.

6.2   Orthonormalbasen

Die Möglichkeit, in Innenprodukträumen orthogonale Elemente auszuzeichnen, ebnet den Weg zu speziellen Basen eines endlichdimensionalen Innenproduktraums.

Definition 6.2.1 Sei V ein Innenproduktraum. Die Vektoren $f_1, \ldots, f_n$ bilden ein *Orthonormalsystem*, wenn

$$\langle f_i, f_j \rangle = \delta_{ij} := \begin{cases} 1 \text{ für } i = j, \\ 0 \text{ für } i \neq j. \end{cases}$$

Ein Orthonormalsystem, das eine Basis ist, heißt *Orthonormalbasis*.

Man beachte, dass wir diese Definition nur für endliche Systeme gefasst haben; für unendliche Systeme ist die Funktionalanalysis zuständig (eine Orthonormalbasis ist dort als maximales Orthonormalsystem erklärt).

Beispiele 6.2.2

(a) Die Einheitsvektoren bilden eine Orthonormalbasis bzgl. des euklidischen Skalarprodukts des $\mathbb{K}^n$.

(b) Sei $V = C[0, 2\pi]$ der Vektorraum der stetigen Funktionen auf dem Intervall $[0, 2\pi]$, versehen mit dem Skalarprodukt aus Beispiel 6.1.2(c). Es ist eine klassische Übungsaufgabe der Analysis, mit partieller Integration zu zeigen, dass das folgende Funktionensystem $f_0, f_1, \ldots, f_n, g_1, \ldots, g_n$ ein Orthonormalsystem ist:

$$f_0(t) = \frac{1}{\sqrt{2\pi}}, \quad f_k(t) = \frac{1}{\sqrt{\pi}} \cos(kt), \quad g_k(t) = \frac{1}{\sqrt{\pi}} \sin(kt) \quad (k = 1, \ldots, n).$$

(c) Ein wichtiges Problem in Kap. 8 wird sein, zu entscheiden, ob es zu einer linearen Abbildung $L: V \to V$ auf einem endlichdimensionalen Innenproduktraum eine Orthonormalbasis aus Eigenvektoren von L gibt.

Lemma 6.2.3 *Jedes Orthonormalsystem ist linear unabhängig.*

Beweis Bilden $f_1, \ldots, f_n$ ein Orthonormalsystem und gilt $\lambda_1 f_1 + \cdots + \lambda_n f_n = 0$, so gilt auch $\langle \lambda_1 f_1 + \cdots + \lambda_n f_n, f_j \rangle = 0$ für jedes j. Wegen der Orthonormalität ist dieses Skalarprodukt jedoch $\lambda_1 \langle f_1, f_j \rangle + \cdots + \lambda_n \langle f_n, f_j \rangle = \lambda_j \langle f_j, f_j \rangle = \lambda_j$. Deshalb sind $f_1, \ldots, f_n$ linear unabhängig. $\qquad\square$

Umgekehrt kann man linear unabhängige Vektoren immer „orthonormieren", wie jetzt erklärt wird.

Satz 6.2.4 (Gram-Schmidt-Verfahren) *Sei V ein Innenproduktraum, und seien $v_1, \ldots, v_n$ linear unabhängig. Dann existiert ein Orthonormalsystem $f_1, \ldots, f_n$ mit $\mathrm{lin}\{v_1, \ldots, v_k\} = \mathrm{lin}\{f_1, \ldots, f_k\}$ für $k = 1, \ldots, n$.*

Beweis Wir konstruieren die f_j induktiv. Da $v_1 \neq 0$ ist (wegen der linearen Unabhängigkeit), können wir $f_1 = v_1/\|v_1\|$ definieren. Dann ist $\{f_1\}$ ein Orthonormalsystem mit $\mathrm{lin}\{v_1\} = \mathrm{lin}\{f_1\}$.

Nehmen wir an, dass wir bereits ein Orthonormalsystem $f_1, \ldots, f_k$ mit

$$\mathrm{lin}\{v_1, \ldots, v_k\} = \mathrm{lin}\{f_1, \ldots, f_k\}$$

konstruiert haben ($k < n$); wir setzen

$$g_{k+1} = v_{k+1} - \sum_{j=1}^{k} \langle v_{k+1}, f_j \rangle f_j. \tag{6.2.1}$$

Dann steht g_{k+1} senkrecht auf $\{f_1, \ldots, f_k\}$:

$$\langle g_{k+1}, f_l \rangle = \langle v_{k+1}, f_l \rangle - \sum_{j=1}^{k} \langle v_{k+1}, f_j \rangle \langle f_j, f_l \rangle$$

$$= \langle v_{k+1}, f_l \rangle - \langle v_{k+1}, f_l \rangle = 0.$$

Ferner ist

$$g_{k+1} \in \mathrm{lin}\{v_{k+1}, f_1, \ldots, f_k\} = \mathrm{lin}\{v_{k+1}, v_1, \ldots, v_k\}$$

und $g_{k+1} \neq 0$, da sonst

$$v_{k+1} = \sum_{j=1}^{k} \langle v_{k+1}, f_j \rangle f_j \in \mathrm{lin}\{f_1, \ldots, f_k\} = \mathrm{lin}\{v_1, \ldots, v_k\},$$

was der linearen Unabhängigkeit der v_j widerspricht.

Daher können wir $f_{k+1} = g_{k+1}/\|g_{k+1}\|$ definieren, und es ist (siehe oben)

$$\mathrm{lin}\{f_1, \ldots, f_{k+1}\} \subset \mathrm{lin}\{v_1, \ldots, v_{k+1}\}.$$

Umgekehrt ist konstruktionsgemäß $v_{k+1} \in \mathrm{lin}\{f_1, \ldots, f_{k+1}\}$ und deshalb

$$\mathrm{lin}\{v_1, \ldots, v_{k+1}\} \subset \mathrm{lin}\{f_1, \ldots, f_{k+1}\}.$$

Damit ist alles gezeigt. $\square$

Mit Hilfe des Begriffs der Orthogonalprojektion und Satz 6.2.10 kann man die Konstruktion in (6.2.1) geometrisch deuten; siehe Seite 126.

Manchmal ist es praktisch, die induktive Konstruktion in (6.2.1) mit Hilfe der g_j zu formulieren; dann lautet diese Formel

$$g_{k+1} = v_{k+1} - \sum_{j=1}^{k} \frac{\langle v_{k+1}, g_j \rangle}{\langle g_j, g_j \rangle} g_j.$$

Beispiel 6.2.5 In $\mathbb{C}^3$ mit dem euklidischen Skalarprodukt betrachten wir die Vektoren

$$v_1 = \begin{pmatrix} 1 \\ i \\ i \end{pmatrix}, \quad v_2 = \begin{pmatrix} 1 \\ 0 \\ -i \end{pmatrix}, \quad v_3 = \begin{pmatrix} 1 \\ 0 \\ 1 \end{pmatrix},$$

auf die das Gram-Schmidt-Verfahren angewandt werden soll. Es ist $\|v_1\| = \sqrt{3}$, also

$$f_1 = \frac{1}{\sqrt{3}} \begin{pmatrix} 1 \\ i \\ i \end{pmatrix}.$$

Dann berechnet man $g_2 = v_2 - \langle v_2, f_1 \rangle f_1 = v_2$ und $\|g_2\| = \sqrt{2}$, also

$$f_2 = \frac{1}{\sqrt{2}} \begin{pmatrix} 1 \\ 0 \\ -i \end{pmatrix}.$$

Schließlich ist

$$g_3 = v_3 - \langle v_3, f_1 \rangle f_1 - \langle v_3, f_2 \rangle f_2 = v_3 - \frac{1}{\sqrt{3}}(1 - i) f_1 - \frac{1}{\sqrt{2}}(1 + i) f_2,$$

so dass nach kurzer Rechnung

$$g_3 = \frac{1}{6} \begin{pmatrix} 1 - i \\ -2 - 2i \\ 1 + i \end{pmatrix}, \quad \|g_3\| = \frac{1}{\sqrt{3}}$$

folgt, also

$$f_3 = \frac{1}{2\sqrt{3}} \begin{pmatrix} 1 - i \\ -2 - 2i \\ 1 + i \end{pmatrix}.$$

Korollar 6.2.6 *Jeder endlichdimensionale Innenproduktraum besitzt eine Orthonormalbasis.*

Beweis Wenn man auf eine geordnete Basis das Gram-Schmidt-Verfahren anwendet, erhält man ein Orthonormalsystem mit derselben linearen Hülle, also (Lemma 6.2.3) eine Orthonormalbasis. $\qquad\square$

In der Funktionalanalysis studiert man Orthonormalbasen unendlichdimensionaler Innenprodukträume (vgl. die auf Definition 6.2.1 folgende Bemerkung); es ist dann nicht mehr richtig, dass jeder unendlichdimensionale Innenproduktraum eine Orthonormalbasis besitzt.[2]

---

[2] J. Dixmier, *Sur les bases orthonormales dans les espaces préhilbertiens.* Acta Sci. Math. 15 (1953), 29–30.

Sei $f_1, \ldots, f_n$ eine Orthonormalbasis des Innenproduktraums V; jedes $v \in V$ hat eine eindeutige Darstellung $v = \lambda_1 f_1 + \cdots + \lambda_n f_n$. Wir wollen die Koeffizienten λ_j berechnen. Es ist

$$\langle v, f_j \rangle = \langle \lambda_1 f_1 + \cdots + \lambda_n f_n, f_j \rangle$$
$$= \lambda_1 \langle f_1, f_j \rangle + \cdots + \lambda_n \langle f_n, f_j \rangle = \lambda_j,$$

da die f_l orthonormal sind. Damit ist der folgende Satz gezeigt; der Zusatz folgt aus dem Satz von Pythagoras, siehe (6.1.1) auf Seite 120.

Satz 6.2.7 *Ist V ein Innenproduktraum mit Orthonormalbasis $f_1, \ldots, f_n$, so gilt für $v \in V$*

$$v = \sum_{j=1}^{n} \langle v, f_j \rangle f_j.$$

Ferner ist

$$\|v\|^2 = \sum_{j=1}^{n} |\langle v, f_j \rangle|^2.$$

In Abschn. 3.3 haben wir die Matrix $M_A^B = (m_{lj})$ des Basiswechsels von einer geordneten Basis A zu einer anderen geordneten Basis B studiert; wir wollen jetzt speziell die Situation von Orthonormalbasen $A = (f_1, \ldots, f_n)$ und $B = (g_1, \ldots, g_n)$ ansehen. Aus Satz 3.3.8 wissen wir, dass $f_j = \sum_{l=1}^{n} m_{lj} g_l$ gilt, und Satz 6.2.7 impliziert $m_{lj} = \langle f_j, g_l \rangle$. Daraus werden wir folgenden Satz schließen.

Satz 6.2.8 *Sind $A = (f_1, \ldots, f_n)$ und $B = (g_1, \ldots, g_n)$ Orthonormalbasen des Innenproduktraums V, so bilden sowohl die Spalten als auch die Zeilen der Matrix M_A^B des Basiswechsels eine Orthonormalbasis von $\mathbb{K}^n$.*

Beweis Die Matrix M_A^B habe die Spalten $s_1, \ldots, s_n$. Dann ist

$$\langle s_j, s_k \rangle_e = \sum_{l=1}^{n} m_{lj} \overline{m_{lk}} = \sum_{l=1}^{n} \langle f_j, g_l \rangle \overline{\langle f_k, g_l \rangle}$$
$$= \sum_{l=1}^{n} \langle f_j, g_l \rangle \langle g_l, f_k \rangle = \left\langle \sum_{l=1}^{n} \langle f_j, g_l \rangle g_l, f_k \right\rangle = \langle f_j, f_k \rangle.$$

Das war zu zeigen.

Die Aussage über die Zeilen ergibt sich, wenn man $m_{jl} = \overline{m_{lj}}$ beachtet. □

Eine Matrix mit den in Satz 6.2.8 ausgesprochenen Eigenschaften wird *orthogonale Matrix* ($\mathbb{K} = \mathbb{R}$) bzw. *unitäre Matrix* ($\mathbb{K} = \mathbb{C}$) genannt; wir werden solchen Matrizen in Abschn. 6.3 wieder begegnen.

Es folgt einer der wichtigsten Sätze über Innenprodukträume, der *Projektionssatz*.

Satz 6.2.9 *Ist U ein endlichdimensionaler Unterraum eines Innenproduktraums V, so gilt*

$$V = U \oplus U^\perp.$$

Beweis Wir beginnen mit einer allgemeinen Vorüberlegung. Eine lineare Abbildung $P\colon V \to V$ auf einem Vektorraum heißt *Projektion*, wenn $P^2 = P$ gilt; in diesem Fall ist $V = \operatorname{ran}(P) \oplus \ker(P)$. [Schreibe nämlich einen Vektor $v \in V$ als $v = P(v) + (v - P(v))$; dann ist $P(v) \in \operatorname{ran}(P)$ (klar) und $v - P(v) \in \ker(P)$, da ja $P(v - P(v)) = P(v) - P^2(v) = P(v) - P(v) = 0$ ist. Das zeigt die Summendarstellung. Die Summe ist direkt, da aus $w \in \operatorname{ran}(P) \cap \ker(P)$ die Existenz eines $v \in V$ mit $w = P(v)$ und $0 = P(w) = P^2(v) = P(v)$ folgt, so dass $w = 0$ sein muss.]

Sei jetzt $f_1, \ldots, f_n$ eine Orthonormalbasis von U (Korollar 6.2.6). Wir definieren

$$P_U\colon V \to V, \quad P_U(v) = \sum_{j=1}^{n} \langle v, f_j \rangle f_j.$$

Dann ist P_U linear mit $P_U^2 = P_U$, denn

$$P_U(P_U(v)) = \sum_{j=1}^{n} \langle P_U(v), f_j \rangle f_j = \sum_{j=1}^{n} \Big\langle \sum_{k=1}^{n} \langle v, f_k \rangle f_k, f_j \Big\rangle f_j$$

$$= \sum_{j=1}^{n} \sum_{k=1}^{n} \langle v, f_k \rangle \langle f_k, f_j \rangle f_j = \sum_{k=1}^{n} \langle v, f_k \rangle \sum_{j=1}^{n} \langle f_k, f_j \rangle f_j$$

$$= \sum_{k=1}^{n} \langle v, f_k \rangle f_k = P_U(v).$$

Aus der Vorüberlegung folgt somit

$$V = \operatorname{ran}(P_U) \oplus \ker(P_U).$$

Es bleibt daher, $\operatorname{ran}(P_U) = U$ und $\ker(P_U) = U^\perp$ zu zeigen. Hier ist $\operatorname{ran}(P_U) \subset U$ klar, und nach Satz 6.2.7 ist $P_U(u) = u$ für $u \in U$; also gilt Gleichheit. Weiterhin liefert $P_U(v) = 0$, dass für jedes k

$$0 = \langle P_U(v), f_k \rangle = \sum_{j=1}^{n} \langle v, f_j \rangle \langle f_j, f_k \rangle = \left\langle v, \sum_{j=1}^{n} \overline{\langle f_j, f_k \rangle} f_j \right\rangle = \langle v, f_k \rangle$$

und daher $v \in \{f_1, \ldots, f_n\}^{\perp} = U^{\perp}$ (Lemma 6.1.4(a)) gilt. Das zeigt $\ker(P_U) \subset U^{\perp}$. Die Umkehrung ist klar: Für $v \in U^{\perp}$ ist stets $\langle v, f_j \rangle = 0$ und deshalb $P_U(v) = 0$.

Damit ist alles gezeigt. $\square$

Die im Beweis konstruierte Abbildung P_U heißt die *Orthogonalprojektion* von V auf U; für P_U sind Bild und Kern orthogonal. Wegen seiner Bedeutung rekapitulieren wir daher das oben bewiesene Resultat noch einmal in dieser Sprache.

Satz 6.2.10 *Sei V ein Innenproduktraum und $U \subset V$ ein endlichdimensionaler Unterraum mit Orthonormalbasis $f_1, \ldots, f_n$. Dann definiert*

$$P_U(v) = \sum_{j=1}^{n} \langle v, f_j \rangle f_j$$

die Orthogonalprojektion von V auf U.

Die Konstruktion im Gram-Schmidt-Verfahren lässt sich mit Hilfe dieses Satzes so deuten, dass in (6.2.1)

$$g_{k+1} = v_{k+1} - P_{U_k}(v_{k+1})$$

gesetzt wird, wo $U_k = \mathrm{lin}\{f_1, \ldots, f_k\}$ ist.

Beispiel 6.2.11 Seien

$$v_1 = \begin{pmatrix} 1 \\ 2 \\ 2 \\ 1 \end{pmatrix} \in \mathbb{R}^4, \quad v_2 = \begin{pmatrix} 3 \\ 4 \\ 2 \\ 3 \end{pmatrix} \in \mathbb{R}^4$$

und $U = \mathrm{lin}\{v_1, v_2\} \subset \mathbb{R}^4$. Was ist der Orthogonalraum $U^{\perp}$? Nach Lemma 6.1.4(a) ist $x \in U^{\perp}$ genau dann, wenn $\langle x, v_1 \rangle = 0$ und $\langle x, v_2 \rangle = 0$. Das führt auf das Gleichungssystem $Bx = 0$ mit der Matrix

$$B = \begin{pmatrix} 1 & 2 & 2 & 1 \\ 3 & 4 & 2 & 3 \end{pmatrix}.$$

Durch Zeilenumformung erhält man

$$B \leadsto \begin{pmatrix} 1 & 2 & 2 & 1 \\ 0 & -2 & -4 & 0 \end{pmatrix},$$

und die Lösungen von $Bx = 0$ sind von der Form

$$x = \begin{pmatrix} 2s - t \\ -2s \\ s \\ t \end{pmatrix} = s \begin{pmatrix} 2 \\ -2 \\ 1 \\ 0 \end{pmatrix} + t \begin{pmatrix} -1 \\ 0 \\ 0 \\ 1 \end{pmatrix} =: s w_1 + t w_2.$$

Also ist $U^\perp = \lin\{w_1, w_2\}$. Wir werden in Beispiel 6.3.9 einen zweiten Blick auf dieses Beispiel werfen.

Wir halten ein wichtiges Korollar aus Satz 6.2.9 fest.

Korollar 6.2.12 *Ist V ein Innenproduktraum und $U \subset V$ ein endlichdimensionaler Unterraum, so gilt $U^{\perp\perp} = U$.*

Beweis Die Inklusion $U \subset U^{\perp\perp}$ gilt nach Definition. Sei nun $v \in U^{\perp\perp}$, und zerlege v gemäß Satz 6.2.9 als $v = u + u^\perp \in U \oplus U^\perp$. Da $v \in U^{\perp\perp}$ ist, folgt

$$0 = \langle v, u^\perp \rangle = \langle u, u^\perp \rangle + \langle u^\perp, u^\perp \rangle = \langle u^\perp, u^\perp \rangle.$$

Also ist $u^\perp = 0$, d. h. $v = u \in U$, was zu zeigen war. $\qquad\qquad\square$

Der abschließende Satz dieses Abschnitts widmet sich der Darstellung von linearen Funktionalen auf einem endlichdimensionalen Innenproduktraum.

Satz 6.2.13 *Sei V ein endlichdimensionaler Innenproduktraum, und sei $\ell\colon V \to \mathbb{K}$ linear. Dann existiert ein eindeutig bestimmter Vektor $v_\ell \in V$ mit*

$$\ell(v) = \langle v, v_\ell \rangle \qquad \text{für alle } v \in V.$$

Beweis Sei $f_1, \dots, f_n$ eine Orthonormalbasis von V, mit Satz 6.2.7 schreiben wir ein Element $v \in V$ in der Form $v = \sum_{j=1}^n \langle v, f_j \rangle f_j$. Daher ist

$$\ell(v) = \sum_{j=1}^n \langle v, f_j \rangle \ell(f_j) = \Big\langle v, \sum_{j=1}^n \overline{\ell(f_j)} f_j \Big\rangle;$$

setze also $v_\ell = \sum_{j=1}^{n} \overline{\ell(f_j)} f_j$.

Die Eindeutigkeit ist klar: $\langle v, v_\ell \rangle = \langle v, \tilde{v}_\ell \rangle$ für alle $v \in V$ bedeutet $v_\ell - \tilde{v}_\ell \in V^\perp = \{0\}$.

$\square$

In der Funktionalanalysis lernt man die unendlichdimensionale Version dieses Satzes kennen, wenn V ein Hilbertraum ist. In diesem Kontext heißt Satz 6.2.13 *Satz von Fréchet-Riesz*.

6.3   Lineare Abbildungen auf Innenprodukträumen

Seien $(V, \langle\,.\,,\,.\,\rangle_V)$ und $(W, \langle\,.\,,\,.\,\rangle_W)$ Innenprodukträume über demselben Skalarenkörper $\mathbb{K} \in \{\mathbb{R}, \mathbb{C}\}$, und sei $L\colon V \to W$ eine lineare Abbildung. Wir versuchen, L eine neue lineare Abbildung $L^*\colon W \to V$ zuzuordnen, die

$$\langle Lv, w \rangle_W = \langle v, L^*w \rangle_V \qquad \text{für alle } v \in V,\ w \in W \qquad (6.3.1)$$

erfüllt; hier wie im Folgenden schreiben wir häufig, einer verbreiteten Konvention folgend, Lv statt $L(v)$ etc. Das Zusammenspiel von L und L^* wird zu vielen neuen Erkenntnissen führen; siehe Kap. 8.

Um L^* definieren zu können, müssen wir allerdings voraussetzen, dass V endlichdimensional ist. Wir gehen dann so vor: Für festes $w \in W$ betrachte

$$\ell_w\colon V \to \mathbb{K}, \quad \ell_w(v) = \langle Lv, w \rangle_W.$$

Dies ist eine lineare Abbildung auf dem endlichdimensionalen Innenproduktraum V; also existiert nach Satz 6.2.13 ein eindeutig bestimmter Vektor $v_{\ell_w} \in V$ mit

$$\langle Lv, w \rangle_W = \langle v, v_{\ell_w} \rangle_V \qquad \text{für alle } v \in V.$$

Der Beweis von Satz 6.2.13 zeigt auch, wie v_{ℓ_w} aussieht; ist nämlich $f_1, \ldots, f_n$ eine Orthonormalbasis von V, so gilt

$$v_{\ell_w} = \sum_{j=1}^{n} \overline{\ell_w(f_j)} f_j = \sum_{j=1}^{n} \overline{\langle Lf_j, w \rangle_W} f_j = \sum_{j=1}^{n} \langle w, Lf_j \rangle_W f_j.$$

Setzt man

$$L^*\colon W \to V, \quad L^*(w) = \sum_{j=1}^{n} \langle w, Lf_j \rangle_W f_j, \qquad (6.3.2)$$

so sieht man, dass (6.3.1) erfüllt ist und L^* linear sowie wegen der Eindeutigkeitsaussage in Satz 6.2.13 eindeutig bestimmt ist.

Wir halten als Resultat dieser Diskussion fest:

Satz 6.3.1 *Seien $(V, \langle\,.\,,\,.\,\rangle_V)$ ein endlichdimensionaler Innenproduktraum, $(W, \langle\,.\,,\,.\,\rangle_W)$ ein beliebiger Innenproduktraum über $\mathbb{K}$, und sei $L \in \mathscr{L}(V, W)$. Dann existiert eine eindeutig bestimmte lineare Abbildung $L^* \in \mathscr{L}(W, V)$ mit*

$$\langle Lv, w\rangle_W = \langle v, L^*w\rangle_V \qquad \textit{für alle } v \in V,\ w \in W.$$

Definition 6.3.2 Die im vorigen Satz beschriebene Abbildung L^* heißt die zu L *adjungierte Abbildung*.

Beispiele 6.3.3

(a) Sei $V = \mathrm{Pol}_{<n}([0, 1])$ der $\mathbb{R}$-Vektorraum aller Polynomfunktionen auf $[0, 1]$ vom Grad $< n$. Zu $f \in V$ betrachten wir das j*-te Moment* $(j \in \mathbb{N}_0)$

$$f_j^\# = \int_0^1 t^j f(t)\, dt.$$

Sei

$$L\colon V \to \mathbb{R}^n, \quad L(f) = \begin{pmatrix} f_0^\# \\ \vdots \\ f_{n-1}^\# \end{pmatrix};$$

klarerweise ist L linear. Nun trage V das Skalarprodukt

$$\langle f, g\rangle_V = \int_0^1 f(t)g(t)\, dt$$

und $\mathbb{R}^n$ das euklidische Skalarprodukt. Was ist $L^*\colon \mathbb{R}^n \to V$? Für $f \in V$ und $y \in \mathbb{R}^n$ rechnet man

$$\langle L(f), y\rangle = \sum_{j=0}^{n-1} f_j^\# y_j = \sum_{j=0}^{n-1} \int_0^1 t^j f(t)\, dt \cdot y_j = \int_0^1 f(t) \sum_{j=0}^{n-1} y_j t^j\, dt = \langle f, L^*(y)\rangle_V$$

mit $(L^*y)(t) = \sum_{j=0}^{n-1} y_j t^j$, also $L^*(y) = \sum_{j=0}^{n-1} y_j \mathbf{x}^j \in \mathrm{Pol}_{<n}([0, 1])$.

(b) Sei $A = (a_{jk})$ eine reelle $m \times n$-Matrix; wir versehen $\mathbb{R}^m$ und $\mathbb{R}^n$ mit dem euklidischen Skalarprodukt. Wir wollen die zu $L_A\colon \mathbb{R}^n \to \mathbb{R}^m$ adjungierte Abbildung bestimmen.

Dazu seien $x \in \mathbb{R}^n$ und $y \in \mathbb{R}^m$ mit den Koordinaten (x_k) bzw. (y_j) vorgelegt. Dann ist (zur Erinnerung: A^t bezeichnet die transponierte Matrix)

$$\langle L_A(x), y \rangle = \langle Ax, y \rangle = \sum_{j=1}^{m} \sum_{k=1}^{n} a_{jk} x_k y_j$$

$$= \sum_{k=1}^{n} x_k \sum_{j=1}^{m} a_{jk} y_j = \langle x, A^t y \rangle = \langle x, L_{A^t}(y) \rangle$$

und deshalb $(L_A)^* = L_{A^t}$.

(c) Nun sei A eine komplexe $m \times n$-Matrix, und wir wollen die Adjungierte zu $L_A \colon \mathbb{C}^n \to \mathbb{C}^m$ (jeweils mit dem euklidischen Skalarprodukt) studieren. Dann sieht die Rechnung so aus:

$$\langle L_A(x), y \rangle = \langle Ax, y \rangle = \sum_{j=1}^{m} \sum_{k=1}^{n} a_{jk} x_k \overline{y_j} = \sum_{k=1}^{n} x_k \sum_{j=1}^{m} a_{jk} \overline{y_j}.$$

Setze nun $a_{kj}^* = \overline{a_{jk}}$. Diese Zahlen bilden die Einträge einer $n \times m$-Matrix A^*, kurz $A^* = \overline{A^t}$, und es gilt

$$\langle L_A(x), y \rangle = \sum_{k=1}^{n} x_k \sum_{j=1}^{m} \overline{a_{kj}^*} \, \overline{y_j} = \sum_{k=1}^{n} x_k \overline{\sum_{j=1}^{m} a_{kj}^* y_j} = \langle x, A^* y \rangle = \langle x, L_{A^*}(y) \rangle$$

sowie $(L_A)^* = L_{A^*}$.

Die letzten beiden Beispiele suggerieren die folgende Definition.

Definition 6.3.4

(a) Die *adjungierte Matrix* A^* einer reellen Matrix $A \in \mathbb{R}^{m \times n}$ ist die transponierte Matrix $A^t \in \mathbb{R}^{n \times m}$.

(b) Die *adjungierte Matrix* A^* einer komplexen Matrix $A \in \mathbb{C}^{m \times n}$ ist die konjugiert-transponierte Matrix $\overline{A^t} \in \mathbb{C}^{n \times m}$.

Explizit heißt das für die Einträge der Matrix A^*, wenn $A = (a_{jk})$: In Zeile k und Spalte j von A^* steht a_{jk} (reeller Fall) bzw. $\overline{a_{jk}}$ (komplexer Fall); z. B.

$$A = \begin{pmatrix} 1 & 2 \\ 1-i & i \end{pmatrix}, \qquad A^t = \begin{pmatrix} 1 & 1-i \\ 2 & i \end{pmatrix}, \qquad A^* = \begin{pmatrix} 1 & 1+i \\ 2 & -i \end{pmatrix}.$$

Die Aussage von Beispiel 6.3.3(b) und (c) ist also $(L_A)^* = L_{A^*}$. Ein entsprechender Zusammenhang kann zwischen (adjungierten) linearen Abbildungen und den darstellenden Matrizen bzgl. gegebener Orthonormalbasen bewiesen werden. (Zur Notation siehe Definition 3.3.1.)

Satz 6.3.5 *Seien V und W endlichdimensionale Innenprodukträume mit Orthonormalbasen $A = (f_1, \dots, f_n)$ bzw. $B = (g_1, \dots, g_m)$. Sei $L \in \mathscr{L}(V, W)$ mit darstellender Matrix $M = M(L; A, B)$. Dann ist*

$$M(L^*; B, A) = M^*,$$

d. h. die darstellende Matrix der Adjungierten von L ist die Adjungierte der darstellenden Matrix von L.

Beweis Um den Eintrag in der k-ten Zeile und j-ten Spalte von $M(L^*; B, A)$ zu bestimmen, muss man $L^*(g_j)$ in die Basis $f_1, \dots, f_n$ entwickeln und den k-ten Koeffizienten nehmen. Nach Satz 6.2.7 ist das

$$\langle L^*(g_j), f_k \rangle_V = \overline{\langle f_k, L^*(g_j) \rangle_V} = \overline{\langle L(f_k), g_j \rangle_W},$$

und $\langle L(f_k), g_j \rangle_W$ ist der j-te Eintrag in der k-ten Spalte von M. Das war zu zeigen. $\square$

Für das Rechnen mit adjungierten Abbildungen und Matrizen hat man folgende Aussagen (im reellen Fall entfällt das Komplexkonjugieren).

Satz 6.3.6 *Seien V, W endlichdimensionale Innenprodukträume, $L, L_1, L_2 \in \mathscr{L}(V, W)$ und $\alpha \in \mathbb{K}$. Dann gelten:*

(a) $(L_1 + L_2)^* = L_1^* + L_2^*$.
(b) $(\alpha L)^* = \overline{\alpha} L^*$.
(c) $L^{**} = L$.
(d) $\det(L^*) = \overline{\det(L)}$.

Analoge Aussagen gelten für Matrizen.

Beweis (a) und (b) folgen unmittelbar aus der Definition (vgl. (6.3.2)).

(c) ergibt sich aus $\langle L^*(w), v \rangle = \langle w, L^{**}(v) \rangle$ (nach Definition von L^{**}) und $\langle L^*(w), v \rangle = \overline{\langle v, L^*(w) \rangle} = \overline{\langle L(v), w \rangle} = \langle w, L(v) \rangle$ (die zweite Gleichheit fußt auf der Definition von L^*); das zeigt $L^{**}(v) - L(v) \in W^\perp = \{0\}$ für alle $v \in V$, also $L^{**} = L$.

(d) folgt aus Satz 4.2.7 und (4.2.1) auf Seite 80, letztere Gleichung ist mit Einträgen aus $\mathbb{C}$ zu lesen.

Die Aussagen lassen sich wegen $(L_A)^* = L_{A^*}$ von den linearen Abbildungen auf Matrizen übertragen. □

Satz 6.3.7 *Seien V, W, Z endlichdimensionale Innenprodukträume und $L_1 \in \mathscr{L}(V, Z)$, $L_2 \in \mathscr{L}(Z, W)$. Dann ist*

$$(L_2 \circ L_1)^* = L_1^* \circ L_2^*.$$

Eine analoge Aussage gilt für Matrizen.

Beweis Es ist für alle $v \in V$, $w \in W$

$$\langle (L_2 L_1)(v), w \rangle_W = \langle L_1(v), L_2^*(w) \rangle_Z = \langle v, (L_1^* L_2^*)(w) \rangle_V$$

und definitionsgemäß

$$\langle (L_2 L_1)(v), w \rangle_W = \langle v, (L_2 L_1)^*(w) \rangle_V.$$

Wie im letzten Beweis schließt man $(L_2 L_1)^* = L_1^* L_2^*$. □

Es besteht folgender Zusammenhang zwischen Kern und Bild von L und L^*; dies ist ein erstes Beispiel für die Wechselwirkung von L und L^*.

Satz 6.3.8 *Seien V und W endlichdimensionale Innenprodukträume und $L \in \mathscr{L}(V, W)$.*

(a) $\ker(L) = (\operatorname{ran}(L^*))^\perp$.
(b) $\ker(L^*) = (\operatorname{ran}(L))^\perp$.
(c) $\operatorname{ran}(L) = (\ker(L^*))^\perp$.
(d) $\operatorname{ran}(L^*) = (\ker(L))^\perp$.

Insbesondere ist L genau dann injektiv, wenn L^* surjektiv ist, und L ist genau dann surjektiv, wenn L^* injektiv ist.

Beweis

(a) Sei zuerst $v \in \ker(L)$ sowie $v' \in \operatorname{ran}(L^*)$, also $v' = L^*(w)$ für ein geeignetes w. Dann ist $\langle v, v' \rangle = \langle v, L^*(w) \rangle = \langle L(v), w \rangle = \langle 0, w \rangle = 0$, also $v \in (\operatorname{ran}(L^*))^\perp$.

Nun sei umgekehrt $v \in (\operatorname{ran}(L^*))^\perp$, also $\langle v, L^*(w) \rangle = 0$ für alle $w \in W$. Dann ist $\langle L(v), w \rangle = 0$ für alle $w \in W$ und deshalb $L(v) = 0$, d. h. $v \in \ker(L)$.

(b) folgt, wenn man (a) auf L^* anwendet und $L^{**} = L$ beachtet.

(c) und (d) folgen aus (b) und (a), wenn man $U^{\perp\perp} = U$ benutzt (Korollar 6.2.12). □

Beispiel 6.3.9 Wir können Satz 6.3.8 benutzen, um Orthogonalräume zu berechnen. Dazu betrachten wir noch einmal Beispiel 6.2.11. Sei $A = (v_1 \; v_2)$ die 4×2-Matrix mit den Spalten v_1 und v_2 aus diesem Beispiel. Dann ist $U = \mathrm{lin}\{v_1, v_2\} = \mathrm{ran}(L_A)$ und deshalb $U^\perp = (\mathrm{ran}(L_A))^\perp = \ker(L_{A^*})$; $U^\perp$ ist also der Lösungsraum des homogenen Gleichungssystems $A^*x = 0$. Deshalb tauchte in Beispiel 6.2.11 die 2×4-Matrix $B = A^*$ mit den Zeilen v_1^t und v_2^t auf.

Im Weiteren werden einige spezielle Klassen von Abbildungen bzw. Matrizen eine Rolle spielen, die wir jetzt einführen.

Definition 6.3.10   Sei V ein endlichdimensionaler Innenproduktraum.

(a) Eine lineare Abbildung $L \in \mathscr{L}(V)$ heißt *normal*, wenn $LL^* = L^*L$.
(b) Eine lineare Abbildung $L \in \mathscr{L}(V)$ heißt *selbstadjungiert*, wenn $L = L^*$.

Analoge Begriffe werden für quadratische Matrizen eingeführt.

Offensichtlich ist jede selbstadjungierte Abbildung bzw. Matrix normal, und aus Satz 6.3.5 ergibt sich, dass eine lineare Abbildung genau dann normal bzw. selbstadjungiert ist, wenn es ihre bzgl. einer Orthonormalbasis darstellende Matrix ist.

Im reellen Fall sind die selbstadjungierten Matrizen genau die symmetrischen ($a_{jk} = a_{kj}$ für alle j und k). Ein Beispiel einer nicht normalen Matrix ist

$$A = \begin{pmatrix} 0 & 1 \\ 0 & 0 \end{pmatrix}: \qquad A^*A = \begin{pmatrix} 0 & 0 \\ 0 & 1 \end{pmatrix} \neq \begin{pmatrix} 1 & 0 \\ 0 & 0 \end{pmatrix} = AA^*.$$

Selbstadjungierte komplexe Matrizen werden auch *hermitesch* genannt (nach Charles Hermite). Jede Abbildung der Form L^*L (bzw. LL^*) und jede Matrix der Form A^*A (bzw. AA^*) ist selbstadjungiert, wie aus Satz 6.3.6(c) und 6.3.7 folgt.

Beispiel 6.3.11   Orthogonalprojektionen sind Beispiele selbstadjungierter Abbildungen. Es sei U ein Unterraum eines endlichdimensionalen Innenproduktraums V, und sei P_U die Orthogonalprojektion von V auf U. Nach Satz 6.2.10 hat P_U die Gestalt

$$P_U(v) = \sum_{j=1}^{n} \langle v, f_j \rangle f_j,$$

wenn $f_1, \dots, f_n$ eine Orthonormalbasis von U ist. Dann ist

$$\langle P_U(v), w \rangle = \sum_{j=1}^{n} \langle v, f_j \rangle \langle f_j, w \rangle = \left\langle v, \sum_{j=1}^{n} \overline{\langle f_j, w \rangle} f_j \right\rangle$$

$$= \left\langle v, \sum_{j=1}^{n} \langle w, f_j \rangle f_j \right\rangle = \langle v, P_U(w) \rangle.$$

Jede lineare Abbildung $L \in \mathscr{L}(V)$ auf einem komplexen endlichdimensionalen Innenproduktraum lässt sich in selbstadjungierte zerlegen: Setze nämlich $L_1 = \frac{1}{2}(L + L^*)$, $L_2 = \frac{1}{2i}(L - L^*)$; dann sind L_1 und L_2 selbstadjungiert, und es gilt $L = L_1 + iL_2$. L ist genau dann normal, wenn L_1 und L_2 kommutieren: $L_1 L_2 = L_2 L_1$. Man beachte, dass L eine komplexe Linearkombination aus L_1 und L_2 ist; es ist eine wichtige Bemerkung, dass die Menge $\mathscr{H}(V)$ der selbstadjungierten $L \in \mathscr{L}(V)$ einen $\mathbb{R}$-Vektorraum bildet (aber keinen $\mathbb{C}$-Vektorraum). Dasselbe gilt für selbstadjungierte Matrizen.

Die obige Zerlegung $L = L_1 + iL_2$ erinnert an die Zerlegung einer komplexen Zahl in Real- und Imaginärteil; die selbstadjungierten L entsprechen in diesem Bild den reellen Zahlen. Die Analogie $\mathscr{L}(V) \leftrightarrow \mathbb{C}$ und $\mathscr{H}(V) \leftrightarrow \mathbb{R}$ erweist sich als erstaunlich tragfähig (siehe z. B. Satz 8.4.3).

In Definition 6.1.6 haben wir zu einem Skalarprodukt eine Norm assoziiert (vgl. Satz 6.1.7), die wir jetzt zur Charakterisierung normaler Abbildungen und Matrizen heranziehen wollen.

Satz 6.3.12 *Sei V ein endlichdimensionaler Innenproduktraum, und sei $L \in \mathscr{L}(V)$. Dann sind folgende Bedingungen äquivalent:*

(i) *L ist normal.*
(ii) *$\langle Lv, Lw \rangle = \langle L^*v, L^*w \rangle$ für alle $v, w \in V$.*
(iii) *$\|Lv\| = \|L^*v\|$ für alle $v \in V$.*

Analoge Aussagen gelten für Matrizen.

Beweis

(i) $\Rightarrow$ (ii): Es ist, wenn L normal ist,

$$\langle Lv, Lw \rangle = \langle v, L^*Lw \rangle = \langle v, LL^*w \rangle = \langle L^*v, L^*w \rangle.$$

(ii) $\Rightarrow$ (iii): Setze $v = w$.

(iii) $\Rightarrow$ (ii): Wir bearbeiten zuerst den Fall $\mathbb{K} = \mathbb{R}$. Seien $v, w \in V$. Wir wenden (iii) auf $v + w$ an und erhalten

$$\langle L(v+w), L(v+w) \rangle = \|L(v+w)\|^2 = \|L^*(v+w)\|^2 = \langle L^*(v+w), L^*(v+w) \rangle.$$

Ausrechnen liefert

$$\langle L(v), L(v) \rangle + 2\langle L(v), L(w) \rangle + \langle L(w), L(w) \rangle =$$
$$\langle L^*(v), L^*(v) \rangle + 2\langle L^*(v), L^*(w) \rangle + \langle L^*(w), L^*(w) \rangle$$

und deshalb wegen $\|L(v)\| = \|L^*(v)\|$, $\|L(w)\| = \|L^*(w)\|$

$$\langle Lv, Lw \rangle = \langle L^*v, L^*w \rangle.$$

Im Fall $\mathbb{K} = \mathbb{C}$ ist das Skalarprodukt nur konjugiert-symmetrisch, deshalb ist in einem komplexen Innenproduktraum $\langle x, y \rangle + \langle y, x \rangle = 2\mathrm{Re}\langle x, y \rangle$, und das obige Argument zeigt

$$\mathrm{Re}\langle Lv, Lw \rangle = \mathrm{Re}\langle L^*v, L^*w \rangle \qquad \text{für alle } v, w \in V.$$

Schreibt man diese Zeile erneut für iw statt w hin, erhält man nun wegen $\mathrm{Re}\langle x, iy \rangle = -\mathrm{Re}\, i \langle x, y \rangle = \mathrm{Im}\langle x, y \rangle$ auch

$$\mathrm{Im}\langle Lv, Lw \rangle = \mathrm{Im}\langle L^*v, L^*w \rangle \qquad \text{für alle } v, w \in V.$$

(ii) $\Rightarrow$ (i): Wegen (ii) ist $\langle v, L^*L(w) \rangle = \langle v, LL^*(w) \rangle$ für alle $v, w \in V$, also stets $L^*L(w) = LL^*(w)$, und L ist normal. $\qquad\square$

Die im Beweis angewandte Technik, $v + w$ zu betrachten, nennt man *Polarisierung*.

Korollar 6.3.13 *Für eine normale lineare Abbildung ist* $\ker(L) = \ker(L^*)$.

Die Nomenklatur für die als nächstes zu definierenden Abbildungen bzw. Matrizen unterscheidet sich im reellen und komplexen Fall.

Definition 6.3.14 Seien V und W endlichdimensionale Innenprodukträume mit $\dim(V) = \dim(W)$, und sei $L \in \mathscr{L}(V, W)$. Dann heißt L *orthogonal* ($\mathbb{K} = \mathbb{R}$) bzw. *unitär* ($\mathbb{K} = \mathbb{C}$), wenn

$$\langle Lv_1, Lv_2 \rangle_W = \langle v_1, v_2 \rangle_V \qquad \text{für alle } v_1, v_2 \in V.$$

Entsprechend heißt eine $n \times n$-Matrix A *orthogonal* bzw. *unitär*, wenn

$$\langle Ax, Ay \rangle = \langle x, y \rangle \qquad \text{für alle } x, y \in \mathbb{K}^n.$$

Satz 6.3.15 *Seien V und W endlichdimensionale Innenprodukträume mit* $\dim(V) = \dim(W)$, *und sei $L \in \mathscr{L}(V, W)$. Dann sind äquivalent:*

(i) *L ist orthogonal/unitär.*
(ii) *$\|L(v)\|_W = \|v\|_V$ für alle $v \in V$.*
(iii) *L ist invertierbar mit $L^{-1} = L^*$.*
(iv) *Die darstellende Matrix bzgl. zweier Orthonormalbasen von V bzw. W ist orthogonal/unitär.*

Beweis (i) $\Leftrightarrow$ (ii): Das geht genauso wie (ii) $\Leftrightarrow$ (iii) in Satz 6.3.12; bitte schreiben Sie die Details auf!

(i)/(ii) $\Rightarrow$ (iii): Aus (ii) ergibt sich sofort, dass L injektiv ist, und wegen der Voraussetzung $\dim(V) = \dim(W)$ ist L auch surjektiv, denn

$$\dim(W) = \dim(V) = \dim \ker L + \dim \operatorname{ran} L = \dim \operatorname{ran} L.$$

Eine Anwendung von (i) zeigt für alle $v_1 \in V$ und $w_2 = Lv_2 \in W$

$$\langle v_1, L^* w_2 \rangle_V = \langle Lv_1, w_2 \rangle_W = \langle Lv_1, Lv_2 \rangle_W = \langle v_1, v_2 \rangle_V = \langle v_1, L^{-1} w_2 \rangle_V,$$

also $L^* w_2 = L^{-1} w_2$ für alle $w_2 \in W$, d. h. $L^* = L^{-1}$.

(iii) $\Rightarrow$ (i): Man lese die letzte Rechnung rückwärts:

$$\langle v_1, v_2 \rangle_V = \langle v_1, L^{-1} w_2 \rangle_V = \langle v_1, L^* w_2 \rangle_V = \langle Lv_1, w_2 \rangle_W = \langle Lv_1, Lv_2 \rangle_W.$$

(iii) $\Leftrightarrow$ (iv): Sei M eine solche darstellende Matrix; dann gilt $M^{-1} = M^*$ genau dann, wenn $L^{-1} = L^*$, und dass dann $\langle Mx, My \rangle = \langle x, y \rangle$ folgt, wurde gerade im Beweis von (iii) $\Rightarrow$ (i) nachgerechnet. $\square$

In der Sprache der Matrizen lautet der letzte Satz so.

Korollar 6.3.16 *Sei A eine reelle oder komplexe $n \times n$-Matrix. Dann sind äquivalent:*

(i) *A ist orthogonal/unitär.*
(ii) *$\|Ax\| = \|x\|$ für alle $x \in \mathbb{K}^n$.*
(iii) *A ist invertierbar mit $A^{-1} = A^*$.*
(iv) *Die Zeilen von A bilden eine Orthonormalbasis von $\mathbb{K}^n$.*
(v) *Die Spalten von A bilden eine Orthonormalbasis von $\mathbb{K}^n$.*

Dass (iv) bzw. (v) zu (iii) äquivalent ist, sieht man, wenn man die Gleichungen $AA^* = E_n = A^*A$ ausschreibt: Hat nämlich A die Spalten $s_1, \ldots, s_n$ und die Zeilen $z_1, \ldots, z_n$, so steht in der j-ten Zeile und l-ten Spalte der Matrix A^*A die Zahl (die Notation sollte selbsterklärend sein)

$$\sum_{k=1}^{n} (A^*)_{jk} a_{kl} = \sum_{k=1}^{n} a_{kl} \overline{a_{kj}} = \langle s_l, s_j \rangle_e;$$

analog steht in der j-ten Zeile und l-ten Spalte der Matrix AA^* die Zahl $\langle z_j, z_l \rangle_e$ (hier werden die Zeilen als (normale Spalten-)Vektoren in $\mathbb{C}^n$ interpretiert). Es bleibt, Lemma 1.5.5 anzuwenden.

Wir wollen die Abbildungseigenschaften orthogonaler Transformationen (im Fall $\mathbb{K} = \mathbb{R}$) geometrisch beschreiben. Seien $v, w \in V \setminus \{0\}$. Nach der Cauchy-Schwarzschen Ungleichung ist

$$\frac{\langle v, w \rangle}{\|v\| \, \|w\|} \in [-1, 1],$$

daher existiert ein eindeutig bestimmter Winkel $\alpha \in [0, \pi]$ mit

$$\frac{\langle v, w \rangle}{\|v\| \, \|w\|} = \cos \alpha. \tag{6.3.3}$$

Insofern ist $\langle v, w \rangle$ (genauer $\langle \frac{v}{\|v\|}, \frac{w}{\|w\|} \rangle$) ein Maß für den Winkel zwischen den Vektoren v und w. Definitionsgemäß ist eine orthogonale Transformation *winkeltreu*, nach Satz 6.3.15(ii) ist das äquivalent zur *Längentreue*.

Wichtige Beispiele orthogonaler Matrizen sind die *Drehmatrizen* der Form

$$D(\varphi) = \begin{pmatrix} \cos \varphi & -\sin \varphi \\ \sin \varphi & \cos \varphi \end{pmatrix};$$

diese haben die Determinante 1. (In der Tat hat jede orthogonale 2×2-Matrix mit Determinante 1 diese Form; das wird in Satz 9.2.1 gezeigt.) Geometrisch bewirkt $D(\varphi)$ eine Drehung in der Ebene um den Winkel φ.

6.4 Aufgaben

Aufgabe 6.4.1 Seien $\alpha_1, \ldots, \alpha_n \in \mathbb{C}$. Bestimmen Sie Bedingungen an die α_j, die gleichzeitig notwendig und hinreichend dafür sind, dass

$$(x, y) \mapsto \langle x, y \rangle_\alpha := \sum_{j=1}^{n} \alpha_j x_j \overline{y_j}$$

ein Skalarprodukt auf $\mathbb{C}^n$ ist.

Aufgabe 6.4.2 Sei V ein Innenproduktraum über $\mathbb{R}$ oder $\mathbb{C}$ mit Skalarprodukt $\langle ., . \rangle$ und abgeleiteter Norm $\| . \|$. Zeigen Sie für $v, w \in V$ die *Parallelogrammgleichung*

$$\|v + w\|^2 + \|v - w\|^2 = 2\|v\|^2 + 2\|w\|^2.$$

Aufgabe 6.4.3 Betrachten Sie die symmetrische Matrix

$$A = \begin{pmatrix} a & b \\ b & d \end{pmatrix} \in \mathbb{R}^{2 \times 2}$$

sowie die Abbildung

$$\mathbb{R}^2 \times \mathbb{R}^2 \to \mathbb{R}, \qquad (x, y) \mapsto \langle x, Ay \rangle_e$$

mit dem euklidischen Skalarprodukt $\langle .,.\rangle_e$; vgl. Beispiel 6.1.2(b). Zeigen Sie, dass es sich genau dann um ein Skalarprodukt handelt, wenn $a > 0$ und $\det(A) > 0$ sind.

Aufgabe 6.4.4

(a) In einem reellen Innenproduktraum mit abgeleiteter Norm $\| \, . \, \|$ seien zwei Vektoren mit $\|v + w\| = \|v - w\|$ gegeben. Zeigen Sie, dass v und w orthogonal sind.
(b) Zeigen Sie, dass die Aussage von (a) in einem komplexen Innenproduktraum im Allgemeinen falsch ist.

Aufgabe 6.4.5 Seien U_1 und U_2 Unterräume des Innenproduktraums V. Zeigen Sie

$$(U_1 + U_2)^\perp = U_1^\perp \cap U_2^\perp.$$

Aufgabe 6.4.6 Betrachten Sie den $\mathbb{R}$-Vektorraum $\mathrm{Pol}_{<3}([0, 1])$ der Polynomfunktionen auf $[0, 1]$ vom Grad < 3, der mit dem Skalarprodukt aus Beispiel 6.1.2(c) versehen wird. Wenden Sie das Gram-Schmidt-Verfahren auf die Basis $\mathbf{1}, \mathbf{x}, \mathbf{x}^2$ an, um eine Orthonormalbasis von $\mathrm{Pol}_{<3}([0, 1])$ zu bestimmen.

Aufgabe 6.4.7 Auf dem Vektorraum V der quadratischen Polynome über $\mathbb{R}$ betrachte man das Skalarprodukt

$$\langle f, g \rangle = \int_{-1}^{1} f(t)g(t) \, dt.$$

Bestimmen Sie eine Orthonormalbasis von V.

Aufgabe 6.4.8 Der Rechts-Shift $L \colon \mathbb{C}^n \to \mathbb{C}^n$ ist durch

$$\begin{pmatrix} x_1 \\ x_2 \\ \vdots \\ x_n \end{pmatrix} \mapsto \begin{pmatrix} 0 \\ x_1 \\ \vdots \\ x_{n-1} \end{pmatrix}$$

definiert. Bestimmen Sie L^*, wenn

(a) $\mathbb{C}^n$ jeweils mit dem euklidischen Skalarprodukt versehen ist;
(b) $\mathbb{C}^n$ jeweils mit dem Skalarprodukt

$$(x, y) \mapsto \sum_{j=1}^{n} j x_j \overline{y_j}$$

versehen ist.

Aufgabe 6.4.9 Es seien V und W endlichdimensionale Innenprodukträume und $L \colon V \to W$ linear. Zeigen Sie nur mit Hilfe der Definitionen der auftretenden Begriffe: L ist genau dann injektiv, wenn L^* surjektiv ist.

Aufgabe 6.4.10 Seien V und W endlichdimensionale Innenprodukträume und $L \in \mathscr{L}(V, W)$. Zeigen Sie

(a) $\dim \ker L^* = \dim \ker L + \dim W - \dim V$,
(b) $\dim \operatorname{ran} L^* = \dim \operatorname{ran} L$.

Aufgabe 6.4.11 Sei V ein endlichdimensionaler Innenproduktraum und $L \in \mathscr{L}(V)$ normal. Zeigen Sie $\operatorname{ran} L = \operatorname{ran} L^*$.

Aufgabe 6.4.12 Betrachten Sie den $\mathbb{R}$-Vektorraum $V := \operatorname{Pol}_{<3}([0, 1])$ der Polynom-funktionen auf $[0, 1]$ vom Grad < 3, der mit dem Skalarprodukt aus Beispiel 6.1.2(c) versehen wird. Sei $L \colon V \to V$ durch $L(p) = p'(0)\mathbf{x}$ definiert. Zeigen Sie, dass L nicht selbstadjungiert, aber die darstellende Matrix bezüglich der Basis $\mathbf{1}, \mathbf{x}, \mathbf{x}^2$ symmetrisch und deshalb selbstadjungiert ist. Warum ist das kein Widerspruch zum Kommentar zu Definition 6.3.10?

Aufgabe 6.4.13 Auf dem Raum $\mathbb{R}^4$ betrachte man das Skalarprodukt

$$\langle x, y \rangle_{\text{neu}} = \sum_{j=1}^{4} j x_j y_j.$$

Bestimmen Sie eine Orthonormalbasis (bezüglich des obigen Skalarprodukts) des von den Vektoren

$$x = \begin{pmatrix} 4 \\ 3 \\ 2 \\ 1 \end{pmatrix}, \quad y = \begin{pmatrix} 1 \\ -1 \\ 1 \\ -1 \end{pmatrix}, \quad z = \begin{pmatrix} 1 \\ 1 \\ 1 \\ 1 \end{pmatrix}$$

aufgespannten Unterraums.

Eigenwerte und Normalformen 7

7.1 Nochmals Polynome

In diesem Kapitel werden wir das Eigenwertproblem für lineare Abbildungen und Matrizen detailliert studieren. Aus Abschn. 4.4 wissen wir bereits, dass die Eigenwerte genau die Nullstellen des charakteristischen Polynoms sind. Dort hatten wir den Körper $\mathbb{R}$ zugrundegelegt, aber in Abschn. 5.1 wurde beobachtet, dass diese Aussage für Vektorräume über beliebigen Körpern gilt, allerdings muss man hier beim Begriff des Polynoms Vorsicht walten lassen; Letzteres wurde in Abschn. 5.2 erklärt.

Da wir einstweilen über beliebigen Körpern rechnen wollen, fassen wir noch einmal einige wichtige Punkte zusammen.

- Ein Polynom über einem Körper K ist eine endliche Folge von Elementen von K, etwa $(a_0, \ldots, a_n)$. Man schreibt ein Polynom P in der intuitiven Form

$$P(X) = a_n X^n + \cdots + a_1 X + a_0. \tag{7.1.1}$$

- Die Menge $K[X]$ aller Polynome über K trägt die Struktur eines K-Vektorraums. Die kanonische Multiplikation auf $K[X]$ (zur Präzisierung siehe (5.2.1) und (5.2.2) auf Seite 102) führt zur Struktur eines Rings, sogar einer K-Algebra auf $K[X]$.
- Ist $a_n \neq 0$ in (7.1.1), so hat $P(X)$ den Grad n; in Zeichen $\deg(P) = n$ (deg wie *degree*). Definitionsgemäß hat das Nullpolynom den Grad $-\infty$. Ein konstantes Polynom ist ein solches mit $\deg(P) \leq 0$. Es gilt $\deg(P+Q) \leq \max\{\deg(P), \deg(Q)\}$ und $\deg(PQ) = \deg(P) + \deg(Q)$ (mit der Konvention $-\infty + d = -\infty$).
- Insbesondere bei endlichen Körpern ist ein Polynom P von der assoziierten Polynomfunktion

$$\mathbf{p} \colon K \to K, \quad \mathbf{p}(\lambda) = a_n \lambda^n + \cdots + a_1 \lambda + a_0$$

© Der/die Autor(en), exklusiv lizenziert an Springer Nature Switzerland AG 2022
D. Werner, *Lineare Algebra*, Grundstudium Mathematik,
https://doi.org/10.1007/978-3-030-91107-2_7

zu unterscheiden; $\mathbf{p}$ entsteht durch „Einsetzen" eines Körperelements λ für die sogenannte „Unbestimmte" X. Die Abbildung

$$\psi_\lambda \colon K[X] \to K, \quad P \mapsto \mathbf{p}(\lambda)$$

ist linear und multiplikativ.

- Eine Nullstelle von P ist ein $\mu \in K$ mit $\mathbf{p}(\mu) = 0$.
- Man kann nicht nur Körperelemente für X einsetzen, sondern z. B. quadratische Matrizen A über K. Das führt zum Einsetzungshomomorphismus

$$\psi_A \colon K[X] \to K^{m \times m}, \quad P \mapsto P(A) = a_n A^n + \cdots + a_1 A + a_0,$$

der linear und multiplikativ ist (vgl. Seite 105). Genauso kann man eine lineare Abbildung $L \in \mathscr{L}(V)$, V ein K-Vektorraum, für X einsetzen (und allgemeiner Elemente einer K-Algebra).

Da wir im nächsten Abschnitt genauere Kenntnisse über Nullstellen von Polynomen benötigen, sollen die entsprechenden Resultate jetzt entwickelt werden.

Im Folgenden bezeichnet K stets einen Körper. Wir beginnen mit der Division-mit-Rest von Polynomen.

Satz 7.1.1 *Seien $P, Q \in K[X]$, $Q \neq 0$. Dann existieren eindeutig bestimmte Polynome $\Pi, R \in K[X]$ mit $P = \Pi Q + R$ und $\deg(R) < \deg(Q)$.*

Beweis Wir betrachten die Menge $\mathscr{P}$ aller Polynome der Form $P - \Pi Q$, $\Pi \in K[X]$, und in dieser Menge ein Polynom minimalen Grades. Dieses hat die Gestalt $R := P - \Pi_0 Q$, und es bleibt, $r := \deg(R) < \deg(Q) =: q$ zu zeigen.

Nehmen wir stattdessen $d := r - q \geq 0$ an. Wir schreiben

$$Q(X) = \alpha X^q + \cdots, \quad R(X) = \beta X^r + \cdots$$

(wo die Pünktchen für Terme niederer Ordnung stehen) mit $\alpha \neq 0$ und betrachten $P - (\Pi_0 + \frac{\beta}{\alpha} X^d) Q \in \mathscr{P}$. Dieses Polynom ist $R - \frac{\beta}{\alpha} X^d Q$, hat also kleineren Grad als R, denn die Koeffizienten zur Potenz r heben sich weg. Dies widerspricht der Wahl von R, und damit ist $d < 0$ bewiesen.

Zur Eindeutigkeit: Sei $P = \tilde{\Pi} Q + \tilde{R}$ eine weitere Darstellung mit $\deg(\tilde{R}) < \deg(Q)$. Dann ist $(\Pi - \tilde{\Pi}) Q = \tilde{R} - R$ und $\deg(\tilde{R} - R) < \deg(Q)$, aber, falls $\Pi \neq \tilde{\Pi}$ wäre, $\deg((\Pi - \tilde{\Pi}) Q) \geq \deg(Q)$. Es folgt $\Pi = \tilde{\Pi}$ und $R = \tilde{R}$. $\qquad\square$

Man kann die Existenz von Π und R auch mit dem aus der Schule bekannten Verfahren der Polynomdivision begründen, was aber etwas mühselig aufzuschreiben ist.

Wendet man diesen Satz mit $Q(X) = X - \mu$ an, erhält man

$$P(X) = \Pi(X)(X - \mu) + R, \tag{7.1.2}$$

wo R ein konstantes Polynom ist. Daher gilt:

Korollar 7.1.2 *Ist μ eine Nullstelle des Polynoms $P \neq 0$, so existiert ein Polynom $P_1 \in$ $K[X]$ mit $\deg(P_1) = \deg(P) - 1$ und*

$$P(X) = P_1(X)(X - \mu).$$

Beweis Sei in (7.1.2) $R(X) = c$ mit $c \in K$. Da die Einsetzungsabbildungen ψ_λ linear und multiplikativ sind, erhält man durch Einsetzen von λ

$$\mathbf{p}(\lambda) = \boldsymbol{\pi}(\lambda)(\lambda - \mu) + c,$$

und da $\mathbf{p}(\mu) = 0$ ist, ist auch $c = 0$. Setze also $P_1 = \Pi$. □

Sei nun μ eine Nullstelle von $P(X)$, und schreibe $P(X) = P_1(X)(X - \mu)$ wie oben. Dann können zwei Fälle eintreten: μ ist keine Nullstelle von P_1 oder doch. Im letzten Fall können wir weiter faktorisieren: $P_1(X) = P_2(X)(X - \mu)$. Dann können wieder zwei Fälle eintreten: μ ist keine Nullstelle von P_2 oder doch, etc. Da sich der Grad des Faktors $P_1, P_2, \dots$ stets echt verringert, erhält man folgende Aussage.

Korollar 7.1.3 *Ist μ eine Nullstelle des Polynoms $P \neq 0$, so existieren eine eindeutig bestimmte natürliche Zahl $n - n(\mu)$ und ein eindeutig bestimmtes Polynom $\tilde{P}$, für das μ keine Nullstelle ist, mit*

$$P(X) = \tilde{P}(X)(X - \mu)^n.$$

Definition 7.1.4 Die im letzten Korollar beschriebene Zahl $n(\mu)$ heißt die *Vielfachheit* oder *Ordnung* der Nullstelle μ. Im Fall $n(\mu) = 1$ heißt die Nullstelle *einfach*.

Sei nun μ_1 eine Nullstelle des Polynoms $P \neq 0$ der Vielfachheit n_1, und sei $\mu_2 \neq \mu_1$ eine weitere Nullstelle von P. Aus der Faktorisierung $P(X) = P_1(X)(X - \mu_1)^{n_1}$ folgt dann $\mathbf{p_1}(\mu_2) = 0$ (denn in Körpern gilt die Nullteilerfreiheit[1]). Entsprechend können wir P_1 als $P_1(X) = P_2(X)(X - \mu_2)^{n_2}$ faktorisieren, so dass μ_2 nicht Nullstelle von P_2 ist. So fortfahrend, erhält man die Faktorisierung

---

[1] Aus $ab = 0$ und $b \neq 0$ folgt $a = 0$.

$$P(X) = Q(X)(X - \mu_r)^{n_r} \cdots (X - \mu_1)^{n_1}, \qquad (7.1.3)$$

in der die $\mu_1, \ldots, \mu_r$ die paarweise verschiedenen Nullstellen von P sind, n_j die Vielfachheit von μ_j ist und Q keine Nullstellen besitzt. (In der Tat terminiert das obige induktive Verfahren nach höchstens $\deg(P)$ Schritten.) Wenn Q ein konstantes Polynom ist, sagt man, dass P *in Linearfaktoren zerfällt.*

Aus der obigen Darstellung liest man noch folgende Information über die Anzahl der Nullstellen eines Polynoms ab.

Korollar 7.1.5 *Ein Polynom P vom Grad $n \geq 1$ hat höchstens n Nullstellen. Sind $\mu_1, \ldots, \mu_r$ die verschiedenen Nullstellen von P mit den Vielfachheiten $n_1, \ldots, n_r$, so gilt $n_1 + \cdots + n_r \leq n$.*

Anders gesagt: Das einzige Polynom vom Grad $\leq n$ mit mehr als n Nullstellen ist das Nullpolynom. Wenn diese Nullstellen paarweise verschieden sind, folgt das auch aus Satz 4.3.1; die Aussage gilt aber sogar, wenn die Nullstellen nicht paarweise verschieden sind und mit ihren Vielfachheiten gezählt werden.

Im Kontext von Korollar 7.1.5 sehen wir $n_1 + \cdots + n_r$ als die *Anzahl der Nullstellen inklusive Vielfachheiten* an. Beispiel: Das Polynom $P(X) = X^3 - 3X + 2 = (X-1)^2(X+2)$ $\in \mathbb{R}[X]$ hat die beiden verschiedenen Nullstellen 1 und -2 mit den Vielfachheiten 2 und 1, inklusive Vielfachheiten hat $P(X)$ also $2 + 1 = 3$ Nullstellen.

Es kann natürlich vorkommen, dass ein Polynom überhaupt keine Nullstellen hat; das Paradebeispiel ist $X^2 + 1 \in \mathbb{R}[X]$. Bei komplexen Polynomen gibt es jedoch immer Nullstellen.

Satz 7.1.6 (Fundamentalsatz der Algebra) *Jedes nichtkonstante Polynom in $\mathbb{C}[X]$ hat eine Nullstelle. Daher zerfällt jedes nichtkonstante Polynom P über $\mathbb{C}$ in Linearfaktoren, und inkl. Vielfachheiten hat P genau $\deg(P)$ Nullstellen.*

Dieser Satz ist das Fundament der Eigenwerttheorie über $\mathbb{C}$-Vektorräumen. Man kann Beweise in Vorlesungen über Analysis, Algebra, Funktionentheorie oder Topologie kennenlernen; siehe Fußnote 2 auf Seite 103. In diesem Buch wird in Abschn. 7.6 ein Beweis mit Methoden der Linearen Algebra geführt.

Wir wollen noch die Faktorisierung reeller Polynome diskutieren. Ein reelles Polynom $P \in \mathbb{R}[X]$ kann natürlich auch als Polynom über $\mathbb{C}$ aufgefasst werden. Die nichtreellen Nullstellen von P treten dann immer paarweise auf.

Lemma 7.1.7 *Sei $P \in \mathbb{R}[X]$ und sei $\mu \in \mathbb{C}$ eine Nullstelle von P. Dann ist auch $\overline{\mu}$ eine Nullstelle von P, und μ und $\overline{\mu}$ haben dieselbe Vielfachheit.*

Beweis Seien $a_0, \ldots, a_n \in \mathbb{R}$ und gelte $a_n\mu^n + \cdots + a_1\mu + a_0 = 0$. Wenn man das Konjugiertkomplexe bildet und $\overline{a_j} = a_j$ beachtet, erhält man $a_n\overline{\mu}^n + \cdots + a_1\overline{\mu} + a_0 = 0$.

Zur Erinnerung: Für komplexe Zahlen gelten die Rechenregeln $\overline{w + z} = \overline{w} + \overline{z}$, $\overline{w \cdot z} = \overline{w} \cdot \overline{z}$.

Es ist noch die Aussage über die Vielfachheit zu beweisen. Sei $\mu = a + ib$ mit $a, b \in \mathbb{R}$ und ohne Einschränkung $b \neq 0$. Dann ist

$$(X - \mu)(X - \overline{\mu}) = (X - a - ib)(X - a + ib) = (X - a)^2 + b^2 =: Q(X) \in \mathbb{R}[X].$$

Mit Hilfe von Satz 7.1.1 schreibt man $P = P_1 Q + R$ mit $\deg(R) < 2$ und $P_1 \in \mathbb{R}[X]$. Daher ist $R(X) = r_1 X + r_0$ mit den Nullstellen μ und $\overline{\mu}$, was wegen Korollar 7.1.5 $R = 0$ impliziert, d. h. $P = P_1 Q$. Wenn μ keine Nullstelle von P_1 ist, ist man fertig; sonst wendet man den ersten Teil des Lemmas auf P_1 an und faktorisiert wieder: $P_1(X) = P_2(X) Q(X)$ etc. Das liefert schließlich die Behauptung. $\qquad\square$

Sei nun $P(X) = \sum_{k=0}^{n} a_k X^k \in \mathbb{R}[X]$ mit $a_n \neq 0$. Seien $\rho_1, \ldots, \rho_r$ die reellen Nullstellen von P; jede Nullstelle wird so häufig aufgeführt, wie es ihre Vielfachheit angibt. Die übrigen $n - r$ komplexen Nullstellen (inkl. Vielfachheiten) treten nach Lemma 7.1.7 in Paaren auf: $\gamma_1, \overline{\gamma_1}, \ldots, \gamma_s, \overline{\gamma_s}$. Schreibe $\gamma_j = a_j + ib_j$ mit $a_j, b_j \in \mathbb{R}$, $b_j \neq 0$; dann ist (siehe oben)

$$Q_j(X) := (X - \gamma_j)(X - \overline{\gamma_j}) = (X - a_j)^2 + b_j^2$$

ein reelles Polynom ohne reelle Nullstellen. Damit ergibt sich:

Satz 7.1.8 *Jedes reelle Polynom $0 \neq P \in \mathbb{R}[X]$ faktorisiert gemäß*

$$P(X) = a_n(X - \rho_1) \cdots (X - \rho_r) Q_1(X) \cdots Q_s(X),$$

wo die $Q_\sigma(X) \in \mathbb{R}[X]$ quadratische Polynome ohne reelle Nullstellen und die ρ_j die inkl. Vielfachheiten gezählten reellen Nullstellen von P sind. Es ist $r + 2s = \deg(P) = n$.

Beispiel 7.1.9 Das Polynom $X^4 + 4$ hat die komplexe Nullstelle $\mu = 1 + i$ (nachrechnen[2]!), also auch $\overline{\mu} = 1 - i$. Da X nur in gerader Potenz vorkommt, sind auch $-\mu = -1 - i$ und $-\overline{\mu} = -1 + i$ Nullstellen. Das führt zu den quadratischen Faktoren $(X - \mu)(X - \overline{\mu}) = X^2 - 2X + 2$ und $(X + \mu)(X + \overline{\mu}) = X^2 + 2X + 2$, so dass

$$X^4 + 4 = (X^2 - 2X + 2)(X^2 + 2X + 2).$$

---

[2] Diese Aufforderung ist insofern unbefriedigend, als sie nicht erklärt, wie man auf diese Nullstelle kommt. Wer aus der Analysis die Polarzerlegung komplexer Zahlen kennt, weiß jedoch den Lösungsweg.

7.2   Eigenwerte und Diagonalisierbarkeit

In Abschn. 4.4 haben wir einen ersten Blick auf das Eigenwertproblem für lineare Abbildungen und Matrizen geworfen. Die dort für $K = \mathbb{R}$ erzielten Resultate sind für beliebige Körper gültig (Ausnahme: Satz 4.4.6 und Satz 4.4.7, bei denen die Ordnung von $\mathbb{R}$ eine Rolle spielt) und sollen noch einmal allgemein formuliert zusammengefasst werden; K steht für einen Körper und V für einen K-Vektorraum.

- $\lambda \in K$ heißt Eigenwert von $L \in \mathscr{L}(V)$, wenn es einen Vektor $v \neq 0$ mit $L(v) = \lambda v$ gibt. Solch ein v heißt dann ein zugehöriger Eigenvektor. Der Unterraum $\ker(L - \lambda \, \mathrm{Id})$, der aus 0 und allen Eigenvektoren zu λ besteht, heißt der zugehörige Eigenraum.
- $\lambda \in K$ heißt Eigenwert von $A \in K^{n \times n}$, wenn es einen Vektor $x \neq 0$ mit $Ax = \lambda x$ gibt. Solch ein x heißt dann ein zugehöriger Eigenvektor. Der Unterraum $\ker(A - \lambda E_n) := \{y \colon Ay - \lambda y = 0\}$, der aus 0 und allen Eigenvektoren zu λ besteht, heißt der zugehörige Eigenraum.
- Die Eigenwert probleme für lineare Abbildungen auf endlichdimensionalen Vektorräumen und für Matrizen sind symmetrisch, siehe die auf Definition 4.4.1 folgenden Bemerkungen.
- Das charakteristische Polynom einer $n \times n$-Matrix A ist

$$\chi_A(X) = \det(A - X E_n).$$

Wir betrachten χ_A als Polynom, nicht als Polynomfunktion, ohne dies im Folgenden in der Notation zu unterscheiden, wenn es um Nullstellen geht. Dieser Unterschied kommt nur über endlichen Körpern zum Tragen, wo die im Zusammenhang mit (5.2.4) auf Seite 106 gemachten Kommentare zu beachten sind. χ_A ist ein Polynom vom Grad n.

- Genau dann ist $\lambda \in K$ ein Eigenwert der Matrix A, wenn $\chi_A(\lambda) = 0$ ist (Satz 4.4.2), wenn also λ eine Nullstelle von χ_A ist.
- Zwei $n \times n$-Matrizen A und B heißen ähnlich, wenn es eine invertierbare Matrix S mit $S^{-1}AS = B$ gibt; vgl. Korollar 3.3.7. Da ähnliche Matrizen dieselbe Determinante haben (Korollar 4.2.6), kann man für $L \in \mathscr{L}(V)$, $\dim(V) < \infty$, die Determinante von L durch die Determinante einer beliebigen darstellenden Matrix definieren; vgl. Definition 4.2.10. Auf diese Weise wird das charakteristische Polynom χ_L von L erklärt.
- Für $L \in \mathscr{L}(V)$, $\dim(V) < \infty$, ist daher $\lambda \in K$ genau dann ein Eigenwert von L, wenn $\chi_L(\lambda) = 0$ ist.
- Wegen der Symmetrie des Eigenwert begriffs bei Matrizen und linearen Abbildungen werden wir uns in der Regel nur den Fall im Detail vornehmen, der leichter zu formulieren ist.

Als erstes schätzen wir die Anzahl der Eigenwerte einer Matrix bzw. einer linearen Abbildung ab.

Satz 7.2.1 *Eine n × n-Matrix hat höchstens n Eigenwerte. Ebenso hat eine lineare Abbildung auf einem n-dimensionalen Vektorraum höchstens n Eigenwerte.*

Das folgt aus Korollar 7.1.5, da das charakteristische Polynom im Kontext von Satz 7.2.1 ein Polynom vom Grad n ist.

Einem Eigenwert können wir zwei Vielfachheiten zuordnen.

Definition 7.2.2 Die *algebraische Vielfachheit* $\alpha(\lambda)$ eines Eigenwerts λ einer $n \times n$-Matrix ist die Vielfachheit, die λ als Nullstelle des charakteristischen Polynoms hat. Die *geometrische Vielfachheit* von λ ist $\gamma(\lambda) = \dim \ker(A - \lambda E_n)$, die Dimension des Eigenraums zu λ.

Analoge Begriffe werden für lineare Abbildungen definiert.

Eine Matrix bzw. lineare Abbildung wie in Satz 7.2.1 hat daher inkl. algebraischer Vielfachheiten höchstens n Eigenwerte.

Ist L eine lineare Abbildung mit darstellender Matrix M bzgl. einer gegebenen Basis, so haben L und M nicht nur dieselben Eigenwerte, auch die entsprechenden Vielfachheiten stimmen überein, d. h. in selbsterklärender Notation ist $\alpha_L(\lambda) = \alpha_M(\lambda)$, $\gamma_L(\lambda) = \gamma_M(\lambda)$. (Beweis?)

Ein Beispiel: In Beispiel 4.4.5 hatten wir die Eigenwerte einer gewissen 3×3-Matrix berechnet, diese waren -1 und 2 mit $\alpha(-1) = \gamma(-1) = 1$ und $\alpha(2) = 2$, $\gamma(2) = 1$.

Dieses Beispiel illustriert den folgenden Satz.

Satz 7.2.3 *Für Eigenwerte gilt stets $\gamma(\lambda) \leq \alpha(\lambda)$.*

Dem Beweis schicken wir ein Lemma über Determinanten von Matrizen einer speziellen Gestalt voraus. Es sei A eine $m \times m$-Matrix, B eine $m \times p$-Matrix, D eine $p \times p$-Matrix und schließlich M die folgende $n \times n$-Matrix ($n = m + p$), wo 0 für die Nullmatrix des Formats $p \times m$ steht:

$$M = \begin{pmatrix} A & B \\ 0 & D \end{pmatrix}. \tag{7.2.1}$$

Lemma 7.2.4 *Es gilt $\det(M) = \det(A) \det(D)$.*

Beweis Der Beweis erfolgt durch vollständige Induktion nach m. Im Fall $m = 1$ ergibt sich die Behauptung sofort durch Entwicklung nach der 1. Spalte von M. Nun wollen wir von $m - 1$ auf m (≥ 2) schließen. Wir entwickeln wieder nach der 1. Spalte:

$$\det(M) = \sum_{j=1}^{m} (-1)^{j+1} a_{j1} \det(M_{j1}) \pm 0 \mp 0 \pm \cdots = \sum_{j=1}^{m} (-1)^{j+1} a_{j1} \det(M_{j1}).$$

Hier sind die Streichungsmatrizen M_{j1}, $j = 1, \ldots, m$, wieder von der Form (7.2.1), nur dass jetzt links oben eine $(m - 1) \times (m - 1)$-Matrix steht, nämlich die Streichungsmatrix A_{j1}. Darauf können wir die Induktionsvoraussetzung anwenden und erhalten

$$\det(M) = \sum_{j=1}^{m} (-1)^{j+1} a_{j1} \det(A_{j1}) \det(D) = \det(A) \det(D).$$

Das war zu zeigen. $\square$

Nun zum *Beweis* von Satz 7.2.3, den wir für lineare Abbildungen führen. Sei $m = \gamma(\lambda)$, und sei $b_1, \ldots, b_m$ eine Basis von $\ker(L - \lambda \operatorname{Id})$. Diese ergänzen wir zu einer Basis $b_1, \ldots, b_n$ von V. Sei M die Matrixdarstellung von L bzgl. dieser (geordneten) Basis; dann ist

$$\chi_L(X) = \chi_M(X) = \det(M - X E_n).$$

Nun hat M die Gestalt (7.2.1) mit

$$A = \begin{pmatrix} \lambda & 0 & \ldots & 0 \\ 0 & \lambda & & \vdots \\ \vdots & & \ddots & 0 \\ 0 & \ldots & 0 & \lambda \end{pmatrix};$$

auf der Diagonalen steht m mal λ, außerhalb nur Nullen. Daher ist nach Lemma 7.2.4

$$\det(M - X E_n) = \det(A - X E_m) \det(D - X E_p) = (\lambda - X)^m \chi_D(X).$$

Also ist λ eine Nullstelle von χ_L mit mindestens der Vielfachheit m; mit anderen Worten ist $\alpha(\lambda) \geq m = \gamma(\lambda)$. $\square$

Eine nützliche Beobachtung ist im nächsten Satz formuliert.

Satz 7.2.5 *Sei $L \in \mathscr{L}(V)$ bzw. $A \in K^{n \times n}$ so, dass das charakteristische Polynom zerfällt. Dann ist die Determinante von L bzw. A das Produkt der in ihrer algebraischen Vielfachheit gezählten Eigenwerte.*

Beweis Schreibe $\chi_A(X) = \det(A - X E_n) = (\lambda_1 - X) \cdots (\lambda_n - X)$. Indem man 0 für X einsetzt, erhält man $\det(A) = \lambda_1 \cdots \lambda_n$. $\square$

Wir kommen jetzt zum Kernproblem dieses Abschnitts: Unter welchen Voraussetzungen hat ein n-dimensionaler Vektorraum eine Basis aus Eigenvektoren einer gegebenen linearen Abbildung L? Bzw. unter welchen Voraussetzungen hat K^n eine Basis aus Eigenvektoren einer gegebenen $n \times n$-Matrix A? (Solch eine Basis bezeichnet man auch als *Eigenbasis*.) In diesem Fall nennt man L bzw. A *diagonalisierbar*, aus folgendem Grund.

Wenn L diagonalisierbar und $b_1, \ldots, b_n$ eine Basis aus Eigenvektoren ist, stellen wir L bzgl. dieser Basis dar. Seien $\lambda_1, \ldots, \lambda_n$ die zugehörigen Eigenwerte, also $L(b_j) = \lambda_j b_j$. Die j-te Spalte der darstellenden Matrix M von L enthält die Koordinaten von $L(b_j)$ in dieser Basis, und diese sind wegen $L(b_j) = \lambda_j b_j$ alle 0 mit Ausnahme der j-ten, die λ_j ist. Daher hat M Diagonalgestalt:

$$M = \begin{pmatrix} \lambda_1 & 0 & \ldots & 0 \\ 0 & \lambda_2 & & \vdots \\ \vdots & & \ddots & 0 \\ 0 & \ldots & 0 & \lambda_n \end{pmatrix}.$$

Für eine solche Diagonalmatrix mit den Diagonaleinträgen $\lambda_1, \ldots, \lambda_n$ schreiben wir abkürzend

$$\mathrm{diag}(\lambda_1, \ldots, \lambda_n) := \begin{pmatrix} \lambda_1 & 0 & \ldots & 0 \\ 0 & \lambda_2 & & \vdots \\ \vdots & & \ddots & 0 \\ 0 & \ldots & 0 & \lambda_n \end{pmatrix}.$$

Dass eine $n \times n$-Matrix diagonalisierbar ist, können wir so beschreiben. Sei $e_1, \ldots, e_n$ die Einheitsvektorbasis von K^n, und sei $b_1, \ldots, b_n$ eine Basis von K^n aus Eigenvektoren von A. Es sei S die Matrix des Basiswechsels von $b_1, \ldots, b_n$ nach $e_1, \ldots, e_n$; S hat also die Spalten $b_1, \ldots, b_n$ (siehe Beispiel 3.3.5(a)). Dann ist

$$S^{-1}AS = \mathrm{diag}(\lambda_1, \ldots, \lambda_n), \tag{7.2.2}$$

d. h. A ist zu einer Diagonalmatrix ähnlich.

Aus (7.2.2) ergeben sich immense Rechenvorteile; das ist einer der Gründe für die Bedeutung der Eigenwerttheorie. Zum Beispiel ist für die Potenz einer Diagonalmatrix $(\mathrm{diag}(\lambda_1, \ldots, \lambda_n))^k = \mathrm{diag}(\lambda_1^k, \ldots, \lambda_n^k)$, also

$$\begin{aligned} A^k &= (S\,\mathrm{diag}(\lambda_1, \ldots, \lambda_n)S^{-1})^k \\ &= (S\,\mathrm{diag}(\lambda_1, \ldots, \lambda_n)S^{-1}) \cdots (S\,\mathrm{diag}(\lambda_1, \ldots, \lambda_n)S^{-1}) \\ &= S(\mathrm{diag}(\lambda_1, \ldots, \lambda_n))^k S^{-1} = S\,\mathrm{diag}(\lambda_1^k, \ldots, \lambda_n^k)S^{-1}. \end{aligned}$$

Für große k ist die rechte Seite erheblich einfacher auszuwerten als die linke – vorausgesetzt, man hat die Eigenwerte, Eigenvektoren und S^{-1} berechnet, wofür die numerische Lineare Algebra hervorragende Näherungsverfahren bereithält.

Es soll noch explizit festgehalten werden, dass aus der Darstellung (7.2.2) automatisch folgt, dass die λ_j die Eigenwerte von A und die Spalten s_j von S zugehörige Eigenvektoren bilden, denn (7.2.2) ist zu

$$As_j = \lambda_j s_j, \quad j = 1, \ldots, n,$$

äquivalent.

Das Diagonalisierbarkeitsproblem ist also zu entscheiden, ob es (im Kontext obiger L bzw. A) n linear unabhängige Eigenvektoren gibt. Das nächste Lemma präsentiert eine entscheidende Beobachtung in dieser Richtung.

Lemma 7.2.6 *Seien $v_1, \ldots, v_r$ Eigenvektoren zu den paarweise verschiedenen Eigenwerten $\mu_1, \ldots, \mu_r$ einer linearen Abbildung bzw. einer Matrix. Dann sind diese Eigenvektoren linear unabhängig.*

Beweis Wir formulieren den Beweis für lineare Abbildungen. Falls $v_1, \ldots, v_r$ linear abhängig sind, existiert eine natürliche Zahl $s < r$, so dass $v_1, \ldots, v_s$ linear unabhängig sind, aber $v_1, \ldots, v_{s+1}$ nicht. (Man beachte, dass Eigenvektoren $\neq 0$ sind und deshalb $\{v_1\}$ linear unabhängig ist.) Also gibt es eine Linearkombination

$$v_{s+1} = \sum_{j=1}^{s} \alpha_j v_j,$$

und es folgt

$$L(v_{s+1}) = \sum_{j=1}^{s} \alpha_j L(v_j) = \sum_{j=1}^{s} \alpha_j \mu_j v_j.$$

Andererseits ist

$$L(v_{s+1}) = \mu_{s+1} v_{s+1} = \sum_{j=1}^{s} \alpha_j \mu_{s+1} v_j.$$

Da $v_1, \ldots, v_s$ linear unabhängig sind, folgt $\alpha_j \mu_j = \alpha_j \mu_{s+1}$ für alle j. Aber mindestens ein α_j ist von 0 verschieden, sagen wir $\alpha_{j_0} \neq 0$. Dann ist $\mu_{j_0} = \mu_{s+1}$ im Widerspruch dazu, dass die μ_j paarweise verschieden sind. $\square$

Damit erhalten wir ein erstes Kriterium, das bereits viele Fälle abdeckt.

Satz 7.2.7 *Sei* $L \in \mathcal{L}(V)$ *mit* $\dim(V) = n$ *bzw.* $A \in K^{n \times n}$. *L bzw. A ist diagonalisierbar, wenn es n verschiedene Eigenwerte für L bzw. A gibt.*

Beweis Wählt man zugehörige Eigenvektoren, so sind diese nach Lemma 7.2.6 n linear unabhängige Vektoren, bilden also eine Basis.   □

Unter den Voraussetzungen von Satz 7.2.7 muss jeder Eigenwert einfach sein. Bei mehrfachen Eigenwerten kann es vorkommen, dass es zu wenige Eigenvektoren gibt: Im Beispiel 4.4.5 etwa gibt es die beiden Eigenwerte -1 und 2 mit $\alpha(-1) = 1$, $\alpha(2) = 2$, aber der Eigenraum zum Eigenwert 2 ist nur eindimensional. In diesem Beispiel gibt es nur zwei linear unabhängige Eigenvektoren der 3×3-Beispielmatrix.

Um ein allgemeines notwendiges und hinreichendes Kriterium zu beweisen, sei an den Begriff der direkten Summe $U_1 \oplus \cdots \oplus U_r$ von Unterräumen eines Vektorraums V aus Abschn. 2.4 erinnert. Im Anschluss an Satz 2.4.4 hatten wir in (2.4.2) die wichtige Dimensionsformel

$$\dim(U_1 \oplus \cdots \oplus U_r) = \dim(U_1) + \cdots + \dim(U_r)$$

beobachtet.

Satz 7.2.8 *Für eine $n \times n$-Matrix A sind äquivalent:*

(i) *A ist diagonalisierbar.*
(ii) *Das charakteristische Polynom von A zerfällt in Linearfaktoren, und für jeden Eigenwert stimmt die algebraische Vielfachheit mit der geometrischen Vielfachheit überein.*

Eine analoge Aussage gilt für lineare Abbildungen auf einem endlichdimensionalen Vektorraum.

Beweis Wir zerlegen das charakteristische Polynom von A gemäß (7.1.3):

$$\chi_A(X) = (X - \mu_1)^{n_1} \cdots (X - \mu_r)^{n_r} Q(X),$$

wo die μ_j die paarweise verschiedenen Nullstellen sind und Q nullstellenfrei ist. Mit anderen Worten sind die μ_j die paarweise verschiedenen Eigenwerte von A mit den algebraischen Vielfachheiten $\alpha(\mu_j) = n_j$. Es folgt (Korollar 7.1.5 und Satz 7.2.3)

$$n \geq \alpha(\mu_1) + \cdots + \alpha(\mu_r) \geq \gamma(\mu_1) + \cdots + \gamma(\mu_r).$$

Die Bedingung (ii) besagt, dass hier jeweils Gleichheit herrscht; also ist (ii) zu

$$\gamma(\mu_1) + \cdots + \gamma(\mu_r) = n$$

äquivalent.

Zeigen wir jetzt, dass auch (i) zu dieser Gleichung äquivalent ist. Wir wissen bereits, dass (i) durch die Existenz von n linear unabhängigen Eigenvektoren ausgedrückt werden kann. Sei $U_j = \ker(A - \mu_j E_n)$ der Eigenraum zu μ_j; dann ist also $K^n = U_1 + \cdots + U_r$.

Nun ist zu beachten, dass die Summe der U_j direkt ist, d. h. ein Element von $U_1 + \cdots + U_r$ lässt sich *eindeutig* als $v = u_1 + \cdots + u_r$, $u_j \in U_j$, darstellen: Nehmen wir an, $v = \tilde{u}_1 + \cdots + \tilde{u}_r$, $\tilde{u}_j \in U_j$, ist eine weitere solche Darstellung; dann hat man $0 = (u_1 - \tilde{u}_1) + \cdots + (u_r - \tilde{u}_r)$. Aber $u_j - \tilde{u}_j$ ist ein Eigenvektor zu μ_j, oder es ist $u_j - \tilde{u}_j = 0$; wegen Lemma 7.2.6 muss stets Letzteres eintreten.

Wegen der Dimensionsformel für direkte Summen ist (i) also äquivalent zu

$$\dim(U_1) + \cdots + \dim(U_r) = n,$$

und definitionsgemäß ist $\dim(U_j) = \gamma(\mu_j)$.

Damit ist der Satz bewiesen.   □

Wie der Beweis gezeigt hat, können wir den Äquivalenzen von Satz 7.2.8 noch die folgenden hinzufügen, wo wie oben U_j der Eigenraum zu μ_j ist.

Korollar 7.2.9 *Für eine Matrix $A \in K^{n \times n}$ sind äquivalent:*

 (i) *A ist diagonalisierbar.*
 (ii) *$K^n = U_1 \oplus \cdots \oplus U_r$.*
(iii) *$n = \gamma(\mu_1) + \cdots + \gamma(\mu_r)$.*

Nach dem Fundamentalsatz der Algebra zerfällt jedes nichtkonstante Polynom über $\mathbb{C}$ in Linearfaktoren, deshalb gilt:

Korollar 7.2.10 *Für eine Matrix $A \in \mathbb{C}^{n \times n}$ sind äquivalent:*

 (i) *A ist diagonalisierbar.*
 (ii) *Für jeden Eigenwert stimmt die algebraische Vielfachheit mit der geometrischen Vielfachheit überein.*

Eine analoge Aussage gilt für lineare Abbildungen auf einem endlichdimensionalen $\mathbb{C}$-Vektorraum.

Beispiele 7.2.11 Wir wollen folgende Matrizen auf Diagonalisierbarkeit überprüfen und gegebenenfalls eine Basis aus Eigenvektoren angeben.

(a) Sei

$$A = \begin{pmatrix} 0 & -1 \\ 1 & 0 \end{pmatrix}.$$

Hier ist $\chi_A(X) = X^2 + 1$, hat also keine reelle Nullstelle, so dass A über $\mathbb{R}$ nicht diagonalisierbar ist. Über $\mathbb{C}$ sieht die Welt anders aus: Jetzt gibt es die Nullstellen i und $-i$, und Satz 7.2.7 impliziert die Diagonalisierbarkeit über $\mathbb{C}$. Um eine Eigenbasis zu berechnen, müssen die Gleichungssysteme $Ax = ix$ und $Ax = -ix$ gelöst werden. Ersteres lautet explizit

$$-ix_1 - x_2 = 0$$
$$x_1 - ix_2 = 0$$

mit der allgemeinen Lösung $x_2 = t$, $x_1 = it$ und den Eigenvektoren $t\binom{i}{1}$, $t \in \mathbb{C} \setminus \{0\}$. Analog berechnet man $t\binom{-i}{1}$ als Eigenvektoren zu $-i$; daher bilden

$$\binom{i}{1}, \quad \binom{-i}{1}$$

eine Basis von $\mathbb{C}^2$ aus Eigenvektoren von A.

(b) Sei

$$A = \begin{pmatrix} 1 & -3 & 3 \\ 0 & -5 & 6 \\ 0 & -3 & 4 \end{pmatrix}.$$

Durch Entwicklung nach der 1. Spalte sieht man

$$\chi_A(X) = (1 - X)((-5 - X)(4 - X) - (-18))$$
$$= (1 - X)(X^2 + X - 2) = -(X - 1)^2(X + 2),$$

und das charakteristische Polynom zerfällt über $\mathbb{R}$ in Linearfaktoren. Hier hat der Eigenwert -2 die algebraische und deshalb auch geometrische Vielfachheit 1. Zur Bestimmung der Eigenvektoren wenden wir den Gaußschen Algorithmus an:

$$A + 2E_3 = \begin{pmatrix} 3 & -3 & 3 \\ 0 & -3 & 6 \\ 0 & -3 & 6 \end{pmatrix} \rightsquigarrow \begin{pmatrix} 3 & -3 & 3 \\ 0 & -3 & 6 \\ 0 & 0 & 0 \end{pmatrix} \rightsquigarrow \begin{pmatrix} 1 & -1 & 1 \\ 0 & -1 & 2 \\ 0 & 0 & 0 \end{pmatrix}$$

und erhalten die Eigenvektoren zum Eigenwert -2

$$t\begin{pmatrix} 1 \\ 2 \\ 1 \end{pmatrix}.$$

Der Eigenwert 1 hat die algebraische Vielfachheit $\alpha(1) = 2$, und um seine geometrische Vielfachheit zu bestimmen, ist das Gleichungssystem $Ax = x$ zu lösen, wo der Gaußsche Algorithmus zu

$$
A - E_3 = \begin{pmatrix} 0 & -3 & 3 \\ 0 & -6 & 6 \\ 0 & -3 & 3 \end{pmatrix} \rightsquigarrow \begin{pmatrix} 0 & -3 & 3 \\ 0 & 0 & 0 \\ 0 & 0 & 0 \end{pmatrix} \rightsquigarrow \begin{pmatrix} 0 & -1 & 1 \\ 0 & 0 & 0 \\ 0 & 0 & 0 \end{pmatrix}
$$

führt. Man erkennt die allgemeine Lösung in der Form

$$
\begin{pmatrix} s \\ t \\ t \end{pmatrix}, \quad s, t \in \mathbb{R},
$$

und mit

$$
\begin{pmatrix} 1 \\ 0 \\ 0 \end{pmatrix}, \quad \begin{pmatrix} 0 \\ 1 \\ 1 \end{pmatrix}
$$

hat man zwei linear unabhängige Eigenvektoren gefunden; es ist also auch $\gamma(1) = 2$. Damit ist A über $\mathbb{R}$ diagonalisierbar, genauer ist

$$
S^{-1}AS = \begin{pmatrix} -2 & 0 & 0 \\ 0 & 1 & 0 \\ 0 & 0 & 1 \end{pmatrix} = \operatorname{diag}(-2, 1, 1) \quad \text{mit } S = \begin{pmatrix} 1 & 1 & 0 \\ 2 & 0 & 1 \\ 1 & 0 & 1 \end{pmatrix}.
$$

Dass die Transformation S, mit der man A auf Diagonalgestalt bringt, als Spalten Eigenvektoren von A enthält, haben wir schon in (7.2.2) beobachtet.

Um den letzten Satz dieses Abschnitts leicht formulieren zu können, führen wir den Begriff des Spektrums ein.

Definition 7.2.12 Die Menge aller Eigenwerte einer Matrix bzw. einer linearen Abbildung heißt das *Spektrum*, in Zeichen $\sigma(A)$ bzw. $\sigma(L)$.

Satz 7.2.13 (Spektraler Abbildungssatz) *Sei $A \in \mathbb{C}^{n \times n}$, und sei $P \in \mathbb{C}[X]$. Dann ist*

$$
\sigma(P(A)) = \{P(\lambda) \colon \lambda \in \sigma(A)\} = P(\sigma(A)).
$$

Eine analoge Aussage gilt für lineare Abbildungen.

Beweis Die Aussage ist auf jeden Fall für konstante Polynome richtig; A^0 ist als Einheitsmatrix zu lesen. Über $\mathbb{C}$ zerfällt jedes nichtkonstante Polynom; ist also $\mu \in \sigma(P(A))$, können wir das Polynom $P - \mu$ in Linearfaktoren zerlegen:

$$P(X) - \mu = c(X - \lambda_1) \cdots (X - \lambda_n). \tag{7.2.3}$$

Die Einsetzungsabbildung ψ_A, die formal X durch A ersetzt, ist linear und multiplikativ, also führt das Einsetzen von A in diese Gleichung zu

$$P(A) - \mu E_n = c(A - \lambda_1 E_n) \cdots (A - \lambda_n E_n). \tag{7.2.4}$$

Wären alle $A - \lambda_j E_n$ invertierbar, wäre auch $P(A) - \mu E_n$ invertierbar. Aber μ war ein Eigenwert von $P(A)$, also muss auch ein λ_{j_0} ein Eigenwert von A sein. Setzt man λ_{j_0} in (7.2.3) ein, erhält man $P(\lambda_{j_0}) = \mu$, also $\mu \in P(\sigma(A))$.

$$P(A) - \mu E_n = Q(A)(A - \lambda E_n),$$

Ist umgekehrt $\mu = P(\lambda)$ mit einem Eigenwert λ von A, so gilt für jeden zugehörigen Eigenvektor v (also $Av = \lambda v$) auch $P(A)v = P(\lambda)v$, d. h. $\mu = P(\lambda)$ ist Eigenwert von $P(A)$ mit demselben Eigenvektor v. $\qquad\square$

7.3 Triangulierbare Abbildungen und Matrizen

In Satz 7.2.8 haben wir gesehen, dass eine lineare Abbildung (auf einem endlichdimensionalen Vektorraum) genau dann eine Basis zulässt, bzgl. der die Matrixdarstellung eine Diagonalmatrix ist, wenn es genügend viele Eigenwerte gibt (das charakteristische Polynom zerfällt) und jeder Eigenwert hinreichend viele Eigenvektoren nach sich zieht (die algebraische und die geometrische Vielfachheit stimmen überein). Wir werden jetzt überlegen, was man erreichen kann, wenn nur die erste Bedingung erfüllt ist. Das beschreibt der folgende *Satz von Schur*.

Satz 7.3.1 *Sei $L \in \mathscr{L}(V)$ eine lineare Abbildung auf einem endlichdimensionalen Vektorraum, deren charakteristisches Polynom in Linearfaktoren zerfällt. Dann besitzt V eine Basis $h_1, \ldots, h_n$, bzgl. der die darstellende Matrix von L eine obere Dreiecksmatrix ist.*

Eine analoge Aussage gilt für Matrizen: Wenn das charakteristische Polynom einer Matrix zerfällt, ist diese zu einer oberen Dreiecksmatrix ähnlich.

Eine solche (geordnete) Basis heißt *Schur-Basis* für L und die entsprechende Matrixdarstellung eine *Schur-Darstellung*.

Dem Beweis des Satzes schicken wir ein Lemma voraus. Dort steht U_j für $\lin\{b_1, \ldots, b_j\}$.

Lemma 7.3.2 *Sei $L \in \mathscr{L}(V)$ eine lineare Abbildung auf einem endlichdimensionalen Vektorraum, und sei $(b_1, \ldots, b_n)$ eine geordnete Basis von V. Dann sind äquivalent:*

(i) *$(b_1, \ldots, b_n)$ ist eine Schur-Basis.*

(ii) *$L(b_j) \in U_j$ für $j = 1, \ldots, n$.*

(iii) *$L(U_j) \subset U_j$ für $j = 1, \ldots, n$.*

Beweis (i) $\Leftrightarrow$ (ii): In der j-ten Spalte der Matrixdarstellung von L bzgl. der geordneten Basis $(b_1, \ldots, b_n)$ stehen die Koordinaten $a_{1j}, \ldots, a_{nj}$ von $L(b_j)$; und bei einer Schur-Basis ist nach Definition $a_{ij} = 0$ für $i > j$ und umgekehrt.

(ii) $\Leftrightarrow$ (iii): Das sollte klar sein. $\qquad\qquad\qquad\qquad\qquad\qquad\qquad\qquad$ $\square$

Ist U ein Unterraum von V mit $L(U) \subset U$, so nennt man U einen *invarianten Unterraum* (genauer *L-invarianten Unterraum*) von V.

Wir führen jetzt den *Beweis* von Satz 7.3.1 durch Induktion nach $n := \dim(V)$. Für $n = 1$ ist nichts zu zeigen. Seien nun $n \geq 2$ und $L \in \mathscr{L}(V)$, und wir nehmen die Behauptung des Satzes von Schur für $n - 1$ als gegeben an. Da das charakteristische Polynom von L zerfällt, gibt es garantiert einen Eigenwert $\lambda_1 \in K$ mit zugehörigem Eigenvektor $b_1 \in V$. Wir ergänzen b_1 zu einer Basis $b_1, b_2, \ldots, b_n$ von V und setzen $W = \lin\{b_2, \ldots, b_n\}$. Die Matrixdarstellung von L bzgl. $b_1, \ldots, b_n$ sieht dann so aus:

$$M = \begin{pmatrix} \lambda_1 & * \\ 0 & M' \end{pmatrix}.$$

Hier steht 0 für eine $(n-1)$-Spalte mit lauter Nullen, $*$ für eine $(n-1)$-Zeile, über die wir nichts weiter wissen, und M' für eine $(n-1) \times (n-1)$-Matrix.

Wir betrachten nun die lineare Abbildung $P \colon V \to W$, die durch die Forderungen

$$P(b_1) = 0, \quad P(b_2) = b_2, \quad \ldots, \quad P(b_n) = b_n$$

bestimmt ist (siehe Satz 3.1.3), sowie

$$L' \colon W \to W, \quad L'(w) = P(L(w)).$$

Dann ist M' die darstellende Matrix von L' bzgl. $b_2, \ldots, b_n$. Nach Lemma 7.2.4 ist

$$\chi_L(X) = (\lambda_1 - X)\chi_{L'}(X),$$

und da χ_L zerfällt, zerfällt auch $\chi_{L'}$.

Nach Induktionsvoraussetzung besitzt W eine Schur-Basis $b_2', \ldots, b_n'$ für L'. Bzgl. der Basis $b_1, b_2', \ldots, b_n'$ hat die Matrixdarstellung von L obere Dreiecksgestalt, wie man aus Lemma 7.3.2 abliest: Für $j = 2, \ldots, n$ ist ja

$$L(b_j') = (\mathrm{Id} - P)(L(b_j')) + P L(b_j')$$

$$\in \mathrm{lin}(\mathrm{lin}\{b_1\} \cup \mathrm{lin}\{b_2', \ldots, b_j'\}) = \mathrm{lin}\{b_1, b_2', \ldots, b_j'\}.$$

Damit ist der Beweis des Satzes geführt. (Im Matrixfall ist das obige Argument auf die entsprechende lineare Abbildung L_A anzuwenden.) $\qquad\square$

Korollar 7.3.3 *Zu jeder linearen Abbildung $L \in \mathcal{L}(V)$ auf einem endlichdimensionalen $\mathbb{C}$-Vektorraum und zu jeder komplexen $n \times n$-Matrix gibt es eine Schur-Basis.*

Da bei einer Dreiecksmatrix die Determinante das Produkt der Diagonalelemente ist (Korollar 4.2.3), müssen die Diagonalelemente $\lambda_1, \ldots, \lambda_n$ einer Schur-Darstellung M von L notwendigerweise die Eigenwerte inkl. ihrer algebraischen Vielfachheit sein, also

$$\chi_L(X) = \chi_M(X) = (\lambda_1 - X) \cdots (\lambda_n - X).$$

Beispiel 7.3.4 In Beispiel 4.4.5 haben wir die Matrix

$$A = \begin{pmatrix} 2 & 1 & 0 \\ -1 & 0 & 1 \\ 1 & 3 & 1 \end{pmatrix}$$

mit dem charakteristischen Polynom

$$\chi_A(X) = -(X - 2)^2(X + 1) = -X^3 + 3X^2 - 4$$

und den Eigenwerten $\lambda_1 = -1$ und $\lambda_2 = 2$ und den zugehörigen Eigenvektoren

$$b_1 = \begin{pmatrix} 1 \\ -3 \\ 4 \end{pmatrix} \quad \text{und} \quad b_2 = \begin{pmatrix} 1 \\ 0 \\ 1 \end{pmatrix}$$

betrachtet (der Eigenraum zu λ_2 ist eindimensional). Wir wollen eine Schur-Darstellung von bzw. eine Schur-Basis für A finden. Da λ_1 ein einfacher Eigenwert ist, beginnen wir mit b_1. Wir nehmen den Eigenvektor b_2 zu λ_2 hinzu; daher führt jeder zu b_1 und b_2 linear unabhängige Vektor zu einer Schur-Basis. Die schnellste Wahl ist e_3, da die Spalten der Matrix $S = (b_1\, b_2\, e_3)$ offensichtlich linear unabhängig sind. Daher ist $S^{-1} A S$ eine obere Dreiecksmatrix; durch explizite Berechnung der Inversen von S findet man

$$S^{-1}AS = \begin{pmatrix} -1 & 0 & -1/3 \\ 0 & 2 & 1/3 \\ 0 & 0 & 2 \end{pmatrix}.$$

Um die Kraft der Schurschen Normalform zu unterstreichen, wollen wir jetzt einen Beweis des Satzes von Cayley-Hamilton führen, der beschreibt, was man beim Einsetzen einer Matrix in ihr charakteristisches Polynom erhält. Wir betrachten allerdings nur den Fall einer Matrix, deren charakteristisches Polynom zerfällt; der Satz ist jedoch in voller Allgemeinheit richtig.

Satz 7.3.5 (Satz von Cayley-Hamilton) *Für eine $n \times n$-Matrix A, deren charakteristisches Polynom zerfällt, gilt*

$$\chi_A(A) = 0.$$

Hier steht auf der rechten Seite die Nullmatrix. Beispielsweise behauptet der Satz für die Matrix aus Beispiel 7.3.4

$$-A^3 + 3A^2 - 4E_3 = 0.$$

Beweis Da ähnliche Matrizen dasselbe charakteristische Polynom haben, reicht es wegen Korollar 7.3.3, den Satz für obere Dreiecksmatrizen zu beweisen, d. h. für Matrizen mit $Ae_j \in \mathrm{lin}\{e_1, \ldots, e_j\}$ für $j = 1, \ldots, n$. Gilt nämlich $A = S^{-1}BS$, so hat man einerseits $\chi_A = \chi_B$ und andererseits $A^k = (S^{-1}BS)^k = S^{-1}B^kS$, und schreibt man $\chi_A(X) = \chi_B(X) = \sum_{k=0}^n a_k X^k$, erhält man

$$\chi_A(A) = \sum_{k=0}^n a_k A^k = S^{-1} \sum_{k=0}^n a_k B^k S = S^{-1}\chi_B(B)S,$$

und es ist $\chi_A(A) = 0$ genau dann, wenn $\chi_B(B) = 0$.

Sei also A eine obere Dreiecksmatrix; wir werden $(\chi_A(A))(e_j) = 0$ für alle j zeigen. Zunächst faktorisiere das charakteristische Polynom gemäß

$$\chi_A(X) = (\lambda_1 - X) \cdots (\lambda_n - X)$$

mit den Eigenwerten λ_j von A. Da die Matrizen $\lambda_j E_n - A$ kommutieren, müssen wir nur

$$(\lambda_1 E_n - A) \cdots (\lambda_j E_n - A)(e_j) = 0 \qquad \text{für } j = 1, \ldots, n$$

zeigen; dies erledigen wir durch Induktion nach j. Hier ist der Fall $j = 1$ klar, da e_1 ein Eigenvektor zum Eigenwert λ_1 ist (siehe oben, Bemerkung nach Korollar 7.3.3). Sei nun $2 \le j \le n$. Wegen der Dreiecksgestalt von A wissen wir (siehe nochmals oben)

$$
A = \begin{pmatrix} \lambda_1 & * & \dots & * \\ 0 & \ddots & & \vdots \\ \vdots & & \ddots & * \\ 0 & \dots & 0 & \lambda_n \end{pmatrix},
$$

wobei die mit $*$ bezeichneten Einträge unerheblich sind. Es folgt

$$
(\lambda_j E_n - A)(e_j) \in \mathrm{lin}\{e_1, \dots, e_{j-1}\}, \quad \text{etwa} \quad (\lambda_j E_n - A)(e_j) = \sum_{k=1}^{j-1} \beta_k e_k,
$$

und nach Induktionsvoraussetzung ist

$$
((\lambda_1 E_n - A) \cdots (\lambda_{j-1} E_n - A))((\lambda_j E_n - A)(e_j)) =
$$
$$
\sum_{k=1}^{j-1} \beta_k ((\lambda_1 E_n - A) \cdots (\lambda_{j-1} E_n - A))(e_k) = 0;
$$

hier benutzen wir erneut die Kommutativität der Faktoren.

Das war zu zeigen. $\qquad\qquad\square$

Der Satz ist also insbesondere für komplexe Matrizen bewiesen. Außerdem ist auch der Fall einer reellen Matrix enthalten, denn eine reelle Matrix ist ja eine komplexe Matrix, deren Einträge reelle Zahlen sind, und χ_A hängt nicht davon ab, ob man $A \in \mathbb{R}^{n \times n}$ oder $A \in \mathbb{C}^{n \times n}$ auffasst.

Der Beweis des Satzes von Cayley-Hamilton im allgemeinen Fall ist komplizierter.

Wir kommen jetzt zu einer Klasse von linearen Abbildungen bzw. Matrizen, die in den nächsten Abschnitten eine Rolle spielen werden.

Definition 7.3.6 Eine lineare Abbildung $L \in \mathcal{L}(V)$ heißt *nilpotent*, wenn es ein $v \in \mathbb{N}$ mit $L^v = 0$ gibt. Eine quadratische Matrix A heißt nilpotent, wenn es ein $v \in \mathbb{N}$ mit $A^v = 0$ gibt.

Ein Beispiel: Auf dem Vektorraum $V = \mathrm{Pol}_{<n}(\mathbb{R})$ der reellen Polynome vom Grad $< n$ ist der Ableitungsoperator $L\colon f \mapsto f'$ nilpotent; man kann $v = n = \dim(V)$ wählen.

Der nächste Satz zeigt, dass man in jedem Fall mit $v = \dim(V)$ in Definition 7.3.6 auskommt.

Satz 7.3.7 *Sei* $\dim(V) = n$ *und* $L \in \mathcal{L}(V)$. *Dann sind äquivalent:*

(i) *L ist nilpotent.*
(ii) *L besitzt eine Schur-Darstellung mit Nullen auf der Diagonalen.*
(iii) $\chi_L(X) = (-1)^n X^n$.
(iv) $L^n = 0$.

Beweis (i) $\Rightarrow$ (ii): Wir beweisen das durch vollständige Induktion nach n. Der Fall $n = 1$ ist klar; nun zum Induktionsschluss von $n - 1$ auf n. Da $L^\nu = 0$ ist, ist L nicht invertierbar (sonst wäre es L^ν ja auch). Also gibt es einen Vektor $b_1 \neq 0$ mit $L(b_1) = 0$. Ergänze b_1 zu einer Basis von V und betrachte die zugehörige Matrixdarstellung, die wie im Beweis von Satz 7.3.1 die Gestalt

$$\begin{pmatrix} 0 & * \\ 0 & M' \end{pmatrix}$$

hat. Deshalb haben die Potenzen von L in dieser Basis die Matrixdarstellungen

$$\begin{pmatrix} 0 & *_k \\ 0 & (M')^k \end{pmatrix}.$$

Definiert man W und L' wie im Beweis von Satz 7.3.1, so sieht man, dass $L' \colon W \to W$ nilpotent auf einem $(n-1)$-dimensionalen Raum ist. Daher besitzt L' nach Induktionsvoraussetzung eine Schur-Darstellung mit Nullen auf der Diagonalen bzgl. einer geeigneten Schur-Basis $b'_2, \ldots, b'_n$ von W, und $b_1, b'_2, \ldots, b'_n$ ist eine Schur-Basis von V für L mit der gewünschten Form der Matrixdarstellung.

[Man beachte, dass in (i) nicht vorausgesetzt ist, dass das charakteristische Polynom zerfällt; daher wissen wir a priori nicht, ob L überhaupt eine Schur-Darstellung besitzt.]

(ii) $\Rightarrow$ (iii): Das folgt daraus, dass bei einer Dreiecksmatrix die Determinante das Produkt der Diagonalelemente ist.

(iii) $\Rightarrow$ (iv) folgt aus dem Satz von Cayley-Hamilton; man beachte, dass das charakteristische Polynom von L nach Voraussetzung (iii) zerfällt.

(iv) $\Rightarrow$ (i) ist klar. $\square$

Sei nun L eine lineare Abbildung mit Schur-Darstellung

$$\begin{pmatrix} \lambda_1 & & * \\ & \ddots & \\ 0 & & \lambda_n \end{pmatrix}.$$

Wir zerlegen diese in

$$\begin{pmatrix} \lambda_1 & & 0 \\ & \ddots & \\ 0 & & \lambda_n \end{pmatrix} + \begin{pmatrix} 0 & & * \\ & \ddots & \\ 0 & & 0 \end{pmatrix} =: M_D + M_N.$$

Hier ist M_D die Matrixdarstellung einer diagonalisierbaren linearen Abbildung und M_N die Matrixdarstellung einer nilpotenten Abbildung bzgl. derselben Basis. Daher gilt:

Korollar 7.3.8 *Wenn das charakteristische Polynom von $L \in \mathscr{L}(V)$ zerfällt, kann man $L = D + N$ mit einer diagonalisierbaren Abbildung D und einer nilpotenten Abbildung N schreiben.*

In Abschn. 7.5 werden wir zeigen, dass N mit einer sehr speziellen Matrixdarstellung gewählt werden kann. Einstweilen sei beobachtet, dass bei den Potenzen der nilpotenten Matrix M_N die Nullen nach und nach nach rechts oben wandern:

$$M_N = \begin{pmatrix} 0 & * & * & \dots & * \\ & 0 & & & \\ & & \ddots & & * \\ & & & 0 & * \\ 0 & & & & 0 \end{pmatrix}, \; M_N^2 = \begin{pmatrix} 0 & 0 & * & \dots & * \\ & 0 & & & \\ & & \ddots & & * \\ & & & 0 & 0 \\ 0 & & & & 0 \end{pmatrix}, \; M_N^3 = \begin{pmatrix} 0 & 0 & 0 & * & * \\ & 0 & & & * \\ & & \ddots & & 0 \\ & & & 0 & 0 \\ 0 & & & & 0 \end{pmatrix},$$

etc.

7.4 Die Hauptraumzerlegung

In diesem Abschnitt diskutieren wir verallgemeinerte Eigenvektoren und die Hauptraumzerlegung, die an die Stelle der Eigenraumzerlegung bei nicht diagonalisierbaren Abbildungen tritt. Die Überlegungen führen gleichzeitig zu einer neuen Begründung des Diagonalisierbarkeitskriteriums aus Satz 7.2.8. Insbesondere werden wir eine geometrische Interpretation der algebraischen Vielfachheit eines Eigenwerts geben.

Im Folgenden bezeichnen L und T lineare Abbildungen auf einem endlichdimensionalen K-Vektorraum V. Wir beginnen mit einigen Vorbereitungen.

Lemma 7.4.1 *Gelte $LT = TL$. Dann folgt*

$$L(\mathrm{ran}(T)) \subset \mathrm{ran}(T) \quad \textit{sowie} \quad L(\ker(T)) \subset \ker(T).$$

Beweis Sei $v \in \mathrm{ran}(T)$, etwa $v = T(w)$ mit einem $w \in V$. Dann ist $L(v) = L(Tw) = T(Lw) \in \mathrm{ran}(T)$.

Sei $v \in \ker(T)$, also $T(v) = 0$. Dann ist $T(Lv) = L(Tv) = 0$, also $L(v) \in \ker(T)$. $\square$

Zur Motivation des Folgenden sei $T \in \mathcal{L}(V)$ mit Eigenwert 0. Dann ist $\ker T$ der zugehörige Eigenraum. Nun könnte es Vektoren v mit $T(v) \neq 0$, aber $T^2(v) = 0$ geben; diese sind keine Eigenvektoren, aber nicht weit davon entfernt. Ferner könnte es Vektoren v mit $T^2(v) \neq 0$, aber $T^3(v) = 0$ geben, usw.

Daher betrachten wir nun die Unterräume $\ker(T^m)$ von V für $m \geq 0$. (Hier ist $\ker T^0 = \ker \mathrm{Id} = \{0\}$ zu verstehen.) Trivialerweise gilt

$$\{0\} \subset \ker T \subset \ker T^2 \subset \dots.$$

Lemma 7.4.2 *Gilt* $\ker T^m = \ker T^{m+1}$ *für ein* $m \geq 0$, *so auch* $\ker T^m = \ker T^{m+k}$ *für alle* $k \geq 0$.

Beweis „$\subset$" ist klar. Gelte jetzt umgekehrt $T^{m+k}(v) = 0$ für ein $k \geq 1$; dann ist $T^{m+1}(T^{k-1}v) = 0$, also $T^{k-1}(v) \in \ker T^{m+1} = \ker T^m$ und deshalb $T^{m+k-1}(v) = 0$. Iteration dieses Arguments liefert $T^m(v) = 0$. $\qquad\square$

Lemma 7.4.3 *Ist* $\dim(V) = n$, *so gilt*

$$\ker T^n = \ker T^{n+1} = \dots.$$

Beweis Andernfalls wäre nach Lemma 7.4.2

$$\{0\} \subsetneq \ker T \subsetneq \ker T^2 \subsetneq \dots \subsetneq \ker T^n \subsetneq \ker T^{n+1},$$

also $\dim \ker T^k \geq k$ für $k \leq n+1$ und insbesondere $\dim \ker T^{n+1} > n$: Widerspruch! $\qquad\square$

Korollar 7.4.4 *Es existiert eine Zahl* $m \leq \dim(V)$ *mit*

$$\{0\} \subsetneq \ker T \subsetneq \ker T^2 \subsetneq \dots \subsetneq \ker T^m = \ker T^{m+1} = \dots,$$

$$V \supsetneq \mathrm{ran}\,T \supsetneq \mathrm{ran}\,T^2 \supsetneq \dots \supsetneq \mathrm{ran}\,T^m = \mathrm{ran}\,T^{m+1} = \dots.$$

Beweis Die erste Zeile ergibt sich aus Lemma 7.4.2 und 7.4.3 und die zweite aus $\mathrm{ran}\,T^k \supset \mathrm{ran}\,T^{k+1}$ und $\dim \ker T^k + \dim \mathrm{ran}\,T^k = \dim V$. $\qquad\square$

Definition 7.4.5 Sei λ ein Eigenwert von $L \in \mathcal{L}(V)$ mit $\dim V = n$. Dann heißt der Unterraum $\ker(L - \lambda\,\mathrm{Id})^n$ der *verallgemeinerte Eigenraum* oder *Hauptraum* zu λ, und seine von 0 verschiedenen Elemente heißen *verallgemeinerte Eigenvektoren* oder *Hauptvektoren*.

Nach Korollar 7.4.4 ist $v \neq 0$ ein Hauptvektor zu λ genau dann, wenn es eine Zahl $m \in \mathbb{N}$ mit $(L - \lambda\,\mathrm{Id})^m(v) = 0$ gibt; und dann gibt es auch solch ein $m \leq n$.

Satz 7.4.6 *Seien λ ein Eigenwert von L und m wie in Korollar 7.4.4, angewandt auf $T = L - \lambda\,\mathrm{Id}$. Dann gelten:*

(a) $V = \ker(L - \lambda\,\mathrm{Id})^m \oplus \mathrm{ran}(L - \lambda\,\mathrm{Id})^m$.

(b) $L(\ker(L - \lambda\,\mathrm{Id})^m) \subset \ker(L - \lambda\,\mathrm{Id})^m$.

(c) $L(\mathrm{ran}(L - \lambda\,\mathrm{Id})^m) \subset \mathrm{ran}(L - \lambda\,\mathrm{Id})^m$.

(d) $L - \lambda\,\mathrm{Id}$, *eingeschränkt auf* $\ker(L - \lambda\,\mathrm{Id})^m$, *ist eine nilpotente Abbildung von* $\ker(L - \lambda\,\mathrm{Id})^m$ *nach* $\ker(L - \lambda\,\mathrm{Id})^m$.

(e) $L - \lambda\,\mathrm{Id}$, *eingeschränkt auf* $\mathrm{ran}(L - \lambda\,\mathrm{Id})^m$, *ist ein Isomorphismus von* $\mathrm{ran}(L - \lambda\,\mathrm{Id})^m$ *nach* $\mathrm{ran}(L - \lambda\,\mathrm{Id})^m$.

Beweis (a) Wir setzen $T = L - \lambda\,\mathrm{Id}$ und zeigen zuerst, dass die Summe direkt ist. Sei dazu $v \in \ker T^m \cap \mathrm{ran}T^m$. Also ist $T^m(v) = 0$ und $v = T^m(w)$ für ein $w \in V$. Es folgt

$$0 = T^m(v) = T^m(T^m w) = T^{2m}(w) = T^m(w) = v;$$

im vorletzten Schritt wurde $w \in \ker T^{2m} = \ker T^m$ benutzt.

Jetzt wird gezeigt, dass die Summe V aufspannt. Sei $v \in V$. Für ein einstweilen beliebiges $w \in V$ schreibe

$$v = (v - T^m(w)) + T^m(w).$$

Es ist zu zeigen, dass für ein geeignetes w der erste Summand $v - T^m(w)$ in $\ker T^m$ liegt. Gesucht ist also ein $w \in V$ mit $T^m(v) = T^{2m}(w)$. Da $T^m(v) \in \mathrm{ran}\,T^m = \mathrm{ran}\,T^{2m}$ nach Wahl von m, gibt es solch ein w.

(b) und (c) folgen aus Lemma 7.4.1, da offensichtlich $(L - \lambda\,\mathrm{Id})^m L = L(L - \lambda\,\mathrm{Id})^m$.

(d) ist klar nach Definition der Nilpotenz.

(e) folgt, weil $L - \lambda\,\mathrm{Id}$ nach Korollar 7.4.4 auf $\mathrm{ran}(L - \lambda\,\mathrm{Id})^m$ surjektiv und deshalb auch injektiv ist. $\qquad\square$

Schreibt man $V_1 = \ker(L - \lambda\,\mathrm{Id})^m$ und $V_2 = \mathrm{ran}(L - \lambda\,\mathrm{Id})^m$ sowie $T = L - \lambda\,\mathrm{Id}$, so besagt Satz 7.4.6, dass $T\colon V \to V$ in die Komponenten $T_1\colon V_1 \to V_1$ und $T_2\colon V_2 \to V_2$ „reduziert" wird, die beide eine „einfache" Gestalt haben: T_1 ist nilpotent, und T_2 ist ein Isomorphismus. (Das gilt trivialerweise auch, wenn λ kein Eigenwert ist; warum?)

Satz 7.4.6 gestattet es, die algebraische Vielfachheit eines Eigenwerts geometrisch zu deuten.

Korollar 7.4.7 *Die Dimension des Hauptraums zu λ ist gleich der algebraischen Vielfachheit von λ.*

Beweis Wählt man Basen in $\ker(L - \lambda\,\mathrm{Id})^m$ und in $\mathrm{ran}(L - \lambda\,\mathrm{Id})^m$, so erhält man insgesamt eine Basis von V (Satz 7.4.6(a)), und die Matrixdarstellung von L hat dann die Form (Satz 7.4.6(b) und (c))

$$\begin{pmatrix} M_1 & 0 \\ 0 & M_2 \end{pmatrix}.$$

Betrachte die Einschränkungen von L

$$L_1\colon \ker(L - \lambda\,\mathrm{Id})^m \to \ker(L - \lambda\,\mathrm{Id})^m, \quad L_2\colon \mathrm{ran}(L - \lambda\,\mathrm{Id})^m \to \mathrm{ran}(L - \lambda\,\mathrm{Id})^m;$$

M_1 ist die Matrixdarstellung von L_1 und M_2 die von L_2. Für das charakteristische Polynom von L gilt dann (Lemma 7.2.4)

$$\chi_L(X) = \chi_{L_1}(X)\chi_{L_2}(X).$$

Wegen Satz 7.4.6(a) ist λ kein Eigenwert von L_2; daher ist die algebraische Vielfachheit von λ als Eigenwert von L dieselbe wie die von λ als Eigenwert von L_1. Aber nach Satz 7.4.6(d) ist $L_1 - \lambda\,\mathrm{Id}_{\ker(L-\lambda\,\mathrm{Id})^m}$ nilpotent, hat also nach Satz 7.3.7 das charakterische Polynom $(-X)^{n_1}$, $n_1 = \dim\ker(L-\lambda\,\mathrm{Id})^m$, und das bedeutet $\chi_{L_1}(X) = (\lambda - X)^{n_1}$. Daher ist die algebraische Vielfachheit von λ gleich n_1, was zu zeigen war. $\qquad\square$

Der nächste Satz beschreibt die Zerlegung in verallgemeinerte Eigenräume und ist der Schlüssel zur Jordanschen Normalform in Abschn. 7.5.

Satz 7.4.8 (Hauptraumzerlegung) *Das charakteristische Polynom von* $L \in \mathscr{L}(V)$ *zerfalle in Linearfaktoren,*

$$\chi_L(X) = (\mu_1 - X)^{d_1} \cdots (\mu_r - X)^{d_r},$$

mit den paarweise verschiedenen Eigenwerten $\mu_1, \ldots, \mu_r$. *Sei* V_j *der Hauptraum zum Eigenwert* μ_j. *Dann gilt für* $j = 1, \ldots, r$:

(a) $V = V_1 \oplus \cdots \oplus V_r$.
(b) $\dim V_j = d_j$.
(c) $L(V_j) \subset V_j$.
(d) $L|_{V_j}$ *bezeichne* L, *aufgefasst als Abbildung von* V_j *nach* V_j; *dann gilt* $L|_{V_j} = \mu_j\,\mathrm{Id}_{V_j} + N_j$ *mit einer nilpotenten Abbildung* $N_j\colon V_j \to V_j$.

Beweis Wir verwenden vollständige Induktion nach r.

Induktionsanfang, $r = 1$: Nach Voraussetzung ist $\chi_L(X) = (\mu_1 - X)^{d_1}$, also $\chi_{L-\mu_1\,\mathrm{Id}}(X) = (-X)^{d_1}$. Es folgt $d_1 = \dim(V)$, und $N_1 = L - \mu_1\,\mathrm{Id}$ ist nach Satz 7.3.7 nilpotent.

Induktionsschluss von $r - 1$ auf r: Der entscheidende Punkt ist, (a) zu zeigen. Da χ_L zerfällt, besitzt L mindestens einen Eigenwert μ_1. Wendet man Satz 7.4.6 und Korollar 7.4.7 für $\lambda = \mu_1$ an, bekommt man sofort (b)–(d) für $j = 1$; beachte $L = \mu_1 \,\mathrm{Id} + (L - \mu_1 \,\mathrm{Id})$. Setzt man $W = \mathrm{ran}(L - \mu_1 \,\mathrm{Id})^{\dim V}$, so kann man die Induktionsvoraussetzung auf die Einschränkung $L': W \to W$ von L auf W anwenden (beachte Satz 7.4.6(c)), denn wie im Beweis von Korollar 7.4.7 folgt $\chi_{L'}(X) = (\mu_2 - X)^{d_2} \cdots (\mu_r - X)^{d_r}$; $\chi_{L'}$ zerfällt also. Deswegen ergeben sich aus der Induktionsvoraussetzung (a) (wegen Satz 7.4.6(a)) und dann (b)–(d) für $j = 2, \ldots, r$. $\qquad\square$

Korollar 7.4.9 *Wenn das charakteristische Polynom von $L \in \mathscr{L}(V)$ zerfällt, gibt es eine Basis von V, die aus verallgemeinerten Eigenvektoren besteht.*

Beweis In der Bezeichnung von Satz 7.4.8 muss man nur eine Basis in jedem Hauptraum wählen. $\qquad\square$

Beispiel 7.4.10 Wir greifen die Matrix aus Beispiel 7.3.4 auf und wollen eine verallgemeinerte Eigenbasis bestimmen. Wir kennen bereits die Eigenwerte und Eigenvektoren; für die Hauptraumzerlegung müssen wir uns jetzt noch um $\ker(A - 2E_3)^2$ kümmern, da der Eigenwert 2 die algebraische Vielfachheit 2 hat. Es ist

$$(A - 2E_3)^2 = \begin{pmatrix} 0 & 1 & 0 \\ -1 & -2 & 1 \\ 1 & 3 & -1 \end{pmatrix}^2 = \begin{pmatrix} -1 & -2 & 1 \\ 3 & 6 & -3 \\ -4 & -8 & 4 \end{pmatrix};$$

daher erhält man zusätzlich zum Eigenvektor b_2 als zweiten Basisvektor für $\ker(A - 2E_3)^2$ zum Beispiel

$$b_3 = \begin{pmatrix} -2 \\ 1 \\ 0 \end{pmatrix}.$$

Das liefert als eine Basis aus Hauptvektoren

$$b_1 = \begin{pmatrix} 1 \\ -3 \\ 4 \end{pmatrix}, \quad b_2 = \begin{pmatrix} 1 \\ 0 \\ 1 \end{pmatrix}, \quad b_3 = \begin{pmatrix} -2 \\ 1 \\ 0 \end{pmatrix}.$$

Da der Hauptraum zum Eigenwert μ stets den entsprechenden Eigenraum enthält, können wir aus Satz 7.4.8 mit Hilfe von Korollar 7.2.9 sofort folgendes Diagonalisierbarkeitskriterium ableiten.

Korollar 7.4.11 *Das charakteristische Polynom von $L \in \mathscr{L}(V)$ zerfalle in Linearfaktoren. Genau dann ist L diagonalisierbar, wenn für alle Eigenwerte der Hauptraum mit dem Eigenraum übereinstimmt. Das ist genau dann der Fall, wenn für alle Eigenwerte*

$$(L - \mu \operatorname{Id})^2(v) = 0 \quad \Rightarrow \quad (L - \mu \operatorname{Id})(v) = 0 \qquad (7.4.1)$$

gilt.

Man beachte, dass Korollar 7.4.11 wegen Korollar 7.4.7 einen neuen Beweis dafür gibt, dass für lineare Abbildungen mit zerfallendem charakteristischen Polynom Diagonalisierbarkeit äquivalent zur Übereinstimmung von algebraischer und geometrischer Vielfachheit bei allen Eigenwerten ist (siehe Satz 7.2.8).

Korollar 7.4.12 *Wenn das charakteristische Polynom von $L \in \mathscr{L}(V)$ zerfällt, existieren eine diagonalisierbare Abbildung D und eine nilpotente Abbildung N mit*

$$L = D + N \quad und \quad DN = ND.$$

Beweis Wir benutzen die Bezeichnungen von Satz 7.4.8. Jedes $v \in V$ lässt sich eindeutig als $v = v_1 + \cdots + v_r$ mit $v_j \in V_j$ schreiben. Setze (warum sind das lineare Abbildungen?)

$$D(v) = \mu_1 v_1 + \cdots + \mu_r v_r,$$

$$N(v) = N_1(v_1) + \cdots + N_r(v_r).$$

Dann ist D diagonalisierbar (denn die Matrixdarstellung von D bzgl. einer Basis aus verallgemeinerten Eigenvektoren ist eine Diagonalmatrix), und N ist nilpotent, da $N^k(v) = N_1^k(v_1) + \cdots + N_r^k(v_r)$ für jedes k nach Konstruktion von N. Für einen verallgemeinerten Eigenvektor $\tilde{v}$ zu μ_j gilt

$$DN(\tilde{v}) = D(N_j(\tilde{v})) = \mu_j N_j(\tilde{v})$$

und

$$ND(\tilde{v}) = N(\mu_j \tilde{v}) = \mu_j N_j(\tilde{v}),$$

also stimmen DN und ND auf einer Basis überein (Korollar 7.4.9) und sind deshalb gleich. $\qquad \square$

Eine Zerlegung „diagonal plus nilpotent" wurde bereits in Korollar 7.3.8 beobachtet; dort hatte man aber nicht die Kommutativität der beiden Anteile. Letztere liefert sogar, dass eine solche Zerlegung eindeutig ist; das kann man so einsehen: Außer den in

Korollar 7.4.12 konstruierten Abbildungen existiere eine Zerlegung $L = D' + N'$ mit D' diagonalisierbar, N' nilpotent, $D'N' = N'D'$. Dann vertauschen D' und N' auch mit L und daher auch mit $(L - \mu \,\mathrm{Id})^n = \sum_{k=0}^{n} \binom{n}{k} L^k (-\mu)^{n-k}$ (binomischer Satz; siehe die folgende Fußnote), wo $n = \dim V$. Nach Lemma 7.4.1 lassen D' und N' jeden Hauptraum invariant; und auf dem Hauptraum zum Eigenwert μ wirkt D nach Konstruktion wie $\mu \,\mathrm{Id}$. Um $D = D'$ und folglich $N = N'$ zu beweisen, braucht man das nur auf jedem Hauptraum zu tun. Daher ist zu zeigen:

$$\mu \,\mathrm{Id} + N = D' + N', \; D'N' = N'D' \quad \Rightarrow \quad N = N', \; \mu \,\mathrm{Id} = D'.$$

Aus der Vertauschbarkeit von D' und N' folgt die von $\mu \,\mathrm{Id} + N = D' + N'$ und N' und daraus die von N und N', d. h. $NN' = N'N$. Letzteres impliziert aber, dass $N - N'$ nilpotent ist; betrachte nämlich[3]

$$(N - N')^{2n} = \sum_{k=0}^{2n} \binom{2n}{k} N^k (N')^{2n-k} = 0,$$

denn für $k \geq n$ ist $N^k = 0$, und für $k \leq n$ ist $(N')^{2n-k} = 0$. Es folgt, dass die diagonalisierbare Abbildung $D' - \mu \,\mathrm{Id}$ nilpotent ist, weswegen sie $= 0$ ist (warum?). Damit ist alles gezeigt.

7.5 Die Jordansche Normalform

Das Ziel dieses Abschnitts ist es, die *Jordansche Normalform* einer Abbildung $L \in \mathscr{L}(V)$ konstruieren; diese besteht darin, in jedem Hauptraum von L eine Basis so zu wählen, dass die Matrixdarstellung von L die Gestalt

$$\begin{pmatrix} \square & 0 & \cdots & & 0 \\ 0 & \square & & & 0 \\ \vdots & & \ddots & & \vdots \\ 0 & & & \square & 0 \\ 0 & & \cdots & 0 & \square \end{pmatrix} \tag{7.5.1}$$

hat, wobei jedes $\square$ für ein „Jordan-Kästchen"

---

[3] Hier und weiter oben haben wir den binomischen Satz benutzt, den Sie aus der Analysis für Potenzen von Zahlen $(x + y)^n$ kennen. Im Beweis der binomischen Entwicklung gehen aber nur die Rechenregeln eines kommutativen Rings ein; daher hat man für kommutierende Elemente eines Rings bzw. einer Algebra dieselbe Summendarstellung. (In einem Ring bedeutet $k \cdot r$ die k-fache Summe $r + \cdots + r$ eines Ringelements r.)

$$J(\mu, p) = \begin{pmatrix} \mu & 1 & & 0 \\ & \ddots & \ddots & \\ & & \ddots & 1 \\ 0 & & & \mu \end{pmatrix} \qquad (p \times p\text{-Matrix})$$

steht mit einem Eigenwert μ und $p \in \mathbb{N}$. Im Klartext: In der $p \times p$-Matrix $J(\mu, p)$ steht auf der Hauptdiagonalen immer μ, direkt darüber (auf der „Nebendiagonalen") immer 1 und ansonsten bloß Nullen, also

$$J(\mu, 1) = (\mu), \quad J(\mu, 2) = \begin{pmatrix} \mu & 1 \\ 0 & \mu \end{pmatrix}, \quad J(\mu, 3) = \begin{pmatrix} \mu & 1 & 0 \\ 0 & \mu & 1 \\ 0 & 0 & \mu \end{pmatrix}, \quad \text{etc.}$$

Als erstes werden wir eine solche Basis für eine nilpotente Abbildung konstruieren; eine Basis, bzgl. der die darstellende Matrix die Gestalt (7.5.1) hat, nennen wir *Jordan-Basis*.

Satz 7.5.1 *Seien* $N\colon V \to V$ *nilpotent und* $m \in \mathbb{N}$ *mit* $N^m = 0$. *Dann existieren eindeutig bestimmte ganze Zahlen* $s_1, \ldots, s_m \geq 0$ *mit* $\sum_{k=1}^m k s_k = n := \dim(V)$ *und eine Basis von* V, *so dass die Matrixdarstellung von* N *die Form* (7.5.1) *hat, wobei in* (7.5.1) *genau* s_k *Jordan-Kästchen* $J(0, k)$ *vorkommen. Diese Normalform ist eindeutig bis auf die Reihenfolge der Jordan-Kästchen.*

Beweis Wir beginnen mit der Eindeutigkeit, die durch vollständige Induktion nach m bewiesen wird. Der Fall $m = 1$ ist klar. Zum Induktionsschluss von $m - 1$ auf m: Gelte $N^m = 0$; wir unterscheiden die Fälle $N^{m-1} = 0$ und $N^{m-1} \neq 0$. Im ersten Fall greift die Induktionsvoraussetzung sofort und liefert, dass $s_1, \ldots, s_{m-1}$ eindeutig bestimmt sind mit $\sum_{k=1}^{m-1} k s_k = n$; es folgt $s_m = 0$. Nun zum Fall $N^{m-1} \neq 0$. Da $J(0, k)^{m-1} = 0$ für $k < m$ gilt, jedoch

$$J(0, m)^{m-1} = \begin{pmatrix} 0 & \ldots & 0 & 1 \\ 0 & \ldots & 0 & 0 \\ \vdots & & \vdots & \vdots \\ 0 & \ldots & 0 & 0 \end{pmatrix}$$

und für blockdiagonale Matrizen

$$\begin{pmatrix} A_1 & & 0 \\ & \ddots & \\ 0 & & A_r \end{pmatrix}^{m-1} = \begin{pmatrix} A_1^{m-1} & & 0 \\ & \ddots & \\ 0 & & A_r^{m-1} \end{pmatrix}$$

gilt, besitzt die $(m-1)$-te Potenz einer Matrix wie in[4] (7.5.1$_0$) genau s_m linear unabhängige Spalten, und diese Zahl stimmt mit $\mathrm{rg}(N^{m-1})$ überein: $s_m = \mathrm{rg}(N^{m-1})$. s_m ist also eindeutig bestimmt. Betrachtet man nun die Einschränkung N' von N auf die lineare Hülle des Komplements der von diesen s_m Jordan-Kästchen involvierten Basisvektoren, so ist N' nilpotent mit $(N')^{m-1} = 0$, und in der Darstellung (7.5.1$_0$) von N' kommen nur die übrigen Jordan-Kästchen vom Format $J(0, p)$, $p < m$, vor; diese sind aber nach Induktionsvoraussetzung bis auf die Reihenfolge eindeutig bestimmt. Das zeigt die Eindeutigkeit der Zahlen $s_1, \ldots, s_m$.

Zum Beweis der Existenz betrachten wir zu $0 \le k \le m$ die Unterräume $U_k = \ker N^k$. Wir dürfen annehmen, dass m minimal gewählt ist (d. h. $N^{m-1} \neq 0$); dann gilt nach Korollar 7.4.4

$$U_0 = \{0\} \subsetneq U_1 \subsetneq \cdots \subsetneq U_m = V.$$

Durch Ergänzung einer Basis von U_{m-1} zu einer Basis von $U_m = V$ erhält man eine direkte Summenzerlegung

$$V = U_m = U_{m-1} \oplus W_m.$$

Man beachte, dass N auf W_m injektiv ist, da $W_m \cap \ker N \subset W_m \cap U_{m-1} = \{0\}$. Ferner ist nach Konstruktion $N(W_m) \subset U_{m-1}$, aber $N(W_m) \cap U_{m-2} = \{0\}$.

In den nächsten Schritten werden wir folgenden Schluss mehrfach anwenden:

- Sei Z ein endlichdimensionaler Vektorraum, sei $Y \subset Z$ ein Unterraum, und sei $Y' \subset Z$ ein weiterer Unterraum mit $Y \cap Y' = \{0\}$. Dann existiert ein Unterraum $W \subset Z$ mit $Y' \subset W$ und $Z = Y \oplus W$.

(Zum Beweis hierfür sei $y_1, \ldots, y_r$ eine Basis von Y und $y_{r+1}, \ldots, y_{r+k}$ eine Basis von Y'; ergänze zu einer Basis $y_1, \ldots, y_n$ von Z und setze $W = \mathrm{lin}\{y_{r+1}, \ldots, y_n\}$.)

Sei nun $b_1^m, \ldots, b_{t_m}^m$ eine Basis von W_m. Dann sind wegen der Injektivität von N auf W_m die Vektoren $N(b_1^m), \ldots, N(b_{t_m}^m)$ linear unabhängig in U_{m-1}, aber ihre von 0 verschiedenen Linearkombinationen sind keine Elemente von U_{m-2}, und wegen der Vorüberlegung gibt es eine direkte Summenzerlegung mit einem geeigneten Unterraum $W_{m-1} \subset U_{m-1}$

$$U_{m-1} = U_{m-2} \oplus W_{m-1}$$

---

[4] Der Index 0 soll andeuten, dass jetzt in (7.5.1) auf der Hauptdiagonalen nur Nullen stehen.

mit $N(b_j^m) \in W_{m-1}$. Ergänze diese linear unabhängigen Vektoren zu einer Basis von W_{m-1} durch Hinzunahme von $b_1^{m-1}, \ldots, b_{t_{m-1}}^{m-1}$ (eventuell braucht man gar nichts hinzuzunehmen, d. h. $t_{m-1} = 0$). Da wie oben $N(W_{m-1}) \subset U_{m-2}$, aber $N(W_{m-1}) \cap U_{m-3} = \{0\}$ und N auf W_{m-1} injektiv ist, können wir $N^2(b_1^m), \ldots, N^2(b_{t_m}^m), N(b_1^{m-1}), \ldots, N(b_{t_{m-1}}^{m-1})$ durch $b_1^{m-2}, \ldots, b_{t_{m-2}}^{m-2}$ zu einer Basis eines Unterraums W_{m-2} mit

$$U_{m-2} = U_{m-3} \oplus W_{m-2}$$

ergänzen usw., bis man bei U_0 landet. Das liefert eine direkte Summe

$$V = W_1 \oplus \cdots \oplus W_m$$

und eine Basis von V wie folgt:

$$b_1^m, \ldots, b_{t_m}^m;$$

$$N(b_1^m), \ldots, N(b_{t_m}^m);\, b_1^{m-1}, \ldots, b_{t_{m-1}}^{m-1};$$

$$N^2(b_1^m), \ldots, N^2(b_{t_m}^m);\, N(b_1^{m-1}), \ldots, N(b_{t_{m-1}}^{m-1});\, b_1^{m-2}, \ldots, b_{t_{m-2}}^{m-2};$$

etc.

$$N^{m-1}(b_1^m), \ldots, N^{m-1}(b_{t_m}^m);\, N^{m-2}(b_1^{m-1}), \ldots, N^{m-2}(b_{t_{m-1}}^{m-1});\, [\ldots];\, b_1^1, \ldots, b_{t_1}^1.$$

In der ersten Zeile steht eine Basis von W_m (Vektoren, die nach m-maliger Anwendung von N zu 0 werden, aber nicht eher), in der zweiten eine Basis von W_{m-1} (Vektoren, die nach $(m-1)$-maliger Anwendung von N zu 0 werden, aber nicht eher), $\ldots$, in der letzten eine Basis von W_1 (Vektoren, die nach einmaliger Anwendung von N zu 0 werden; $W_1 = \ker N$, und nochmaliges Anwenden von N auf die Vektoren der letzten Zeile liefert 0).

Diese Basis von V ordne man wie folgt an (das obige Schema wird spaltenweise von unten nach oben gelesen):

$$N^{m-1}(b_1^m), N^{m-2}(b_1^m), \ldots, b_1^m; \ldots; N^{m-1}(b_{t_m}^m), \ldots, b_{t_m}^m;$$

$$N^{m-2}(b_1^{m-1}), N^{m-3}(b_1^{m-1}), \ldots, b_1^{m-1}; \ldots; N^{m-2}(b_{t_{m-1}}^{m-1}), \ldots, b_{t_{m-1}}^{m-1};$$

etc.

$$b_1^1, \ldots, b_{t_1}^1.$$

Bezüglich dieser Basis in dieser Anordnung sieht die Matrixdarstellung von N so aus:

$$
\begin{pmatrix}
J(0,m) & & & & & & & \\
& \ddots & & & & & & \\
& & J(0,m) & & & & & \\
& & & J(0,m-1) & & & & \\
& & & & \ddots & & & \\
& & & & & J(0,m-1) & & \\
& & & & & & \ddots & \\
& & & & & & & J(0,1) \\
& & & & & & & & \ddots \\
& & & & & & & & & J(0,1)
\end{pmatrix}
$$

Das ist $(7.5.1_0)$ mit $s_k = t_k$, wie gewünscht. $\qquad\square$

Um diese abstrakte Konstruktion in einer konkreteren Situation zu veranschaulichen, nehmen wir an, es sei $\dim V = 8$ und $N \in \mathscr{L}(V)$ so, dass $N^3 = 0$ sowie $\dim U_1 = 3$ und $\dim U_2 = 6$ ist. Im ersten Schritt der Konstruktion einer Jordan-Basis wählen wir zwei linear unabhängige Vektoren b_1^3 und b_2^3 in der „Lücke" W_3 zwischen U_2 und $U_3 = V$. Als nächstes betrachten wir $N(b_1^3)$ und $N(b_2^3)$, die in der „Lücke" zwischen U_1 und U_2 liegen müssen. Wegen $6 - 3 > 2$ hat dort noch ein weiterer zu diesen linear unabhängiger Vektor b_1^2 Platz. Im nächsten Schritt wenden wir N auf diese Vektoren an und erhalten die drei linear unabhängigen Vektoren $N^2(b_1^3)$, $N^2(b_2^3)$ und $N(b_1^2)$, die wegen $\dim U_1 = 3$ bereits eine Basis von U_1 bilden. Das Schema auf Seite 170 sieht also so aus:

$$
\begin{array}{ccc}
b_1^3, & b_2^3, & \\
N(b_1^3), & N(b_2^3), & b_1^2, \\
N^2(b_1^3), & N^2(b_2^3), & N(b_1^2),
\end{array}
$$

das spaltenweise von unten nach oben gelesen folgende Jordan-Basis ergibt:

$$
N^2(b_1^3), \ N(b_1^3), \ b_1^3, \ N^2(b_2^3), \ N(b_2^3), \ b_2^3, \ N(b_1^2), \ b_1^2.
$$

Aus der allgemeinen Konstruktion ergibt sich noch (Details zur Übung)

$$
\begin{aligned}
s_k &= (\dim U_k - \dim U_{k-1}) - (\dim U_{k+1} - \dim U_k) \\
&= \dim U_k/U_{k-1} - \dim U_{k+1}/U_k
\end{aligned}
$$

mit $U_{m+1} = V$. Ferner sieht man, dass jedes Kästchen genau einen Eigenvektor generiert und man so den gesamten Eigenraum zum Eigenwert 0 bekommt; es ist also $\gamma(0) = s_1 + \cdots + s_m$.

Beispiel 7.5.2 Sei $V = \mathbb{R}^3$ und $N: V \to V$ bzgl. der Einheitsvektorbasis (e_1, e_2, e_3) durch

$$A = \begin{pmatrix} 0 & 1 & 3 \\ 0 & 0 & 2 \\ 0 & 0 & 0 \end{pmatrix}$$

gegeben, d. h. $N(v) = Av$. Dann ist

$$A^2 = \begin{pmatrix} 0 & 0 & 2 \\ 0 & 0 & 0 \\ 0 & 0 & 0 \end{pmatrix}, \quad A^3 = \begin{pmatrix} 0 & 0 & 0 \\ 0 & 0 & 0 \\ 0 & 0 & 0 \end{pmatrix},$$

und N ist nilpotent mit $m = 3$. Man erkennt

$$U_0 = \{0\}, \quad U_1 = \ker N = \lin\{e_1\}, \quad U_2 = \ker N^2 = \lin\{e_1, e_2\}, \quad U_3 = \ker N^3 = V.$$

Wir können daher $W_3 = \lin\{e_3\}$ wählen; aus $s_3 = \dim U_3 - \dim U_2 = 1$ sieht man sofort, dass (7.5.1) in diesem Beispiel nur ein Jordan-Kästchen enthält, nämlich

$$J := J(0, 3) = \begin{pmatrix} 0 & 1 & 0 \\ 0 & 0 & 1 \\ 0 & 0 & 0 \end{pmatrix}.$$

Für die Transformationsmatrix S, die $S^{-1}AS = J$ liefert, benötigen wir die Basis, die im obigen Beweis konstruiert wurde. Das ist hier

$$N^2(e_3) = \begin{pmatrix} 2 \\ 0 \\ 0 \end{pmatrix}, \quad N(e_3) = \begin{pmatrix} 3 \\ 2 \\ 0 \end{pmatrix}, \quad e_3 = \begin{pmatrix} 0 \\ 0 \\ 1 \end{pmatrix};$$

daher

$$S = \begin{pmatrix} 2 & 3 & 0 \\ 0 & 2 & 0 \\ 0 & 0 & 1 \end{pmatrix} \quad \text{und (nachrechnen!)} \quad S^{-1} = \frac{1}{4}\begin{pmatrix} 2 & -3 & 0 \\ 0 & 2 & 0 \\ 0 & 0 & 4 \end{pmatrix}.$$

Jetzt kommen wir zum Satz über die Jordansche Normalform.

Satz 7.5.3 *Sei $L: V \to V$ eine lineare Abbildung, deren charakteristisches Polynom in Linearfaktoren zerfällt. Dann existiert eine Basis von V, bzgl. der die L darstellende Matrix die Jordansche Normalform*

$$
\begin{pmatrix}
\square & 0 & \cdots & & 0 \\
0 & \square & & & 0 \\
\vdots & & \ddots & & \vdots \\
& & & \square & 0 \\
0 & & \cdots & 0 & \square
\end{pmatrix}
\tag{7.5.2}
$$

hat, in der jedes Kästchen $\square$ ein Jordan-Kästchen $J(\mu, p)$ repräsentiert. Diese ist eindeutig bis auf die Reihenfolge der Jordan-Kästchen.

Beweis Zur Existenz: Es reicht wegen Satz 7.4.8, solch eine Basis in jedem Hauptraum $U = \ker(L - \mu \,\mathrm{Id})^n$, $n = \dim V$, zu finden. Auf U wirkt L aber wie $\mu \,\mathrm{Id}_U + N$, N nilpotent. In Satz 7.5.1 wurde eine passende Basis für N konstruiert, so dass in der Matrixdarstellung von N gewisse Jordan-Kästchen $J(0, p)$ auftreten. Ersetzt man $J(0, p)$ jeweils durch $J(\mu, p)$, bekommt man eine Jordan-Darstellung für $L|_U: U \to U$.

Zur Eindeutigkeit: Da (7.5.2) obere Dreiecksgestalt hat, ist μ genau dann ein Eigenwert von L, wenn $J(\mu, p)$ in (7.5.2) vorkommt. Ist b ein zu diesem Kästchen „gehöriger" Basisvektor, folgt $(L - \mu \,\mathrm{Id})^p(b) = 0$, also auch $(L - \mu \,\mathrm{Id})^n(b) = 0$. Daher sind diese b im Hauptraum zu μ; dort ist $L = \mu \,\mathrm{Id} + N$ mit einer nilpotenten Abbildung N, und die N darstellende Jordan-Matrix ist nach Satz 7.5.1 eindeutig bestimmt bis auf die Reihenfolge der Kästchen. Also ist auch (7.5.2) eindeutig bis auf die Reihenfolge der Kästchen. $\square$

Beispiel 7.5.4 Seien

$$
A = \begin{pmatrix}
1 & 0 & -1 & -1 \\
1 & 2 & 1 & 1 \\
0 & 0 & 2 & 0 \\
1 & 0 & 1 & 3
\end{pmatrix}
$$

und $L = L_A: v \mapsto Av$ die zugehörige lineare Abbildung auf $\mathbb{R}^4$. Das charakteristische Polynom ist hier $\chi_L(X) = (X - 2)^4$ (nachrechnen!). Für die nilpotente Abbildung $N = L - 2\,\mathrm{Id}$ ist $N \neq 0$, aber $N^2 = 0$. Daher (vgl. den Beweis von Satz 7.5.1) kommen in der Jordanschen Normalform von L nur die Kästchen $J(2, 1)$ und $J(2, 2)$ vor, und zwar entweder zweimal $J(2, 2)$ oder einmal $J(2, 2)$ und zweimal $J(2, 1)$ (warum ist viermal $J(2, 1)$ ausgeschlossen?); d. h. die Kandidaten für die Jordansche Normalform sind (irrelevante Nullen werden nicht dargestellt)

$$J_1 = \begin{pmatrix} 2 & 1 & & \\ & 2 & & \\ & & 2 & \\ & & & 2 \end{pmatrix} \quad \text{bzw.} \quad J_2 = \begin{pmatrix} 2 & 1 & & \\ & 2 & & \\ & & 2 & 1 \\ & & & 2 \end{pmatrix}.$$

Man kann nun z. B. überprüfen, dass $\mathrm{rg}(L-2\,\mathrm{Id}) = \mathrm{rg}(A-2E_4) = 1$, aber $\mathrm{rg}(J_2-2E_4) = 2$ ist. Deshalb ist J_1 die Jordansche Normalform von L.

Wenn man zusätzlich die zugehörige Jordan-Basis bestimmen will, muss man die Methode von Satz 7.5.1 auf $L-2\,\mathrm{Id}$ anwenden.

Wie im letzten Beispiel spricht man allgemein von der Jordanschen Normalform einer Matrix bzw. einer zugehörigen Jordan-Basis des K^n, wenn man die entsprechende Abbildung $x \mapsto Ax$ betrachtet.

Kommen wir noch einmal auf Beispiel 7.4.10 zurück. Die dort berechneten Vektoren b_1, b_2, b_3 bilden eine Jordan-Basis für A, denn $(A - 2E_3)b_3 = b_2$, und die Jordansche Normalform lautet

$$\begin{pmatrix} -1 & 0 & 0 \\ 0 & 2 & 1 \\ 0 & 0 & 2 \end{pmatrix}.$$

Wegen des Fundamentalsatzes der Algebra besitzt jede lineare Abbildung eines $\mathbb{C}$-Vektorraums eine Jordansche Normalform. Wir wollen abschließend einen Blick auf das Normalformenproblem für $\mathbb{R}$-Vektorräume werfen.

Wir betrachten einen n-dimensionalen $\mathbb{R}$-Vektorraum V und darauf eine lineare Abbildung; nach Wahl einer Basis dürfen wir $V = \mathbb{R}^n$ annehmen. Sei also $L \colon \mathbb{R}^n \to \mathbb{R}^n$ linear. Dann kann man L zu einer $\mathbb{C}$-linearen Abbildung $L^{\mathbb{C}} \colon \mathbb{C}^n \to \mathbb{C}^n$ erweitern; schreibt man nämlich $v \in \mathbb{C}^n$ als $v = v_1 + i v_2$ mit $v_1, v_2 \in \mathbb{R}^n$, so setze nur

$$L^{\mathbb{C}}(v) = L(v_1) + i L(v_2).$$

Es ist klar, dass $L^{\mathbb{C}}$ additiv und $\mathbb{R}$-linear ist (d. h. $L^{\mathbb{C}}(\lambda v) = \lambda L^{\mathbb{C}}(v)$ für reelles λ); es gilt aber auch

$$L^{\mathbb{C}}(iv) = L^{\mathbb{C}}(iv_1 - v_2) = i L(v_1) - L(v_2)$$
$$= i(L(v_1) + i L(v_2)) = i L^{\mathbb{C}}(v)$$

(im zweiten Schritt wurde die Definition von $L^{\mathbb{C}}$ benutzt), und deshalb ist $L^{\mathbb{C}}$ auch $\mathbb{C}$-linear.

Auf der Ebene der Matrizen bedeutet der Übergang von L zu $L^{\mathbb{C}}$, dass man die darstellende (reelle) Matrix A auch auf Vektoren in $\mathbb{C}^n$ anwendet.

Im Folgenden setze zu $v = v_1 + iv_2$ wie oben $\overline{v} = v_1 - iv_2$; die Koordinaten von $\overline{v}$ sind also konjugiert komplex zu denen von v.

Lemma 7.5.5 *Sei $L\colon \mathbb{R}^n \to \mathbb{R}^n$ linear und $L^{\mathbb{C}}$ wie oben.*

(a) *Ist $\lambda \in \mathbb{C}$ ein Eigenwert von $L^{\mathbb{C}}$, so auch $\overline{\lambda}$.*
(b) *Ist v ein Eigenvektor zu λ, so ist $\overline{v}$ ein Eigenvektor zu $\overline{\lambda}$.*

Beweis

(a) folgt aus Lemma 7.1.7, da χ_L und damit auch $\chi_{L^{\mathbb{C}}}$ reelle Koeffizienten hat.
(b) Sei A die darstellende Matrix von L (und damit auch von $L^{\mathbb{C}}$). Dann gilt, weil A reell ist,

$$A\overline{v} = \overline{Av} = \overline{\lambda v} = \overline{\lambda}\,\overline{v}.$$

(Das zeigt übrigens erneut Teil (a).) $\qquad\square$

Sei nun L wie oben, $\lambda \in \mathbb{C} \setminus \mathbb{R}$ ein Eigenwert von $L^{\mathbb{C}}$ mit Eigenvektor $v = v_1 + iv_2$, $v_1, v_2 \in \mathbb{R}^n$. Beachte

$$v_1 = \frac{1}{2}(v + \overline{v}), \quad v_2 = \frac{1}{2i}(v - \overline{v}). \tag{7.5.3}$$

Schreibt man $\lambda = \alpha + i\beta$, so erhält man

$$
\begin{aligned}
L(v_1) = L^{\mathbb{C}}(v_1) &= \frac{1}{2}(L^{\mathbb{C}}(v) + L^{\mathbb{C}}(\overline{v})) \\
&= \frac{1}{2}(\lambda v + \overline{\lambda}\,\overline{v}) \\
&= \frac{1}{2}(\alpha v_1 + i\alpha v_2 + i\beta v_1 - \beta v_2 + \alpha v_1 - i\alpha v_2 - i\beta v_1 - \beta v_2) \\
&= \alpha v_1 - \beta v_2
\end{aligned}
$$

und genauso

$$L(v_2) = \beta v_1 + \alpha v_2.$$

Die Abbildung L lässt den von v_1 und v_2 aufgespannten 2-dimensionalen[5] Unterraum $U \subset \mathbb{R}^n$ also invariant, und bzgl. der Basis v_1, v_2 sieht die Matrixdarstellung von $T|_U$ so aus:

$$\begin{pmatrix} \alpha & \beta \\ -\beta & \alpha \end{pmatrix}.$$

Sei A eine reelle Matrix, die L und damit auch $L^{\mathbb{C}}$ darstellt, sowie J „die" Jordansche Normalform von $L^{\mathbb{C}}$. Es existiert also eine komplexe Matrix S mit $S^{-1}AS = J$. Dann ist auch

$$(\overline{S})^{-1}A\overline{S} = \overline{S^{-1}A\overline{S}} = \overline{S^{-1}AS} = \overline{J}$$

eine Jordansche Normalform von $L^{\mathbb{C}}$. Die Matrix $\overline{J}$ enthält daher dieselben Jordan-Kästchen wie J. Enthält J andererseits $J(\mu, p)$, so enthält $\overline{J}$ nach Definition $J(\overline{\mu}, p)$. Deshalb kommt in J mit jedem Kästchen $J(\mu, p)$ auch das konjugierte Kästchen $J(\overline{\mu}, p)$ vor. Ist $b_1, \ldots, b_p$ eine dem Kästchen $J(\mu, p)$ unterliegende Jordan-Basis, so kann man nach Lemma 7.5.5 $\overline{b}_1, \ldots, \overline{b}_p$ als $J(\overline{\mu}, p)$ unterliegende Jordan-Basis wählen.

Ist $\mu \in \mathbb{R}$, können auch $b_1, \ldots, b_p \in \mathbb{R}^n$ gewählt werden. Sei nun $\mu = \alpha + i\beta \in \mathbb{C} \setminus \mathbb{R}$, $\beta \neq 0$. Zerlege $b_k \in \mathbb{C}^n$ wie in (7.5.3) in

$$b_k = \frac{b_k + \overline{b}_k}{2} + i\frac{b_k - \overline{b}_k}{2i} =: b_k^1 + ib_k^2 \in \mathbb{R}^n + i\mathbb{R}^n.$$

Für $k \geq 2$ ist

$$L^{\mathbb{C}}(b_k) = \mu b_k + b_{k-1};$$

und wie auf Seite 175 rechnet man

$$L(b_k^1) = L^{\mathbb{C}}(b_k^1) = L^{\mathbb{C}}\left(\frac{b_k + \overline{b}_k}{2}\right)$$

$$= \frac{1}{2}(b_{k-1} + \overline{b}_{k-1} + \mu b_k + \overline{\mu}\,\overline{b}_k)$$

$$= b_{k-1}^1 + \alpha b_k^1 - \beta b_k^2$$

und genauso

$$L(b_k^2) = b_{k-1}^2 + \beta b_k^1 + \alpha b_k^2.$$

---

[5] Da λ und $\overline{\lambda}$ linear unabhängige Eigenvektoren haben (Lemma 7.2.6), sind v und $\overline{v}$ und deshalb auch v_1 und v_2 linear unabhängig.

Die Vektoren $b_1^1, b_1^2, b_2^1, b_2^2, \ldots, b_p^1, b_p^2$ bilden eine Basis des von $b_1, \ldots, b_p, \overline{b}_1, \ldots, \overline{b}_p$ aufgespannten $2p$-dimensionalen Unterraums U von $\mathbb{C}^n$, der unter $L^{\mathbb{C}}$ invariant ist. Die darstellende Matrix von $L^{\mathbb{C}}|_U$ bzgl. der Basis $b_1^1, b_1^2, b_2^1, b_2^2, \ldots, b_p^1, b_p^2$ sieht so aus (mit der Abkürzung $D = \begin{pmatrix} \alpha & \beta \\ -\beta & \alpha \end{pmatrix}$, $E = \begin{pmatrix} 1 & 0 \\ 0 & 1 \end{pmatrix}$):

$$\tilde{J}(\mu, 2p) := \begin{pmatrix} D & E & & & 0 \\ & D & E & & \\ & & D & & \\ & & & \ddots & E \\ & & & & D \end{pmatrix}$$

Da diese Basis aus reellen Vektoren besteht, ist das auch eine darstellende Matrix für $L|_{U \cap \mathbb{R}^n}$.

Daher gilt folgender Satz über die Jordansche Normalform im reellen Fall.

Satz 7.5.6 *Sei* $L: \mathbb{R}^n \to \mathbb{R}^n$ *linear. Dann existiert eine Basis von* $\mathbb{R}^n$*, so dass die darstellende Matrix von* L *die Gestalt*

$$\begin{pmatrix} \square & & \\ & \ddots & \\ & & \square \end{pmatrix}$$

hat und jedes Kästchen entweder von der Form $\square = J(\mu, p)$ *(wenn* μ *ein reeller Eigenwert von* L *ist) oder von der Form* $\square = \tilde{J}(\mu, 2p)$ *ist (wenn* μ *eine nichtreelle Nullstelle von* χ_L *ist).*

7.6 Der Fundamentalsatz der Algebra

Aus dem Fundamentalsatz der Algebra (Satz 7.1.6) erhält man sofort die folgende Aussage.

Satz 7.6.1 *Jede lineare Abbildung auf einem endlichdimensionalen* $\mathbb{C}$*-Vektorraum hat einen Eigenwert.*

Im vorliegenden Abschnitt, den man als Anhang zu diesem Kapitel auffassen kann, werden wir mit Techniken der Linearen Algebra Satz 7.6.1 direkt beweisen und anschließend den Fundamentalsatz der Algebra als Korollar ableiten.[6] Zu diesem Zweck benötigen

---

[6] Diese Beweisstrategie folgt H. Derksen, *The fundamental theorem of algebra and linear algebra.* Amer. Math. Monthly 110 (2003), 620–623.

wir eine Reihe von Lemmata und verwenden mehrfach verwickelte Induktionsargumente. Das erste dieser Lemmata ist aus der Analysis bekannt; es folgt aus dem Zwischenwertsatz.

Lemma 7.6.2 *Jedes Polynom $P \in \mathbb{R}[X]$ ungeraden Grades hat mindestens eine reelle Nullstelle.*

Daraus erhält man sofort:

Lemma 7.6.3 *Ist V ein $\mathbb{R}$-Vektorraum, $\dim(V)$ ungerade und $L \in \mathscr{L}(V)$, so besitzt L mindestens einen reellen Eigenwert.*

Um fortzufahren, führen wir eine Sprechweise ein. Wir sagen, dass zwei lineare Abbildungen $L_1, L_2 \in \mathscr{L}(V)$ einen *gemeinsamen Eigenvektor* $v \ (\neq 0)$ haben, wenn es Eigenwerte λ_1 von L_1 und λ_2 von L_2 mit $L_1 v = \lambda_1 v$, $L_2 v = \lambda_2 v$ gibt.

Wir betrachten ferner folgende Aussagen, in denen K ein Körper und d eine natürliche Zahl ist:

$\mathscr{P}_1(K, d)$: Ist V ein endlichdimensionaler K-Vektorraum, dessen Dimension kein Vielfaches von d ist, so besitzt jedes $L \in \mathscr{L}(V)$ einen (Eigenwert und daher einen) Eigenvektor.

$\mathscr{P}_2(K, d)$: Ist V ein endlichdimensionaler K-Vektorraum, dessen Dimension kein Vielfaches von d ist, so besitzt jedes Paar kommutierender $L_1, L_2 \in \mathscr{L}(V)$ einen gemeinsamen Eigenvektor.

Lemma 7.6.3 besagt also, dass $\mathscr{P}_1(\mathbb{R}, 2)$ wahr ist, während $\mathscr{P}_1(\mathbb{R}, 3)$ trivialerweise falsch ist (Beispiel?).

Lemma 7.6.4 *Aus $\mathscr{P}_1(K, d)$ folgt $\mathscr{P}_2(K, d)$.*

Beweis Sei V ein K-Vektorraum, dessen Dimension n kein Vielfaches von d ist, und seien $L_1, L_2 \in \mathscr{L}(V)$ kommutierende lineare Abbildungen. Wir müssen unter der Annahme $\mathscr{P}_1(K, d)$ einen gemeinsamen Eigenvektor für L_1 und L_2 produzieren; das erreichen wir durch Induktion über diejenigen n, die der Nebenbedingung „n ist kein Vielfaches von d" unterworfen sind. Der Fall $n = 1$ ist klar, und wir nehmen nun die Gültigkeit unserer Behauptung für alle Dimensionen $m < n$, die kein Vielfaches von d sind, an.

Wir werden an dieser Stelle folgende Variante des Induktionsprinzips verwenden. Während der übliche Induktionsschluss von $n - 1$ auf n schließt, schließt man jetzt von $\{1, \ldots, n - 1\}$ auf n; mit anderen Worten besagt dieses *starke Induktionsprinzip*:

• *Ist $N \subset \mathbb{N}$ mit $1 \in N$ und gilt $n \in N$, falls $\{1, \ldots, n - 1\} \subset N$, so ist $N = \mathbb{N}$.*

(Eigentlich braucht man hier keinen Induktionsanfang, da man dafür den Induktionsschluss für $n = 1$ anwenden kann.) Zum Beispiel ist es mit diesem Prinzip ein Leichtes, die

Zerlegbarkeit von natürlichen Zahlen ≥ 2 in Primfaktoren zu zeigen, was mit der üblichen Induktion nicht gelingt.

Zum Beweis des starken Induktionsprinzips aus dem üblichen betrachte $N' = \{n \in \mathbb{N}: \{1, \ldots, n\} \subset N\}$. Dank der neuen Induktionsvoraussetzung zeigt die übliche Induktion $N' = \mathbb{N}$, also folgt $N = \mathbb{N}$, da ja $N' \subset N$.

Zurück zum Beweis des Lemmas. Nach Voraussetzung hat L_1 einen Eigenwert λ_1; setze $W = \ker(L_1 - \lambda_1 \operatorname{Id})$, $Z = \operatorname{ran}(L_1 - \lambda_1 \operatorname{Id})$. Da L_1 und L_2 und deshalb auch $L_1 - \lambda_1 \operatorname{Id}$ und L_2 kommutieren, zeigt Lemma 7.4.1 $L_2(W) \subset W$ und $L_2(Z) \subset Z$, und natürlich $L_1(W) \subset W$ und $L_1(Z) \subset Z$. Ferner ist $\dim W + \dim Z = n$ sowie $\dim W \geq 1$.

Nun sind die Fälle $W = V$ und $W \neq V$ zu unterscheiden. Im ersten Fall ist $L_1 = \lambda_1 \operatorname{Id}$, und nach Voraussetzung $\mathscr{P}_1(K, d)$ hat auch L_2 eine Eigenvektor, der dann natürlich auch Eigenvektor für L_1 ist. Im zweiten Fall ist $1 \leq \dim W < n$ und $1 \leq \dim Z < n$, und nicht beide diese Dimensionen können Vielfache von d sein (sonst wäre es n auch). Also kann die Induktionsvoraussetzung auf einen der Räume W und Z mit den entsprechenden Einschränkungen von L_1 und L_2 angewandt werden und liefert einen gemeinsamen Eigenvektor. $\qquad\square$

Aus Lemma 7.6.3 und Lemma 7.6.4 ergibt sich folgendes Korollar.

Lemma 7.6.5 *Ist V ein $\mathbb{R}$-Vektorraum ungerader Dimension, so besitzt jedes Paar kommutierender $L_1, L_2 \in \mathscr{L}(V)$ einen gemeinsamen Eigenvektor.*

Nun wollen wir $\mathscr{P}_1(\mathbb{C}, 2)$ beweisen.

Lemma 7.6.6 *Ist $A \in \mathbb{C}^{n \times n}$ und n ungerade, so hat A einen Eigenwert.*

Beweis Es sei $V = \mathscr{H}(\mathbb{C}^n)$ der $\mathbb{R}$-Vektorraum der selbstadjungierten komplexen $n \times n$-Matrizen. Eine Basis von V sieht so aus (E_{jl} bezeichnet die $n \times n$-Matrix, die in der j-ten Zeile und l-ten Spalte eine 1 und sonst nur Nullen hat):

$$E_{jl} + E_{lj} \ (1 \leq j < l \leq n), \quad i(E_{jl} - E_{lj}) \ (1 \leq j < l \leq n), \quad E_{jj} \ (1 \leq j \leq n).$$

Daher ist $\dim V = n^2$, also ungerade.

Nun betrachten wir folgende Abbildungen $L_1, L_2 \in \mathscr{L}(V)$:

$$L_1(B) = \frac{AB + BA^*}{2}, \quad L_2(B) = \frac{AB - BA^*}{2i}.$$

(Man beachte, dass diese Matrizen wirklich selbstadjungiert sind.) Man bestätigt, dass L_1 und L_2 kommutieren, und kann also Lemma 7.6.5 anwenden. Dies liefert reelle Zahlen λ_1, λ_2 und eine Matrix $B \neq 0$ mit

$$L_1(B) = \lambda_1 B, \quad L_2(B) = \lambda_2 B.$$

Deswegen ist $L_1(B)+iL_2(B) = (\lambda_1+i\lambda_2)B$, aber nach Definition ist $L_1(B) + iL_2(B) = AB$, so dass mit $\lambda = \lambda_1 + i\lambda_2 \in \mathbb{C}$

$$AB = \lambda B$$

folgt. Jede von 0 verschiedene Spalte von B ist somit ein Eigenvektor von A zum Eigenwert λ, und Lemma 7.6.6 ist bewiesen. $\qquad\square$

Damit ist Satz 7.6.1 für $\mathbb{C}$-Vektorräume ungerader Dimension bewiesen. Den Rest erledigt wieder eine raffinierte Induktion.

Lemma 7.6.7 *Es gilt $\mathscr{P}_1(\mathbb{C}, 2^k)$ für alle $k \in \mathbb{N}$.*

Beweis Der Fall $k = 1$ ist in Lemma 7.6.6 abgehandelt. Nehmen wir nun als Induktionsvoraussetzung die Gültigkeit von $\mathscr{P}_1(\mathbb{C}, 2^{k-1})$ und damit wegen Lemma 7.6.4 auch $\mathscr{P}_2(\mathbb{C}, 2^{k-1})$ an, und sei $A \in \mathbb{C}^{n\times n}$, wo n kein Vielfaches von 2^k ist. Wenn n auch kein Vielfaches von 2^{k-1} ist, kann man sofort die Induktionsvoraussetzung anwenden; also müssen wir Dimensionen $n = 2^{k-1}m$ mit ungeradem m betrachten.

Wie im letzten Beweis werden wir die Induktionsvoraussetzung auf geeignete Matrixräume anwenden. Diesmal betrachten wir den $\mathbb{C}$-Vektorraum

$$V = \{B \in \mathbb{C}^{n\times n} \colon B = -B^t\}$$

der „schiefsymmetrischen" komplexen Matrizen. Eine Basis dieses Vektorraums ist durch die $\frac{n(n-1)}{2}$ Matrizen

$$E_{jl} - E_{lj} \qquad (1 \le j < l \le n)$$

gegeben; die Dimension von V ist also ein ungerades Vielfaches von 2^{k-2} und daher kein Vielfaches von 2^{k-1}.

Seien $L_1, L_2 \in \mathscr{L}(V)$ durch

$$L_1(B) = AB + BA^t, \quad L_2(B) = ABA^t$$

definiert; wiederum ist zu beachten, dass diese Matrizen schiefsymmetrisch sind und dass L_1 und L_2 kommutieren.

Die Induktionsvoraussetzung liefert komplexe Zahlen λ_1, λ_2 und eine komplexe Matrix $B \ne 0$ mit

$$L_1(B) = \lambda_1 B, \quad L_2(B) = \lambda_2 B,$$

also

$$\lambda_2 B = ABA^t = A(\lambda_1 B - AB),$$

d. h.

$$(A^2 - \lambda_1 A + \lambda_2 E_n)B = 0.$$

Wir betrachten jetzt das komplexe Polynom $X^2 - \lambda_1 X + \lambda_2$, das wir mit geeigneten $\alpha, \beta \in \mathbb{C}$ als $(X - \alpha)(X - \beta)$ faktorisieren (siehe das folgende Lemma 7.6.8). Jede von 0 verschiedene Spalte v von B erfüllt daher

$$(A - \alpha E_n)(A - \beta E_n)v = 0.$$

Falls $w := (A - \beta E_n)v = 0$ ist, ist β ein Eigenwert von A (mit Eigenvektor v); ist $w \neq 0$, ist α ein Eigenwert von A (mit Eigenvektor w).

Damit ist gezeigt, dass A einen Eigenwert hat, was den Induktionsbeweis von $\mathscr{P}_1(\mathbb{C}, 2^k)$ abschließt.   □

Es bleibt noch ein Lemma nachzutragen.

Lemma 7.6.8 *Jedes quadratische Polynom über $\mathbb{C}$ zerfällt in Linearfaktoren.*

Beweis Um das einzusehen, müssen wir die *p-q*-Formel im Kontext komplexer Zahlen verstehen, insbesondere muss die Existenz von Wurzeln aus komplexen Zahlen gezeigt werden: Sei $z = x + iy \in \mathbb{C}$ mit $x, y \in \mathbb{R}$. Sei $r = \sqrt{x^2 + y^2}$ sowie $\sigma = 1$ für $y \geq 0$ und $\sigma = -1$ für $y < 0$; dann rechnet man leicht nach (hier gehen nur Wurzeln aus nichtnegativen reellen Zahlen ein), dass

$$\left(\sqrt{\frac{r + x}{2}} + i\sigma \sqrt{\frac{r - x}{2}} \right)^2 = z.$$

Schreibt man für die Klammer abkürzend $\sqrt{z}$, so sieht man, dass das Polynom $X^2 + pX + q$ die Nullstellen

$$z_{1/2} = -\frac{p}{2} \pm \sqrt{\left(\frac{p}{2} \right)^2 - q}$$

hat, also zerfällt

$$X^2 + pX + q = (X - z_1)(X - z_2).$$ □

Die obige Beschreibung der Wurzel einer komplexen Zahl ist insofern unbefriedigend, als nicht klar ist, wie man sie erhält. In der Analysis lernt man die Polarzerlegung einer komplexen Zahl in der Form $z = re^{i\varphi}$, und dann ist $\sqrt{r}e^{i\varphi/2}$ eine Wurzel aus z.

Für den *Beweis von Satz 7.6.1* ist jetzt nur noch Lemma 7.6.7 mit einem passenden k (z. B. $2^k > \dim(V)$) anzuwenden. $\qquad\qquad\qquad\qquad\qquad\qquad\qquad\qquad\qquad\qquad\qquad\square$

Als Korollar von Satz 7.6.1 erhält man den Fundamentalsatz der Algebra, und zwar so. Sei $P(X) = X^n + a_{n-1}X^{n-1} + \cdots + a_1 X + a_0 \in \mathbb{C}[X]$ ein nichtkonstantes Polynom (offenbar ist es keine Einschränkung, $a_n = 1$ anzusetzen). Es sei A die komplexe $n \times n$-Matrix (die *Begleitmatrix* des Polynoms)

$$A = \begin{pmatrix} 0 & 1 & 0 & & 0 \\ 0 & 0 & 1 & \ddots & 0 \\ 0 & 0 & 0 & \ddots & \vdots \\ \vdots & & & & 1 \\ -a_0 & -a_1 & -a_2 & \cdots & -a_{n-1} \end{pmatrix}.$$

Die Entwicklung von $\det(A - XE_n)$ nach der letzten Zeile zeigt

$$\chi_A(X) = \det(A - XE_n) = (-1)^n P(X).$$

Nach Satz 7.6.1 hat A einen komplexen Eigenwert, also hat P eine komplexe Nullstelle. Wenn aber jedes nichtkonstante Polynom eine Nullstelle hat, zerfällt es in Linearfaktoren, wie (7.1.3) auf Seite 144 zeigt. $\qquad\qquad\qquad\qquad\qquad\qquad\qquad\qquad\qquad\square$

Für welche anderen Körper gilt die Aussage des Fundamentalsatzes? Definitionsgemäß sind das die algebraisch abgeschlossenen Körper; explizit heißt ein Körper K *algebraisch abgeschlossen*, wenn jedes Polynom $P \in K[X]$ eine Nullstelle in K hat (und daher in Linearfaktoren zerfällt, siehe (7.1.3)).

Ein in der Algebra und Zahlentheorie wichtiges Beispiel ist der Körper $\overline{\mathbb{Q}}$ der *algebraischen Zahlen*; dabei heißt eine komplexe Zahl λ algebraisch, wenn es ein von 0 verschiedenes Polynom $P \in \mathbb{Q}[X]$ mit $P(\lambda) = 0$ gibt. Es ist alles andere als offensichtlich, aber richtig, dass $\overline{\mathbb{Q}}$ ein Körper ist (das zeigen wir am Ende von Abschn. 10.3), geschweige denn, dass $\overline{\mathbb{Q}}$ algebraisch abgeschlossen ist. Eine nicht algebraische komplexe Zahl heißt *transzendent*. Die berühmten und sehr schwierigen Sätze von Hermite bzw. Lindemann besagen, dass e bzw. π transzendent sind. Zu diesem Themenkreis vgl. F. Toeniessen, *Das Geheimnis der transzendenten Zahlen*. Springer, 2. Auflage 2019.

Nach einem Satz von Steinitz[7] ist es möglich, jeden Körper zu einem kleinstmöglichen algebraisch abgeschlossenen Körper zu erweitern (wie $\mathbb{R}$ zu $\mathbb{C}$ oder $\mathbb{Q}$ zu $\overline{\mathbb{Q}}$), der algebraischer Abschluss genannt wird.

7.7 Aufgaben

Aufgabe 7.7.1 Sei $\deg(P) \in \{-\infty\} \cup \mathbb{N}_0$ der Grad eines Polynoms P mit Koeffizienten aus einem Körper K. Zeigen Sie (mit der Konvention, dass $-\infty + d = -\infty$ für $d \in \{-\infty\} \cup \mathbb{N}_0$)

$$\deg(P + Q) \leq \max\{\deg(P), \deg(Q)\}, \quad \deg(PQ) = \deg(P) + \deg(Q)$$

für Polynome P und Q.

Aufgabe 7.7.2 Sei $b_1, \ldots, b_n$ eine geordnete Basis des K-Vektorraums V, sei $L \in \mathscr{L}(V)$, und sei M die bzgl. $b_1, \ldots, b_n$ darstellende Matrix von L. Sei $\lambda \in K$; wir wissen bereits, dass λ genau dann ein Eigenwert von L ist, wenn es ein Eigenwert von M ist. Es sei $U \subset V$ der zugehörige Eigenraum von L, und sei $Z \subset K^n$ der zugehörige Eigenraum von M. Zeigen Sie $\dim(U) = \dim(Z)$.

Aufgabe 7.7.3 Seien A eine komplexe $n \times n$-Matrix und χ_A ihr charakteristisches Polynom,

$$\chi(A)(X) = a_n X^n + \cdots + a_1 X + a_0.$$

Wir wissen bereits, dass $a_n = (-1)^n$ und $a_0 = \det A$ ist. Bestimmen Sie a_{n-1} und schließen Sie, dass die Spur von A mit der Summe der in ihrer Vielfachheit gezählten Eigenwerte übereinstimmt:

$$\sum_{j=1}^{n} \lambda_j = \operatorname{tr}(A).$$

(Die Spur wurde in Beispiel 3.1.2(f) eingeführt.)

Aufgabe 7.7.4 Seien V ein K-Vektorraum und $L \in \mathscr{L}(V)$. Jeder Vektor in $V \setminus \{0\}$ sei ein Eigenvektor von L. Zeigen Sie, dass $L = \alpha \operatorname{Id}$ für ein geeignetes $\alpha \in K$ ist.

---

[7] Diesen Namen kennen Sie vom Steinitzschen Austauschsatz, Satz 2.2.14.

Aufgabe 7.7.5 Bestimmen Sie die Eigenwerte und die zugehörigen Eigenräume für die komplexe Matrix

$$\begin{pmatrix} 1 & 0 & i \\ 0 & 2 & 0 \\ -i & 0 & 1 \end{pmatrix}.$$

Aufgabe 7.7.6 Zu einer komplexen $n \times n$-Matrix $A = (a_{jk})$ setze

$$\rho_j(A) = \sum_{k \neq j} |a_{jk}| \quad (j = 1, \ldots, n)$$

und

$$G_j(A) = \{z \in \mathbb{C} : |z - a_{jj}| \leq \rho_j(A)\};$$

dies sind die sogenannten *Gerschgorinschen Kreise*. Zeigen Sie

$$\sigma(A) \subset \bigcup_{j=1}^{n} G_j(A).$$

(Hinweis: Betrachten Sie die betragsgrößte Komponente eines Eigenvektors zu einem Eigenwert.)

Aufgabe 7.7.7 In dieser Aufgabe sollen Sie zeigen, dass jede komplexe $n \times n$-Matrix, A, einen Eigenwert besitzt, ohne das charakteristische Polynom zu benutzen. (Der Fundamentalsatz der Algebra wird aber benutzt.) Folgen Sie folgender Anleitung.

(a) Bestimmen Sie eine natürliche Zahl N, so dass $E_n, A, A^2, \ldots, A^N$ im Vektorraum $\mathbb{C}^{n \times n}$ linear abhängig sind.

(b) Zeigen Sie, dass es ein Polynom P positiven Grades gibt, für das $P(A) = 0$ ist.

(c) Sei nun Π ein Polynom minimalen Grades, für das $\Pi(A) = 0$ gilt (warum gibt es so ein Polynom?), sei λ eine Nullstelle von Π (warum hat Π eine Nullstelle?), und schreiben Sie $\Pi(X) = Q(X)(X - \lambda)$.

(d) Zeigen Sie, dass $A - \lambda E_n$ nicht invertierbar ist.

Aufgabe 7.7.8 Seien A und B (reelle oder komplexe) $n \times n$-Matrizen. Zeigen Sie $\sigma(AB) = \sigma(BA)$, indem Sie

(a) zuerst $\lambda = 0$ betrachten,

(b) dann für ein $\lambda \neq 0$, das kein Eigenwert von AB ist,

$$(B(AB - \lambda E_n)^{-1} A - E_n)(BA - \lambda E_n)$$

ausrechnen.

Aufgabe 7.7.9 Sei V der von den Funktionen $f_1\colon \mathbb{R} \to \mathbb{R}$, $f_1(x) = \cos x$, $f_2\colon \mathbb{R} \to \mathbb{R}$, $f_2(x) = \sin x$, und $f_3\colon \mathbb{R} \to \mathbb{R}$, $f_3(x) = 1$ aufgespannte Unterraum des $\mathbb{R}$-Vektorraums aller Funktionen von $\mathbb{R}$ nach $\mathbb{R}$. Sei $L\colon V \to V$ der Ableitungsoperator, $L(f) = f'$. Ist L diagonalisierbar?

Aufgabe 7.7.10 Bestimmen Sie die Eigenwerte und Eigenräume der reellen Matrix

$$\begin{pmatrix} 2 & 0 & 1 \\ 0 & 1 & 0 \\ 0 & 0 & 2 \end{pmatrix}.$$

Ist diese Matrix diagonalisierbar?

Aufgabe 7.7.11 Sei A eine $n \times n$-Matrix, die obere Dreiecksgestalt hat. Zeigen Sie, dass A genau dann invertierbar ist, wenn kein Eintrag auf der Diagonalen $= 0$ ist,

(a) mit Hilfe des charakteristischen Polynoms bzw. der Determinante von A,
(b) ohne das charakteristische Polynom bzw. die Determinante von A zu benutzen.

Aufgabe 7.7.12 Seien $L_1, L_2 \in \mathscr{L}(V)$, und sei $L_1 L_2$ nilpotent. Zeigen Sie, dass auch $L_2 L_1$ nilpotent ist.

Aufgabe 7.7.13 Seien $L \in \mathscr{L}(V)$ nilpotent sowie $v \in V$ und $r \in \mathbb{N}$ mit $L^r(v) \neq 0$. Zeigen Sie, dass $v, L(v), \ldots, L^r(v)$ linear unabhängig sind.

Aufgabe 7.7.14 Sei A eine diagonalisierbare $n \times n$-Matrix über einem Körper K; die paarweise verschiedenen Eigenwerte von A seien $\mu_1, \ldots, \mu_r$. Sei $P(X) = (X - \mu_1) \cdots (X - \mu_r)$.

(a) Zeigen Sie $P(A) = 0$.
(b) Stimmt das auch, wenn A nicht diagonalisierbar ist?

Aufgabe 7.7.15 Seien V ein endlichdimensionaler Vektorraum und $L \in \mathscr{L}(V)$. Dann nennt man zu gegebenem $v \in V \setminus \{0\}$ und $j \in \mathbb{N}$

$$K_j(v) = \lim\{v, L(v), \ldots, L^{j-1}(v)\}$$

den j-ten *Krylov-Raum* zu v. Man setzt noch $K_0(v) = \{0\}$. Es sei ferner $m \in \mathbb{N}$ die kleinste ganze Zahl, für die $v, L(v), \ldots, L^m(v)$ linear abhängig sind. Zeigen Sie:

(a) $K_0(v) \subsetneqq K_1(v) \subsetneqq \cdots \subsetneqq K_m(v) = K_{m+1}(v) = K_{m+2}(v) = \cdots$.
(b) $\dim K_j(v) = j$ für $j = 0, \ldots, m$.
(c) $L(K_m(v)) \subset K_m(v)$.
(d) Ist U ein Unterraum von V mit $L(U) \subset U$ und $v \in U$, so ist auch $K_m(v) \subset U$.

Aufgabe 7.7.16 Verifizieren Sie den Satz von Cayley-Hamilton für 2×2-Matrizen über einem beliebigen Körper.

Aufgabe 7.7.17 Sei A eine komplexe $n \times n$-Matrix.

(a) Zeigen Sie, dass es genau ein Polynom $\mu_A(X)$ minimalen Grades und mit führendem Koeffizienten 1 gibt, so dass $\mu_A(A) = 0$. (Siehe Aufgabe 7.7.7.) μ_A heißt das *Minimalpolynom* von A.

(b) $\mu_A(X)$ teilt jedes Polynom $P(X)$ mit $P(A) = 0$; insbesondere teilt μ_A das charakteristische Polynom.

(c) Die Nullstellen von μ_A sind genau die Eigenwerte von A.

(d) A ist genau dann diagonalisierbar, wenn alle Nullstellen von $\mu_A(X)$ einfach sind.

Aufgabe 7.7.18 Sei V ein n-dimensionaler $\mathbb{C}$-Vektorraum, $L \in \mathscr{L}(V)$, und sei λ ein Eigenwert von L. Zeigen Sie, dass $L - \lambda\,\mathrm{Id}: \mathrm{ran}(L - \lambda\,\mathrm{Id})^n \to \mathrm{ran}(L - \lambda\,\mathrm{Id})^n$, also aufgefasst als Abbildung von $\mathrm{ran}(L - \lambda\,\mathrm{Id})^n$ in sich, bijektiv ist.

Aufgabe 7.7.19 Bestimmen Sie eine Jordan-Basis für die Matrix aus Beispiel 7.5.4.

Aufgabe 7.7.20 Bestimmen Sie die Jordansche Normalform und eine Jordan-Basis für die Matrix

$$
A = \begin{pmatrix} 2 & 5 & 0 & 0 & 0 \\ 0 & 2 & 0 & 0 & 0 \\ 0 & 0 & -1 & 0 & -1 \\ 0 & 0 & 0 & -1 & 0 \\ 0 & 0 & 0 & 0 & -1 \end{pmatrix}.
$$

Aufgabe 7.7.21 Zeigen Sie, dass die im Beweis von Lemma 7.6.6 angegebenen Matrizen eine Basis des $\mathbb{R}$-Vektorraums $\mathscr{H}(\mathbb{C}^n)$ bilden.

Aufgabe 7.7.22 In dieser Aufgabe geht es um die Objekte V, L_1 und L_2 aus Lemma 7.6.7.

(a) Zeigen Sie, dass die dort angegebenen Matrizen $E_{jl} - E_{lj}$ eine Basis von V bilden.

(b) Zeigen Sie, dass für $B \in V$ auch $L_1(B)$ und $L_2(B)$ in V liegen.

(c) Zeigen Sie, dass L_1 und L_2 kommutieren.

Eigenwerttheorie in Innenprodukträumen

8

8.1 Selbstadjungierte Abbildungen und Matrizen

Dieses Kapitel handelt davon, wie man die Eigenwerttheorie in Innenprodukträumen verfeinern kann. Die für dieses Kapitel gültige Konvention soll sein, dass mit V stets ein endlichdimensionaler Innenproduktraum mit Skalarprodukt $\langle\,.\,,\,.\,\rangle$ über $\mathbb{K} = \mathbb{R}$ oder $\mathbb{K} = \mathbb{C}$ gemeint ist.

Zuerst beschäftigen wir uns mit selbstadjungierten Abbildungen und Matrizen.

Satz 8.1.1 *Ist $L \in \mathscr{L}(V)$ selbstadjungiert, so ist jeder Eigenwert reell. Eine analoge Aussage gilt für selbstadjungierte Matrizen.*

Beweis Im Fall $\mathbb{K} = \mathbb{R}$ ist nichts zu zeigen, da dann Eigenwerte definitionsgemäß reell sind.

Im Fall $\mathbb{K} = \mathbb{C}$ sei $\lambda \in \mathbb{C}$ ein Eigenwert mit zugehörigem Eigenvektor v ($\neq 0$). Dann ist

$$\lambda\|v\|^2 = \langle \lambda v, v \rangle = \langle Lv, v \rangle = \langle v, Lv \rangle = \langle v, \lambda v \rangle = \overline{\lambda}\|v\|^2$$

und deshalb $\lambda = \overline{\lambda}$, also $\lambda \in \mathbb{R}$. □

Satz 8.1.2 *Seien λ und μ verschiedene Eigenwerte der selbstadjungierten Abbildung $L \in \mathscr{L}(V)$ mit zugehörigen Eigenvektoren v und w. Dann sind v und w orthogonal. Eine analoge Aussage gilt für selbstadjungierte Matrizen.*

© Der/die Autor(en), exklusiv lizenziert an Springer Nature Switzerland AG 2022
D. Werner, *Lineare Algebra*, Grundstudium Mathematik,
https://doi.org/10.1007/978-3-030-91107-2_8

Beweis Es ist

$$\lambda \langle v, w \rangle = \langle \lambda v, w \rangle = \langle Lv, w \rangle = \langle v, Lw \rangle = \langle v, \mu w \rangle = \mu \langle v, w \rangle$$

(für den letzten Schritt beachte, dass μ wegen Satz 8.1.1 reell ist), und aus $\lambda \neq \mu$ folgt jetzt $\langle v, w \rangle = 0$. ☐

Um die Hauptraumzerlegung anzuwenden, benötigen wir das folgende wichtige Lemma.

Lemma 8.1.3 *Sei $L \in \mathscr{L}(V)$ selbstadjungiert. Dann gilt*

$$\ker(L) = \ker(L^2). \tag{8.1.1}$$

Beweis Die Inklusion „$\subset$" ist klar. Gelte umgekehrt $L^2(v) = 0$; dann ist auch

$$0 = \langle L^2(v), v \rangle = \langle L(v), L(v) \rangle = \|L(v)\|^2,$$

also $L(v) = 0$ und $v \in \ker(L)$. ☐

Sei jetzt λ ($\in \mathbb{R}$!) ein Eigenwert von L. Wendet man Lemma 8.1.3 auf $L - \lambda \,\mathrm{Id}$ an (wegen $\lambda \in \mathbb{R}$ ist $L - \lambda \,\mathrm{Id}$ selbstadjungiert), ergibt sich aus Korollar 7.4.11, dass der Hauptraum zu λ mit dem Eigenraum übereinstimmt. Im komplexen Fall liefert dasselbe Korollar also, dass L diagonalisierbar ist.

Gehen wir einen Schritt weiter. In jedem Eigenraum $\ker(L - \mu_k \,\mathrm{Id})$ wählen wir eine Orthonormalbasis. Da Eigenvektoren zu verschiedenen Eigenwerten orthogonal sind (Satz 8.1.2), erhält man auf diese Weise eine Orthonormalbasis von V, die aus Eigenvektoren von L besteht.

Wir fassen zusammen:

Satz 8.1.4 *Zu jeder selbstadjungierten Abbildung $L \in \mathscr{L}(V)$ auf einem komplexen endlichdimensionalen Innenproduktraum gibt es eine Orthonormalbasis von V, die aus Eigenvektoren von L besteht.*

Die Matrixversion dieses Satzes lautet so.

Korollar 8.1.5 *Jede selbstadjungierte Matrix $A \in \mathbb{C}^{n \times n}$ ist unitär ähnlich zu einer Diagonalmatrix, d. h. es existiert eine unitäre Matrix U mit $U^* A U = \mathrm{diag}(\lambda_1, \ldots, \lambda_n)$.*

Beweis Es ist nur zu beachten, dass A überhaupt diagonalisierbar ist (siehe oben!), also $S^{-1} A S = \mathrm{diag}(\lambda_1, \ldots, \lambda_n)$ mit einer geeigneten invertierbaren Matrix S, deren Spalten aus den Eigenvektoren zu den λ_j bestehen. Wählt man speziell eine Orthonormalbasis aus

Eigenvektoren zu $L_A\colon x \mapsto Ax$ (Satz 8.1.4), so sind die Spalten von S orthonormal und bilden deshalb (Korollar 6.3.16) eine unitäre Matrix, die mit U statt S bezeichnet sei, und dann ist $S^{-1} = U^{-1} = U^*$ (Letzteres, da U unitär ist).   □

Nun soll der reelle Fall behandelt werden; dieser ist überschaubarer in der Welt der Matrixdarstellungen zu erklären. Sei A eine reelle selbstadjungierte Matrix, diese können wir als selbstadjungierte Matrix in $\mathbb{C}^{n\times n}$ auffassen, die zufällig reelle Einträge hat. Über $\mathbb{C}$ zerfällt das charakteristische Polynom; aber nach Satz 8.1.1 sind sämtliche Nullstellen reell, und χ_A zerfällt auch in $\mathbb{R}[X]$. Damit führt das gleiche Argument wie oben zum reellen Analogon von Korollar 8.1.5 bzw. Satz 8.1.4. Im reellen Fall gilt auch die Umkehrung dieser Aussagen, die über $\mathbb{C}$ gewiss nicht gilt (betrachte z. B. $L = i\,\mathrm{Id}$, siehe Satz 8.2.5 zur Umkehrung im komplexen Fall); das besagt der nächste Satz.

Satz 8.1.6 *Sei V ein reeller endlichdimensionaler Innenproduktraum, und sei $L \in \mathscr{L}(V)$. Genau dann besitzt V eine Orthonormalbasis aus Eigenvektoren von L, wenn L selbstadjungiert ist.*

Beweis Es ist nur noch die Notwendigkeit der Selbstadjungiertheit zu begründen. Sei $u_1, \ldots, u_n$ eine Orthonormalbasis aus Eigenvektoren von L. Das bedeutet, dass die Matrixdarstellung M von L bzgl. dieser Basis diagonal ist: $M = \mathrm{diag}(\lambda_1, \ldots, \lambda_n)$ mit den Eigenwerten $\lambda_1, \ldots, \lambda_n$, die ja reell sind. Nun hat L^* die Matrixdarstellung M^* (Satz 6.3.5), und $M = M^*$ wegen $\lambda_j \in \mathbb{R}$. Also ist nach Satz 3.3.3 $L = L^*$, d. h. L ist selbstadjungiert.   □

Korollar 8.1.7 *Genau dann ist eine reelle Matrix $A \in \mathbb{R}^{n\times n}$ orthogonal ähnlich zu einer Diagonalmatrix, d. h. es existiert eine orthogonale Matrix U mit $U^*AU = \mathrm{diag}(\lambda_1, \ldots, \lambda_n)$, wenn A selbstadjungiert ist.*

Der folgende Satz beschreibt die *Spektralzerlegung* selbstadjungierter Abbildungen; hier kann $\mathbb{K} = \mathbb{R}$ oder $\mathbb{K} = \mathbb{C}$ sein.

Satz 8.1.8 *Sei $L \in \mathscr{L}(V)$ selbstadjungiert, sei $u_1, \ldots, u_n$ eine Orthonormalbasis aus Eigenvektoren zu den Eigenwerten $\lambda_1, \ldots, \lambda_n$. Dann gilt*

$$L(v) = \sum_{j=1}^{n} \lambda_j \langle v, u_j \rangle u_j \qquad \text{für alle } v \in V.$$

Beweis Sei $v \in V$. Aus Satz 6.2.7 wissen wir, dass v als $\sum_{j=1}^{n} \langle v, u_j \rangle u_j$ geschrieben werden kann. Es folgt

$$L(v) = \sum_{j=1}^{n} \langle v, u_j \rangle L(u_j) = \sum_{j=1}^{n} \lambda_j \langle v, u_j \rangle u_j,$$

was zu zeigen war.   □

Dieses Resultat kann auch so beschrieben werden. Es seien $\mu_1, \ldots, \mu_k$ die paarweise verschiedenen Eigenwerte der selbstadjungierten Abbildung L. Jeder Eigenwert werde nach seiner (geometrischen = algebraischen) Vielfachheit wiederholt; so entsteht (modulo Umordnung) die Eigenwert folge in Satz 8.1.8:

$$(\lambda_1, \ldots, \lambda_n) = (\mu_1, \ldots, \mu_1, \mu_2, \ldots, \mu_2, \ldots, \mu_k, \ldots, \mu_k),$$

wobei μ_j insgesamt $d_j = \dim \ker(L - \mu_j \,\mathrm{Id})$-mal auftritt. Damit ist $\{1, \ldots, n\}$ in k Blöcke B_j zerlegt, die man so beschreiben kann: $i \in B_j$ genau dann, wenn $\lambda_i = \mu_j$.

Es bezeichne P_j die Orthogonalprojektion auf den Eigenraum $\ker(L - \mu_j \,\mathrm{Id})$. Nach Satz 6.2.10 gilt $P_j(v) = \sum_{i \in B_j} \langle v, u_i \rangle u_i$, und daher wird aus der Darstellung von $L(v)$ aus Satz 8.1.8

$$L(v) = \sum_{j=1}^{k} \mu_j P_j(v).$$

Kompakter formuliert gilt folgendes Korollar.

Korollar 8.1.9 *Unter den obigen Voraussetzungen ist*

$$L = \sum_{j=1}^{k} \mu_j P_j. \tag{8.1.2}$$

Das kann man als Zerlegung der selbstadjungierten Abbildung L in ihre einfachsten Bestandteile ansehen. Zur Erinnerung: Orthogonalprojektion en sind selbstadjungiert; siehe Beispiel 6.3.11.

Beispiel 8.1.10 Man bestimme eine Orthonormalbasis des $\mathbb{R}^3$ (mit dem euklidischen Skalarprodukt) aus Eigenvektoren der Matrix

$$A = \begin{pmatrix} 0 & 1 & 1 \\ 1 & 0 & 0 \\ 1 & 0 & 0 \end{pmatrix}.$$

Zur Bestimmung der Eigenwerte von A berechnen wir durch Entwicklung nach der letzten Zeile

$$\chi_A(\lambda) = \det \begin{pmatrix} -\lambda & 1 & 1 \\ 1 & -\lambda & 0 \\ 1 & 0 & -\lambda \end{pmatrix} = \det \begin{pmatrix} 1 & 1 \\ -\lambda & 0 \end{pmatrix} - \lambda \det \begin{pmatrix} -\lambda & 1 \\ 1 & -\lambda \end{pmatrix}$$

$$= \lambda - \lambda(\lambda^2 - 1) = -\lambda(\lambda^2 - 2),$$

so dass 0, $\sqrt{2}$ und $-\sqrt{2}$ die Eigenwerte von A sind. Zur Berechnung der Eigenvektoren benutzen wir Zeilenreduktion:

$$A - 0E_3 = \begin{pmatrix} 0 & 1 & 1 \\ 1 & 0 & 0 \\ 1 & 0 & 0 \end{pmatrix} \rightsquigarrow \begin{pmatrix} 1 & 0 & 0 \\ 0 & 1 & 1 \\ 0 & 0 & 0 \end{pmatrix},$$

also ist

$$\begin{pmatrix} 0 \\ -1 \\ 1 \end{pmatrix}$$

ein Eigenvektor zum Eigenwert 0. Genauso erhält man

$$A - \sqrt{2}E_3 = \begin{pmatrix} -\sqrt{2} & 1 & 1 \\ 1 & -\sqrt{2} & 0 \\ 1 & 0 & -\sqrt{2} \end{pmatrix} \rightsquigarrow \begin{pmatrix} -\sqrt{2} & 1 & 1 \\ 0 & -\sqrt{2}+\frac{1}{\sqrt{2}} & \frac{1}{\sqrt{2}} \\ 0 & \frac{1}{\sqrt{2}} & -\sqrt{2}+\frac{1}{\sqrt{2}} \end{pmatrix}$$

$$\rightsquigarrow \begin{pmatrix} -\sqrt{2} & 1 & 1 \\ 0 & -1 & 1 \\ 0 & 1 & -1 \end{pmatrix} \rightsquigarrow \begin{pmatrix} -\sqrt{2} & 1 & 1 \\ 0 & -1 & 1 \\ 0 & 0 & 0 \end{pmatrix}$$

mit einem Eigenvektor

$$\begin{pmatrix} \sqrt{2} \\ 1 \\ 1 \end{pmatrix}.$$

Eine ähnliche Rechnung für den dritten Eigenwert produziert den Eigenvektor

$$\begin{pmatrix} -\sqrt{2} \\ 1 \\ 1 \end{pmatrix}.$$

Diese Vektoren sind orthogonal, aber noch nicht normiert. Die gesuchte Orthonormalbasis ist daher

$$
\begin{pmatrix} 0 \\ -1/\sqrt{2} \\ 1/\sqrt{2} \end{pmatrix}, \quad \begin{pmatrix} 1/\sqrt{2} \\ 1/2 \\ 1/2 \end{pmatrix}, \quad \begin{pmatrix} -1/\sqrt{2} \\ 1/2 \\ 1/2 \end{pmatrix}.
$$

Ferner erkennt man die Diagonalisierung

$$
\begin{pmatrix} 0 & -1/\sqrt{2} & 1/\sqrt{2} \\ 1/\sqrt{2} & 1/2 & 1/2 \\ -1/\sqrt{2} & 1/2 & 1/2 \end{pmatrix} A \begin{pmatrix} 0 & 1/\sqrt{2} & -1/\sqrt{2} \\ -1/\sqrt{2} & 1/2 & 1/2 \\ 1/\sqrt{2} & 1/2 & 1/2 \end{pmatrix} = \begin{pmatrix} 0 & 0 & 0 \\ 0 & \sqrt{2} & 0 \\ 0 & 0 & -\sqrt{2} \end{pmatrix}.
$$

8.2 Normale Abbildungen und Matrizen

Als nächstes werden wir die Diagonalisierbarkeit normaler Abbildungen und Matrizen besprechen. Wir beginnen mit einem Korollar zu Satz 6.3.12. Weiterhin bezeichnet V einen endlichdimensionalen Innenproduktraum, der diesmal auch komplex sein darf.

Korollar 8.2.1 *Sei $L \in \mathscr{L}(V)$ normal. Ist λ ein Eigenwert von L mit Eigenvektor v, so ist $\overline{\lambda}$ ein Eigenwert von L^*, und v ist ebenfalls ein Eigenvektor dazu.*

Beweis Das folgt sofort, wenn man Satz 6.3.12 auf die normale Abbildung $T = L - \lambda\,\mathrm{Id}$ anwendet, denn dieses Resultat liefert $0 = \|T(v)\| = \|T^*(v)\|$; aus $L(v) = \lambda v$ folgt daher $L^*(v) = \overline{\lambda}v$. $\qquad\Box$

Der nächste Satz ist analog zu Satz 8.1.2.

Satz 8.2.2 *Sei $L \in \mathscr{L}(V)$ normal. Dann sind Eigenvektoren zu verschiedenen Eigenwerten orthogonal.*

Beweis Seien $\lambda \neq \mu$ Eigenwerte von L mit Eigenvektoren v bzw. w, d. h. $L(v) = \lambda v$ und $L(w) = \mu w$. Dann gilt

$$
\lambda \langle v, w \rangle = \langle \lambda v, w \rangle = \langle Lv, w \rangle
$$
$$
= \langle v, L^* w \rangle = \langle v, \overline{\mu} w \rangle = \mu \langle v, w \rangle;
$$

im vorletzten Schritt ging Korollar 8.2.1 ein. Wegen $\lambda \neq \mu$ muss $\langle v, w \rangle = 0$ sein. $\qquad\Box$

Wir notieren ein weiteres nützliches Lemma.

Lemma 8.2.3 *Sei $L \in \mathcal{L}(V)$ normal, und sei $U \subset V$ ein Unterraum. Dann sind folgende Aussagen äquivalent:*

(i) $L(U) \subset U$.
(ii) $L^*(U) \subset U$.
(iii) $L(U^\perp) \subset U^\perp$.

Beweis (i) $\Rightarrow$ (ii): Seien $u_1, \ldots, u_m$ eine Orthonormalbasis von U und $u_{m+1}, \ldots, u_n$ eine Orthonormalbasis von $U^\perp$, so dass $u_1, \ldots, u_n$ eine Orthonormalbasis von V ist. Wegen $L(U) \subset U$ ist

$$L(u_k) = \sum_{j=1}^{m} \langle Lu_k, u_j \rangle u_j$$

sowie

$$L^*(u_k) = \sum_{j=1}^{n} \langle L^*u_k, u_j \rangle u_j,$$

jeweils für $k = 1, \ldots, m$. Da L normal ist, muss stets $\|L(u_k)\| = \|L^*(u_k)\|$ sein (Satz 6.3.12), daher (Satz 6.2.7)

$$\sum_{j=1}^{m} |\langle Lu_k, u_j \rangle|^2 = \sum_{j=1}^{n} |\langle L^*u_k, u_j \rangle|^2.$$

Aber

$$\langle L^*u_k, u_j \rangle = \langle u_k, Lu_j \rangle = \overline{\langle Lu_j, u_k \rangle},$$

also

$$\sum_{k=1}^{m} \sum_{j=1}^{m} |\langle Lu_k, u_j \rangle|^2 = \sum_{k=1}^{m} \sum_{j=1}^{n} |\langle L^*u_k, u_j \rangle|^2$$

$$= \sum_{k=1}^{m} \sum_{j=1}^{m} |\langle Lu_j, u_k \rangle|^2 + \sum_{k=1}^{m} \sum_{j=m+1}^{n} |\langle L^*u_k, u_j \rangle|^2$$

und deshalb

$$\sum_{k=1}^{m} \sum_{j=m+1}^{n} |\langle L^*u_k, u_j \rangle|^2 = 0.$$

Das zeigt $\langle L^* u_k, u_j \rangle = 0$ für $k = 1, \ldots, m$, $j = m + 1, \ldots, n$, mit anderen Worten $L^* u_k \in U^{\perp\perp} = U$ für $k = 1, \ldots, m$. Das beweist $L^*(U) \subset U$.

(ii) $\Rightarrow$ (iii): Seien $u \in U$ und $u^\perp \in U^\perp$. Dann ist

$$\langle u, Lu^\perp \rangle = \langle L^* u, u^\perp \rangle = 0,$$

da $L^* u \in U$. Das zeigt $Lu^\perp \in U^\perp$, d. h. $L(U^\perp) \subset U^\perp$.

(iii) $\Rightarrow$ (i): Da die Implikation (i) $\Rightarrow$ (iii) schon gezeigt ist, folgt aus (iii), dass $L(U^{\perp\perp}) \subset U^{\perp\perp}$, also (Korollar 6.2.12) $L(U) \subset U$. $\qquad\square$

Zur Vorbereitung des Hauptsatzes dieses Abschnitts beweisen wir ein weiteres Lemma.

Lemma 8.2.4 *Für eine normale Abbildung $L \in \mathscr{L}(V)$ gilt* $\ker(L^2) = \ker(L)$.

Beweis Eine Inklusion ist klar. Gelte also $L^2(v) = 0$; wir müssen $L(v) = 0$ zeigen. Zunächst ergibt sich aus der Normalität von L

$$0 = L^* L^* (L^2 v) = (L^* L)^2 (v).$$

Aber $L^* L$ ist selbstadjungiert, also schließen wir aus Lemma 8.1.3, dass auch $(L^* L)(v) = 0$ folgt. Letzteres impliziert

$$0 = \langle (L^* L)(v), v \rangle = \langle Lv, Lv \rangle = \|Lv\|^2,$$

und es folgt $L(v) = 0$. $\qquad\square$

Wir kommen zum Analogon zu Satz 8.1.6 für komplexe Innenprodukträume.

Satz 8.2.5 *Sei V ein endlichdimensionaler komplexer Innenproduktraum, und sei $L \in \mathscr{L}(V)$. Genau dann besitzt V eine Orthonormalbasis aus Eigenvektoren von L, wenn L normal ist.*

Beweis Wenn L normal ist, zeigt Lemma 8.2.4, dass das Kriterium aus Korollar 7.4.11 erfüllt ist; zur Erinnerung: Mit L ist auch $L - \mu\,\mathrm{Id}$ normal. Daher ist L diagonalisierbar. Nach Satz 8.2.2 sind Eigenvektoren zu verschiedenen Eigenwerten orthogonal. Wählt man in jedem Eigenraum eine Orthonormalbasis, erhält man auf diese Weise eine Orthonormalbasis von V, die aus Eigenvektoren von L besteht.

Wenn es umgekehrt eine Orthonormalbasis aus Eigenvektoren von L gibt, hat die bzgl. dieser Matrix darstellende Matrix M Diagonalgestalt. Ferner ist M^* die darstellende Matrix von L^* (Satz 6.3.5). Da je zwei Diagonalmatrizen kommutieren, folgt aus $MM^* = M^*M$ auch $LL^* = L^*L$ (beachte Satz 3.3.3 und Satz 3.3.4), und L ist normal. $\qquad\square$

Ähnlich wie im selbstadjungierten Fall lautet die Matrixversion so.

Korollar 8.2.6 *Ist A eine Matrix über* $\mathbb{C}$, *so existiert genau dann eine unitäre Matrix U, so dass* U^*AU *eine Diagonalmatrix ist, wenn A normal ist.*

Auch der Spektralsatz überträgt sich.

Korollar 8.2.7 *Ist* $L \in \mathcal{L}(V)$ *normal und* $u_1, \ldots, u_n$ *eine Orthonormalbasis von V aus Eigenvektoren (zu den Eigenwerten* $\lambda_1, \ldots, \lambda_n$), *so gilt für alle* $v \in V$

$$L(v) = \sum_{j=1}^{n} \lambda_j \langle v, u_j \rangle u_j.$$

Wieder lässt sich diese Formel kompakter als

$$L = \sum_{k=1}^{r} \mu_k P_k$$

schreiben mit den paarweise verschiedenen Eigenwerten $\mu_1, \ldots, \mu_r$ und den Orthogonal-projektion en P_k auf die entsprechenden Eigenräume.

Auch die Schur-Darstellung nichtdiagonalisierbarer Abbildungen lässt auf Innenpro-dukträumen eine präzisere Version zu.

Satz 8.2.8 *Sei V ein endlichdimensionaler Innenproduktraum, und sei* $L \in \mathcal{L}(V)$ *eine lineare Abbildung, deren charakteristisches Polynom zerfällt (was für* $\mathbb{K} = \mathbb{C}$ *immer zutrifft). Dann existiert eine Orthonormalbasis, so dass die zugehörige Matrixdarstellung von L obere Dreiecksgestalt hat.*

Beweis Der Beweis ist praktisch identisch zum Induktionsbeweis für Satz 7.3.1; der einzige Unterschied ist, dass man mit Orthonormalbasen arbeitet, also (in der Notation des Beweises von Satz 7.3.1) eine Orthonormalbasis $b_2, \ldots, b_n$ von $W = \{b_1\}^\perp$ wählt. $\square$

Mit dieser Sorte Induktionsbeweis lässt sich übrigens auch die Diagonalisierbarkeit nor-maler Abbildungen bzgl. einer Orthonormalbasis zeigen; man benötigt dann Lemma 8.2.3. Dies ist der in den meisten Lehrbüchern dargestellte Beweis. Ein weiterer Beweis geht so vor, dass direkt gezeigt wird, dass die Schur-Darstellung einer normalen Abbildung diagonal ist.

8.3   Positiv definite Abbildungen und Matrizen

Wir wollen in diesem Abschnitt eine wichtige Klasse selbstadjungierter Abbildungen bzw. Matrizen studieren. V bezeichnet einen endlichdimensionalen Innenproduktraum.

Definition 8.3.1 Eine selbstadjungierte Abbildung $L \in \mathscr{L}(V)$ heißt *positiv semidefinit*, wenn

$$\langle v, L(v) \rangle \geq 0 \qquad \text{für alle } v \in V;$$

L heißt *positiv definit*, wenn

$$\langle v, L(v) \rangle > 0 \qquad \text{für alle } v \in V, \ v \neq 0.$$

Analog ist positive (Semi-)Definitheit bei Matrizen erklärt.

Einige Bemerkungen zu dieser Definition:

(1) Für selbstadjungiertes L ist $\langle v, L(v) \rangle$ immer reell (denn $\langle v, L(v) \rangle = \langle L(v), v \rangle = \overline{\langle v, L(v) \rangle}$).

(2) Für komplexe Innenprodukträume gilt auch die Umkehrung von (1) (so dass sich in diesem Fall die vorausgesetzte Selbstadjungiertheit automatisch aus der Definitheits-Bedingung ergibt). Um dies einzusehen, betrachte eine lineare Abbildung L mit $\langle v, L(v) \rangle \in \mathbb{R}$ für alle v in einem Innenproduktraum über $\mathbb{C}$. Setze $L_2 = i(L - L^*)$; dann ist L_2 selbstadjungiert, und es gilt

$$\langle v, L_2(v) \rangle = -i(\langle v, L(v) \rangle - \langle L(v), v \rangle) = -i(\langle v, L(v) \rangle - \overline{\langle v, L(v) \rangle}) = 0$$

nach Voraussetzung über L. Also ist $\langle v, L_2(v) \rangle = 0$ für alle v. Insbesondere sind alle Eigenwerte $= 0$ (warum?), und die Spektralzerlegung aus Satz 8.1.8 liefert $L_2 = 0$, d. h. $L = L^*$.

(3) In Beispiel 6.1.2(b) haben wir schon Bekanntschaft mit positiv definiten reellen Matrizen gemacht.

(4) Weiterhin ist für jedes $L \in \mathscr{L}(V, W)$ die Abbildung L^*L positiv semidefinit auf V und LL^* positiv semidefinit auf W. (Hier ist W ein weiterer Innenproduktraum.)

In Bemerkung (2) oben sind wir auf eine Kernaufgabe der Eigenwert theorie gestoßen: Was sagen die Eigenwerte einer Abbildung bzw. Matrix über diese aus? Oben haben wir benutzt: An den Eigenwerten einer selbstadjungierten Abbildung kann man ablesen, ob diese $= 0$ ist. Von ähnlicher Bauart (aber vollkommen trivial) ist: An den Eigenwerten einer linearen Abbildung kann man ablesen, ob diese invertierbar ist. (Warum ist das trivial?) In dieselbe Richtung weist der nächste Satz.

Satz 8.3.2 *Eine selbstadjungierte Abbildung bzw. Matrix ist genau dann positiv semidefinit, wenn alle Eigenwerte nichtnegativ (also ≥ 0) sind; sie ist genau dann positiv definit, wenn alle Eigenwerte positiv (also > 0) sind.*

Beweis Wir zeigen nur den Teil über die positive Definitheit; der andere Teil ist vollkommen analog.

Sei zuerst $L \in \mathscr{L}(V)$ positiv definit, und sei λ ein (reeller!) Eigenwert von L mit Eigenvektor v. Dann gilt

$$0 < \langle v, L(v) \rangle = \langle v, \lambda v \rangle = \lambda \|v\|^2$$

und deshalb $\lambda > 0$.

Umgekehrt sei $u_1, \ldots, u_n$ eine Orthonormalbasis von V aus Eigenvektoren (zu den positiven Eigenwerten $\lambda_1, \ldots, \lambda_n$) von L; schreibe dann ein $v \in V \setminus \{0\}$ als $v = \sum_{j=1}^{n} \langle v, u_j \rangle u_j$, wo mindestens eines der auftretenden Skalarprodukte $\neq 0$ ist (denn $v \neq 0$). Dann ist $L(v) = \sum_{k=1}^{n} \lambda_k \langle v, u_k \rangle u_k$ (vgl. Satz 8.1.8), und es folgt durch Einsetzen dieser Terme

$$\langle v, L(v) \rangle = \left\langle \sum_{j=1}^{n} \langle v, u_j \rangle u_j, \sum_{k=1}^{n} \lambda_k \langle v, u_k \rangle u_k \right\rangle$$

$$= \sum_{j=1}^{n} \langle v, u_j \rangle \sum_{k=1}^{n} \lambda_k \overline{\langle v, u_k \rangle} \langle u_j, u_k \rangle$$

$$= \sum_{j=1}^{n} \lambda_j \langle v, u_j \rangle \overline{\langle v, u_j \rangle}$$

$$= \sum_{j=1}^{n} \lambda_j |\langle v, u_j \rangle|^2 > 0,$$

denn alle Summanden sind ≥ 0 und mindestens einer > 0.   □

In der Analysis, genauer bei den Extremwertaufgaben für Funktionen mehrerer Veränderlicher, benötigt man ein Kriterium für positive Definitheit von Matrizen. Dieses werden wir in Satz 8.3.7 beweisen, wofür einige an sich interessante Vorbereitungen notwendig sind. Die erste ist das *Minimaxprinzip* von Courant, Fischer und Weyl.

Im Folgenden ist V ein endlichdimensionaler Innenproduktraum sowie $L \in \mathscr{L}(V)$ selbstadjungiert. Wir ordnen die (reellen!) in ihrer Vielfachheit gezählten Eigenwerte von L der Größe nach an: $\lambda_1 \geq \ldots \geq \lambda_n$. Eine zugehörige Orthonormalbasis sei $u_1, \ldots, u_n$. Mit diesen Bezeichnungen gilt folgendes Lemma.

Lemma 8.3.3 *Sei* $W \subset V$ *ein* k-*dimensionaler Unterraum. Dann existiert* $w \in W$ *mit* $\|w\| = 1$ *und* $\langle w, L(w) \rangle \leq \lambda_k$.

Beweis Sei $Z = \text{lin}\{u_k, \ldots, u_n\}$, so dass $\dim Z = n - k + 1$. Es ist $\dim W + \dim Z > n = \dim V$, also ist $W \cap Z \neq \{0\}$ (Korollar 2.4.3). Wähle $w \in W \cap Z$ mit $\|w\| = 1$. Wir können dann $w = \sum_{j=k}^{n} c_j u_j$ mit $\sum_{j=k}^{n} |c_j|^2 = 1$ schreiben (nämlich $c_j = \langle w, u_j \rangle$; siehe Satz 6.2.7). Dann ist

$$\langle w, L(w) \rangle = \sum_{j=k}^{n} c_j \sum_{l=k}^{n} \lambda_l \overline{c_l} \langle u_j, u_l \rangle = \sum_{j=k}^{n} \lambda_j |c_j|^2 \leq \lambda_k \sum_{j=k}^{n} |c_j|^2 = \lambda_k,$$

was zu zeigen war.   □

Satz 8.3.4 (Minimaxprinzip) *Mit den obigen Bezeichnungen gilt für* $k = 1, \ldots, n$

$$\lambda_k = \max_{\dim W = k} \min_{w \in W, \|w\| = 1} \langle w, L(w) \rangle.$$

Das Maximum wird bei $W = \text{lin}\{u_1, \ldots, u_k\}$ *angenommen.*

Beweis Dass das innere Minimum tatsächlich angenommen wird, lehrt die Analysis, da $w \mapsto \langle w, L(w) \rangle$ stetig und $\{w \in W : \|w\| = 1\}$ kompakt ist. Nun zum eigentlichen Beweis.

„$\geq$" folgt aus Lemma 8.3.3.

„$\leq$": Setze $W = \text{lin}\{u_1, \ldots, u_k\}$. Sei $w \in W$ mit $\|w\| = 1$, also $w = \sum_{j=1}^{k} c_j u_j$ mit $\sum_{j=1}^{k} |c_j|^2 = 1$. Dann gilt (vgl. den Beweis von Lemma 8.3.3)

$$\langle w, L(w) \rangle = \sum_{j=1}^{k} \lambda_j |c_j|^2 \geq \lambda_k \sum_{j=1}^{k} |c_j|^2 = \lambda_k.$$

Daraus folgt auch der Zusatz.   □

Korollar 8.3.5 *Mit den obigen Bezeichnungen gilt*

$$\lambda_k = \min_{\dim W = n+1-k} \max_{w \in W, \|w\| = 1} \langle w, L(w) \rangle.$$

Beweis Wende Satz 8.3.4 auf $-L$ an.   □

Es sei jetzt A eine selbstadjungierte $n \times n$-Matrix, und die $(n-1) \times (n-1)$-Matrix B entstehe, wenn man in A die letzte Zeile und die letzte Spalte streicht; also ist auch B

selbstadjungiert. Wir wollen die Eigenwerte $\lambda_1 \geq \ldots \geq \lambda_n$ von A mit den Eigenwerten $\mu_1 \geq \ldots \geq \mu_{n-1}$ von B vergleichen.

Satz 8.3.6 (Cauchyscher Verschränkungssatz) *Es gilt* $\lambda_1 \geq \mu_1 \geq \lambda_2 \geq \mu_2 \geq \cdots \geq \mu_{n-1} \geq \lambda_n$.

Beweis Sei $k \in \{1, \ldots, n-1\}$. Seien $v_1, \ldots, v_k \in \mathbb{K}^{n-1}$ orthonormale Eigenvektoren von B zu den Eigenwerten $\mu_1, \ldots, \mu_k$; setze $W = \mathrm{lin}\{v_1, \ldots, v_k\} \subset \mathbb{K}^{n-1}$. Aus Satz 8.3.4 folgt

$$\mu_k = \min_{w \in W, \|w\|=1} \langle w, Bw \rangle.$$

Nun können wir Elemente von $\mathbb{K}^{n-1}$ via $v = (t_1, \ldots, t_{n-1}) \mapsto \tilde{v} = (t_1, \ldots, t_{n-1}, 0)$ auch als Elemente von $\mathbb{K}^n$ auffassen; dann ist $\langle \tilde{v}, A\tilde{v} \rangle = \langle v, Bv \rangle$ und deswegen in selbsterklärender Notation

$$\mu_k = \min_{\tilde{w} \in \tilde{W}, \|\tilde{w}\|=1} \langle \tilde{w}, A\tilde{w} \rangle \leq \lambda_k,$$

wobei die letzte Abschätzung durch eine erneute Anwendung von Satz 8.3.4 zustande kommt.

Wendet man das auf $-A$ und $-B$ an, erhält man $-\mu_k \leq -\lambda_{k+1}$ (!), d. h. $\lambda_{k+1} \leq \mu_k$. $\square$

Jetzt können wir das angekündigte Definitheitskriterium beweisen.

Satz 8.3.7 *Sei A eine selbstadjungierte $n \times n$-Matrix, und sei A_r die $r \times r$-Matrix, die nach Streichen der letzten $n - r$ Zeilen und Spalten von A entsteht. Dann ist A genau dann positiv definit, wenn $\det A_r > 0$ für $r = 1, \ldots, n$ ist.*

Die Zahlen $\det A_r$ heißen die *Hauptminoren* von A; zum Begriff des Minors siehe Satz 4.3.4.

Beweis Ist A positiv definit, dann auch alle A_r; man muss nur Vektoren x der Form $x = (s_1, \ldots, s_r, 0, \ldots, 0)^t$ (hier platzsparend transponiert in Zeilenform geschrieben) in $\langle x, Ax \rangle$ einsetzen. Da die Determinante einer selbstadjungierten Matrix das Produkt ihrer Eigenwerte ist (warum?), folgt aus Satz 8.3.2 stets $\det A_r > 0$

Die Umkehrung zeigen wir durch vollständige Induktion nach n. Hier ist der Fall $n = 1$ klar. Um von $n - 1$ auf n zu schließen, beobachten wir, dass nach Induktionsvoraussetzung A_{n-1} positiv definit ist, also Eigenwerte > 0 hat. Satz 8.3.6 impliziert dann, dass die $n - 1$ größten Eigenwerte von A ebenfalls > 0 sind. Wegen $\det A > 0$ ist aber auch der letzte Eigenwert von A positiv, denn die Determinante ist das Produkt der Eigenwerte. Wiederum nach Satz 8.3.2 ist A positiv definit. $\square$

Dieses Kriterium ist besonders handlich für 2×2-Matrizen:

$$A = \begin{pmatrix} a & b \\ b & d \end{pmatrix}$$

ist genau dann positiv definit, wenn $a > 0$ und $\det A > 0$ (d. h. $ad > b^2$).

Das Analogon von Satz 8.3.7 für positiv semidefinite Matrizen stimmt nicht: Für die Matrix

$$\begin{pmatrix} 0 & 0 \\ 0 & -1 \end{pmatrix}$$

sind alle Hauptminoren ≥ 0, aber sie ist nicht positiv semidefinit (warum nicht?); die andere (weniger interessante) Implikation bleibt richtig, siehe den obigen Beweis.

Der letzte Satz dieses Abschnitts ist der *Sylvestersche Trägheitssatz*.

Satz 8.3.8 *Ist A eine selbstadjungierte und S eine invertierbare $n \times n$-Matrix, so haben A und S^*AS gleich viele positive Eigenwerte.*

Beweis Nach dem Minimaxprinzip (Satz 8.3.4) besitzt A mindestens r positive Eigenwerte (also Eigenwerte > 0) genau dann, wenn ein r-dimensionaler Unterraum $W \subset \mathbb{K}^n$ mit $\langle w, Aw \rangle > 0$ auf $W \setminus \{0\}$ existiert.

Sei nun r die Anzahl der positiven Eigenwerte von A, und sei W ein r-dimensionaler Unterraum mit $\langle w, Aw \rangle > 0$ auf $W \setminus \{0\}$. Dann ist auch $W' := \{S^{-1}w : w \in W\}$ ein r-dimensionaler Unterraum, und für $w' \neq 0$ in W' mit $Sw' = w \in W \setminus \{0\}$ gilt

$$\langle w', S^*ASw' \rangle = \langle Sw', A(Sw') \rangle > 0.$$

Ist $\tilde{r}$ die Anzahl der positiven Eigenwerte von $\tilde{A} := S^*AS$, so haben wir nach der Vorbemerkung gerade $\tilde{r} \geq r$ gezeigt. Da $A = (S^{-1})^* \tilde{A} S^{-1}$, folgt aus Symmetriegründen $r \geq \tilde{r}$, zusammen $r = \tilde{r}$, was zu zeigen war. □

Die Matrizen A und S^*AS mit invertierbarem S heißen *kongruent*. Im Gegensatz zu ähnlichen Matrizen brauchen kongruente Matrizen nicht dieselben Eigenwerte zu haben, aber die „Signatur" bleibt invariant.

8.4 Die Singulärwertzerlegung

Als nächstes versuchen wir, eine Art Diagonalisierung von nichtnormalen Abbildungen und Matrizen zu konstruieren, die sogar zwischen verschiedenen Innenprodukträumen operieren dürfen.

Wir beginnen damit, Wurzeln aus linearen Abbildungen (bzw. Matrizen) zu ziehen.

Satz 8.4.1 *Zu jeder positiv semidefiniten Abbildung* $L \in \mathscr{L}(V)$ *auf einem endlich-dimensionalen Innenproduktraum existiert eine eindeutig bestimmte positiv semidefinite Abbildung* $S \in \mathscr{L}(V)$ *mit* $S^2 = L$.

Beweis Schreibe die Spektralzerlegung der selbstadjungierten Abbildung L gemäß Korollar 8.1.9 als

$$L = \sum_{j=1}^{r} \mu_j P_j,$$

wo die paarweise verschiedenen Eigenwerte $\mu_1, \dots, \mu_r$ stets ≥ 0 sind (siehe Satz 8.3.2) und P_j die Orthogonalprojektion auf den zugehörigen Eigenraum bezeichnet. Daher können wir eine lineare Abbildung $S \in \mathscr{L}(V)$ durch

$$S = \sum_{j=1}^{r} \sqrt{\mu_j} P_j$$

definieren. Man bestätigt sofort durch Nachrechnen, dass S selbstadjungiert und positiv semidefinit mit $S^2 = L$ ist. (Zur Erinnerung: P_j ist selbstadjungiert, Beispiel 6.3.11.)

Sei nun T eine weitere positiv semidefinite Abbildung mit $T^2 = L$ mit den paarweise verschiedenen Eigenwerten $\nu_1, \dots, \nu_s$, die allesamt ≥ 0 sind. Ist v ein Eigenvektor von T zu ν_j, so ist

$$Lv = T^2 v = \nu_j^2 v;$$

also ist ν_j^2 ein Eigenwert von L, sagen wir μ_k. Gleichzeitig haben wir für die Eigenräume

$$\ker(T - \nu_j \operatorname{Id}) \subset \ker(L - \mu_k \operatorname{Id})$$

gezeigt. Das liefert $s \leq r$ und $\dim \ker(T - \nu_j \operatorname{Id}) \leq \dim \ker(L - \mu_k \operatorname{Id})$, denn μ_k „gehört" zu keinem anderen Eigenwert ν_l, da Letztere ≥ 0 sind. Weil T und L diagonalisierbar sind, ist andererseits

$$V = \ker(T - \nu_1 \operatorname{Id}) \oplus \cdots \oplus \ker(T - \nu_s \operatorname{Id}) = \ker(L - \mu_1 \operatorname{Id}) \oplus \cdots \oplus \ker(L - \mu_r \operatorname{Id})$$

und deshalb (siehe (2.4.2) auf Seite 52)

$$\sum_{j=1}^{s} \dim \ker(T - \nu_j \, \mathrm{Id}) = \sum_{k=1}^{r} \dim \ker(L - \mu_k \, \mathrm{Id}).$$

Deshalb muss $r = s$ und $\dim \ker(T - \nu_j \, \mathrm{Id}) = \dim \ker(L - \mu_k \, \mathrm{Id})$ sowie schließlich nach passender Umnummerierung $\ker(T - \nu_j \, \mathrm{Id}) = \ker(L - \mu_j \, \mathrm{Id})$ sein. Das zeigt $T = S$. □

Die im letzten Satz konstruierte Abbildung bezeichnen wir mit $L^{1/2}$.

Definition 8.4.2 Sei $L \in \mathscr{L}(V, W)$ eine lineare Abbildung zwischen den endlichdimensionalen Innenprodukträumen V und W. Wir setzen

$$|L| = (L^* L)^{1/2} \in \mathscr{L}(V).$$

Zur Erinnerung: $L^* L \in \mathscr{L}(V)$ ist stets positiv semidefinit.

Jetzt kommen wir zur *Polarzerlegung* einer linearen Abbildung, die an die Polarzerlegung $z = e^{i\varphi}|z|$ komplexer Zahlen erinnern sollte.

Satz 8.4.3 (Polarzerlegung) *Ist $L \in \mathscr{L}(V, W)$ eine lineare Abbildung zwischen den endlichdimensionalen Innenprodukträumen V und W, so existiert eine orthogonale bzw. unitäre Abbildung $U \colon \operatorname{ran} |L| \to \operatorname{ran} L$ mit $L = U|L|$.*

Beweis Es gibt nur eine Chance, U zu definieren, nämlich durch $|L|(v) \mapsto L(v)$; es ist zu überprüfen, dass dieser Ansatz wohldefiniert ist, d. h., dass aus $|L|(v_1) = |L|(v_2)$ auch $L(v_1) = L(v_2)$ folgt. Das sieht man durch folgende Rechnung:

$$\| \, |L|(v) \, \|^2 = \langle |L|(v), |L|(v) \rangle = \langle v, |L|^2(v) \rangle$$

$$= \langle v, (L^* L)(v) \rangle = \langle L(v), L(v) \rangle = \|L(v)\|^2.$$

Das zeigt die oben angesprochene Wohldefiniertheit (denn $|L|(v_1 - v_2) = 0$ genau dann, wenn $L(v_1 - v_2) = 0$), und dann kann man schließen, dass U linear ist (warum?). Nach Konstruktion ist $U \colon |L|(v) \mapsto L(v)$ von $\operatorname{ran} |L|$ nach $\operatorname{ran} L$ surjektiv, und wie gerade nachgerechnet ist U normerhaltend. Nach Satz 6.3.15 ist U orthogonal bzw. unitär. Schließlich ist konstruktionsgemäß $L = U|L|$. □

Jetzt ist es nur noch ein kleiner Schritt zur Singulärwertzerlegung.

Definition 8.4.4 Die in ihrer Vielfachheit gezählten Eigenwerte von $|L| \in \mathscr{L}(V)$ heißen die *singulären Werte* von $L \in \mathscr{L}(V, W)$. Diese sind stets ≥ 0, und üblicherweise stellt man sie sich als der Größe nach angeordnet vor: $\sigma_1 \geq \sigma_2 \geq \ldots \geq \sigma_n \geq 0$; $n = \dim V$.

Im Kontext von Definition 8.4.4 sei $r := \mathrm{rg}(L) = \dim \mathrm{ran}\, L = \dim \mathrm{ran}\, |L| = \mathrm{rg}(|L|)$; also hat man $\sigma_1 \geq \ldots \geq \sigma_r > \sigma_{r+1} = \ldots = \sigma_n = 0$.

Satz 8.4.5 (Singulärwertzerlegung) *Sei $L \in \mathscr{L}(V, W)$ mit den singulären Werten $\sigma_1 \geq \sigma_2 \geq \ldots \geq \sigma_n \geq 0$. Es seien $\dim V = n$, $\dim W = m$ und $r = \mathrm{rg}(L)$. Dann existieren Orthonormalbasen $f_1, \ldots, f_n$ von V und $g_1, \ldots, g_m$ von W mit*

$$L(v) = \sum_{j=1}^{r} \sigma_j \langle v, f_j \rangle g_j \qquad \text{für alle } v \in V.$$

Beweis Sei

$$|L|(v) = \sum_{j=1}^{n} \sigma_j \langle v, f_j \rangle f_j = \sum_{j=1}^{r} \sigma_j \langle v, f_j \rangle f_j$$

die Spektralzerlegung der selbstadjungierten Abbildung $|L|$; vgl. Satz 8.1.8. Schreibe $L = U|L|$ gemäß Satz 8.4.3, und setze $g_j = U(f_j)$ für $j = 1, \ldots, r$, also wenn $\sigma_j \neq 0$. Da U orthogonal bzw. unitär ist, sind auch die g_j orthonormal. Dieses Orthonormalsystem aus r Vektoren kann zu einer Orthonormalbasis von W ergänzt werden. Damit folgt die Behauptung. $\qquad\square$

Wir wollen die Singulärwertzerlegung in der Version für Matrizen diskutieren, also für Abbildungen $x \mapsto Ax$. Dazu ist folgende Bemerkung hilfreich. Seien x und y (Spalten-) Vektoren in $\mathbb{K}^n$. Diese können wir uns auch als $n \times 1$-Matrizen vorstellen; dann ist das euklidische Skalarprodukt $\langle x, y \rangle_e$ nichts anderes als das Matrixprodukt $y^* x$, wenn man diese 1×1-Matrix als Element von $\mathbb{K}$ auffasst:

$$\langle x, y \rangle_e = y^* x.$$

Satz 8.4.6 (Singulärwertzerlegung einer Matrix) *Sei $A \in \mathbb{K}^{m \times n}$. Dann existieren eine orthogonale bzw. unitäre $n \times n$-Matrix Φ, eine orthogonale bzw. unitäre $m \times m$-Matrix Ψ und eine $m \times n$-Diagonalmatrix Σ mit*

$$A = \Psi \Sigma \Phi^*.$$

Wie im quadratischen Fall nennen wir $\Sigma = (\sigma_{kl})$ eine Diagonalmatrix, wenn $\sigma_{kl} = 0$ für $k \neq l$.

Beweis Wir übersetzen die Darstellung aus Satz 8.4.5 für die Abbildung $L_A: x \mapsto Ax$. Mit Hilfe der Orthonormalbasis $f_1, \ldots, f_n$ von $\mathbb{K}^n$ bilden wir die $n \times n$-Matrix $\Phi = (f_1 \ldots f_n)$, die orthogonal bzw. unitär ist, weil ihre Spalten orthonormal sind. Genauso bilden wir die $m \times m$-Matrix $\Psi = (g_1 \ldots g_m)$, und es sei Σ die $m \times n$-Matrix mit $\sigma_{kk} = \sigma_k$ für $k \leq \mathrm{rg}(A) =: r$ und $\sigma_{kl} = 0$ sonst. Nach der Vorbemerkung ist

$$\Phi^* x = \begin{pmatrix} \langle x, f_1 \rangle \\ \vdots \\ \langle x, f_n \rangle \end{pmatrix} \quad \text{sowie} \quad \Sigma \Phi^* x = \begin{pmatrix} \sigma_1 \langle x, f_1 \rangle \\ \vdots \\ \sigma_r \langle x, f_r \rangle \\ 0 \\ \vdots \\ 0 \end{pmatrix}$$

und

$$\Psi \Sigma \Phi^* x = \sum_{j=1}^{r} \sigma_j \langle x, f_j \rangle g_j = L_A(x) = Ax.$$

Das war zu zeigen. $\square$

Die Singulärwertzerlegung ist ein bedeutsames Hilfsmittel in der Datenkompression, z. B. bei der Bildverarbeitung. Ein digitales (Schwarzweiß-) Foto kann man sich als $m \times n$-Matrix A vorstellen (z. B. $m = 400, n = 600$), deren Einträge die Graustufen der einzelnen Pixel sind, also ganze Zahlen zwischen 0 und 255. (Bei einem Farbfoto sind es drei solche Matrizen, je eine für den Rot-, Grün- bzw. Blauwert.) Ein Schwarzweißbild ist demnach durch $m \cdot n$ Zahlen bestimmt.

Betrachten wir nun die Singulärwertzerlegung von A. Diese ist durch die Vektoren $f_1, \ldots, f_n, g_1, \ldots, g_m$ und die Singulärwerte $\sigma_1, \ldots, \sigma_n$ festgelegt (typischerweise hat die Matrix eines Digitalbilds vollen Rang); das sind insgesamt $n^2 + m^2 + r$ Zahlen, also deutlich mehr als die ursprünglichen $m \cdot n$ Einträge.

Nun wollen wir versuchen, unser Bild (also die Matrix A) approximativ mit erheblich weniger als $m \cdot n$ Zahlen zu beschreiben. Die Idee hierbei ist, statt der exakten Darstellung

$$Ax = \sum_{j=1}^{r} \sigma_j \langle x, f_j \rangle g_j$$

in der Singulärwertzerlegung nur die ersten ρ Summanden zu betrachten, also A durch A_ρ mit

$$A_\rho x = \sum_{j=1}^{\rho} \sigma_j \langle x, f_j \rangle g_j$$

zu ersetzen. Die Intuition hinter diesem Ansatz ist, dass der Beitrag der Summanden $\sigma_j \langle x, f_j \rangle g_j$ unerheblich ist, wenn σ_j klein ist. In der Darstellung $A = \Psi \Sigma \Phi^*$ bedeutet das, dass nur die ersten ρ Spalten von Ψ und Φ benutzt werden, und dafür sind nur

Abb. 8.1 Singulärwertzerlegung in der Bildkompression

$\rho m + \rho n + \rho \approx \rho(m+n)$ Informationen notwendig. Für ein Bild im Format 400×600 Pixel erhält man in Abhängigkeit von ρ eine Kompressionsrate von ungefähr $\frac{m \cdot n}{\rho(m+n)} = \frac{240}{\rho}$.

Hier ein Beispiel. Die folgende Abbildung (aufgenommen 1996 in San Francisco) entspricht einer Matrix im Format 690×484 ($= 333\,960$ Pixel). Sie hat vollen Rang ($= 484$). Links ist das Original, daneben stehen die Approximationen mit den 140 bzw. 70 bzw. 40 größten Singulärwerten, was zu Kompressionsraten von 2.07 bzw. 4.06 bzw. 7.11 führt (siehe Abb. 8.1).

Mathematische Softwarepakete wie Matlab, Maple oder Mathematica haben eingebaute Routinen, um die Singulärwertzerlegung einer Matrix zu berechnen. Auf verschiedenen Seiten im Internet[1] kann man Experimente zur Bildkompression mittels Singulärwertzerlegung selbst durchführen.

8.5 Die Methode der kleinsten Quadrate

Das erste Resultat dieses Abschnitts beschreibt eine Minimaleigenschaft der Orthogonalprojektion.

Satz 8.5.1 *Seien V ein Innenproduktraum, U ein endlichdimensionaler Unterraum, P_U die Orthogonalprojektion auf U und $v_0 \in V$. Dann gilt*

$$\|v_0 - P_U(v_0)\| \leq \|v_0 - u\| \qquad \text{für alle } u \in U.$$

Ferner ist $P_U(v_0)$ der einzige Vektor in U mit dieser Eigenschaft. Mit anderen Worten ist $P_U(v_0)$ derjenige Vektor in U, dessen Abstand zu v_0 kleinstmöglich ist:

$$\|v_0 - P_U(v_0)\| = \min_{u \in U} \|v_0 - u\|.$$

---

[1] Z. B. http://timbaumann.info/svd-image-compression-demo/.

Beweis Da U endlichdimensional ist, existiert die Orthogonalprojektion; vgl. Satz 6.2.9 und 6.2.10.

Betrachte die orthogonale Zerlegung

$$v_0 = u_0 + u_0^\perp \in U \oplus U^\perp$$

mit $u_0 = P_U(v_0)$. Für ein beliebiges $u \in U$ ist

$$v_0 - u = (u_0 - u) + u_0^\perp \in U \oplus U^\perp$$

und deshalb

$$\|v_0 - u\|^2 = \|u_0 - u\|^2 + \|u_0^\perp\|^2.$$

Die rechte Seite (und daher auch die linke) wird genau für $u = u_0$ minimal; das war zu zeigen. $\square$

Es sei jetzt $u_1, \ldots, u_m$ eine Basis (nicht unbedingt eine Orthonormalbasis) des m-dimensionalen Unterraums U von $\mathbb{R}^N$, der mit dem euklidischen Skalarprodukt versehen wird. Für einen Vektor $v \in \mathbb{R}^N$ soll die Orthogonalprojektion $P_U(v)$ beschrieben werden. Sei dazu A die $N \times m$-Matrix[2] mit den Spalten $u_1, \ldots, u_m$. Dann kann man

$$P_U(v) = \xi_1 u_1 + \cdots + \xi_m u_m = A\xi$$

mit einem gewissen Vektor

$$\xi = \begin{pmatrix} \xi_1 \\ \vdots \\ \xi_m \end{pmatrix}$$

schreiben, wobei $A\xi - v \in U^\perp$ ist. Für alle $\eta \in \mathbb{R}^m$ ist also, da $A\eta \in U$,

$$0 = \langle A\eta, A\xi - v \rangle = \langle \eta, A^*A\xi - A^*v \rangle,$$

---

[2] Den Gepflogenheiten in der Statistik folgend soll die Anzahl der Zeilen diesmal N und nicht m sein.

daher $A^*A\xi - A^*v = 0$ und $A^*A\xi = A^*v$. Nun hat A^*A stets denselben Rang wie A (Beweis?), der hier m ist. Also ist die $m \times m$-Matrix A^*A invertierbar, und wir erhalten

$$\xi = (A^*A)^{-1}A^*v. \tag{8.5.1}$$

Das beweist das folgende Lemma.

Lemma 8.5.2 *Mit den obigen Bezeichnungen gilt*

$$P_U(v) = A((A^*A)^{-1}A^*v) \qquad bzw. \qquad P_U = A(A^*A)^{-1}A^*.$$

Bei der Methode der kleinsten Quadrate geht es um Folgendes. Gegeben seien N Daten $(x_1, y_1), \ldots, (x_N, y_N)$. Jedes Paar kann man sich als Punkt in der xy-Ebene denken, und gesucht ist eine Gerade $y = ax + b$, die „am besten" durch diese Punktwolke passt. „Am besten" kann recht unterschiedlich interpretiert werden; nach Gauß macht man den Ansatz, dass die Summe der Quadrate der Abweichungen

$$\sum_{j=1}^{N}(y_j - (ax_j + b))^2$$

minimal sein soll. Fasst man diesen Ausdruck als Funktion der reellen Variablen a und b auf, kann man die Lösung recht einfach mit Mitteln der Analysis im $\mathbb{R}^2$ finden (Gradient $= 0$ setzen etc.). Aber auch die Lineare Algebra kann weiterhelfen.

Wir schreiben dazu

$$y = \begin{pmatrix} y_1 \\ \vdots \\ y_N \end{pmatrix}, \ x = \begin{pmatrix} x_1 \\ \vdots \\ x_N \end{pmatrix}, \ \mathbf{1} = \begin{pmatrix} 1 \\ \vdots \\ 1 \end{pmatrix} \in \mathbb{R}^N.$$

Dann ist unser Problem, a und b so zu finden, dass

$$\|y - (ax + b\mathbf{1})\|$$

minimal ist. Sei U der von x und $\mathbf{1}$ aufgespannte Unterraum von $\mathbb{R}^N$. Nach Satz 8.5.1 heißt das, a und b zu finden, so dass

$$ax + b\mathbf{1} = P_U(y)$$

ist. Schreibt man A für die $N \times 2$-Matrix mit den Spalten x und $\mathbf{1}$, lautet die letzte Gleichung

$$A \begin{pmatrix} a \\ b \end{pmatrix} = P_U(y),$$

nach (8.5.1) heißt das

$$\begin{pmatrix} a \\ b \end{pmatrix} = (A^*A)^{-1}A^*y.$$

Man bekommt die gesuchten a und b also als Lösung des Gleichungssystems

$$A^*A \begin{pmatrix} a \\ b \end{pmatrix} = A^*y.$$

Die Matrix A^*A hat die Gestalt

$$\begin{pmatrix} \langle x, x \rangle & \langle x, \mathbf{1} \rangle \\ \langle \mathbf{1}, x \rangle & \langle \mathbf{1}, \mathbf{1} \rangle \end{pmatrix};$$

definiert man, wie in der Statistik üblich, die *Stichprobenmittel*

$$\overline{x} = \frac{1}{N} \sum_{j=1}^{N} x_j = \frac{1}{N} \langle x, \mathbf{1} \rangle$$

$$\overline{y} = \frac{1}{N} \sum_{j=1}^{N} y_j = \frac{1}{N} \langle y, \mathbf{1} \rangle$$

$$\overline{xy} = \frac{1}{N} \sum_{j=1}^{N} x_j y_j = \frac{1}{N} \langle x, y \rangle$$

$$\overline{x^2} = \frac{1}{N} \sum_{j=1}^{N} x_j^2 = \frac{1}{N} \langle x, x \rangle,$$

so ist also

$$\begin{pmatrix} \overline{x^2} & \overline{x} \\ \overline{x} & 1 \end{pmatrix} \begin{pmatrix} a \\ b \end{pmatrix} = \begin{pmatrix} \overline{xy} \\ \overline{y} \end{pmatrix}$$

zu lösen (beachte $\langle \mathbf{1}, \mathbf{1} \rangle = N$), und man erhält nach kurzer Rechnung (zum Beispiel mit der Cramerschen Regel, Satz 4.3.2)

$$a = \frac{\overline{xy} - \overline{x}\,\overline{y}}{\overline{x^2} - \overline{x}^2} \quad \text{und} \quad b = \overline{y} - a\overline{x} = \frac{\overline{x^2}\,\overline{y} - \overline{x}\,\overline{xy}}{\overline{x^2} - \overline{x}^2}.$$

Dies war der Fall der „linearen Regression". Auch die „quadratische Regression", d. h. eine Parabel $ax^2 + bx + c$ durch eine Punktwolke zu legen, kann mit dieser Methode behandelt werden. (Wie?)

Das Ausgangsproblem dieses Abschnitts war, den Abstand eines Vektors von einem (endlichdimensionalen) Unterraum zu berechnen und den Punkt kürzesten Abstands darin zu bestimmen. Speziell für m-dimensionale Unterräume $U \subset \mathbb{R}^N$ ist die Lösung dieses Problems aus (8.5.1) und Lemma 8.5.2 abzulesen. Dort hatten wir für einen m-dimensionalen Unterraum mit Basis $u_1, \ldots, u_m$ die Matrix A mit diesen Spalten betrachtet; und das Problem lautet dann, $\|A\xi - v\|$ zu minimieren, was auf die Lösung des Gleichungssystems $(A^*A)\xi = A^*v$ hinausläuft. Im komplexen Fall ist das genauso, wir bleiben jetzt aber bei $\mathbb{K} = \mathbb{R}$.

Nehmen wir nun für einen Moment an, dass $u_1, \ldots, u_m$ eine Orthonormalbasis von U ist. Dann hat A orthonormale Spalten, und A^*A ist die Einheitsmatrix E_m, so dass einem die Lösung von $(A^*A)\xi = A^*v$ ins Gesicht starrt. Wenn $u_1, \ldots, u_m$ nicht orthonormal ist, wenden wir das Gram-Schmidt-Verfahren aus Satz 6.2.7 an. Dort wurden induktiv die Vektoren

$$g_1 = u_1, \quad f_1 = g_1/\|g_1\|,$$

$$g_k = u_k - \sum_{j=1}^{k-1} \langle u_k, f_j \rangle f_j, \quad f_k = g_k/\|g_k\|$$

konstruiert. Schreibt man Q für die Matrix mit den Spalten $f_1, \ldots, f_m$, so kann das Gram-Schmidt-Verfahren durch die Matrixgleichung

$$A = QR \tag{8.5.2}$$

mit

$$R = \begin{pmatrix} \|g_1\| & \langle u_2, f_1 \rangle & \cdots & \langle u_m, f_1 \rangle \\ & \|g_2\| & \ddots & \vdots \\ & & \ddots & \langle u_m, f_{m-1} \rangle \\ & & & \|g_m\| \end{pmatrix}$$

(die übrigen Einträge sind $= 0$) wiedergegeben werden; R ist also eine obere Dreiecksmatrix vom Format $m \times m$. Man rechnet (8.5.2) nach, indem man Q auf die k-te Spalte von R wirken lässt; das ergibt nach Konstruktion von f_k

$$\sum_{j=1}^{k-1} \langle u_k, f_j \rangle f_j + \|g_k\| f_k = u_k,$$

also die k-te Spalte von A.

Halten wir dieses Ergebnis fest.

Satz 8.5.3 (QR-Zerlegung) *Sei $A \in \mathbb{R}^{N \times m}$ mit Rang m. Dann existieren eine $N \times m$-Matrix Q mit orthonormalen Spalten und eine $m \times m$-Matrix R in oberer Dreiecksgestalt mit*

$$A = QR.$$

Kehren wir zur Aufgabe zurück, $\|A\xi - v\|$ zu minimieren bzw. $A^*A\xi = A^*v =: b$ zu lösen. Sei dazu $A = QR$ die QR-Zerlegung von A. Dann geht es um das Gleichungssystem

$$R^*R\xi = b,$$

da $A^*A = R^*Q^*QR = R^*R$. Nun ist R eine obere und R^* eine untere Dreiecksmatrix, daher ist es ein Leichtes, $R^*\eta = b$ von oben nach unten und anschließend $R\xi = \eta$ von unten nach oben zu lösen.

Beispiel 8.5.4 Hier ist ein einfaches Beispiel mit $N = 3$ und $m = 2$. Sei

$$u_1 = \begin{pmatrix} 1 \\ 0 \\ 1 \end{pmatrix}, \quad u_2 = \begin{pmatrix} 1 \\ 1 \\ 1 \end{pmatrix}, \quad A = \begin{pmatrix} 1 & 1 \\ 0 & 1 \\ 1 & 1 \end{pmatrix}.$$

Das Gram-Schmidt-Verfahren liefert

$$g_1 = u_1, \quad f_1 = \begin{pmatrix} 1/\sqrt{2} \\ 0 \\ 1/\sqrt{2} \end{pmatrix}, \quad g_2 = \begin{pmatrix} 1 \\ 1 \\ 1 \end{pmatrix} - \langle u_2, f_1 \rangle \begin{pmatrix} 1 \\ 1 \\ 1 \end{pmatrix} = \begin{pmatrix} 0 \\ 1 \\ 0 \end{pmatrix} = f_2,$$

so dass

$$Q = \begin{pmatrix} 1/\sqrt{2} & 0 \\ 0 & 1 \\ 1/\sqrt{2} & 0 \end{pmatrix}, \quad R = \begin{pmatrix} \sqrt{2} & \sqrt{2} \\ 0 & 1 \end{pmatrix}.$$

Um $A^*A\xi = b$ zu lösen, löse zuerst $R^*\eta = b$, also

$$\begin{pmatrix} \sqrt{2} & 0 \\ \sqrt{2} & 1 \end{pmatrix} \begin{pmatrix} \eta_1 \\ \eta_2 \end{pmatrix} = \begin{pmatrix} b_1 \\ b_2 \end{pmatrix},$$

was $\eta_1 = b_1/\sqrt{2}$ und $\eta_2 = b_2 - b_1$ ergibt, und dann $R\xi = \eta$, also

$$\begin{pmatrix} \sqrt{2} & \sqrt{2} \\ 0 & 1 \end{pmatrix} \begin{pmatrix} \xi_1 \\ \xi_2 \end{pmatrix} = \begin{pmatrix} \eta_1 \\ \eta_2 \end{pmatrix},$$

was $\xi_2 = \eta_2 = b_2 - b_1$ und $\xi_1 = \eta_1/\sqrt{2} - \xi_2 = \frac{3}{2}b_1 - b_2$ ergibt. Daher ist der Vektor in $U = \mathrm{lin}\{u_1, u_2\}$, der den kürzesten Abstand zu beispielsweise $e_1 \in \mathbb{R}^3$ hat, durch $\xi_1 u_1 + \xi_2 u_2$ mit $A^* A \xi = A^* e_1 = \binom{1}{1}$ gegeben; und das ist der Vektor $\frac{1}{2} u_1$ (siehe oben).

Die QR-Zerlegung hat viele Anwendungen in der numerischen Mathematik; sie kann sehr effektiv mit Hilfe der sogenannten *Householder-Matrizen* berechnet werden.

8.6 Die Norm einer Matrix

Sei $A = (a_{jk})$ eine $m \times n$-Matrix; dann können wir A auch als Element von $\mathbb{K}^{mn}$ ansehen und die euklidische Norm

$$\|A\|_2 = \Big(\sum_{j=1}^{m} \sum_{k=1}^{n} |a_{jk}|^2 \Big)^{1/2}$$

betrachten, die auch *Frobenius-Norm* oder *Hilbert-Schmidt-Norm* von A genannt wird. Es ist jedoch häufig sinnvoll, A auf andere Weise zu normieren.

Dazu sei $x = (x_k) \in \mathbb{K}^n$. Dann ist

$$\|Ax\|_2^2 = \sum_{j=1}^{m} |(Ax)_j|^2 = \sum_{j=1}^{m} \Big| \sum_{k=1}^{n} a_{jk} x_k \Big|^2$$

$$\leq \sum_{j=1}^{m} \Big(\sum_{k=1}^{n} |a_{jk}|^2 \Big) \Big(\sum_{k=1}^{n} |x_k|^2 \Big)$$

$$= \|A\|_2^2 \|x\|_2^2,$$

wobei in der zweiten Zeile die Cauchy-Schwarzsche Ungleichung einging. Mit anderen Worten ist

$$\|Ax\|_2 \leq \|A\|_2 \|x\|_2 \quad \text{für alle } x \in \mathbb{K}^n. \tag{8.6.1}$$

Nun ist $\|A\|_2$ in der Regel nicht die beste Konstante in dieser Ungleichung; diese erscheint in der folgenden Definition.

Definition 8.6.1 Die kleinste Konstante C, die in der Ungleichung

$$\|Ax\|_2 \le C\|x\|_2 \quad \text{für alle } x \in \mathbb{K}^n$$

zulässig ist, heißt die *Operatornorm* oder *Matrixnorm* von A; Bezeichnung: $\|A\|_{\text{op}}$.

Mit anderen Worten ist

$$\|A\|_{\text{op}} = \sup_{x \ne 0} \frac{\|Ax\|_2}{\|x\|_2} = \sup_{\|x\|_2 = 1} \|Ax\|_2 \tag{8.6.2}$$

und

$$\|Ax\|_2 \le \|A\|_{\text{op}}\|x\|_2 \quad \text{für alle } x \in \mathbb{K}^n.$$

In (8.6.2) ist das erste Gleichheitszeichen einfach die Definition des Supremums, und für das zweite beachte man

$$\frac{\|Ax\|_2}{\|x\|_2} = \left\| A\left(\frac{x}{\|x\|_2}\right) \right\|_2.$$

In der Tat weiß man aus der Analysis, dass das oben auftretende Supremum sogar ein Maximum ist, da $\{x \in \mathbb{K}^n\colon \|x\|_2 = 1\}$ kompakt und $x \mapsto \|Ax\|_2$ stetig ist.

Wir wollen nun begründen, dass in Definition 8.6.1 tatsächlich eine Norm definiert wurde (wie es der Name bereits nahelegt), die sich jedoch im Gegensatz zur euklidischen Norm nicht von einem Skalarprodukt ableitet. (Zur Definition einer Norm siehe Definition 6.1.5.)

Satz 8.6.2 *Die Abbildung $A \mapsto \|A\|_{\text{op}}$ ist eine Norm auf dem Vektorraum $\mathbb{K}^{m \times n}$.*

Beweis Aus der Definition ergibt sich sofort, dass $A = 0$ genau dann gilt, wenn $\|A\|_{\text{op}} = 0$ ist. Ferner zeigt (8.6.2) unmittelbar, dass stets $\|\lambda A\|_{\text{op}} = |\lambda|\|A\|_{\text{op}}$ gilt, und auch die Dreiecksungleichung erhalten wir einfach:

$$\|(A + B)x\|_2 = \|Ax + Bx\|_2$$
$$\le \|Ax\|_2 + \|Bx\|_2$$
$$\le \|A\|_{\text{op}}\|x\|_2 + \|B\|_{\text{op}}\|x\|_2$$
$$= (\|A\|_{\text{op}} + \|B\|_{\text{op}})\|x\|_2,$$

daher ist die beste Konstante in der Ungleichung $\|(A + B)x\|_2 \leq C\|x\|_2$, also $\|A + B\|_{\mathrm{op}}$, höchstens so groß wie die gerade gefundene:

$$\|A + B\|_{\mathrm{op}} \leq \|A\|_{\mathrm{op}} + \|B\|_{\mathrm{op}}. \qquad \square$$

Den Zusammenhang der beiden Normen einer Matrix A beschreibt das folgende Lemma.

Lemma 8.6.3 *Für eine $m \times n$-Matrix A gilt*

$$\|A\|_{\mathrm{op}} \leq \|A\|_2 \leq \sqrt{n}\|A\|_{\mathrm{op}}.$$

Beweis Die linke Ungleichung wurde schon am Anfang des Abschnitts begründet; siehe (8.6.1). Nun berechnen wir $\|Ax\|_2$, wenn $x = e_k$ der k-te Einheitsvektor ist. Wir erhalten

$$\sum_{j=1}^{m} |a_{jk}|^2 = \|Ae_k\|_2^2 \leq \|A\|_{\mathrm{op}}^2 \|e_k\|_2^2 = \|A\|_{\mathrm{op}}^2$$

und daraus

$$\|A\|_2^2 = \sum_{k=1}^{n} \sum_{j=1}^{m} |a_{jk}|^2 = \sum_{k=1}^{n} \|Ae_k\|_2^2 \leq \sum_{k=1}^{n} \|A\|_{\mathrm{op}}^2 = n\|A\|_{\mathrm{op}}^2.$$

Das war zu zeigen. $\qquad \square$

Da in Lemma 8.6.6 $\|A\|_{\mathrm{op}} = \|A^*\|_{\mathrm{op}}$ gezeigt werden wird und da nach Definition $\|A\|_2 = \|A^*\|_2$ gilt, hat man auch die Ungleichung $\|A\|_2 \leq \sqrt{m}\|A\|_{\mathrm{op}}$, also zusammen

$$\|A\|_{\mathrm{op}} \leq \|A\|_2 \leq \sqrt{\min\{m, n\}}\|A\|_{\mathrm{op}}.$$

Beispiel 8.6.4 Sei $m = n$ und $A = \mathrm{diag}(\lambda_1, \ldots, \lambda_n)$. Es ist $Ax = (\lambda_j x_j)_j$ und deshalb

$$\|Ax\|_2^2 = \sum_{j=1}^{n} |\lambda_j|^2 |x_j|^2 \leq \max_j |\lambda_j|^2 \sum_{j=1}^{n} |x_j|^2$$

sowie

$$\|A\|_{\mathrm{op}} \leq \max_j |\lambda_j|.$$

Indem man die Einheitsvektoren einsetzt, sieht man sogar

$$\|A\|_{\mathrm{op}} = \max_j |\lambda_j|,$$

während

$$\|A\|_2 = \Big(\sum_{j=1}^n |\lambda_j|^2\Big)^{1/2}.$$

Es folgen einige allgemeine Aussagen über die Matrixnorm.

Lemma 8.6.5 *Für $A \in \mathbb{K}^{m \times n}$ und $B \in \mathbb{K}^{n \times p}$ gilt*

$$\|AB\|_{\mathrm{op}} \le \|A\|_{\mathrm{op}}\|B\|_{\mathrm{op}}.$$

Beweis Es ist für $x \in \mathbb{R}^p$

$$\|(AB)x\|_2 = \|A(Bx)\|_2 \le \|A\|_{\mathrm{op}}\|Bx\|_2 \le \|A\|_{\mathrm{op}}\|B\|_{\mathrm{op}}\|x\|_2$$

und deshalb $\|AB\|_{\mathrm{op}} \le \|A\|_{\mathrm{op}}\|B\|_{\mathrm{op}}$. $\square$

Im Allgemeinen gilt hier die echte Ungleichung; Beispiel:

$$m = n = p = 2, \ A = B = \begin{pmatrix} 0 & 1 \\ 0 & 0 \end{pmatrix}, \ AB = 0, \ \|A\|_{\mathrm{op}} = \|B\|_{\mathrm{op}} = 1.$$

Lemma 8.6.6 *Für $A \in \mathbb{K}^{m \times n}$ gilt $\|A^*\|_{\mathrm{op}} = \|A\|_{\mathrm{op}}$.*

Beweis Wir erhalten mit der Cauchy-Schwarzschen Ungleichung für $y \in \mathbb{K}^m$

$$\|A^*y\|_2^2 = \langle A^*y, A^*y \rangle = \langle AA^*y, y \rangle \le \|A(A^*y)\|_2 \|y\|_2 \le \|A\|_{\mathrm{op}}\|A^*y\|_2\|y\|_2$$

sowie daraus

$$\|A^*y\|_2 \le \|A\|_{\mathrm{op}}\|y\|_2,$$

was $\|A^*\|_{\mathrm{op}} \le \|A\|_{\mathrm{op}}$ liefert. Wegen $A^{**} = A$ folgt auch die umgekehrte Ungleichung. $\square$

Lemma 8.6.7 *Für $A \in \mathbb{K}^{m \times n}$ gilt $\|A^*A\|_{\mathrm{op}} = \|AA^*\|_{\mathrm{op}} = \|A\|_{\mathrm{op}}^2$.*

Beweis Wir betrachten zuerst A^*A; dann folgt $\|A^*A\|_{\mathrm{op}} \le \|A\|_{\mathrm{op}}^2$ aus Lemma 8.6.5 und Lemma 8.6.6. Umgekehrt ist für $x \in \mathbb{K}^n$

$$\|Ax\|_2^2 = \langle Ax, Ax \rangle = \langle A^*Ax, x \rangle \leq \|A^*Ax\|_2 \|x\|_2 \leq \|A^*A\|_{\mathrm{op}} \|x\|_2^2,$$

also $\|A\|_{\mathrm{op}} \leq \|A^*A\|_{\mathrm{op}}^{1/2}$, wie behauptet.

Daher gilt auch $\|AA^*\|_{\mathrm{op}} = \|A^*\|_{\mathrm{op}} = \|A\|_{\mathrm{op}}$ wegen Lemma 8.6.6. $\qquad \square$

Für selbstadjungierte Matrizen hat man also $\|A^2\|_{\mathrm{op}} = \|A\|_{\mathrm{op}}^2$.

Die Ideen dieses Abschnitts lassen sich auch für lineare Abbildungen aussprechen. Im Weiteren seien V und W endlichdimensionale Innenprodukträume. Wir erklären dann in Analogie zu Definition 8.6.1:

Definition 8.6.8 Für $L \in \mathscr{L}(V, W)$ sei $\|L\|_{\mathrm{op}}$, die *Operatornorm von L*, die kleinste Konstante in der Ungleichung

$$\|L(v)\| \leq C\|v\| \quad \text{für alle } v \in V,$$

d. h.

$$\|L\|_{\mathrm{op}} = \sup_{v \neq 0} \frac{\|L(v)\|}{\|v\|} = \sup_{\|v\|=1} \|L(v)\|.$$

Dass dies wohldefiniert ist und dass sich sämtliche Resultate, die in diesem Abschnitt über Matrizen formuliert wurden, auch im Kontext der linearen Abbildungen reproduzieren lassen, zeigt der nächste Satz zusammen mit den aus Abschn. 3.3 bekannten Aussagen über darstellende Matrizen. Natürlich lassen sich Lemma 8.6.5–8.6.7 für lineare Abbildungen in Analogie zum Matrixfall auch direkt beweisen.

Satz 8.6.9 *Seien* $B = (v_1, \ldots, v_n)$ *eine Orthonormalbasis von* V, $B' = (w_1, \ldots, w_m)$ *eine Orthonormalbasis von* W, $L \in \mathscr{L}(V, W)$ *und* $A = M(L; B.B')$ *die bzgl. dieser Orthonormalbasen darstellende Matrix von* L. *Dann ist* $\|L\|_{\mathrm{op}} = \|A\|_{\mathrm{op}}$.

Beweis Es sind nur folgende Beobachtungen zu kombinieren. Nach Definition stimmen $\|L_A\|_{\mathrm{op}}$ und $\|A\|_{\mathrm{op}}$ überein. (Wie üblich ist $L_A(x) = Ax$.) Ferner ist in der Bezeichnung von (3.3.1) auf Seite 65 $L_A = K_{B'}^{-1} L K_B$, wo $K_B \colon \mathbb{K}^n \to V$ und $K_{B'} \colon \mathbb{K}^m \to W$ die Koordinatenabbildungen sind, die nach Satz 6.2.7 normerhaltend sind. Daher ist stets $\|K_B x\| = \|x\|_2$ und $\|K_{B'}^{-1} L K_B x\|_2 = \|L K_B x\|$. Deshalb gilt $\|L_A(x)\|_2 \leq C\|x\|_2$ für alle $x \in \mathbb{K}^n$ genau dann, wenn $\|L(v)\| \leq C\|v\|$ für alle $v \in V$. $\qquad \square$

Das letzte Ziel dieses Abschnitts ist es, die Eigenwerte einer Matrix bzw. linearen Abbildung gegen ihre Norm abzuschätzen.

Satz 8.6.10 *Sei* $\lambda \in \mathbb{K}$ *ein Eigenwert der quadratischen Matrix* A. *Dann gilt* $|\lambda| \leq \|A\|_{\mathrm{op}}$. *Eine analoge Aussage gilt für* $L \in \mathscr{L}(V)$.

Beweis Es existiert ein $x \neq 0$ mit $Ax = \lambda x$; also ist

$$|\lambda| = \frac{\|Ax\|}{\|x\|} \leq \|A\|_{\mathrm{op}},$$

wie behauptet. $\square$

Man nennt

$$r(A) = \max\{|\lambda| : \lambda \text{ Eigenwert von } A\}$$

den *Spektralradius* von A (analog für $L \in \mathscr{L}(V)$); also besagt Satz 8.6.10

$$r(A) \leq \|A\|_{\mathrm{op}} \quad \text{bzw.} \quad r(L) \leq \|L\|_{\mathrm{op}}.$$

Im selbstadjungierten bzw. normalen Fall kann man noch mehr aussagen.

Satz 8.6.11 *Ist $A \in \mathbb{K}^{n \times n}$ selbstadjungiert ($\mathbb{K} = \mathbb{R}$) oder auch bloß normal ($\mathbb{K} = \mathbb{C}$), so ist $r(A) = \|A\|_{\mathrm{op}}$. Eine analoge Aussage gilt für lineare Abbildungen.*

Beweis Wir führen den Beweis diesmal im Fall $L \in \mathscr{L}(V)$. Die Spektralzerlegung (Satz 8.1.8 bzw. Korollar 8.2.7) liefert eine Orthonormalbasis $u_1, \ldots, u_n$ aus Eigenvektoren zu den Eigenwerten $\lambda_1, \ldots, \lambda_n$, so dass

$$L(v) = \sum_{j=1}^{n} \lambda_j \langle v, u_j \rangle u_j \quad \text{für alle } v \in V.$$

Daher ist

$$\|L(v)\|^2 = \sum_{j=1}^{n} |\lambda_j|^2 |\langle v, u_j \rangle|^2 \leq r(L)^2 \sum_{j=1}^{n} |\langle v, u_j \rangle|^2 = r(L)^2 \|v\|^2.$$

Das zeigt $\|L\|_{\mathrm{op}} \leq r(L)$; und die umgekehrte Ungleichung kennen wir bereits aus Satz 8.6.10. $\square$

Korollar 8.6.12 *Ist $A \in \mathbb{K}^{n \times n}$ selbstadjungiert ($\mathbb{K} = \mathbb{R}$) oder normal ($\mathbb{K} = \mathbb{C}$), so ist*

$$\|A\|_{\mathrm{op}} = \sup_{\|x\|_2 = 1} |\langle Ax, x \rangle| = \max_{\|x\|_2 = 1} |\langle Ax, x \rangle|.$$

Beweis Für $\|x\|_2 = 1$ ist nach der Cauchy-Schwarzschen Ungleichung

$$|\langle Ax, x\rangle| \leq \|Ax\|_2 \|x\|_2 \leq \|A\|_{op} \|x\|_2^2 = \|A\|_{op};$$

daher gilt „$\geq$". Umgekehrt wissen wir aus Satz 8.6.11, dass es einen Eigenwert μ von A mit $\|A\|_{op} = |\mu|$ gibt. Ist x ein zugehöriger normierter Eigenvektor, hat man

$$\|A\|_{op} = |\mu| = |\langle \mu x, x\rangle| = |\langle Ax, x\rangle|;$$

also gilt sogar „$=$", und wir haben gleichzeitig bewiesen, dass das Supremum angenommen wird. □

Für die Singulärwerte können wir noch folgende Aussage treffen.

Satz 8.6.13 *Für $L \in \mathscr{L}(V, W)$ ist $\sigma_1 = \|L\|_{op}$.*

Beweis Nach Konstruktion ist σ_1^2 der größte Eigenwert von L^*L; also $\sigma_1^2 = \|L^*L\|_{op}$ nach Satz 8.6.11. Ferner ist $\|L^*L\|_{op} = \|L\|_{op}^2$ nach Lemma 8.6.7. Das zeigt die Behauptung. □

8.7 Etwas Matrix-Analysis

Dieser Abschnitt liegt an der Schnittstelle von Analysis und Linearer Algebra, denn wir besprechen unendliche Folgen und Reihen von Matrizen.

Wir beginnen mit ein paar grundsätzlichen Erwägungen. Setzt man für Elemente eines normierten Raums $(V, \| . \|)$

$$d(v, w) = \|v - w\|,$$

so erhält man eine Metrik auf V, wie aus der Analysis bekannt ist und wie man durch einfaches Nachrechnen bestätigt. Damit stehen die Begriffe konvergente Folge, Cauchyfolge, stetige Funktion etc. zur Verfügung; explizit bedeutet „(v_k) konvergiert gegen v" (kurz $v_k \to v$)

$$\forall \varepsilon > 0 \; \exists k_0 \in \mathbb{N} \; \forall k \geq k_0 \quad \|v_k - v\| < \varepsilon,$$

und „(v_k) ist eine Cauchyfolge" bedeutet

$$\forall \varepsilon > 0 \; \exists k_0 \in \mathbb{N} \; \forall k, l \geq k_0 \quad \|v_k - v_l\| < \varepsilon.$$

Ein normierter Raum heißt *vollständig* (oder *Banachraum*), wenn jede Cauchyfolge konvergiert; diese Begriffe sollten aus der Analysis geläufig sein.[3]

Wir betrachten nun Reihen in einem normierten Raum; wie üblich bedeutet $\sum_{j=0}^{\infty} v_k = v$, dass die Folge der Partialsummen $s_k = \sum_{j=0}^{k} v_j$ gegen v konvergiert. Wir werden folgendes Kriterium benötigen.

Lemma 8.7.1 *Sei* $(V, \| . \|)$ *ein vollständiger normierter Raum, und gelte* $\sum_{j=0}^{\infty} \|v_j\| < \infty$. *Dann konvergiert* $\sum_{j=0}^{\infty} v_j$. *Kurz: In einem vollständigen Raum ist jede absolut konvergente Reihe konvergent.*

Beweis Wir zeigen, dass die Folge der Partialsummen $s_k = \sum_{j=0}^{k} v_j$ eine Cauchyfolge bildet. Das ist eine einfache Konsequenz der Dreiecksungleichung: Es ist

$$\|s_k - s_l\| = \left\| \sum_{j=l+1}^{k} v_j \right\| \le \sum_{j=l+1}^{k} \|v_j\|,$$

und die rechte Seite fällt kleiner als ein gegebenes $\varepsilon > 0$ aus, wenn nur $k > l$ hinreichend groß sind. □

Der normierte Raum, der in diesem Abschnitt von Interesse ist, ist der Raum $\mathbb{K}^{n \times n}$ der $n \times n$-Matrizen, versehen mit der Operatornorm $\| . \|_{\mathrm{op}}$ aus Definition 8.6.1. Wir kennen noch eine zweite Norm, nämlich die euklidische oder Hilbert-Schmidt-Norm $\|A\|_2 = (\sum_{j,k} |a_{jk}|^2)^{1/2}$. Diese beiden sind mittels der Ungleichung

$$\|A\|_{\mathrm{op}} \le \|A\|_2 \le \sqrt{n} \|A\|_{\mathrm{op}}$$

verknüpft; vgl. Lemma 8.6.3. Diese Ungleichungen implizieren für eine Matrixfolge (A_k) sofort

- $\|A_k - A\|_{\mathrm{op}} \to 0$ genau dann, wenn $\|A_k - A\|_2 \to 0$,
- (A_k) ist eine Cauchyfolge bzgl. $\| . \|_{\mathrm{op}}$ genau dann, wenn (A_k) ist eine Cauchyfolge bzgl. $\| . \|_2$ ist.

Schließlich ist $(\mathbb{K}^{n \times n}, \| . \|_2)$ nichts anderes als der mit der euklidischen Norm versehene Raum $\mathbb{K}^{n^2}$, und in der Analysis wird die Vollständigkeit dieses Raums gezeigt. Das liefert:

Lemma 8.7.2 *Der normierte Raum* $(\mathbb{K}^{n \times n}, \| . \|_{\mathrm{op}})$ *ist vollständig.*

Nun müssen wir noch die Submultiplikativität der Operatornorm in Erinnerung rufen (d. h. $\|AB\|_{\mathrm{op}} \le \|A\|_{\mathrm{op}} \|B\|_{\mathrm{op}}$; vgl. Lemma 8.6.5). Insbesondere gilt

---

[3] Siehe zum Beispiel O. Forster, *Analysis 2*. Springer Spektrum.

$$\|A^k\|_{\mathrm{op}} \leq \|A\|_{\mathrm{op}}^k \qquad \text{für alle } k \in \mathbb{N};$$

wir setzen noch $A^0 = E_n$, die Einheitsmatrix.

Die im folgenden Satz auftauchende Reihe nennt man die *Neumannsche Reihe* (nach Carl Neumann).

Satz 8.7.3 *Sei A eine $n \times n$-Matrix mit $\|A\|_{\mathrm{op}} < 1$. Dann konvergiert die Reihe $\sum_{j=0}^{\infty} A^j$, und zwar ist*

$$\sum_{j=0}^{\infty} A^j = (E_n - A)^{-1}.$$

Beweis Beachten Sie, dass die Invertierbarkeit von $E_n - A$ Teil der Behauptung ist. Die Konvergenz der Reihe ergibt sich aus Lemma 8.7.1 und Lemma 8.7.2 wegen[4]

$$\sum_{j=0}^{\infty} \|A^j\|_{\mathrm{op}} \leq \sum_{j=0}^{\infty} \|A\|_{\mathrm{op}}^j < \infty,$$

da $\|A\|_{\mathrm{op}} < 1$. Um den Grenzwert S zu bestimmen, setze man $S_k = \sum_{j=0}^{k} A^j$; dann bekommt man

$$(E_n - A)S_k = \sum_{j=0}^{k} A^j - \sum_{j=1}^{k+1} A^j = E_n - A^{k+1} \to E_n$$

mit $k \to \infty$. Andererseits ist

$$\|(E_n - A)(S_k - S)\|_{\mathrm{op}} \leq \|E_n - A\|_{\mathrm{op}}\|S_k - S\|_{\mathrm{op}} \to 0;$$

zusammen folgt $(E_n - A)S = E_n$. Das war zu zeigen. $\qquad\square$

Die Neumannsche Reihe ist das Matrix-Analogon zur geometrischen Reihe für Zahlenfolgen; das wird besonders augenfällig, wenn man formal $\frac{1}{1-A}$ statt $(E_n - A)^{-1}$ schreibt und daran denkt, dass die Einheitsmatrix E_n multiplikativ neutral ist, wie die 1 bei den Zahlen.

Die Neumannsche Reihe liefert ein Verfahren zur Approximation der Inversen. Um den Fehler abzuschätzen, den man macht, wenn man die unendliche Reihe durch eine Partialsumme ersetzt, beachte man einfach

---

[4] Dieses Argument verwendet die Dreiecksungleichung für unendliche Reihen; Beweis?

$$\left\| \sum_{j>k} A^j \right\|_{\text{op}} \leq \sum_{j>k} \| A^j \|_{\text{op}} \leq \sum_{j>k} \| A \|_{\text{op}}^j = \frac{\| A \|_{\text{op}}^{k+1}}{1 - \| A \|_{\text{op}}}.$$

Durch Vertauschen der Rollen von A und $E_n - A$ kann man Satz 8.7.3 auch so aussprechen.

Korollar 8.7.4 *Sei A eine $n \times n$-Matrix mit $\| E_n - A \|_{\text{op}} < 1$. Dann ist A invertierbar mit*

$$\sum_{j=0}^{\infty} (E_n - A)^j = A^{-1}.$$

Wir wollen eine Variante von Satz 8.7.3 unter spektralen Voraussetzungen besprechen. In Definition 7.2.12 wurde die Menge der Eigenwerte einer Matrix A das *Spektrum $\sigma(A)$* von A genannt, und in Abschn. 8.6 haben wir den *Spektralradius $r(A)$* einer quadratischen Matrix A durch

$$r(A) = \max\{ |\lambda| \colon \lambda \in \sigma(A) \}$$

definiert. Aus Satz 8.6.10 folgt, dass stets $r(A) \leq \| A \|_{\text{op}}$ gilt.

Beachten Sie, dass der folgende Satz für reelle Matrizen nicht zu gelten braucht, wenn man nur reelle Eigenwerte in Betracht zieht (Beispiel?).

Satz 8.7.5 *Für eine komplexe $n \times n$-Matrix A gilt $A^k \to 0$ genau dann, wenn $r(A) < 1$ ist.*

Beweis Gelte $A^k \to 0$. Sei λ ein Eigenwert von A mit zugehörigem normierten Eigenvektor v. Dann ist $\lambda^k v = A^k v \to 0$, denn $\| A^k v \| \leq \| A^k \|_{\text{op}} \| v \|$, also $\lambda^k \to 0$; es folgt $|\lambda| < 1$ und deshalb $r(A) < 1$.

Für die Umkehrung beobachtet man zunächst, dass für blockdiagonale Matrizen

$$\begin{pmatrix} A_1 & & \\ & \ddots & \\ & & A_r \end{pmatrix}^k = \begin{pmatrix} A_1^k & & \\ & \ddots & \\ & & A_r^k \end{pmatrix}$$

und

$$\left\| \begin{pmatrix} A_1 & & \\ & \ddots & \\ & & A_r \end{pmatrix} \right\|_{\text{op}} = \max\{ \| A_1 \|_{\text{op}}, \dots, \| A_r \|_{\text{op}} \}$$

gelten. Nehmen wir nun an, dass A in Jordanscher Normalform vorliegt; A ist also blockdiagonal mit Jordan-Kästchen als Blöcken. Wegen unserer Vorüberlegung reicht es dann, für einen $p \times p$ Jordan-Block $J(\lambda, p)$ mit $|\lambda| < 1$ die Konvergenz $J(\lambda, p)^k \to 0$ zu zeigen. Wir schreiben

$$
J(\lambda, p) = \begin{pmatrix} \lambda & 1 & & 0 \\ & \ddots & \ddots & \\ & & \ddots & 1 \\ 0 & & & \lambda \end{pmatrix} = \lambda E_p + N,
$$

wo $N^p = 0$ ist. Da N und die Einheitsmatrix kommutieren, können wir mit dem binomischen Satz für $k > p$ schreiben

$$
J(\lambda, p)^k = (\lambda E_n + N)^k = \sum_{j=0}^{k} \binom{k}{j} N^j \lambda^{k-j} = \sum_{j=0}^{p-1} \binom{k}{j} N^j \lambda^{k-j}.
$$

Da $|\lambda| < 1$, ist hier $|\lambda|^{k-j} \le |\lambda|^{k-p+1}$ und deshalb wegen $\|N\|_{\mathrm{op}} \le 1$

$$
\|J(\lambda, p)^k\|_{\mathrm{op}} \le \sum_{j=0}^{p-1} \binom{k}{j} |\lambda|^{k-p+1} \le \sum_{j=0}^{p-1} k^j |\lambda|^{k-p+1} \to 0,
$$

wobei die triviale Abschätzung $\binom{k}{j} \le k^j$ sowie $\lim_k k^j |\lambda|^k = 0$ für $|\lambda| < 1$ verwendet wurden.

Im allgemeinen Fall ist die komplexe Matrix A einer Matrix J in Jordanscher Normalform ähnlich, also $A = S^{-1} J S$. Dann ist $r(A) = r(J)$ und, wie gerade gezeigt, $\|J^k\|_{\mathrm{op}} \to 0$, daher auch

$$
\|A^k\|_{\mathrm{op}} = \|S^{-1} J^k S\|_{\mathrm{op}} \le \|S^{-1}\|_{\mathrm{op}} \|J^k\|_{\mathrm{op}} \|S\|_{\mathrm{op}} \to 0. \qquad \square
$$

Als nächstes zeigen wir die *Gelfandsche Spektralradiusformel*.

Satz 8.7.6 *Sei A eine komplexe $n \times n$-Matrix.*

(a) *Die Folge $(\|A^k\|_{\mathrm{op}}^{1/k})$ konvergiert, und zwar ist*

$$
\lim_{k \to \infty} \|A^k\|_{\mathrm{op}}^{1/k} = \inf_{k \in \mathbb{N}} \|A^k\|_{\mathrm{op}}^{1/k}.
$$

(b) *Es gilt $r(A) = \lim_{k \to \infty} \|A^k\|_{\mathrm{op}}^{1/k}$.*

Beweis

(a) Sei $\alpha = \inf_{k \in \mathbb{N}} \|A^k\|_{\mathrm{op}}^{1/k}$, und sei $\varepsilon > 0$. Wähle $m \in \mathbb{N}$ mit $\|A^m\|_{\mathrm{op}}^{1/m} < \alpha + \varepsilon$. Jedes $k \in \mathbb{N}$ kann eindeutig als $k = rm + s$ mit $s \in \{0, \ldots, m - 1\}$ geschrieben werden. Es folgt mit $\beta = \beta(\varepsilon) = \max_{s < m} \|A^s\|_{\mathrm{op}}$

$$\|A^k\|_{\mathrm{op}} = \|A^{rm+s}\|_{\mathrm{op}} \le \|A^m\|_{\mathrm{op}}^r \|A^s\|_{\mathrm{op}} \le (\alpha + \varepsilon)^{mr} \beta$$

sowie

$$\|A^k\|_{\mathrm{op}}^{1/k} \le (\alpha + \varepsilon)^{mr/k} \beta^{1/k} = (\alpha + \varepsilon)(\alpha + \varepsilon)^{-s/k} \beta^{1/k} < \alpha + 2\varepsilon,$$

wenn k groß genug ist. Das zeigt $\|A^k\|_{\mathrm{op}}^{1/k} \to \alpha$.

(b) Ist λ ein Eigenwert von A mit zugehörigem normierten Eigenvektor v, so folgt $\lambda^k v = A^k v$ sowie $|\lambda^k| \le \|A^k\|_{\mathrm{op}} \|v\|$ und deshalb $|\lambda| \le \|A^k\|_{\mathrm{op}}^{1/k}$; Teil (a) liefert jetzt die Abschätzung $r(A) \le \lim_k \|A^k\|_{\mathrm{op}}^{1/k}$.

Sei nun $\varepsilon > 0$ und $B = A/(r(A) + \varepsilon)$. Dann ist $r(B) = r(A)/(r(A) + \varepsilon) < 1$. Satz 8.7.5 impliziert $B^k \to 0$, insbesondere $\|B^k\|_{\mathrm{op}} < 1$ für $k \ge k_0$. Diese Ungleichung bedeutet $\|A^k\|_{\mathrm{op}} < (r(A) + \varepsilon)^k$ für $k \ge k_0$, und das zeigt $\lim_k \|A^k\|_{\mathrm{op}}^{1/k} \le r(A)$. $\square$

Kommen wir noch einmal auf die Neumannsche Reihe zurück.

Satz 8.7.7 *Für eine komplexe $n \times n$-Matrix konvergiert die Reihe $\sum_{j=0}^{\infty} A^j$ genau dann, wenn $r(A) < 1$ ist. In diesem Fall ist*

$$\sum_{j=0}^{\infty} A^j = (E_n - A)^{-1}.$$

Beweis Wenn die Reihe konvergiert, gilt $\|A^j\|_{\mathrm{op}} \to 0$ und wegen Satz 8.7.5 $r(A) < 1$. Ist umgekehrt $r(A) < 1$, konvergiert $\sum_{j=0}^{\infty} \|A^j\|_{\mathrm{op}}$ nach dem Wurzelkriterium (hier geht Satz 8.7.6(b) ein), und die Reihe $\sum_{j=0}^{\infty} A^j$ konvergiert nach Lemma 8.7.1. Dass der Grenzwert $(E_n - A)^{-1}$ ist, sieht man wie bei Satz 8.7.3. $\square$

Neben der geometrischen Reihe ist die Exponentialreihe die wohl wichtigste Reihe der Analysis. Wir werden sehen, dass man auch in diese Reihe, also $\sum_{j=0}^{\infty} z^j / j!$, quadratische Matrizen einsetzen kann. Für eine solche Matrix A ist nämlich

$$\sum_{j=0}^{\infty} \left\| \frac{A^j}{j!} \right\|_{\mathrm{op}} \le \sum_{j=0}^{\infty} \frac{\|A\|_{\mathrm{op}}^j}{j!} = \exp(\|A\|_{\mathrm{op}}),$$

also ist $\sum_{j=0}^{\infty} A^j / j!$ absolut konvergent und daher (Lemma 8.7.1) konvergent.

Definition 8.7.8 Für eine quadratische Matrix A setzen wir

$$\exp(A) = \sum_{j=0}^{\infty} \frac{A^j}{j!}.$$

Es ist im allgemeinen *falsch*, dass für $A = (a_{ij})$ auch $\exp(A) = (e^{a_{ij}})$ ist. Man überzeugt sich aber leicht, dass das für Diagonalmatrizen zutrifft.

Für komplexe Zahlen gilt die Funktionalgleichung

$$\exp(w + z) = \exp(w)\exp(z);$$

bei Matrizen kann einem die Nichtkommutativität einen Strich durch die Rechnung machen.

Beispiel 8.7.9 Seien

$$A = \begin{pmatrix} 0 & 1 \\ 0 & 0 \end{pmatrix}, \quad B = \begin{pmatrix} 0 & 0 \\ 1 & 0 \end{pmatrix},$$

so dass $A^n = B^n = 0$ für $n \geq 2$; also $\exp(A) = E_2 + A$, $\exp(B) = E_2 + B$ und

$$\exp(A)\exp(B) = E_2 + A + B + AB = \begin{pmatrix} 2 & 1 \\ 1 & 1 \end{pmatrix}.$$

Weiter ist

$$A + B = \begin{pmatrix} 0 & 1 \\ 1 & 0 \end{pmatrix}, \quad (A + B)^2 = E_2, \quad (A + B)^3 = A + B, \quad \dots$$

und deshalb

$$\exp(A + B) = \sum_{j=0}^{\infty} \frac{1}{(2j)!} E_2 + \sum_{j=0}^{\infty} \frac{1}{(2j + 1)!}(A + B).$$

Die beiden Diagonalelemente sind hier also gleich, während sie bei $\exp(A)\exp(B)$ verschieden sind.

Für kommutierende Matrizen gilt jedoch das Analogon zu obiger Gleichung, wie jetzt gezeigt wird.

Satz 8.7.10 *Seien* $A, B \in \mathbb{K}^{n \times n}$.

(a) *Wenn A und B kommutieren, also* $AB = BA$, *gilt*

$$\exp(A + B) = \exp(A) \exp(B).$$

(b) $\exp(A)$ *ist stets invertierbar, und zwar ist*

$$\exp(A)^{-1} = \exp(-A).$$

Beweis

(a) Wir stellen dem Beweis eine Vorbemerkung voran.
  - Sind (S_N) und (T_N) konvergente Folgen in $\mathbb{K}^{n \times n}$, etwa $S_N \to S$ und $T_N \to T$, so gilt $S_N T_N \to ST$.

Das folgt aus der Abschätzung

$$\|S_N T_N - ST\|_{\mathrm{op}} \leq \|S_N(T_N - T)\|_{\mathrm{op}} + \|(S_N - S)T\|_{\mathrm{op}}$$

$$\leq \|S_N\|_{\mathrm{op}}\|T_N - T\|_{\mathrm{op}} + \|S_N - S\|_{\mathrm{op}}\|T\|_{\mathrm{op}} \to 0,$$

da konvergente Folgen beschränkt sind.

Nun zum eigentlichen Beweis. Es ist

$$\sum_{j=0}^{N} \frac{1}{j!} A^j \sum_{l=0}^{N} \frac{1}{l!} B^l = \sum_{s=0}^{N} \sum_{j+l=s} \frac{1}{j!} \frac{1}{l!} A^j B^l + \sum_{s=N+1}^{2N} \sum_{\substack{j+l=s \\ j,l \leq N}} \frac{1}{j!} \frac{1}{l!} A^j B^l$$

$$=: L_N + R_N.$$

Der linke Summand wird umgeformt zu

$$L_N = \sum_{s=0}^{N} \frac{1}{s!} \sum_{j=0}^{s} \frac{s!}{j!(s-j)!} A^j B^{s-j} = \sum_{s=0}^{N} \frac{1}{s!} (A+B)^s$$

nach dem binomischen Satz, denn A und B kommutieren. Den rechten Summanden kann man gemäß

$$\|R_N\|_{\mathrm{op}} \leq \sum_{s=N+1}^{2N} \sum_{\substack{j+l=s \\ j,l \leq N}} \frac{1}{j!} \frac{1}{l!} \|A\|_{\mathrm{op}}^j \|B\|_{\mathrm{op}}^l$$

$$\leq \sum_{s=N+1}^{2N} \frac{1}{s!} \sum_{j=0}^{s} \frac{s!}{j!(s-j)!} \|A\|_{\mathrm{op}}^{j} \|B\|_{\mathrm{op}}^{s-j}$$

$$= \sum_{s=N+1}^{2N} \frac{1}{s!} (\|A\|_{\mathrm{op}} + \|B\|_{\mathrm{op}})^{s}$$

abschätzen. Es folgt $R_N \to 0$ und daher mit der Vorbemerkung die Behauptung.
(b) Aus (a) folgt

$$\exp(A)\exp(-A) = \exp(A - A) = \exp(0) = E_n,$$

also $\exp(A)^{-1} = \exp(-A)$.

$\square$

Die Exponentialmatrix taucht bei der Lösung von Differentialgleichungssystemen mit konstanten Koeffizienten auf. Seien $A \in \mathbb{K}^{n \times n}$ und $y_0 \in \mathbb{K}^n$; gesucht ist eine differenzierbare Funktion $y \colon \mathbb{R} \to \mathbb{K}^n$ mit

$$y'(t) = Ay(t) \qquad (t \in \mathbb{R})$$
$$y(0) = y_0.$$

In Vorlesungen über gewöhnliche Differentialgleichungen wird gezeigt, dass es genau eine Lösung dieses Problems gibt. Diese findet man gemäß

$$y(t) = \exp(tA)y_0;$$

wie bei der klassischen Exponentialfunktion darf man nämlich auch hier die Exponentialreihe gliedweise differenzieren, d. h.

$$y'(t) = A \exp(tA)y_0 = Ay(t),$$

und natürlich ist $y(0) = y_0$. Also ist y die Lösung unseres Anfangswertproblems. Dies kann man auch so ausdrücken:[5] $y_0 \mapsto \exp(\bullet A)y_0$ ist ein Vektorraumisomorphismus zwischen $\mathbb{K}^n$ und dem Lösungsraum der homogenen Gleichung $y' = Ay$; eine Basis des Lösungsraums (ein sogenanntes *Fundamentalsystem*) erhält man durch die Spalten von $\exp(\bullet A)$, also die $\exp(\bullet A)e_j$.

---

[5] $\exp(\bullet A)$ steht für die Funktion $t \mapsto \exp(tA)$.

8.8   Aufgaben

Aufgabe 8.8.1 Wir versehen $\mathbb{K}^3$ mit dem euklidischen Skalarprodukt. Seien

$$x = \begin{pmatrix} 1 \\ 2 \\ 3 \end{pmatrix}, \qquad y = \begin{pmatrix} 2 \\ -2 \\ 3 \end{pmatrix}.$$

Gibt es eine (reelle oder komplexe) selbstadjungierte 3×3-Matrix A mit $Ax = 0$ und $Ay = y$?

Aufgabe 8.8.2 Sei V ein endlichdimensionaler Innenproduktraum, und sei $L \in \mathscr{L}(V)$ selbstadjungiert. Es sei λ der größte Eigenwert von L. Zeigen Sie

$$\lambda = \max\{\langle Lv, v \rangle \colon \|v\| = 1\}.$$

Aufgabe 8.8.3 Sei V ein endlichdimensionaler komplexer Innenproduktraum, und sei $L \in \mathscr{L}(V)$ normal; L besitze nur die Eigenwerte 0 und 1. Zeigen Sie, dass L eine Orthogonalprojektion ist.

Aufgabe 8.8.4 Zeigen Sie $\mathrm{rg}(A) = \mathrm{rg}(A^*A)$ für $A \in \mathbb{K}^{m \times n}$.

Aufgabe 8.8.5 Sei V ein endlichdimensionaler Innenproduktraum über $\mathbb{C}$. Sei $L \in \mathscr{L}(V)$ normal mit $L^9 = L^8$. Zeigen Sie, dass jeder Eigenwert von L in $\{0, 1\}$ liegt und dass $L^2 = L$ ist.

Aufgabe 8.8.6 Sei V ein endlichdimensionaler komplexer Innenproduktraum, und sei $L \in \mathscr{L}(V)$ normal. Ferner seien $\mu \in \mathbb{C}$, $v \in V$ mit $\|v\| = 1$ und $r > 0$ so, dass

$$\|L(v) - \mu v\| < r.$$

Zeigen Sie, dass L einen Eigenwert λ mit $|\lambda - \mu| < r$ besitzt.
(Hinweis: Benutzen Sie eine Orthonormalbasis aus Eigenvektoren und beachten Sie Korollar 8.2.7!)

Aufgabe 8.8.7 Seien $L_1, L_2 \in \mathscr{L}(V)$ selbstadjungierte Abbildungen auf dem endlichdimensionalen reellen oder komplexen Innenproduktraum V, die kommutieren. Zeigen Sie, dass L_1 und L_2 simultan diagonalisiert werden können, d. h. es gibt eine Basis $u_1, \ldots, u_n$ von V, so dass jedes u_j sowohl Eigenvektor von L_1 als auch Eigenvektor von L_2 ist. Gibt es auch solch eine Orthonormalbasis?
(Hinweis: Beachten Sie Lemma 7.4.1.)

Aufgabe 8.8.8 Sei V ein endlichdimensionaler Innenproduktraum, und sei $L \in \mathscr{L}(V)$ positiv semidefinit. Zeigen Sie, dass L genau dann positiv definit ist, wenn L invertierbar ist.

Aufgabe 8.8.9 Sei $L \in \mathscr{L}(\mathbb{R}^4)$ durch

$$
L \colon \begin{pmatrix} x_1 \\ x_2 \\ x_3 \\ x_4 \end{pmatrix} \mapsto \begin{pmatrix} 0 \\ 3x_1 \\ 2x_2 \\ -3x_4 \end{pmatrix}
$$

definiert. Bestimmen Sie $|L|$.

Aufgabe 8.8.10

(a) Sei V ein endlichdimensionaler Innenproduktraum, und sei $L \in \mathscr{L}(V)$ selbstadjungiert. Zeigen Sie, dass es eine Abbildung $T \in \mathscr{L}(V)$ mit $T^3 = L$ gibt.

(b) Stimmt die Aussage auch, wenn L nicht selbstadjungiert ist?
   (Hinweis: Versuchen Sie nilpotente Abbildungen!)

Aufgabe 8.8.11 Im $\mathbb{R}^4$ mit dem Skalarprodukt

$$
\langle x, y \rangle_{\text{neu}} = \sum_{j=1}^{4} j x_j y_j
$$

und der zugehÃűrigen Norm betrachte man die Vektoren

$$
u = \begin{pmatrix} 1 \\ 1 \\ 0 \\ 0 \end{pmatrix}, \quad v = \begin{pmatrix} 1 \\ 1 \\ 1 \\ 2 \end{pmatrix}, \quad w = \begin{pmatrix} 1 \\ 2 \\ 3 \\ 4 \end{pmatrix}.
$$

Es sei U der von u und v aufgespannte Untervektorraum. Bestimmen Sie denjenigen Vektor $z \in U$, für den $\|z - w\|$ minimal ist.

Aufgabe 8.8.12 Seien Λ und Λ_ρ wie am Ende von Abschn. 8.4. Zeigen Sie

$$
\|A - A_\rho\|_{\text{op}} = \sigma_{\rho+1}.
$$

Aufgabe 8.8.13 Bestimmen Sie $\|L\|_{\text{op}}$ für die Abbildung L aus Aufgabe 8.8.9.

Aufgabe 8.8.14 Sei

$$A = \begin{pmatrix} A_1 & 0 \\ 0 & A_2 \end{pmatrix}$$

eine blockdiagonale Matrix. Zeigen Sie

$$\|A\|_{\text{op}} = \max\{\|A_1\|_{\text{op}}, \|A_2\|_{\text{op}}\}.$$

Aufgabe 8.8.15 Sei $A \in \mathbb{K}^{m \times n}$, und sei $u_1, \ldots, u_n$ eine Orthonormalbasis von $\mathbb{K}^n$. Zeigen Sie

$$\sum_{k=1}^{n} \|Au_k\|_2^2 = \sum_{j=1}^{n} \sigma_j^2$$

und schließen Sie für die Hilbert-Schmidt-Norm von A

$$\|A\|_2^2 = \sum_{j=1}^{n} \sigma_j^2.$$

Hinweise: (1) Berechnen Sie die linke Seite der ersten Gleichung mit Hilfe der Singulärwertzerlegung von A. (2) Betrachten Sie die Einheitsvektorbasis.

Aufgabe 8.8.16 Zeigen Sie: Wenn A und B ähnlich sind, sind auch $\exp(A)$ und $\exp(B)$ ähnlich.

Aufgabe 8.8.17 Sei $A = \text{diag}(a_1, \ldots, a_n)$ eine Diagonalmatrix. Zeigen Sie $\exp(A) = \text{diag}(e^{a_1}, \ldots, e^{a_n})$.

Etwas Geometrie

9

9.1 Isometrien

Dieses Kapitel handelt vom Zusammenspiel von Linearer Algebra und Geometrie. Alle hier auftretenden Vektorräume sind $\mathbb{R}$-Vektorräume, und $\mathbb{R}^n$ wird mit dem euklidischen Skalarprodukt versehen.

In der euklidischen Geometrie interessiert man sich unter anderem für Kongruenz bei Dreiecken. Der dahinterstehende Begriff ist der einer Isometrie.

Definition 9.1.1 Sei V ein Innenproduktraum. Eine Abbildung $F: V \to V$ heißt *Isometrie* oder *Kongruenzabbildung*, wenn

$$\|F(v) - F(w)\| = \|v - w\| \qquad \text{für alle } v, w \in V.$$

Man beachte, dass eine solche Abbildung nicht als linear vorausgesetzt wurde; wir werden aber gleich sehen, dass isometrische Abbildungen „fast" linear sind. Ferner ist klar, dass Isometrien injektiv sind.

Nach Satz 6.3.15 ist eine lineare Abbildung eines endlichdimensionalen Innenproduktraums in sich genau dann isometrisch, wenn sie orthogonal ist. Ein Beispiel einer nichtlinearen isometrischen Abbildung ist die Translationsabbildung

$$T_a: V \to V, \qquad T_a(v) = a + v$$

für ein $a \in V$. Der nächste Satz erklärt, dass jede isometrische Abbildung aus diesen beiden Typen zusammengesetzt werden kann.

© Der/die Autor(en), exklusiv lizenziert an Springer Nature Switzerland AG 2022
D. Werner, *Lineare Algebra*, Grundstudium Mathematik,
https://doi.org/10.1007/978-3-030-91107-2_9

Satz 9.1.2 *Sei V ein endlichdimensionaler reeller Innenproduktraum, und sei $F\colon V \to V$ isometrisch.*

(a) *Dann ist F affin, d. h.*

$$F(\lambda v_1 + (1 - \lambda)v_2) = \lambda F(v_1) + (1 - \lambda)F(v_2) \qquad \text{für } v_1, v_2 \in V,\ 0 \le \lambda \le 1.$$

(b) *Wenn $F(0) = 0$ ist, ist F linear.*

(c) *Es existieren eine orthogonale lineare Abbildung U und eine Translation T_a mit $F = T_a \circ U$.*

Beweis (a) Wir benötigen folgende Aussage.

- Sind $u_1, u_2, z \in V, r = \|u_1 - u_2\|, s = \|u_1 - z\|, t = \|u_2 - z\|$ und $r = s + t$, so ist

$$z = \frac{t}{r}u_1 + \frac{s}{r}u_2.$$

Eine Skizze lässt diese Aussage als fast offensichtlich erscheinen, aber damit können wir uns nicht zufrieden geben. Zum Beweis betrachten wir die „Kugeln"

$$K_1 = \{x \in V\colon \|x - u_1\| \le s\}, \quad K_2 = \{x \in V\colon \|x - u_2\| \le t\}.$$

Nach Voraussetzung liegt z im Schnitt $K_1 \cap K_2$, und Einsetzen zeigt, dass auch $\frac{t}{r}u_1 + \frac{s}{r}u_2 \in K_1 \cap K_2$. Zeigen wir also, dass dieser Schnitt aus nur einem Punkt besteht. Sind nämlich $x_1, x_2 \in K_1 \cap K_2$ und $x_1 \ne x_2$, so setze $y = \frac{1}{2}(x_1 + x_2)$ (geometrisch ist das der Mittelpunkt der Strecke $[x_1, x_2]$); es folgt nach der Parallelogrammgleichung (6.1.2) auf Seite 120

$$\|y - u_1\|^2 = \left\|\frac{x_1 - u_1}{2} + \frac{x_2 - u_1}{2}\right\|^2$$

$$= 2\left\|\frac{x_1 - u_1}{2}\right\|^2 + 2\left\|\frac{x_2 - u_1}{2}\right\|^2 - \left\|\frac{x_1 - u_1}{2} - \frac{x_2 - u_1}{2}\right\|^2$$

$$\le \frac{s^2}{2} + \frac{s^2}{2} - \left\|\frac{x_1 - x_2}{2}\right\|^2 < s^2,$$

da $x_1 \ne x_2$. Daher ist $\|y - u_1\| < s$ und genauso $\|y - u_2\| < t$, so dass

$$r = \|u_1 - u_2\| = \|(u_1 - y) + (y - u_2)\| \le \|u_1 - y\| + \|y - u_2\| < s + t = r;$$

Widerspruch!

Nun zurück zum Beweis von (a). Wir setzen $u_1 = F(v_1)$, $u_2 = F(v_2)$ und $z = F(\lambda v_1 + (1 - \lambda)v_2)$. Mit Hilfe der Isometrie-Eigenschaft von F berechnet man

$$r := \|u_1 - u_2\| = \|v_1 - v_2\|$$

$$s := \|u_1 - z\| = \|v_1 - (\lambda v_1 + (1 - \lambda)v_2)\| = (1 - \lambda)\|v_1 - v_2\|$$

$$t := \|u_2 - z\| = \|v_2 - (\lambda v_1 + (1 - \lambda)v_2)\| = \lambda\|v_1 - v_2\|,$$

so dass $r = s + t$, $t/r = \lambda$ und $s/r = 1 - \lambda$. Die Hilfsbehauptung liefert daher $z = \lambda u_1 + (1 - \lambda)u_2$; das war zu zeigen.

(b) Zuerst zeigen wir $F(\lambda v) = \lambda F(v)$ für $v \in V$ und $0 \leq \lambda \leq 1$. Das folgt aus (a) wegen $F(0) = 0$ und

$$F(\lambda v) = F(\lambda v + (1 - \lambda) \cdot 0) = \lambda F(v) + (1 - \lambda)F(0) = \lambda F(v).$$

Der nächste Schritt ist, $F(\lambda v) = \lambda F(v)$ für $v \in V$ und $\lambda > 1$ zu zeigen. Dazu setze $\mu = 1/\lambda \in [0, 1]$; wir wissen bereits, dass $F(\mu(\lambda v)) = \mu F(\lambda v)$ ist – aber diese Gleichung ist genau $F(v) = \frac{1}{\lambda}F(\lambda v)$, was zu zeigen war.

Jetzt kommen wir zur Additivität, d. h. $F(v_1 + v_2) = F(v_1) + F(v_2)$ für alle $v_1, v_2 \in V$. Da wir den Faktor $\frac{1}{2}$ in F hineinziehen dürfen (siehe oben), ist

$$F\left(\frac{v_1 + v_2}{2}\right) = \frac{F(v_1) + F(v_2)}{2}$$

zu zeigen. Das folgt jedoch aus (a).

Zuletzt erhalten wir $F(\lambda v) = \lambda F(v)$ auch für $\lambda < 0$ aus

$$F(\lambda v) + F(-\lambda v) = F(\lambda v + (-\lambda v)) = F(0) = 0,$$

so dass

$$F(\lambda v) = -F((-\lambda)v) = -(-\lambda)F(v) = \lambda F(v);$$

im zweiten Schritt ging $-\lambda > 0$ ein.

(c) Sei $a = F(0)$; dann ist $U := T_{-a} \circ F$ isometrisch (klar) und bildet 0 auf 0 ab (auch klar). Nach Teil (b) ist U linear und deshalb (Satz 6.3.15) eine orthogonale Abbildung, und $F = T_a \circ U$ ist die gesuchte Darstellung. $\square$

Für das Verständnis der Isometrien reicht es also, die orthogonalen Abbildungen zu untersuchen. Wir führen folgende Bezeichnungen ein.

Definition 9.1.3 Es bezeichnet $\mathscr{O}(V)$ die Menge aller orthogonalen Abbildungen auf dem endlichdimensionalen reellen Innenproduktraum V und $\mathscr{SO}(V)$ die Teilmenge aller orthogonalen Abbildungen mit Determinante 1. Genauso bezeichnet O(n) die Menge der orthogonalen $n \times n$-Matrizen und SO(n) die Teilmenge der orthogonalen $n \times n$-Matrizen mit Determinante 1.

Explizit ist also

$$\mathrm{O}(n) = \{U \in \mathbb{R}^{n \times n} : U^* U = E_n\}$$
$$\mathrm{SO}(n) = \{U \in \mathrm{O}(n) : \det(U) = 1\}.$$

Als nächstes werden wir begründen, dass diese Mengen unter der Komposition von Abbildungen bzw. der Matrixmultiplikation Gruppen sind; siehe Definition 5.1.1 zur Definition einer Gruppe.

Satz 9.1.4 $\mathscr{O}(V)$, $\mathscr{SO}(V)$, O(n) *und* SO(n) *sind Gruppen, genannt* orthogonale Gruppe *bzw.* spezielle orthogonale Gruppe.

Beweis Wir diskutieren die Details im Matrixfall. Sind $U_1, U_2 \in \mathrm{O}(n)$, so auch $U_1 U_2$, da

$$(U_1 U_2)^* U_1 U_2 = U_2^* U_1^* U_1 U_2 = U_2^* U_2 = E_n;$$

also handelt es sich um eine innere Verknüpfung. Das Assoziativgesetz gilt bei allen Matrizen, nicht nur den orthogonalen; und das neutrale Element ist die Einheitsmatrix, die natürlich orthogonal ist. Schließlich ist für orthogonale Matrizen definitionsgemäß $U^{-1} = U^*$, und U^* ist orthogonal (warum?).

Dasselbe Argument funktioniert auch für SO(n); es ist nur $\det(U_1 U_2) = \det(U_1) \det(U_2)$ und $\det(U^*) = \det(U^t) = \det(U)$ (und natürlich $\det(E_n) = 1$) zu beachten. □

Wir kommen nun zu den Eigenwerten bzw. der Determinante orthogonaler Abbildungen und Matrizen. (Übrigens gelten analoge Aussagen im komplexen Fall für unitäre Abbildungen und Matrizen.)

Lemma 9.1.5 *Sei* $U \in \mathrm{O}(n)$ *bzw.* $L \in \mathscr{O}(V)$.

(a) *Dann ist* $|\det(U)| = 1$ *bzw.* $|\det(L)| = 1$.
(b) *Ist* λ *ein Eigenwert von* U *bzw.* L, *so ist* $|\lambda| = 1$.

Beweis

(a) Es ist $1 = \det(E_n) = \det(U^* U) = \det(U^*) \det(U) = \det(U)^2$.
(b) Ist v ein zugehöriger Eigenvektor, so ist $\|v\| = \|Uv\| = \|\lambda v\| = |\lambda| \cdot \|v\|$. □

Eine wichtige Klasse orthogonaler Abbildungen sind die Spiegelungen, die wir jetzt einführen. Es sei V ein n-dimensionaler Innenproduktraum; ein Unterraum der Dimension $n-1$ heißt dann eine *Hyperebene*. (Im Fall $n = 3$ ist eine Hyperebene eine Ebene und im Fall $n = 2$ eine Gerade.) Eine Hyperebene H ist also nichts anderes als der Orthogonalraum eines Vektors $v_H \neq 0$: $H = \{v_H\}^\perp$.

Definition 9.1.6 Sei $H \subset V$ eine Hyperebene und P_H die zugehörige Orthogonalprojektion auf H. Dann heißt die lineare Abbildung $S_H = 2P_H - \mathrm{Id}$ die *Spiegelung an H*.

Um zu verstehen, wie S_H wirkt, sei $v_H \in H^\perp \setminus \{0\}$. Jedes $v \in V$ kann in der Form

$$v = P_H v + (v - P_H v) = P_H v + \lambda_v v_H$$

geschrieben werden. Dann ist wegen $P_H^2 = P_H$ und $P_H v_H = 0$

$$S_H v = 2P_H(P_H v + \lambda_v v_H) - (P_H v + \lambda_v v_H) = P_H v - \lambda_v v_H;$$

insofern „spiegelt" S_H den Vektor v an H.

Eine Spiegelung hat folgende Eigenschaften.

Lemma 9.1.7 *Sei S_H die Spiegelung an der Hyperebene H.*

(a) $S_H \in \mathcal{O}(V)$.
(b) $S_H^{-1} = S_H$.
(c) *Es gibt eine Orthonormalbasis von V, bzgl. der S_H durch eine Diagonalmatrix* $\mathrm{diag}(1, 1, \ldots, 1, -1)$ *dargestellt wird.*
(d) $\det(S_H) = -1$.

Beweis

(a) Schreibt man $v \in V$ als $v = P_H v + \lambda_v v_H \in H \oplus H^\perp$, so ist $S_H v = P_H v - \lambda_v v_H$, und der Satz von Pythagoras zeigt $\|S_H v\| = \|v\|$. Nach Satz 6.3.15 ist S_H orthogonal.
(b) folgt sofort aus der Definition von S_H.
(c) Wählt man eine Orthonormalbasis von H und ergänzt diese durch den normierten Vektor $v_H / \|v_H\|$ zu einer Orthonormalbasis von V, so ist die Matrixdarstellung von S_H in dieser Basis genau $\mathrm{diag}(1, 1, \ldots, 1, -1)$.
(d) folgt aus (c). $\qquad\square$

Umgekehrt ist leicht aus der Bedingung in (c) zu folgern, dass es sich um eine Spiegelung handelt.

Der Hauptsatz dieses Abschnitts besagt, dass jede orthogonale Abbildung aus Spiegelungen zusammengesetzt ist.

Satz 9.1.8 *Sei* $L \in \mathcal{O}(V)$ *mit* $\dim(V) = n$. *Dann existieren Spiegelungen* $S_1, \ldots, S_k$, $k \leq n$, *mit* $L = S_1 \cdots S_k$.

Beweis Wir zeigen, dass es $k \leq n$ Spiegelungen $S_1, \ldots, S_k$ mit $S_k \cdots S_1 L = \mathrm{Id}$ gibt, was wegen Lemma 9.1.7(b) ausreicht. Dies erreicht man durch höchstens n-malige Anwendung folgender Behauptung.

- Sei $T \in \mathcal{O}(V)$, $T \neq \mathrm{Id}$. *Dann existiert eine Spiegelung* S *mit* $\ker(T - \mathrm{Id}) \subsetneq \ker(ST - \mathrm{Id})$ und deshalb

$$\dim \ker(ST - \mathrm{Id}) > \dim \ker(T - \mathrm{Id}).$$

Zuerst wendet man diese Behauptung nämlich auf $T = L$ an (im Fall $L = \mathrm{Id}$ ist nichts zu zeigen) und konstruiert $S = S_1$, so dass $S_1 L$ mehr Vektoren festlässt als L, dann wendet man sie auf $T = S_1 L \in \mathcal{O}(V)$ an und konstruiert $S = S_2$, so dass $S_2 S_1 L$ mehr Vektoren festlässt als $S_1 L$ usw., bis nach höchstens $k \leq n$ Schritten alle Vektoren festgehalten werden, d. h. $S_k \cdots S_1 L = \mathrm{Id}$.

Kommen wir zum Beweis der Behauptung. Da $T \neq \mathrm{Id}$, existiert ein Vektor x mit $Tx \neq x$. Dann steht $Tx - x$ senkrecht[1] auf $\ker(T - \mathrm{Id})$: Ist nämlich $Ty = y$, so ist auch $T^*y = T^*Ty = y$ und deshalb

$$\langle Tx - x, y \rangle = \langle Tx, y \rangle - \langle x, y \rangle = \langle x, T^*y \rangle - \langle x, y \rangle = \langle x, T^*y - y \rangle = 0.$$

Daher ist $H = \{Tx - x\}^{\perp}$ eine Hyperebene, die $\ker(T - \mathrm{Id})$ enthält. Sei $S = S_H$ die Spiegelung an H. Ist $Tv = v$, so folgt $STv = Sv = v$ wegen $v \in \ker(T - \mathrm{Id}) \subset H$, d. h. $\ker(T - \mathrm{Id}) \subset \ker(ST - \mathrm{Id})$. Aber diese Inklusion ist echt, denn $Tx \neq x$, jedoch $STx = x$: Beachte dazu

$$\langle x + Tx, x - Tx \rangle = \|x\|^2 - \|Tx\|^2 = 0,$$

also $\frac{1}{2}(x + Tx) \in \{x - Tx\}^{\perp} = H$ und $Tx = \frac{1}{2}(x + Tx) + \frac{1}{2}(Tx - x)$, so dass $STx = \frac{1}{2}(x + Tx) - \frac{1}{2}(Tx - x) = x$.

Damit ist alles gezeigt. $\qquad\qquad\qquad\qquad\qquad\qquad\qquad\qquad\qquad\qquad\qquad\qquad$ $\square$

Durch Vergleich der Determinanten (siehe Lemma 9.1.7(d)) erhält man noch die Zusatzinformation, dass für $L \in \mathcal{SO}(V)$ die Anzahl k gerade sein muss.

In den nächsten beiden Abschnitten werden wir die klassischen Fälle der euklidischen Ebene ($\dim(V) = 2$) und des euklidischen Anschauungsraums ($\dim(V) = 3$) genauer an-

---

[1] Alternativ kann man auch so argumentieren: Da T normal ist, ist $\mathrm{ran}(T - \mathrm{Id}) = [\ker((T - \mathrm{Id})^*)]^{\perp} = [\ker(T - \mathrm{Id})]^{\perp}$ wegen Satz 6.3.8 und Korollar 6.3.13.

sehen und insbesondere nach Matrixdarstellungen orthogonaler Transformationen fragen. Dort wird folgender Begriff eine Rolle spielen.

Definition 9.1.9 Seien $B = (b_1, \dots, b_n)$ und $B' = (b'_1, \dots, b'_n)$ zwei geordnete Basen eines reellen Vektorraums. Sei $M_B^{B'}$ die Matrix des Basiswechsels von B nach B' (vgl. (3.3.2) auf Seite 68). Dann heißen B und B' *gleich orientiert*, wenn $\det M_B^{B'} > 0$, und *entgegengesetzt orientiert*, wenn $\det M_B^{B'} < 0$.

Im Fall $V = \mathbb{R}^n$ kann man einen Schritt weiter gehen. Hier steht nämlich mit der Einheitsvektorbasis $(e_1, \dots, e_n)$ eine kanonische Basis zur Verfügung; diese nennen wir *positiv orientiert* und jede dazu gleich orientierte Basis ebenfalls. Im $\mathbb{R}^2$ ist $(e_2, -e_1)$ positiv orientiert, aber $(e_1, -e_2)$ und (e_2, e_1) sind negativ orientiert. Im $\mathbb{R}^3$ kann man sich mit dem Kreuzprodukt positiv orientierte Basen verschaffen; siehe Satz 9.3.4(d).

9.2 Geometrie im $\mathbb{R}^2$

Wir haben bereits am Ende von Abschn. 6.3 orthogonale 2×2-Matrizen kennengelernt, nämlich Matrizen der Form

$$D(\varphi) = \begin{pmatrix} \cos\varphi & -\sin\varphi \\ \sin\varphi & \cos\varphi \end{pmatrix}, \tag{9.2.1}$$

und diese als Drehungen um den Winkel φ interpretiert. (Es ist sogar $D(\varphi) \in \mathrm{SO}(2)$.) Wir werden jetzt die Matrixdarstellungen von Abbildungen $L \in \mathscr{O}(\mathbb{R}^2)$ studieren, und zwar zunächst für Abbildungen in $\mathscr{SO}(\mathbb{R}^2)$.

Satz 9.2.1 *Sei $L \in \mathscr{SO}(\mathbb{R}^2)$ und (u, v) eine Orthonormalbasis von $\mathbb{R}^2$. Dann hat die Matrixdarstellung von L bzgl. (u, v) die Form $D(\varphi)$ mit einem eindeutig bestimmten $\varphi \in (-\pi, \pi]$.*

Beweis Sei $A = (a_{ij})$ die darstellende Matrix, also

$$Lu = a_{11}u + a_{21}v,$$
$$Lv = a_{12}u + a_{22}v.$$

Da L orthogonal und (u, v) eine Orthonormalbasis ist, hat man die Gleichungen

$$a_{11}^2 + a_{21}^2 = 1$$
$$a_{12}^2 + a_{22}^2 = 1$$
$$a_{11}a_{12} + a_{21}a_{22} = 0.$$

Insbesondere ist $|a_{11}| \leq 1$, und man kann $a_{11} = \cos \varphi$ für ein passendes φ schreiben. Dann ist $a_{21}^2 = 1 - \cos^2 \varphi = \sin^2 \varphi$, also $a_{21} = \pm \sin \varphi$. Indem man eventuell φ durch $-\varphi$ ersetzt, erhält man $a_{21} = \sin \varphi$, und $\varphi \in (-\pi, \pi]$ ist durch diese Eigenschaften eindeutig bestimmt. Genauso führt die zweite Gleichung zu einem ψ mit $a_{12} = \sin \psi$, $a_{22} = \cos \psi$. Die dritte Gleichung lautet dann

$$0 = \cos \varphi \sin \psi + \sin \varphi \cos \psi = \sin(\varphi + \psi).$$

Daher ist $\varphi + \psi$ ein ganzzahliges Vielfaches von π, also[2] $\psi \in \{-\varphi, \pm\pi - \varphi\}$ wegen der Einschränkung $\psi \in (-\pi, \pi]$. Im ersten Fall ist $\cos \psi = \cos \varphi$, $\sin \psi = -\sin \varphi$, und A hat in der Tat die Determinante 1. Im zweiten Fall ist $\cos \psi = -\cos \varphi$, $\sin \psi = \sin \varphi$, und A hat die Determinante -1. Also ist für $L \in \mathscr{SO}(\mathbb{R}^2)$ der Winkel $\psi = -\varphi$ der Winkel der Wahl, und es ist $A = D(\varphi)$. $\qquad\square$

Korollar 9.2.2 *Die Gruppen $\mathscr{SO}(\mathbb{R}^2)$ und* SO(2) *sind abelsch, aber $\mathscr{O}(\mathbb{R}^2)$ bzw.* O(2) *sind nicht abelsch.*

Beweis Seien $A_1, A_2 \in$ SO(2); nach Satz 9.2.1 haben sie die Form $A_1 = D(\varphi_1)$ und $A_2 = D(\varphi_2)$. Nach den Additionstheoremen für Sinus und Kosinus ist

$$D(\varphi_2)D(\varphi_1) = \begin{pmatrix} \cos \varphi_2 & -\sin \varphi_2 \\ \sin \varphi_2 & \cos \varphi_2 \end{pmatrix} \begin{pmatrix} \cos \varphi_1 & -\sin \varphi_1 \\ \sin \varphi_1 & \cos \varphi_1 \end{pmatrix}$$

$$= \begin{pmatrix} \cos \varphi_2 \cos \varphi_1 - \sin \varphi_2 \sin \varphi_1 & -\cos \varphi_2 \sin \varphi_1 - \sin \varphi_2 \cos \varphi_1 \\ \sin \varphi_2 \cos \varphi_1 + \cos \varphi_2 \sin \varphi_1 & -\sin \varphi_2 \sin \varphi_1 + \cos \varphi_2 \cos \varphi_1 \end{pmatrix}$$

$$= \begin{pmatrix} \cos(\varphi_1 + \varphi_2) & -\sin(\varphi_1 + \varphi_2) \\ \sin(\varphi_1 + \varphi_2) & \cos(\varphi_1 + \varphi_2) \end{pmatrix}$$

$$= D(\varphi_1 + \varphi_2),$$

also $D(\varphi_2)D(\varphi_1) = D(\varphi_1)D(\varphi_2)$ wegen $\varphi_1 + \varphi_2 = \varphi_2 + \varphi_1$, und A_1 und A_2 kommutieren. Dass O(2) nicht kommutativ ist, sieht man etwa an dem Beispiel

$$\begin{pmatrix} 0 & 1 \\ -1 & 0 \end{pmatrix} \begin{pmatrix} 1 & 0 \\ 0 & -1 \end{pmatrix} \neq \begin{pmatrix} 1 & 0 \\ 0 & -1 \end{pmatrix} \begin{pmatrix} 0 & 1 \\ -1 & 0 \end{pmatrix}. \qquad (9.2.2)$$

Das zeigt gleichzeitig die Aussagen über $\mathscr{SO}(\mathbb{R}^2)$ und $\mathscr{O}(\mathbb{R}^2)$. $\qquad\square$

---

[2] Ausnahme: $\varphi = \psi = \pi$, was dem folgenden ersten Fall unterzuordnen ist.

Wir wollen die Matrixdarstellung von $L \in \mathscr{SO}(\mathbb{R}^2)$ unter Basiswechsel studieren.

Satz 9.2.3 *Seien* $L \in \mathscr{SO}(\mathbb{R}^2)$ *und* (u, v) *und* $(\tilde{u}, \tilde{v})$ *Orthonormalbasen von* $\mathbb{R}^2$*;* L *besitze bzgl.* (u, v) *die Matrixdarstellung* $D(\varphi)$.

(a) *Wenn* (u, v) *und* $(\tilde{u}, \tilde{v})$ *gleich orientiert sind, besitzt* L *bzgl.* $(\tilde{u}, \tilde{v})$ *ebenfalls die Matrixdarstellung* $D(\varphi)$.
(b) *Wenn* (u, v) *und* $(\tilde{u}, \tilde{v})$ *entgegengesetzt orientiert sind, besitzt* L *bzgl.* $(\tilde{u}, \tilde{v})$ *die Matrixdarstellung* $D(-\varphi)$.

Beweis

(a) Es sei M die Matrix des Basiswechsels von $(\tilde{u}, \tilde{v})$ nach (u, v). Da es sich um Orthonormalbasen handelt, ist M eine orthogonale Matrix (Satz 6.2.8), und da die Orientierungen gleich sind, ist $M \in SO(2)$. Die Matrixdarstellung von L bzgl. $(\tilde{u}, \tilde{v})$ ist also $M^*D(\varphi)M$ (siehe Satz 3.3.6 und Satz 6.3.5); aber nach Korollar 9.2.2 ist $SO(2)$ abelsch, daher ist diese Matrixdarstellung $M^*D(\varphi)M = D(\varphi)M^*M = D(\varphi)$.
(b) Nach Teil (a) ist die Matrixdarstellung bzgl. $(\tilde{v}, \tilde{u})$ die Matrix $D(\varphi)$, also ist die gesuchte Matrixdarstellung

$$\begin{pmatrix} 0 & 1 \\ 1 & 0 \end{pmatrix} D(\varphi) \begin{pmatrix} 0 & 1 \\ 1 & 0 \end{pmatrix} = \begin{pmatrix} \cos\varphi & \sin\varphi \\ -\sin\varphi & \cos\varphi \end{pmatrix} = D(-\varphi);$$

man beachte, dass $\begin{pmatrix} 0 & 1 \\ 1 & 0 \end{pmatrix}$ die beiden Basisvektoren austauscht. $\qquad\square$

Um Teil (b) des Satzes zu veranschaulichen, betrachten wir eine Drehung um 90° (entgegen dem Uhrzeigersinn), die bzgl. der Standardbasis (e_1, e_2) durch $D(\pi/2)$ dargestellt wird. In den negativ orientierten Basen (e_2, e_1) bzw. $(-e_1, e_2)$ ist die darstellende Matrix aber $D(-\pi/2)$, was wie eine Drehung im Uhrzeigersinn aussieht, aber wegen der negativen Orientierung nicht ist.

Kommen wir nun zu den orthogonalen Abbildungen mit Determinante -1.

Satz 9.2.4 *Sei* $L \subset \mathscr{O}(\mathbb{R}^2) \setminus \mathscr{SO}(\mathbb{R}^2)$.

(a) *Sei* (u, v) *eine Orthonormalbasis von* $\mathbb{R}^2$*; dann hat die Matrixdarstellung von* L *die Form*

$$\begin{pmatrix} \cos\varphi & \sin\varphi \\ \sin\varphi & -\cos\varphi \end{pmatrix}$$

mit einem eindeutig bestimmten $\varphi \in (-\pi, \pi]$.

(b) *Es existiert eine Orthonormalbasis* (u, v), *so dass die Matrixdarstellung von* L

$$\begin{pmatrix} 1 & 0 \\ 0 & -1 \end{pmatrix}$$

lautet; also ist L *die Spiegelung an der „u-Achse".*

Beweis

(a) wurde bereits im Beweis von Satz 9.2.1 gezeigt.

(b) Es ist $\det L = -1$, und gleichzeitig ist $\det L$ das Produkt der Eigenwerte (Satz 7.2.5), die möglicherweise komplex sind. Wäre $\alpha + i\beta$ ein komplexer, nicht reeller Eigenwert, so auch $\alpha - i\beta$ (Lemma 7.1.7), und es wäre $(\alpha + i\beta)(\alpha - i\beta) = \alpha^2 + \beta^2 \geq 0$. Daher müssen die Eigenwerte reell sein, und es kommen nach Lemma 9.1.5 nur 1 und -1 in Frage. Also ist 1 ein Eigenwert (mit zugehörigem normierten Eigenvektor u) und -1 ein weiterer Eigenwert (mit zugehörigem normierten Eigenvektor v). Dies ist die gesuchte Orthonormalbasis; u und v sind wegen Satz 8.2.2 orthogonal. $\square$

Wir erkennen jetzt geometrisch, warum das Beispiel aus (9.2.2) funktioniert hat: Es handelt sich dort um die Drehung um $90°$ und die Spiegelung an der „x-Achse", und die kommutieren nicht.

Um die Kraft der Linearen Algebra zu veranschaulichen, beweisen wir zum Schluss einen klassischen Satz der Dreiecksgeometrie.

Satz 9.2.5 *Die drei Höhen eines Dreiecks schneiden sich in einem Punkt.*

Beweis Da das Problem translationsinvariant ist, können wir einen Eckpunkt des Dreiecks (sagen wir C) in den Ursprung legen; zu den anderen beiden gehören die Vektoren A und B im $\mathbb{R}^2$. Sei P der Schnittpunkt der Höhen durch A und B; es ist also $\langle P - A, B \rangle = 0$ und $\langle P - B, A \rangle = 0$ nach Definition einer Höhe. Dass die dritte Höhe auch durch P geht, ist die Behauptung $\langle P, B - A \rangle = 0$. Aber unsere Voraussetzung war ja $\langle P, B \rangle = \langle A, B \rangle$ und $\langle P, A \rangle = \langle B, A \rangle$, also $\langle P, B \rangle = \langle P, A \rangle$, und das zeigt die Behauptung. $\square$

9.3 Geometrie im $\mathbb{R}^3$

Wir wollen uns nun der Gruppe SO(3) widmen und beobachten als erstes, dass diese im Gegensatz zur SO(2) nicht kommutativ ist; das sieht man mit Hilfe der Beispiele

$$A = \begin{pmatrix} 1 & 0 & 0 \\ 0 & 0 & -1 \\ 0 & 1 & 0 \end{pmatrix}, \quad B = \begin{pmatrix} 0 & 1 & 0 \\ 0 & 0 & 1 \\ 1 & 0 & 0 \end{pmatrix}.$$

Wir wissen schon, dass jedes $A \in \mathrm{SO}(3)$ bzw. $L \in \mathscr{SO}(\mathbb{R}^3)$ als Produkt von zwei Spiegelungen geschrieben werden kann (Satz 9.1.8; das gilt auch für die Identität, da ja $\mathrm{Id} = S \circ S$ für jede Spiegelung gilt). Außerdem ist $A \in \mathrm{SO}(3)$ genau dann, wenn $-A \in \mathrm{O}(3) \setminus \mathrm{SO}(3)$, denn $\det(-A) = (-1)^3 \det(A)$.

Wir werden zeigen, dass jedes $L \in \mathscr{SO}(\mathbb{R}^3)$ eine Drehung ist. Als reelle Eigenwerte kommen nach Lemma 9.1.5 nur 1 und -1 in Frage, und wenn $\alpha + i\beta$ ein komplexer, nicht reeller Eigenwert ist, ist es auch $\alpha - i\beta$ (Lemma 7.1.7). Da das Produkt der Eigenwerte in ihrer Vielfachheit die Determinante von L, also 1, ist (Satz 7.2.5), muss $\lambda = 1$ ein Eigenwert sein. Sei u ein zugehöriger normierter Eigenvektor. Da L normal ist, folgt aus Lemma 8.2.3, dass $\{u\}^\perp$ ein zweidimensionaler L-invarianter Unterraum von $\mathbb{R}^3$ ist. Satz 9.2.1 impliziert, dass die Matrixdarstellung von $L \colon \{u\}^\perp \to \{u\}^\perp$ bzgl. einer Orthonormalbasis (v, w) von $\{u\}^\perp$ eine Drehmatrix $D(\varphi)$ ist. Das beweist den folgenden Satz.

Satz 9.3.1 *Zu $L \in \mathscr{SO}(\mathbb{R}^3)$ existiert eine Orthonormalbasis, so dass die darstellende Matrix die Form*

$$\begin{pmatrix} 1 & 0 & 0 \\ 0 & \cos\varphi & -\sin\varphi \\ 0 & \sin\varphi & \cos\varphi \end{pmatrix}$$

hat.

Die geometrische Intepretation dieses Resultats ist, dass L als Drehung um den Winkel φ mit dem ersten Basisvektor als Drehachse wirkt.

Mit dem gleichen Argument zeigt man, dass jedes $L \in \mathscr{O}(\mathbb{R}^3) \setminus \mathscr{SO}(\mathbb{R}^3)$ durch eine Matrix

$$\begin{pmatrix} -1 & 0 & 0 \\ 0 & \cos\varphi & -\sin\varphi \\ 0 & \sin\varphi & \cos\varphi \end{pmatrix}$$

dargestellt werden kann, die als Drehspiegelung wirkt.

Wir wollen nun beliebige Drehungen durch Drehungen um die Koordinatenachsen beschreiben. Dazu führen wir zu einem Winkel α die speziellen SO(3)-Matrizen $D_1(\alpha)$, $D_2(\alpha)$ und $D_3(\alpha)$ ein:

$$\begin{pmatrix} 1 & 0 & 0 \\ 0 & \cos\alpha & -\sin\alpha \\ 0 & \sin\alpha & \cos\alpha \end{pmatrix}, \quad \begin{pmatrix} \cos\alpha & 0 & \sin\alpha \\ 0 & 1 & 0 \\ \sin\alpha & 0 & \cos\alpha \end{pmatrix}, \quad \begin{pmatrix} \cos\alpha & -\sin\alpha & 0 \\ \sin\alpha & \cos\alpha & 0 \\ 0 & 0 & 1 \end{pmatrix}.$$

Satz 9.3.2 *Zu $A \in SO(3)$ existieren Winkel α, β, γ mit*

$$A = D_1(\alpha) D_2(\beta) D_3(\gamma).$$

Beweis Da $(D_1(\alpha))^{-1} = (D_1(\alpha))^* = D_1(-\alpha)$ und genauso für D_3, ist die Existenz von Winkeln α', β, γ' mit

$$D_1(\alpha') A D_3(\gamma') = D_2(\beta)$$

zu zeigen. Sei α' beliebig; wir berechnen den Eintrag b_{23} der Matrix $B = D_1(\alpha')A$. Dieser ist

$$b_{23} = \cos\alpha' \cdot a_{23} - \sin\alpha' \cdot a_{33},$$

und wir können α' so wählen, dass $b_{23} = 0$ ist (im Fall $a_{33} \neq 0$ muss α' die Gleichung $\tan\alpha' = a_{23}/a_{33}$ erfüllen). Mit dieser Wahl von α' und beliebigem γ' berechnen wir die Einträge c_{2k} der Matrix $C = BD_3(\gamma')$:

$$c_{21} = b_{21}\cos\gamma' + b_{22}\sin\gamma'$$

$$c_{22} = b_{21}(-\sin\gamma') + b_{22}\cos\gamma'$$

$$c_{23} = b_{23} = 0$$

Wir wählen γ' so, dass $c_{21} = 0$. Da für $\gamma' + \pi$ ebenfalls $c_{21} = 0$ ist, können wir ferner $c_{22} \geq 0$ erreichen. Da C als Produkt orthogonaler Matrizen ebenfalls orthogonal ist, hat die zweite Zeile, also $(0\ c_{22}\ 0)$, die Norm 1, und wegen $c_{22} \geq 0$ muss $c_{22} = 1$ sein. Da auch die zweite Spalte von C die Norm 1 hat, hat C die Gestalt

$$\begin{pmatrix} c_{11} & 0 & c_{13} \\ 0 & 1 & 0 \\ c_{31} & 0 & c_{33} \end{pmatrix}.$$

Wegen $\det C = 1$ ist

$$\begin{pmatrix} c_{11} & c_{13} \\ c_{31} & c_{33} \end{pmatrix} \in SO(2)$$

und hat daher die Gestalt (Satz 9.2.1)

$$\begin{pmatrix} \cos\beta & -\sin\beta \\ \sin\beta & \cos\beta \end{pmatrix}.$$

Das zeigt $D_1(\alpha')AD_3(\gamma') = D_2(\beta)$, wie behauptet.   □

Erstaunlicherweise reichen bereits Drehungen um zwei Koordinatenachsen aus, um ein beliebiges $A \in \mathrm{SO}(3)$ darzustellen. Mit einem zu Satz 9.3.2 analogen Argument zeigt man nämlich folgendes Ergebnis.

Satz 9.3.3   *Zu $A \in \mathrm{SO}(3)$ existieren Winkel φ, ψ, ω mit*

$$A = D_3(\varphi) D_1(\omega) D_3(\psi).$$

Diese Winkel heißen *Eulersche Winkel* von A; sie sind auch in der Physik bedeutsam.[3]

Das letzte Thema dieses Abschnitts ist das Kreuzprodukt im $\mathbb{R}^3$. Für $x, y \in \mathbb{R}^3$ definiert man das *Kreuzprodukt* oder *Vektorprodukt* oder *äußere Produkt* $x \times y \in \mathbb{R}^3$ folgendermaßen:

$$x = \begin{pmatrix} x_1 \\ x_2 \\ x_3 \end{pmatrix}, \quad y = \begin{pmatrix} y_1 \\ y_2 \\ y_3 \end{pmatrix}, \quad x \times y = \begin{pmatrix} x_2 y_3 - x_3 y_2 \\ x_3 y_1 - x_1 y_3 \\ x_1 y_2 - x_2 y_1 \end{pmatrix}.$$

Als Eselsbrücke kann man sich die Definition mit Hilfe der *rein formal* ausgerechneten Determinante aus den Koordinaten von x und y sowie den drei Einheitsvektoren merken:

$$x \times y = \begin{vmatrix} x_1 & y_1 & e_1 \\ x_2 & y_2 & e_2 \\ x_3 & y_3 & e_3 \end{vmatrix} = \begin{vmatrix} x_2 & y_2 \\ x_3 & y_3 \end{vmatrix} e_1 - \begin{vmatrix} x_1 & y_1 \\ x_3 & y_3 \end{vmatrix} e_2 + \begin{vmatrix} x_1 & y_1 \\ x_2 & y_2 \end{vmatrix} e_3.$$

Das Kreuzprodukt ist nur im $\mathbb{R}^3$ erklärt und nicht in anderen Dimensionen.

Satz 9.3.4   *Für $x, y \in \mathbb{R}^3$ gelten folgende Aussagen.*

(a) $x \times y = -(y \times x)$.
(b) $x \times y = 0$ *genau dann, wenn x und y linear abhängig sind.*
(c) $x \perp (x \times y)$, $y \perp (x \times y)$.
(d) *Sind x und y linear unabhängig, so ist $(x, y, x \times y)$ positiv orientiert.*

Beweis (a) und (c) folgen unmittelbar aus der Definition, genauso wie in (b) $x \times y = 0$, falls (ohne Einschränkung) $y = \lambda x$. Ist dort umgekehrt $x \times y = 0$, findet man $x_2/x_3 = y_2/y_3$ (falls die Nenner $\neq 0$ sind) etc., so dass x und y linear abhängig sind. Um (d) zu zeigen, ist nachzurechnen, dass die Matrix mit den Spalten x, y und $x \times y$ eine positive Determinante hat. Entwickelt man nach der letzten Spalte, erhält man

---

$$(x_2 y_3 - x_3 y_2)^2 + (x_3 y_1 - x_1 y_3)^2 + (x_1 y_2 - x_2 y_1)^2 = \|x \times y\|^2 \geq 0,$$

und sogar > 0 nach (b), da x und y linear unabhängig sind.   □

Physiker merken sich (c) und (d) mit der „Rechte-Hand-Regel": Zeigt der Daumen der rechten Hand in Richtung x und der Zeigefinger in Richtung y, so weist der Mittelfinger senkrecht dazu in Richtung $x \times y$.

Das Kreuzprodukt ist nicht assoziativ; stattdessen gilt die *Jacobi-Identität*

$$(x \times y) \times z + (y \times z) \times x + (z \times x) \times y = 0,$$

was aus dem nächsten Satz folgt (wie?).

Für die geometrische Interpretation des Kreuzprodukts notieren wir folgende Eigenschaften.

Satz 9.3.5 *Seien $x, y, z \in \mathbb{R}^3$.*

(a) *Es gilt die „Graßmannsche Identität"*

$$x \times (y \times z) = \langle x, z \rangle y - \langle x, y \rangle z.$$

(b) *Für die Matrix mit den Spalten x, y, z gilt* $\det(x\ y\ z) = \langle x \times y, z \rangle$.
(c) $\langle x \times y, z \rangle = \langle x, y \times z \rangle$.
(d) $\langle x, y \rangle^2 + \|x \times y\|^2 = \|x\|^2 \|y\|^2$.

Beweis (a) sieht man durch (etwas langwieriges) Nachrechnen ein, und (b) folgt durch Entwicklung der Determinante nach der 3. Spalte. Daraus ergibt sich (c) wegen $\det(x\ y\ z) = -\det(y\ x\ z) = \det(y\ z\ x)$. Die Rechnung für (d) verwendet (c) und (a) und lautet

$$
\begin{aligned}
\|x \times y\|^2 &= \langle x \times y, x \times y \rangle \\
&= \langle x, y \times (x \times y) \rangle \qquad \text{(wg. (c))} \\
&= \Big\langle x, \langle y, y \rangle x - \langle y, x \rangle y \Big\rangle \qquad \text{(wg. (a))} \\
&= \|x\|^2 \|y\|^2 - \langle x, y \rangle^2;
\end{aligned}
$$

daraus folgt die Behauptung.   □

In (6.3.3) auf Seite 137 haben wir mit Hilfe eines Winkels $\varphi \in [0, \pi]$

$$\langle x, y \rangle = \|x\| \, \|y\| \cos \varphi$$

geschrieben; also impliziert Satz 9.3.5(d)

$$\|x \times y\|^2 = \|x\|^2 \|y\|^2 (1 - \cos^2 \varphi) = \|x\|^2 \|y\|^2 \sin^2 \varphi$$

und daher

$$\|x \times y\| = \|x\| \, \|y\| \sin \varphi,$$

da $\sin \varphi \geq 0$ für $0 \leq \varphi \leq \pi$. Der Ausdruck rechter Hand ist der Flächeninhalt des von den Vektoren x und y aufgespannten Parallelogramms; dies ist die geometrische Interpretation von $\|x \times y\|$.

9.4 Kegelschnitte

Kegelschnitte gehören zur klassischen Geometrie und wurden schon in der Antike studiert. Ein Kegelschnitt entsteht, wenn man einen Kreis(doppel)kegel mit einer Ebene schneidet, die im Allgemeinen nicht den Ursprung enthält („affine Ebene"). Dabei entstehen unterschiedliche Schnittkurven, nämlich Kreise, Ellipsen, Parabeln und Hyperbeln; siehe Abb. 9.1 (diese Bilder zeigen nur die untere Hälfte des Doppelkegels).

Um das rechnerisch nachzuvollziehen, setzen wir den Kegel im $\mathbb{R}^3$ in der Form

$$K = \{x \in \mathbb{R}^3 : x_1^2 + x_2^2 = x_3^2\}$$

an. Hier und im Weiteren bezeichnen x_1, x_2, x_3 die Koordinaten des Vektors x (und analog für y etc.). Der obige Kegel K hat einen Öffnungswinkel von 90°; andere Öffnungswinkel verlangen den Ansatz $x_1^2 + x_2^2 = \tan^2 \frac{\alpha}{2} \cdot x_3^2$. Statt K mit einer (schiefen) Ebene zu schneiden, werden wir K drehen und dann mit derjenigen Ebene schneiden, deren Punkte die dritte Koordinate $= c$ haben. Dazu bedienen wir uns der Drehung um die x_1-Achse

$$D_1(\varphi) = \begin{pmatrix} 1 & 0 & 0 \\ 0 & \cos \varphi & -\sin \varphi \\ 0 & \sin \varphi & \cos \varphi \end{pmatrix},$$

Abb. 9.1 Kegelschnitte: Kreis, Ellipse, Parabel, Hyperbel

die wir bereits in Satz 9.3.2 kennengelernt haben; wegen der Symmetrie des Kegels reicht es, solche Drehungen zu betrachten.

Es sei $c \geq 0$. Uns interessiert der Zusammenhang von y_1 und y_2 für diejenigen $y \in \mathbb{R}^3$ mit $y_3 = c$ und $y = D_1(\varphi)x$ für ein (eindeutig bestimmtes) $x \in K$ in Abhängigkeit vom Winkel $\varphi \in [0, \pi/2]$ (aus Symmetriegründen braucht man nur diese Winkel zu betrachten).

Da $(D_1(\varphi))^{-1} = D_1(-\varphi)$ ist, haben wir die Gleichungen

$$x_1 = y_1$$
$$x_2 = \cos\varphi \cdot y_2 + \sin\varphi \cdot y_3$$
$$x_3 = -\sin\varphi \cdot y_2 + \cos\varphi \cdot y_3$$

sowie

$$x_1^2 + x_2^2 = x_3^2.$$

Dies, zusammen mit $y_3 = c$, führt zu

$$y_1^2 + (\cos^2\varphi - \sin^2\varphi)y_2^2 + 4c\cos\varphi\sin\varphi \cdot y_2 + c^2(\sin^2\varphi - \cos^2\varphi) = 0. \qquad (9.4.1)$$

Behandeln wir zunächst den Fall $c = 0$, in dem die Ebene den Ursprung enthält. Falls $\cos^2\varphi > \sin^2\varphi$ (d. h. $0 \leq \varphi < \pi/4$), ist $y_1 = y_2 = 0$ die einzige Lösung; der Kegelschnitt besteht aus genau einem Punkt. Im Fall $\cos^2\varphi = \sin^2\varphi$ (d. h. $\varphi = \pi/4$), ist $y_1 = 0$ und y_2 beliebig; der Kegelschnitt (in den y-Koordinaten) ist die y_2-Achse. Es bleibt der Fall $\cos^2\varphi < \sin^2\varphi$ (d. h. $\pi/4 < \varphi \leq \pi/2$); hier entstehen die beiden Geraden $y_1 = \pm\sqrt{\sin^2\varphi - \cos^2\varphi}\, y_2$.

Der Fall $c > 0$ ist interessanter. Wenn $\varphi = 0$ ist, erhält man

$$y_1^2 + y_2^2 = c^2,$$

also einen Kreis mit Radius c. Im Bereich $0 < \varphi < \pi/4$ ist $0 < \cos^2\varphi - \sin^2\varphi < 1$; schreiben wir α für diese Differenz sowie $\beta = 2\cos\varphi\sin\varphi$. Dann wird aus (9.4.1)

$$y_1^2 + \alpha y_2^2 + 2c\beta y_2 = \alpha c^2$$

und durch quadratische Ergänzung

$$y_1^2 + \alpha\left(y_2 + \frac{c\beta}{\alpha}\right)^2 = \alpha c^2 + \frac{c^2\beta^2}{\alpha} = \frac{c^2}{\alpha},$$

denn $\alpha^2 + \beta^2 = 1$, sowie schließlich

$$\left(\frac{y_1}{a}\right)^2 + \left(\frac{y_2 - m_2}{b}\right)^2 = 1$$

mit $a = c/\sqrt{\alpha}$, $b = c/\alpha$ und $m_2 = -c\beta/\alpha$. Das ist die Gleichung einer Ellipse mit den Halbachsen a und b und Mittelpunkt $(0, m_2)$ in der y_1-y_2-Ebene.

Die gleiche Rechnung führt im Bereich $\pi/4 < \varphi \leq \pi/2$ zu (diesmal ist $\alpha = \cos^2 \varphi - \sin^2 \varphi \in [-1, 0)$)

$$\left(\frac{y_2 - m_2}{b}\right)^2 - \left(\frac{y_1}{a}\right)^2 = 1$$

mit $a = c/\sqrt{|\alpha|}$, $b = c/|\alpha|$, $m_2 = -c\beta/\alpha$. Dies ist die Gleichung einer Hyperbel.

Es bleibt der Fall $\varphi = \pi/4$; hier ist $\cos \varphi = \sin \varphi = 1/\sqrt{2}$, und (9.4.1) wird zu

$$y_1^2 + 2cy_2 = 0,$$

was die Gleichung einer Parabel ist.

Wir verschieben nun die Koordinaten und führen im Fall der Hyperbel zusätzlich eine Spiegelung an der Winkelhalbierenden durch (die die beiden Koordinaten vertauscht) und erhalten die Standardgleichungen für Ellipse und Hyperbel in der Form

$$\left(\frac{\xi_1}{a}\right)^2 + \left(\frac{\xi_2}{b}\right)^2 = 1, \tag{9.4.2}$$

$$\left(\frac{\xi_1}{a}\right)^2 - \left(\frac{\xi_2}{b}\right)^2 = 1. \tag{9.4.3}$$

Im Fall der Ellipse führt der Fall $a = b$ zu einem Kreis. Jeder Punkt eines Kreises (gemeint: auf dem Kreisrand) hat denselben Abstand zum Mittelpunkt. Um die entsprechende Eigenschaft für eine Ellipse herzuleiten, führen wir die *Brennpunkte* der durch (9.4.2) gegebenen Ellipse als die Punkte $F^\pm \in \mathbb{R}^2$ mit den Koordinaten $(\pm\sqrt{a^2 - b^2}, 0)$ ein, wobei wir ohne Einschränkung $a \geq b$ voraussetzen. Dann ist mit $d = \sqrt{a^2 - b^2}$ für einen Punkt P auf der Ellipse mit den Koordinaten ξ_1 und ξ_2

$$\|P - F^+\|^2 = (\xi_1 - d)^2 + \xi_2^2 = \xi_1^2 - 2d\xi_1 + d^2 + \xi_2^2$$

$$= \xi_1^2 - 2d\xi_1 + (a^2 - b^2) + b^2\left(1 - \frac{\xi_1^2}{a^2}\right)$$

$$= \frac{d^2}{a^2}\xi_1^2 - 2d\xi_1 + a^2 = \left(\frac{d}{a}\xi_1 - a\right)^2$$

und genauso

$$\|P - F^-\|^2 = \left(\frac{d}{a}\xi_1 + a\right)^2.$$

Wegen $\frac{d}{a}\xi_1 - a \leq 0$ und $\frac{d}{a}\xi_1 + a \geq 0$ erhält man die Gleichung

$$\|P - F^+\| + \|P - F^-\| = 2a; \qquad (9.4.4)$$

mit anderen Worten ist die Summe der Abstände eines Punkts auf einer Ellipse zu den Brennpunkten gleich dem Doppelten der großen Halbachse. Umgekehrt kann man auch (9.4.2) aus (9.4.4) schließen (tun Sie's!).

Bei der Hyperbel in (9.4.3) setzt man $d = \sqrt{a^2 + b^2}$ und $F^+ = (d, 0)$ und $F^- = (-d, 0)$ ähnlich wie oben. Eine analoge Rechnung zeigt dann

$$\left| \|P - F^+\| - \|P - F^-\| \right| = 2a$$

für Punkte auf der Hyperbel. Die Gleichungen

$$\xi_2 = \pm\frac{b}{a}\xi_1$$

beschreiben die *Asymptoten* der Hyperbel, denn für Hyperbelpunkte mit „sehr großem" ξ_1 ist

$$\frac{\xi_2}{\xi_1} = \pm\frac{b}{a}\sqrt{1 - \left(\frac{a}{\xi_1}\right)^2} \approx \pm\frac{b}{a};$$

das „$\approx$" kann (und sollte!) durch eine Grenzwertbeziehung präzisiert werden. (Siehe Abb. 9.2 zur Skizze der Asymptoten.)

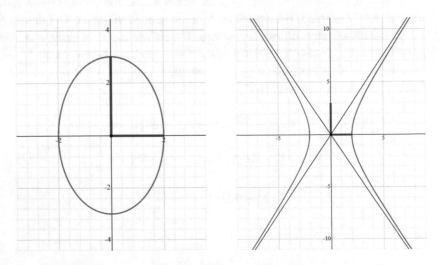

Abb. 9.2 Ellipse und Hyperbel (mit Asymptoten) zu den Parametern $a = 2, b = 3$

9.5 Quadratische Formen und Quadriken

In diesem Abschnitt wollen wir uns ansehen, was die Lineare Algebra zum Thema Kegelschnitte zu sagen hat.

In Definition 4.1.1 sind wir bereits Multilinearformen begegnet; hier interessiert uns der Spezialfall einer Bilinearform, den wir der Vollständigkeit halber noch einmal präsentieren.

Definition 9.5.1 Seien V und W Vektorräume über einem Körper K.

(a) Eine Abbildung $B: V \times W \to K$ heißt *Bilinearform*, wenn $v \mapsto B(v, w)$ für jedes $w \in W$ und $w \mapsto B(v, w)$ für jedes $v \in V$ linear sind.
(b) Eine Abbildung $Q: V \to K$ heißt *quadratische Form*, wenn es eine Bilinearform $B: V \times V \to K$ mit $Q(v) = B(v, v)$ für alle $v \in V$ gibt.

Ein Skalarprodukt auf einem reellen Vektorraum ist eine Bilinearform, und $v \mapsto \|v\|^2$ ist eine quadratische Form auf einem reellen Innenproduktraum. (Auf einem komplexen Vektorraum ist ein Skalarprodukt nicht bilinear!)

Wir haben im Folgenden immer den Vektorraum $\mathbb{R}^n$ im Auge. Hier lassen sich Bilinearformen mit Hilfe des euklidischen Skalarprodukt s darstellen.

Satz 9.5.2 *Zu jeder Bilinearform B auf $\mathbb{R}^n \times \mathbb{R}^n$ existiert eine eindeutig bestimmte reelle $n \times n$-Matrix A mit*

$$B(x, y) = \langle x, Ay \rangle \qquad \text{für alle } x, y \in \mathbb{R}^n.$$

Beweis Setze $a_{ij} = B(e_i, e_j)$ und $A = (a_{ij})$. Dann ist für $x, y \in \mathbb{R}^n$ mit den Koordinaten $x_1, \ldots, x_n$ und $y_1, \ldots, y_n$

$$B(x, y) = B\left(\sum_{i=1}^n x_i e_i, y\right) = \sum_{i=1}^n x_i B(e_i, y)$$

$$= \sum_{i=1}^n x_i B\left(e_i, \sum_{j=1}^n y_j e_j\right) = \sum_{i,j=1}^n x_i y_j B(e_i, e_j)$$

$$- \sum_{i,j=1}^n x_i y_j a_{ij} - \sum_{i=1}^n x_i \sum_{j=1}^n a_{ij} y_j$$

$$= \sum_{i=1}^n x_i (Ay)_i = \langle x, Ay \rangle.$$

Ist $\tilde{A}$ eine weitere darstellende Matrix, so folgt $\langle x, (A - \tilde{A})y \rangle$ für alle $x, y \in \mathbb{R}^n$, und das impliziert $A - \tilde{A} = 0$.   □

Jede quadratische Form auf $\mathbb{R}^n$ hat also die Gestalt $x \mapsto \langle x, Ax \rangle$. Hier ist A jedoch nicht eindeutig bestimmt, da ja $\langle x, Ax \rangle = \langle A^*x, x \rangle = \langle x, A^*x \rangle$. Indem man A durch die selbstadjungierte Matrix $\frac{1}{2}(A + A^*)$ ersetzt, erhält man die Existenzaussage in folgendem Satz.

Satz 9.5.3 *Zu jeder quadratischen Form Q auf $\mathbb{R}^n$ existiert eine eindeutig bestimmte selbstadjungierte $n \times n$-Matrix A mit*

$$Q(x) = \langle x, Ax \rangle \qquad \text{für alle } x \in \mathbb{R}^n.$$

Beweis Nur die Eindeutigkeit ist noch zu begründen. Dazu verwenden wir die Polarisierungstechnik aus Satz 6.3.12.

Seien A und $\tilde{A}$ selbstadjungierte darstellende Matrizen für Q. Dann gilt für alle $x, y \in \mathbb{R}^n$

$$Q(x + y) = \langle x + y, A(x + y) \rangle = \langle x + y, \tilde{A}(x + y) \rangle.$$

Ausrechnen der Skalarprodukte zusammen mit $\langle x, Ax \rangle = \langle x, \tilde{A}x \rangle$ und $\langle y, Ay \rangle = \langle y, \tilde{A}y \rangle$ liefert

$$\langle x, Ay \rangle + \langle y, Ax \rangle = \langle x, \tilde{A}y \rangle + \langle y, \tilde{A}x \rangle,$$

was wegen der Selbstadjungiertheit zu

$$\langle x, Ay \rangle = \langle x, \tilde{A}y \rangle \qquad \text{für alle } x, y \in \mathbb{R}^n$$

führt. Das impliziert $A = \tilde{A}$.   □

Die Kegelschnittgleichung (9.4.1) ist eine quadratische Gleichung in zwei Veränderlichen. Wir wollen die allgemeine quadratische Gleichung im $\mathbb{R}^n$ studieren. Diese hat die Form

$$Q(x) + \ell(x) + \alpha = 0$$

mit einer quadratischen Form $Q \neq 0$, einer linearen Abbildung $\ell \colon \mathbb{R}^n \to \mathbb{R}$ und einer Konstanten $\alpha \in \mathbb{R}$. Wir können Q durch eine selbstadjungierte Matrix $A \neq 0$ darstellen und ℓ gemäß Satz 6.2.13 in der Form

$$\ell(x) = 2\langle x, v \rangle$$

angeben; der hier künstlich erscheinende Faktor 2 wird sich bald als praktisch erweisen. Unsere quadratische Gleichung lautet also

$$\langle x, Ax \rangle + 2\langle x, v \rangle + \alpha = 0 \tag{9.5.1}$$

oder ausgeschrieben

$$\sum_{i,j=1}^{n} a_{ij} x_i x_j + 2 \sum_{j=1}^{n} v_j x_j + \alpha = 0.$$

Falls diese Gleichung lösbar ist, nennt man die Menge aller Lösungen eine *Quadrik*.

Eine elegante Umschreibung von (9.5.1) gelingt durch folgenden Trick. Sei $A = (a_{ij})$, und v habe die Koordinaten $v_1, \ldots, v_n$. Wir bilden dann die $(n+1) \times (n+1)$-Matrix A' und Vektoren $x' \in \mathbb{R}^{n+1}$ gemäß

$$A' = \begin{pmatrix} a_{11} & \ldots & a_{1n} & v_1 \\ \vdots & & \vdots & \vdots \\ a_{n1} & \ldots & a_{nn} & v_n \\ v_1 & \ldots & v_n & \alpha \end{pmatrix}, \quad x' = \begin{pmatrix} x_1 \\ \vdots \\ x_n \\ 1 \end{pmatrix}.$$

Dann erfüllt x die Gleichung (9.5.1) genau dann, wenn

$$\langle x', A'x' \rangle = 0.$$

Die zu (9.5.1) gehörende Quadrik ist also

$$\mathscr{Q} = \{x \in \mathbb{R}^n \colon \langle x', A'x' \rangle = 0\}.$$

Wir wollen in diesem Abschnitt zeigen, dass die Gestalt einer Quadrik durch die Eigenwerte von A bestimmt wird, und insbesondere die klassischen Kegelschnitte wiederfinden. Dazu ist der erste Schritt eine fortgeschrittene Version der quadratischen Ergänzung mit dem Ziel, den linearen Term zum Verschwinden zu bringen oder zumindest anderweitig zu kontrollieren.

Wir bezeichnen die zu (9.5.1) gehörige Quadrik mit $\mathscr{Q}(A, v, \alpha)$ und untersuchen die Wirkung der Translation $x \mapsto x + c$ auf die Quadrik. Es ist $x + c \in \mathscr{Q}(A, v, \alpha)$ genau dann, wenn (beachte, dass A selbstadjungiert ist)

$$\begin{aligned} 0 &= \langle x + c, A(x + c) \rangle + 2\langle x + c, v \rangle + \alpha \\ &= \langle x, Ax \rangle + 2\langle x, Ac + v \rangle + \langle c, Ac \rangle + 2\langle c, v \rangle + \alpha, \end{aligned}$$

d. h. $x \in \mathscr{Q}(A, w, \beta)$ mit $w = Ac + v$, $\beta = \langle c, Ac \rangle + 2\langle c, v \rangle + \alpha$. Bezeichnet man die linke Seite von (9.5.1) mit $P_{A,v,\alpha}(x)$, so haben wir sogar

$$P_{A,v,\alpha}(x + c) = P_{A,w,\beta}(x) \quad \text{mit } w = Ac + v, \ \beta = P_{A,v,\alpha}(c) \tag{9.5.2}$$

gezeigt.

Nun wählen wir c so, dass

$$A^2 c + Av = 0$$

ist. Solch ein c existiert aus folgendem Grund: Nach Lemma 8.1.3 ist $\ker(A) = \ker(A^2)$ und deshalb $\mathrm{ran}(A) = \mathrm{ran}(A^2)$ (Korollar 7.4.4; mit $\mathrm{ran}(A)$ ist natürlich der Wertebereich der Abbildung $x \mapsto Ax$ gemeint), und weil ja $-Av \in \mathrm{ran}(A)$ ist, gilt auch $-Av \in \mathrm{ran}(A^2)$ und hat daher die Form $A^2 c$ für ein geeignetes c. Mit dieser Wahl von c gilt für den Parameter w in (9.5.2) $Aw = 0$.

Falls $w \neq 0$ ist, werden wir das konstante Glied in (9.5.2) zum Verschwinden bringen. Dazu sei $r \in \mathbb{R}$ beliebig; die zu (9.5.2) führende Rechnung liefert bei unserer Wahl von c

$$P_{A,w,\beta}(x + rw) = P_{A,z,\gamma}(x) \quad \text{mit } z = A(rw) + w = w, \ \gamma = P_{A,w,\beta}(rw).$$

Man beachte $P_{A,w,\beta}(rw) = \langle rw, A(rw) \rangle + 2r\langle w, w \rangle + \beta = 2r\|w\|^2 + \beta$ wegen $Aw = 0$, und die Wahl $r = -\beta/(2\|w\|^2)$ führt zu $\gamma = 0$. Zusammen ergibt sich also mit dieser Wahl von c und r

$$P_{A,v,\alpha}(x + c + rw) = P_{A,w,\beta}(x + rw) = P_{A,w,\gamma}(x).$$

Diese Rechnungen beweisen daher folgendes Lemma.

Lemma 9.5.4 *Es gibt Vektoren $c' \in \mathbb{R}^n$ und $w \in \mathbb{R}^n$ mit $Aw = 0$ sowie $\gamma \in \mathbb{R}$, so dass*

$$P_{A,v,\alpha}(x + c') = P_{A,w,\gamma}(x) \qquad \text{für alle } x \in \mathbb{R}^n,$$

und es ist $\gamma = 0$ wählbar, falls $w \neq 0$.

Mit anderen Worten wird die Quadrik $\mathscr{Q}(A, v, \alpha)$ mit einer geeigneten Translation auf die Quadrik $\mathscr{Q}(A, w, \gamma)$ abgebildet, wobei $Aw = 0$ und $\gamma w = 0$ ist.

Der zweite (entscheidende) Schritt ist, die selbstadjungierte Matrix A zu diagonalisieren (Korollar 8.1.5):

$$U^* A U = D = \mathrm{diag}(\lambda_1, \ldots, \lambda_n)$$

mit den Eigenwerten $\lambda_j \in \mathbb{R}$ und einer orthogonalen Matrix U, deren Spalten u_j eine zugehörige Orthonormalbasis aus Eigenvektor en bilden. Wenn wir x in dieser Basis als $x = U\xi = \xi_1 u_1 + \cdots + \xi_n u_n$ darstellen, erhält der quadratische-Form-Anteil die Darstellung

$$\langle x, Ax \rangle = \langle U\xi, AU\xi \rangle = \langle \xi, U^*AU\xi \rangle = \langle \xi, D\xi \rangle = \sum_{j=1}^{n} \lambda_j \xi_j^2.$$

Damit bekommt man aus der Darstellung in Lemma 9.5.4

$$P_{A,w,\gamma}(x) = \sum_{j=1}^{n} \lambda_j \xi_j^2 + 2\langle \xi, U^*w \rangle + \gamma = P_{D,U^*w,\gamma}(\xi). \tag{9.5.3}$$

Wenn $w = 0$ ist, entfällt der lineare Term, und es bleibt $\sum_{j=1}^{n} \lambda_j \xi_j^2 + \gamma$. Ist $w \neq 0$, so ist laut Lemma 9.5.4 $\gamma = 0$ und $Aw = 0$, so dass w ein Eigenvektor zum Eigenwert 0 von A ist. Durch Umnummerierung können wir $\lambda_n = 0$ erreichen sowie, dass w ein positives Vielfaches von $u_n = Ue_n$ ist; dann ist $\langle \xi, U^*w \rangle = \frac{1}{2}\rho\xi_n$ mit einem $\rho > 0$. In (9.5.3) bleibt somit $\sum_{j=1}^{n-1} \lambda_j \xi_j^2 + \rho\xi_n$.

Zusammengefasst haben wir folgenden Satz bewiesen.

Satz 9.5.5 *Jede Quadrik kann durch eine Isometrie in eine der folgenden Normalformen überführt werden:*

(a) $\mathscr{Q}_a = \{\xi \in \mathbb{R}^n \colon \sum_{j=1}^{n} \lambda_j \xi_j^2 + \gamma = 0\}$

(b) $\mathscr{Q}_b = \{\xi \in \mathbb{R}^n \colon \sum_{j=1}^{n-1} \lambda_j \xi_j^2 + \rho\xi_n = 0\}$

mit reellen Zahlen λ_j, γ und $\rho > 0$. Dabei sind die λ_j die Eigenwerte der selbstadjungierten Matrix A, die die quadratische Form in der gegebenen Quadrik darstellt.

Sind alle $\lambda_j > 0$, muss der Fall (a) vorliegen. Ist dort $\gamma > 0$, so ist $\mathscr{Q}_a = \emptyset$; ist $\gamma = 0$, so ist $\mathscr{Q}_a = \{0\}$; ist $\gamma < 0$, so kann man $\mathscr{Q}_a$ mit geeigneten $a_j > 0$ in der Form

$$\left\{ \xi \in \mathbb{R}^n \colon \left(\frac{\xi_1}{a_1}\right)^2 + \cdots + \left(\frac{\xi_n}{a_n}\right)^2 = 1 \right\}$$

wiedergeben. Dies ist ein *Ellipsoid* mit den Halbachsen $a_1, \ldots, a_n$; die zugehörigen Basisvektoren $u_1, \ldots, u_n$ sind die *Hauptachsen* des Ellipsoids, weswegen die Diagonalisierung einer selbstadjungierten Matrix auch als *Hauptachsentransformation* bekannt ist.

Generell ist die Gestalt der Quadrik hauptsächlich von den Vorzeichen der Eigenwerte abhängig, z. B. hat man bei $n = 3$ außer Ellipsoiden ($\lambda_1, \lambda_2, \lambda_3 > 0$, $\gamma < 0$) unter anderem noch einschalige Hyperboloide ($\lambda_1, \lambda_2 > 0$, $\lambda_3 < 0$, $\gamma < 0$), zweischalige Hyperboloide

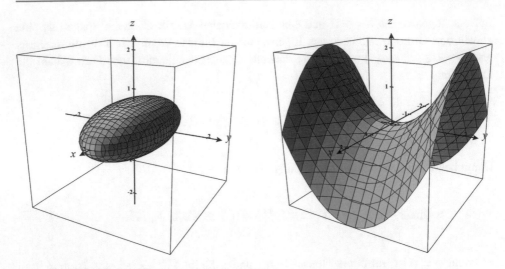

Abb. 9.3 Ellipsoid und hyperbolisches Paraboloid

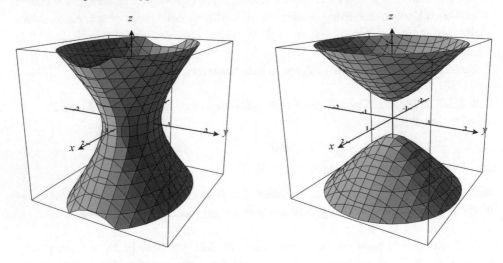

Abb. 9.4 Ein- und zweischaliges Hyperboloid

($\lambda_1 > 0$, $\lambda_2, \lambda_3 < 0$, $\gamma < 0$) oder hyperbolische Paraboloide ($\lambda_1 > 0$, $\lambda_2 < 0$, $\lambda_3 = 0$, $\gamma = 0$, $\rho > 0$) als „Flächen 2. Ordnung"; vgl. Abb. 9.3 und 9.4.

Der Fall $n = 2$ führt zu den Kegelschnitten aus Abschn. 9.4. In (9.4.1) wird die quadratische Form durch die Diagonalmatrix $\mathrm{diag}(1, \cos^2 \varphi - \sin^2 \varphi)$ dargestellt mit den Eigenwerten $\lambda_1 = 1$ und $\lambda_2 = \cos^2 \varphi - \sin^2 \varphi$. Ist $\lambda_2 \neq 0$ und $\gamma < 0$ im elliptischen Fall ($\lambda_2 > 0$) bzw. $\gamma \neq 0$ im hyperbolischen Fall ($\lambda_2 < 0$), so erkennt man die Darstellungen aus (9.4.2) und (9.4.3) als Umformungen derjenigen aus Satz 9.5.5(a). ($\gamma = 0$ führt zu den Grenzfällen Punkt bzw. Doppelgerade.) Ist $\varphi = \pi/4$, hat man die Eigenwerte 1 und 0 und ist im parabolischen Fall von Satz 9.5.5(b).

9.6 Konvexe Mengen

In diesem Abschnitt ist V bzw. W stets ein reeller Vektorraum.

Definition 9.6.1 Eine Teilmenge $C \subset V$ heißt *konvex*, wenn

$$v, w \in C, \ 0 \le \lambda \le 1 \quad \Rightarrow \quad \lambda v + (1 - \lambda)w \in C$$

gilt.

Geometrisch heißt das, dass mit zwei Punkten auch die Verbindungsstrecke in C liegt. Definitionsgemäß ist auch die leere Menge konvex.

Beispiele 9.6.2

(a) In Abb. 9.5 sieht man einige Beispiele für konvexe oder nicht konvexe Teilmengen von $\mathbb{R}^2$.

(b) Sei V ein Innenproduktraum; dann sind die „Kugeln" $B[x, r] := \{v \in V : \|v - x\| \le r\}$ und $B(x, r) := \{v \in V : \|v - x\| < r\}$ konvex: Gelten nämlich $\|v - x\| \le r$, $\|w - x\| \le r$ und $0 \le \lambda \le 1$, so folgt wegen der Dreiecksungleichung

$$
\begin{aligned}
\|(\lambda v + (1 - \lambda)w) - x\| &= \|\lambda(v - x) + (1 - \lambda)(w - x)\| \\
&\le \|\lambda(v - x)\| + \|(1 - \lambda)(w - x)\| \\
&= \lambda\|v - x\| + (1 - \lambda)\|w - x\| \\
&\le \lambda r + (1 - \lambda)r = r.
\end{aligned}
$$

Der Beweis für die „offene" Kugel $B(x, r)$ geht genauso.

(c) Seien $a_1, \dots, a_n \in \mathbb{R}$ und $b_1, \dots, b_n \in \mathbb{R}$. Dann ist die Menge $\{v \in \mathbb{R}^n : a_j v_j \le b_j$ für $j = 1, \dots, n\}$ konvex, wie man sofort nachrechnet (natürlich soll v die Koordinaten $v_1, \dots, v_n$ haben).

Das letzte Beispiel kann man leichter mit dem folgenden allgemeinen Lemma begründen, das sich direkt aus der Definition ergibt.

Abb. 9.5 Konvexe und nicht konvexe Mengen

Lemma 9.6.3

(a) *Sei $L \in \mathcal{L}(V, W)$, und sei $C \subset V$ konvex. Dann ist auch $L(C) \subset W$ konvex.*
(b) *Sei $L \in \mathcal{L}(V, W)$, und sei $C \subset W$ konvex. Dann ist auch $L^{-1}(C) \subset V$ konvex.*
(c) *Sei I eine Indexmenge, und für jedes $i \in I$ sei $C_i \subset V$ eine konvexe Menge. Dann ist auch $\bigcap_{i \in I} C_i$ konvex.*

Beweis

(a) Seien $w_1, w_2 \in L(C)$ und $0 \le \lambda \le 1$; dann existieren $v_i \in C$ mit $w_i = L(v_i)$. Es folgt

$$\lambda w_1 + (1 - \lambda)w_2 = \lambda L(v_1) + (1 - \lambda)L(v_2) = L(\lambda v_1 + (1 - \lambda)v_2) \in L(C),$$

da ja wegen der Konvexität $\lambda v_1 + (1 - \lambda)v_2$ in C liegt.

(b) Seien $v_1, v_2 \in L^{-1}(C)$ und $0 \le \lambda \le 1$; dann sind $L(v_1) \in C$ und $L(v_2) \in C$. Es folgt

$$L(\lambda v_1 + (1 - \lambda)v_2) = \lambda L(v_1) + (1 - \lambda)L(v_2) \in C,$$

da C konvex ist. Das zeigt $\lambda v_1 + (1 - \lambda)v_2 \in L^{-1}(C)$.

(c) Seien $v_1, v_2 \in \bigcap_i C_i$ und $0 \le \lambda \le 1$. Für jedes $i \in I$ gilt dann $v_1, v_2 \in C_i$ und deshalb $\lambda v_1 + (1 - \lambda)v_2 \in C_i$, denn C_i ist konvex. Das zeigt $\lambda v_1 + (1 - \lambda)v_2 \in \bigcap_i C_i$. $\qquad\square$

Wir wollen mit Hilfe dieses Lemmas das Beispiel 9.6.2(c) sezieren. Wir setzen $L_j(v) = a_j v_j$, also $L_j \in \mathcal{L}(\mathbb{R}^n, \mathbb{R})$. Es ist $(-\infty, b_j] \subset \mathbb{R}$ konvex und wegen Lemma 9.6.3(b) auch $C_j := L_j^{-1}((-\infty, b_j])$, und Lemma 9.6.3(c) liefert, dass $\bigcap_{j=1}^n C_j$ konvex ist. Aber das ist genau die im obigen Beispiel beschriebene Menge. Mit dieser Technik – beobachte, dass eine gegebene Menge das lineare Bild oder Urbild einer *offensichtlich* konvexen Menge oder der Schnitt solcher Mengen ist – lässt sich häufig die Konvexität einer Menge sehr schnell begründen. (Ähnlich geht man in der Analysis vor, wenn es um offene oder abgeschlossene Mengen und stetige Abbildungen geht.)

Sei nun $M \subset V$ eine beliebige Teilmenge, und es sei $\mathscr{C} = \{C \subset V : M \subset C$ und C ist konvex$\}$; es ist $\mathscr{C} \neq \emptyset$, da $V \in \mathscr{C}$. Nach Lemma 9.6.3(c) ist $\tilde{C} := \bigcap_{C \in \mathscr{C}} C$ ebenfalls konvex, und $\tilde{C}$ umfasst M. Konstruktionsgemäß ist $\tilde{C}$ Teilmenge jeder konvexen, M umfassenden Menge, also ist sie die kleinste dieser Art.

Definition 9.6.4 Die gerade beschriebene Menge heißt die *konvexe Hülle* von M und wird mit $\mathrm{co}(M)$ bezeichnet:

$$\mathrm{co}(M) = \bigcap \{C \subset V : M \subset C, \ C \text{ konvex}\}.$$

Diese Konstruktion ist natürlich eng verwandt mit der Bildung der linearen Hülle in Korollar 2.1.9.

Lemma 9.6.5 *Es gilt*

$$\mathrm{co}(M) = \left\{ \sum_{j=1}^{N} \lambda_j v_j : N \in \mathbb{N},\ 0 \le \lambda_j \le 1,\ \sum_{j=1}^{N} \lambda_j = 1,\ v_j \in M\ (j = 1, \ldots, N) \right\}.$$

Ein Ausdruck $\sum_{j=1}^{N} \lambda_j v_j$ wie auf der rechten Seite, also mit $0 \le \lambda_j \le 1$ und $\sum_j \lambda_j = 1$, wird *Konvexkombination* der v_j genannt. (Übrigens reicht es wegen der Summenbedingung, $\lambda_j \ge 0$ zu wissen.)

Beweis Die Menge rechter Hand ist konvex: Sind nämlich $v = \sum_{j=1}^{N_1} \lambda_j v_j$ und $w = \sum_{k=1}^{N_2} \mu_k w_k$ Konvexkombinationen von Elementen $v_1, \ldots, v_{N_1} \in M$ bzw. $w_1, \ldots, w_{N_2} \in M$ sowie $0 \le \lambda \le 1$, so ist auch

$$\lambda v + (1-\lambda) w = \sum_{j=1}^{N_1} \lambda \lambda_j v_j + \sum_{k=1}^{N_2} (1-\lambda) \mu_k w_k = \sum_{l=1}^{N_1+N_2} \nu_l z_l$$

mit $\nu_l = \lambda \lambda_l$ für $l \le N_1$, $\nu_l = (1-\lambda) \mu_{l-N_1}$ für $l > N_1$, $z_l = v_l$ für $l \le N_1$, $z_l = w_{l-N_1}$ für $l > N_1$ eine Konvexkombination von Elementen aus M, denn $\sum_{l=1}^{N_1+N_2} \nu_l = 1$ und $0 \le \nu_l \le 1$. Ferner enthält diese Menge die Menge M (zu $v \in M$ wähle $N = 1$, $\lambda_1 = 1$, $v_1 = v$). Das zeigt die Inklusion „$\subset$".

Um „$\supset$" zu zeigen, reicht es, sich Folgendes klarzumachen (warum reicht das?):

- Ist C konvex und $v = \sum_{j=1}^{N} \lambda_j v_j$ eine Konvexkombination von Elementen von C, so ist $v \in C$.

Das zeigt man schnell mit vollständiger Induktion nach N: Die Fälle $N = 1$, $N = 2$ sind klar. Um von $N - 1$ auf N zu schließen, betrachten wir eine Konvexkombination aus N Summanden $v = \sum_{j=1}^{N} \lambda_j v_j$, wobei ohne Einschränkung $\lambda_N \ne 1$ ist. Dann erhält man nach Induktionsvoraussetzung

$$v = (1 - \lambda_N) \sum_{j=1}^{N-1} \frac{\lambda_j}{1 - \lambda_N} v_j + \lambda_N v_N \in C,$$

denn $\sum_{j=1}^{N-1} \frac{\lambda_j}{1-\lambda_N} v_j$ ist eine Konvexkombination: Alle $\lambda_j / (1 - \lambda_N)$ sind ≥ 0 und ihre Summe ist $= 1$. $\square$

Man beachte, dass in Lemma 9.6.5 Konvexkombinationen beliebiger Länge N auftreten können. Das ist im endlichdimensionalen Fall anders.

Satz 9.6.6 (Satz von Carathéodory) *Ist* $\dim(V) = n$, *so ist für* $M \subset V$

$$\mathrm{co}(M) = \left\{ \sum_{j=1}^{n+1} \lambda_j v_j \colon 0 \le \lambda_j \le 1, \ \sum_{j=1}^{n+1} \lambda_j = 1, \ v_j \in M \ (j = 1, \ldots, n+1) \right\}.$$

Beweis Die Inklusion „$\supset$" ist klar nach Lemma 9.6.5. Umgekehrt sei $v \in \mathrm{co}(M)$. Nach Lemma 9.6.5 können wir

$$v = \lambda_1 v_1 + \cdots + \lambda_N v_N \tag{9.6.1}$$

mit geeigneten $N \in \mathbb{N}$, $v_j \in M$ und $\lambda_j \in [0, 1]$ mit $\sum_j \lambda_j = 1$ schreiben. Ist $N \le n + 1$, sind wir fertig (falls $N < n + 1$, müsste man noch künstlich mit Nullen auffüllen: $v = \lambda_1 v_1 + \cdots + \lambda_N v_N + 0 \cdot v_1 + \cdots + 0 \cdot v_1$, damit man exakt $n + 1$ Terme erhält).

Nun sei $N > n + 1$. Wir betrachten den Vektorraum $V \oplus \mathbb{R}$, der die Dimension $n + 1$ hat. Also sind die N Elemente $(v_1, 1), \ldots, (v_N, 1)$ dieses Vektorraums linear abhängig, und es existieren $\alpha_1, \ldots, \alpha_N \in \mathbb{R}$, die nicht alle $= 0$ sind, mit

$$\alpha_1 v_1 + \cdots + \alpha_N v_N = 0, \qquad \alpha_1 + \cdots + \alpha_N = 0. \tag{9.6.2}$$

Sei $I_j = \{ r \in \mathbb{R} \colon \lambda_j + r\alpha_j \ge 0 \}$ für $j = 1, \ldots, N$. Wenn $\alpha_j = 0$ ist, ist $I_j = \mathbb{R}$, und wenn $\alpha_j \ne 0$ ist, ist I_j ein Intervall des Typs $(-\infty, \gamma_j]$ oder des Typs $[\gamma_j, \infty)$. Daher ist $I = \bigcap_{j=1}^{N} I_j$ ein abgeschlossenes Intervall, das nicht $\mathbb{R}$ ist; ferner ist stets $0 \in I_j$, d. h. $I \ne \emptyset$. Also besitzt I mindestens einen Randpunkt γ, der dann auch Randpunkt von einem der Intervalle I_j ist, sagen wir von I_p. Es gilt also $\lambda_j + \gamma \alpha_j \ge 0$ für alle j und $\lambda_p + \gamma \alpha_p = 0$. Aus (9.6.1) und (9.6.2) folgt jetzt

$$v = (\lambda_1 + \gamma \alpha_1) v_1 + \cdots + (\lambda_N + \gamma \alpha_N) v_N.$$

Dies ist eine Konvexkombination nach Wahl von γ, aber effektiv sind höchstens $N - 1$ Summanden vorhanden, da der Koeffizient von v_p verschwindet.

Das Verfahren kann man nun so lange wiederholen, bis man eine Konvexkombination aus $n + 1$ Elementen hat. $\square$

Genauer haben wir gezeigt:

- *Ist* $\dim(V) = n$ *und* $v \in \mathrm{co}\{v_1, \ldots, v_N\}$ *für ein* $N > n + 1$, *so existieren* $v'_1, \ldots, v'_{n+1} \in \{v_1, \ldots, v_N\}$ mit $v \in \mathrm{co}\{v'_1, \ldots, v'_{n+1}\}$.

Auch im nächsten Satz taucht die Abhängigkeit von der Dimension des umgebenden Raums auf. Machen Sie sich eine Skizze für $n = 2$ oder $n = 3$!

Satz 9.6.7 (Satz von Helly) *Sei* $\dim(V) = n$ *sowie* $N \geq n + 1$. *Seien* $C_1, \ldots, C_N \subset V$ *konvexe Mengen so, dass je* $n + 1$ *dieser Mengen einen gemeinsamen Punkt haben. Dann ist* $\bigcap_{j=1}^{N} C_j \neq \emptyset$.

Beweis Wir verwenden vollständige Induktion nach N mit dem Induktionsanfang $N = n + 1$, wo nichts zu zeigen ist. Nun zum Induktionsschluss von $N - 1$ ($\geq n + 1$) auf N ($\geq n + 2$). Seien $C_1, \ldots, C_N$ wie in der Formulierung des Satzes gegeben. Nach Induktionsvoraussetzung ist für jedes $j \in \{1, \ldots, N\}$ der Schnitt $\bigcap_{i \neq j} C_i$ nicht leer; sei $v_j \in \bigcap_{i \neq j} C_i$. Das sind $N \geq n + 2$ Vektoren in einem n-dimensionalen Raum. Wie im Beweis des Satzes von Carathéodory (siehe (9.6.2)) erhalten wir $\alpha_1, \ldots, \alpha_N \in \mathbb{R}$, die nicht alle $= 0$ sind, mit

$$\alpha_1 v_1 + \cdots + \alpha_N v_N = 0, \qquad \alpha_1 + \cdots + \alpha_N = 0.$$

Bei geeigneter Nummerierung sind $\alpha_1, \ldots, \alpha_r > 0$ und $\alpha_{r+1}, \ldots, \alpha_N \leq 0$ (wegen der Summenbedingung $\sum_j \alpha_j = 0$ und der Tatsache, dass nicht alle α_j verschwinden, muss $1 \leq r < N$ sein). Es sei $\alpha := \sum_{j=1}^{r} \alpha_r > 0$ und $\lambda_j = \alpha_j / \alpha$ für $j = 1, \ldots, r$ sowie $\mu_j = -\alpha_j / \alpha$ für $j = r + 1, \ldots, N$. Es ist dann

$$v := \lambda_1 v_1 + \cdots + \lambda_r v_r = \mu_{r+1} v_{r+1} + \cdots + \mu_N v_N$$

jeweils eine Konvexkombination (warum?); die letzte Gleichheit gilt wegen der Wahl der α_j. Nach Konstruktion ist

$$v_1, \ldots, v_r \in \bigcap_{i=r+1}^{N} C_i, \qquad v_{r+1}, \ldots, v_N \in \bigcap_{i=1}^{r} C_i,$$

also gilt auch für deren Konvexkombination v, dass $v \in \bigcap_{i=r+1}^{N} C_i$ und $v \in \bigcap_{i=1}^{r} C_i$ (verwende die Hilfsbehauptung auf Seite 255). Deshalb ist $v \in \bigcap_{i=1}^{N} C_i$. □

9.7 Die Minkowskischen Sätze

Wir steuern zum Abschluss des Kapitels auf einen der wichtigsten Sätze der Konvexgeometrie zu, den auf H. Minkowski zurückgehenden Trennungssatz; diesen diskutieren wir in zwei Versionen in Satz 9.7.5 und Satz 9.7.6. Anschließend besprechen wir Extremalpunkte konvexer Mengen. Dazu müssen wir allerdings das rein algebraische Vorgehen um einige Ideen aus der Welt der metrischen Räume ergänzen, deren Grundbegriffe als bekannt vorausgesetzt seien.[4] Daher betrachten wir nun einen endlichdimensionalen reellen Innen-produktraum V (und nicht bloß einen Vektorraum) und nennen eine Teilmenge $M \subset V$ *offen*, wenn es zu jedem $x \in M$ eine Kugel $B(x, r)$, $r > 0$, mit $B(x, r) \subset M$ gibt. Zur Erinnerung: $B(x, r) = \{v \in V: \|v - x\| < r\}$, siehe Beispiel 9.6.2(b). Zum Beispiel ist $B(x, r)$ selbst offen (Beweis?), auch $\{(x_1, x_2) \in \mathbb{R}^2: x_1 > 0,\, x_2 > 0\}$ ist offen (Beweis?).

Wir beweisen zuerst einige Lemmata.

Lemma 9.7.1 *Sei $C \subset \mathbb{R}^2$ eine nichtleere offene konvexe Menge mit $0 \notin C$. Dann existiert ein eindimensionaler Unterraum U von $\mathbb{R}^2$ mit $U \cap C = \emptyset$.*

Beweis Zu jedem Winkel $\varphi \in \mathbb{R}$ betrachten wir die Halbgerade h_φ, die mit der positiven x-Achse den Winkel φ einschließt; eine Halbgerade ist eine Menge der Form $\{\lambda u: \lambda > 0\}$ für ein $u \neq 0$. Seien

$$I = \{\varphi \in \mathbb{R}: h_\varphi \cap C \neq \emptyset\}, \quad J = \{\varphi \in \mathbb{R}: h_\varphi \cap C = \emptyset\}.$$

Dann ist $I \cap J = \emptyset$, $I \cup J = \mathbb{R}$; ferner ist I offen, da C offen ist (Beweis?), und $I \neq \emptyset$, da $C \neq \emptyset$. Außerdem folgt aus $0 \notin C$ die Implikation

$$\varphi \in I \quad \Rightarrow \quad \varphi + \pi \in J;$$

sonst gäbe es nämlich $u \neq 0$, $\lambda, \mu > 0$ mit $\lambda u \in C$, $\mu(-u) \in C$, so dass $0 = \frac{\mu}{\lambda+\mu}\lambda\mu + \frac{\lambda}{\lambda+\mu}(-\mu u) \in C$.

Nehmen wir nun an, dass es keinen eindimensionalen Unterraum mit $U \cap C = \emptyset$ gibt. Dann gilt die Implikation

$$\varphi \in J \quad \Rightarrow \quad \varphi + \pi \in I,$$

d. h.

$$J = \{\varphi + \pi: \varphi \in I\},$$

und J ist ebenfalls offen.

Das führt zu einem Widerspruch: Ist nämlich $\varphi_0 \in I$, so betrachte $\psi = \sup(I \cap [\varphi_0, \varphi_0 + \pi])$. Dann ist $\psi < \varphi_0 + \pi$, und ψ kann wegen der Supremumseigenschaft weder zu I noch zu J gehören, da I und J beide offen sind. $\square$

Indem man nach Auswahl einer Orthonormalbasis einen zweidimensionalen Innenpro-duktraum V mit $\mathbb{R}^2$ identifiziert, kann man dieses Lemma auch so ausdrücken.

---

[4] Wie schon in Abschn. 8.7 sei O. Forster, *Analysis 2*. Springer Spektrum als Standardquelle genannt.

Lemma 9.7.2 *Sei V ein zweidimensionaler Innenproduktraum, und sei $C \subset V$ eine offene konvexe Menge mit der Eigenschaft, dass $U \cap C \neq \emptyset$ für jeden eindimensionalen Unterraum U von V. Dann ist $0 \in C$.*

Lemma 9.7.3 *Sei V ein endlichdimensionaler Innenproduktraum der Dimension $\dim(V) \geq 2$, und sei $C \subset V$ eine offene konvexe Menge mit der Eigenschaft, dass $U \cap C \neq \emptyset$ für jeden eindimensionalen Unterraum U von V. Dann ist $0 \in C$.*

Beweis Sei $W \subset V$ ein zweidimensionaler Unterraum; nach Voraussetzung über C ist $C' := C \cap W$ nicht leer und konvex, und wenn man C' als Teilmenge von W (statt V) auffasst, ist C' auch offen (Beweis?). Da C' und W die Voraussetzung von Lemma 9.7.2 erfüllen, folgt $0 \in C'$ und erst recht $0 \in C$. $\square$

Lemma 9.7.4 *Sei V ein endlichdimensionaler Innenproduktraum, und sei $C \subset V$ eine offene konvexe Menge mit $0 \notin C$. Dann existiert eine Hyperebene H, also ein Unterraum der Dimension $\dim(V) - 1$, mit $H \cap C = \emptyset$.*

Beweis Es sei U ein Unterraum von V maximaler Dimension d mit $U \cap C = \emptyset$. (Dass es überhaupt solche Unterräume gibt, folgt aus der Voraussetzung $0 \notin C$: $\{0\} \cap C = \emptyset$.) Wenn $d = \dim(V) - 1$ ist, sind wir fertig. Nehmen wir also $d = \dim(U) \leq \dim(V) - 2$ an; es folgt $\dim(U^{\perp}) \geq 2$. Sei P die Orthogonalprojektion auf $U^{\perp}$ und $C' := P(C)$. Dann ist C' konvex (Lemma 9.6.3(a)) und, wenn man C' als Teilmenge von $U^{\perp}$ ansieht, auch offen in $U^{\perp}$ (Beweis?).

Wegen der vorausgesetzten Maximalität muss jeder eindimensionale Unterraum von $U^{\perp}$ die Menge C' schneiden: Gäbe es nämlich ein $0 \neq u_0 \in U^{\perp}$ mit $\text{lin}\{u_0\} \cap C' = \emptyset$, so wäre $U_0 := U \oplus \text{lin}\{u_0\}$ ein Unterraum von V mit $U_0 \cap C = \emptyset$ (Begründung folgt) und $\dim(U_0) > d$, was unmöglich ist.

Um $U_0 \cap C = \emptyset$ einzusehen, nehme man das Gegenteil an: Es existieren $u \in U$ und $\lambda \in \mathbb{R}$ mit $u + \lambda u_0 \in C$, d. h. $P(u + \lambda u_0) \in C'$, also wegen $P(u) = 0$ und $P(u_0) = u_0$ auch $\lambda u_0 \in C'$, was $\text{lin}\{u_0\} \cap C' = \emptyset$ widerspricht.

Wir haben gezeigt, dass $U^{\perp}$ und C' die Voraussetzung von Lemma 9.7.3 erfüllen. Es folgt $0 \in C'$, also $U \cap C \neq \emptyset$ (denn $P(v) = 0$ genau dann, wenn $v \in U$), was der Wahl von U widerspricht.

Damit ist das Lemma bewiesen. $\square$

Zur Vorbereitung der Trennungssätze soll Lemma 9.7.4 umformuliert werden. Die dort vorkommende Hyperebene kann in der Form

$$H = \{v_H\}^{\perp} = \{v \colon \langle v, v_H \rangle = 0\} = \ker \ell$$

angegeben werden, wo $v_H \neq 0$ und ℓ das lineare Funktional $v \mapsto \langle v, v_H \rangle$ ist. Die Hyperebene H teilt den Vektorraum V in zwei offene Halbräume $H^{+} = \{v \colon \langle v, v_H \rangle > 0\}$

und $H^- = \{v\colon \langle v, v_H \rangle < 0\}$ auf. Dass $C \cap H = \emptyset$ ist, impliziert, dass entweder $C \subset H^+$ oder $C \subset H^-$ (warum?). Insofern „trennt" die Hyperebene H die konvexe Menge C von 0.

Satz 9.7.5 (1. Trennungssatz) *Sei V ein endlichdimensionaler Innenproduktraum. Seien $C_1, C_2 \subset V$ konvex, C_1 sei offen, und C_1 und C_2 seien disjunkt. Dann existieren $v_H \in V$ und $\alpha \in \mathbb{R}$ mit*

$$C_1 \subset \{v\colon \langle v, v_H \rangle < \alpha\}, \quad C_2 \subset \{v\colon \langle v, v_H \rangle \geq \alpha\}.$$

Die „affine Hyperebene" $\{v\colon \langle v, v_H \rangle = \alpha\}$ trennt also C_1 und C_2.

Beweis Setze $C = \{v_1 - v_2\colon v_1 \in C_1, \ v_2 \in C_2\}$. Dann ist C konvex (leicht zu sehen) und offen, was man am schnellsten aus der Darstellung

$$C = \bigcup_{v_2 \in C_2} \{v_1 - v_2\colon v_1 \in C_1\}$$

abliest, denn dies ist eine Vereinigung offener Mengen, also offen (leicht zu sehen und noch leichter aus der Analysis zu zitieren). Da C_1 und C_2 disjunkt sind, ist $0 \notin C$. Mit den obigen Bezeichnungen folgt aus Lemma 9.7.4, dass $C \subset H^+$ oder $C \subset H^-$; ohne Einschränkung können wir das Letztere annehmen, andernfalls ersetze v_H durch $-v_H$.

Für $v_1 \in C_1$ und $v_2 \in C_2$ ist also $\langle v_1 - v_2, v_H \rangle < 0$, mit anderen Worten $\langle v_1, v_H \rangle < \langle v_2, v_H \rangle$. Setzt man $\alpha = \sup_{v_1 \in C_1} \langle v_1, v_H \rangle$, so erhält man

$$\langle v_1, v_H \rangle \leq \alpha \leq \langle v_2, v_H \rangle \qquad \text{für alle } v_1 \in C_1, \ v_2 \in C_2.$$

Wenn man nun noch beachtet, dass für die offene konvexe Menge C_1 die Zahlen $\langle v_1, v_H \rangle$ ($v_1 \in C_1$) ein offenes Intervall bilden (warum?), erhält man die Behauptung des Satzes. □

Man beachte, dass die vorstehenden Aussagen nicht zu gelten brauchen, wenn keine Offenheit vorausgesetzt wird; in $\mathbb{R}^2$ ist zum Beispiel $C = \{(x_1, x_2)\colon x_1 > 0\} \cup \{(0, x_2)\colon x_2 > 0\}$ ein Gegenbeispiel zu Lemma 9.7.1.

Die folgende Version des Trennungssatzes gestattet sogar „strenge Trennung". Dazu benötigen wir eine weitere Vokabel aus der Analysis: Eine Teilmenge M eines Innenproduktraums heißt *abgeschlossen*, wenn ihr Komplement $\{v \in V\colon v \notin M\}$ offen ist.

Satz 9.7.6 (2. Trennungssatz) *Sei V ein endlichdimensionaler Innenproduktraum, sei $C \subset V$ abgeschlossen und konvex sowie $v_0 \notin C$. Dann existieren $v_H \in V$ und $\alpha_1, \alpha_2 \in \mathbb{R}$ mit*

$$\langle v_0, v_H \rangle \leq \alpha_1 < \alpha_2 \leq \langle v, v_H \rangle \qquad \text{für alle } v \in C.$$

Beweis Es existiert ein $r > 0$ mit $B(v_0, r) \cap C = \emptyset$, da C abgeschlossen ist. Nach Satz 9.7.5 existieren $v_H \in V$ sowie $\alpha_2 \in \mathbb{R}$ mit

$$\langle w, v_H \rangle < \alpha_2 \leq \langle v, v_H \rangle \qquad \text{für alle } v \in C, \ w \in B(v_0, r),$$

d. h.

$$\langle v_0 + x, v_H \rangle < \alpha_2 \leq \langle v, v_H \rangle \qquad \text{für alle } v \in C, \ \|x\| < r.$$

Setzt man $x = \frac{r}{2} \frac{v_H}{\|v_H\|}$ und $\alpha_1 = \langle v_0, v_H \rangle + \frac{r}{2} \|v_H\|$, so ergibt sich

$$\langle v_0, v_H \rangle \leq \alpha_1 < \alpha_2 \leq \langle v, v_H \rangle \qquad \text{für alle } v \in C,$$

was zu zeigen war. $\qquad\qquad\qquad\qquad\qquad\qquad\qquad\qquad\qquad\qquad\qquad\qquad\qquad\quad$ $\square$

Alternativ kann man auch die Ungleichungen

$$\langle v, v_H \rangle \leq \beta_1 < \beta_2 \leq \langle v_0, v_H \rangle \qquad \text{für alle } v \in C \qquad\qquad (9.7.1)$$

erreichen, wenn man oben v_H durch $-v_H$ ersetzt.

Die Trennungssätze spielen eine herausragende Rolle in der linearen Optimierung und anderen mathematischen Gebieten; in der Funktionalanalysis sind sie mit den Namen Hahn und Banach verknüpft.

Auch im Beweis des folgenden Darstellungssatzes 9.7.14 von Minkowski sind sie unabdingbar. Zur Vorbereitung dieses Satzes benötigen wir ein paar Überlegungen allgemeiner Natur. Zunächst eine weitere Vokabel: x heißt *innerer Punkt* einer Menge C, wenn es ein $r > 0$ mit $B(x, r) \subset C$ gibt; die Menge der inneren Punkte von C (das *Innere* von C) werde mit $\operatorname{int} C$ bezeichnet. Es folgen einige Lemmata über das Innere einer konvexen Menge.

Im Folgenden nehmen wir weiterhin an, dass sich alle Überlegungen im Kontext eines endlichdimensionalen Innenproduktraums abspielen.

Lemma 9.7.7 *Das Innere einer konvexen Menge ist konvex.*

Beweis Seien x und y innere Punkte einer konvexen Menge C (für $\operatorname{int} C = \emptyset$ ist nichts zu zeigen). Dann existieren Radien $r_1, r_2 > 0$ mit $B(x, r_1) \subset C$, $B(y, r_2) \subset C$. Für $r = \min\{r_1, r_2\}$ ist also sowohl $B(x, r) \subset C$ als auch $B(y, r) \subset C$. Sei nun $0 \leq \lambda \leq 1$ und $z = \lambda x + (1 - \lambda)y$; wir zeigen $B(z, r) \subset C$ und damit die Konvexität von $\operatorname{int} C$.

Ein beliebiges Element von $B(z, r)$ kann als $z + u$ mit $\|u\| < r$ dargestellt werden. Dann ist $x + u \in B(x, r) \subset C$ und genauso $y + u \in C$. Da C konvex ist, liegt auch $\lambda(x + u) + (1 - \lambda)(y + u)$ in C, aber dieser Punkt ist nichts anderes als $z + u$. Das beweist $B(z, r) \subset C$, wie behauptet. $\qquad\qquad\qquad\qquad\qquad\qquad\qquad\qquad\qquad\qquad\quad$ $\square$

Der Begriff des inneren Punkts ist genauso wie der einer offenen Menge immer relativ zu der gegebenen Obermenge (hier dem Innenproduktraum V) zu verstehen; z. B. ist das Intervall $(0, 1)$ als Teilmenge von $\mathbb{R}$ offen, nicht aber als Teilmenge von $\mathbb{R}^2$, wenn man $(0, 1)$ als Teilmenge der x-Achse ansieht. Das nächste Lemma erklärt, wie man durch Verschiebungen zu inneren Punkten konvexer Mengen relativ zu ihrer linearen Hülle kommt.

Lemma 9.7.8 *Sei $C \subset V$ konvex und nicht leer. Wenn $0 \in C$ ist, hat C relativ zu $\mathrm{lin}(C)$ einen inneren Punkt. Insbesondere hat für jedes $a \in C$ die konvexe Menge $C' = \{x - a \colon x \in C\}$ nichtleeres Inneres relativ zu $\mathrm{lin}(C')$.*

Beweis Sei $W = \mathrm{lin}(C)$. Nach Korollar 2.2.16 enthält das Erzeugendensystem C von W eine Basis $b_1, \ldots, b_m$ von W. Wegen $b_j \in C$ und $0 \in C$ folgt

$$p := \frac{1}{m+1} \sum_{j=1}^{m} b_j \in C.$$

Wir zeigen, dass p relativ zu W ein innerer Punkt von C ist. Dazu werden wir einen Radius r mit

$$p + u \in C \quad \text{für alle } u \in W \text{ mit } \|u\| < r$$

angeben.

Jeder Vektor $w \in W$ kann mittels der Basis $b_1, \ldots, b_m$ linear kombiniert werden, sagen wir

$$w = \sum_{j=1}^{m} \beta_j(w) b_j.$$

Die β_j sind lineare Abbildungen auf W und können gemäß Satz 6.2.13 in der Form

$$\beta_j(w) = \langle w, w_j \rangle$$

mit geeigneten $w_j \in W$ dargestellt werden. Es sei $K = \max \|w_j\| > 0$; dann liefert die Cauchy-Schwarz-Ungleichung (Satz 6.1.7)

$$|\beta_j(w)| = |\langle w, w_j \rangle| \le \|w\| \|w_j\| \le K \|w\|.$$

Sei $r = (m(m+1)K)^{-1}$, und sei $u \in W$ mit $\|u\| < r$; wir wollen $p + u \in C$ beweisen.

In der Tat ist $p + u = \sum_{j=1}^{m} (\frac{1}{m+1} + \beta_j(u)) b_j$, und dieser Vektor liegt in C, falls alle $\frac{1}{m+1} + \beta_j(u) \ge 0$ sind und $\sum_{j=1}^{m} (\frac{1}{m+1} + \beta_j(u)) \le 1$ ist (da $0 \in C$, reicht es,

$\sum_{j=1}^{m}(\frac{1}{m+1} + \beta_j(u)) \leq 1$ zu zeigen); die letzte Bedingung ist zu $\sum_{j=1}^{m} \beta_j(u) \leq \frac{1}{m+1}$ äquivalent. Gelte nun $\|u\| < r$; dann folgt

$$|\beta_j(u)| \leq K\|u\| < Kr = \frac{1}{m(m+1)}$$

und deshalb

$$\sum_{j=1}^{m} \beta_j(u) \leq \sum_{j=1}^{m} |\beta_j(u)| \leq m\frac{1}{m(m+1)} = \frac{1}{m+1}$$

sowie

$$\frac{1}{m+1} + \beta_j(u) \geq \frac{1}{m+1} - \frac{1}{m(m+1)} \geq 0.$$

Das war zu zeigen.

Der Zusatz ist klar. □

Im folgenden Lemma benutzen wir die Schreibweise $\{\ell < \alpha\} = \{x \in V \colon \ell(x) < \alpha\}$ und analog für $\{\ell \leq \alpha\}$ etc.

Lemma 9.7.9 *Sei $C \subset V$ eine konvexe Menge mit* $\operatorname{int} C \neq \emptyset$. *Sei $\ell \colon V \to \mathbb{R}$ linear mit* $\operatorname{int} C \subset \{\ell < \alpha\}$. *Dann gilt $C \subset \{\ell \leq \alpha\}$.*

Beweis Seien $x \in C$, $y \in \operatorname{int} C$ (nach Voraussetzung gibt es solch ein y). Zu $0 < \lambda < 1$ setze $x_\lambda = \lambda y + (1-\lambda)x = x + \lambda(y-x) \in C$. Ist $r > 0$ so, dass $B(y,r) \subset C$, so zeigt eine einfache Rechnung $B(x_\lambda, \lambda r) \subset C$, also $x_\lambda \in \operatorname{int} C$. Nun gilt nach Voraussetzung $\ell(x) + \lambda\ell(y-x) = \ell(x_\lambda) < \alpha$ für alle $0 < \lambda < 1$; das impliziert $\ell(x) \leq \alpha$ durch Grenzübergang $\lambda \to 0$. □

Wir wollen als nächstes die geometrischen Begriffe des Extremalpunkts bzw. einer Seite einführen.

Definition 9.7.10 Sei $C \subset V$ konvex.

(a) Eine konvexe Teilmenge $S \subset C$ heißt *Seite* von C, wenn

$$x, y \in C, \ 0 < \lambda < 1, \ \lambda x + (1-\lambda)y \in S \ \Rightarrow \ x, y \in S.$$

(b) Ein Element $p \in C$ heißt *Extremalpunkt* von C, wenn

$$x, y \in C, \ 0 < \lambda < 1, \ p = \lambda x + (1-\lambda)y \ \Rightarrow \ x = y = p.$$

Die Menge der Extremalpunkte von C wird mit ex C bezeichnet.

Ein Extremalpunkt ist also ein Punkt von C, der nicht im (relativen) Innern einer in C verlaufenden Strecke (mit verschiedenen Endpunkten) liegen kann.

Aus der Definition ergibt sich sofort, dass p genau dann ein Extremalpunkt ist, wenn $\{p\}$ eine Seite ist. Ferner zeigt die Definition unmittelbar, dass ein Extremalpunkt einer Seite von C auch ein Extremalpunkt von C selbst ist:

Lemma 9.7.11 *Ist $C \subset V$ konvex und S eine Seite von C, so gilt* ex $S \subset$ ex C, *genauer* ex $S = S \cap$ ex C.

Beispiele 9.7.12

(a) Natürlich braucht eine konvexe Menge überhaupt keine Extremalpunkte zu besitzen, z. B. ex $V = \emptyset$ (falls dim $V \geq 1$). Ein weiteres Beispiel: ex $B(u, r) = \emptyset$ (leicht zu verifizieren, vgl. auch (b)).

(b) Für abgeschlossene Kugeln eines Innenproduktraums gilt

$$\text{ex } B[u, r] = \{v \colon \|v - u\| = r\}; \tag{9.7.2}$$

die Extremalpunkte sind genau die Randpunkte. Der einfacheren Notation halber führen wir den Beweis nur für $u = 0$, $r = 1$. Ist dann $0 \neq \|v\| \neq 1$, so ist $v = \|v\| \frac{v}{\|v\|} + (1 - \|v\|) \cdot 0$ eine nichttriviale Konvexkombination, daher $v \notin$ ex $B[0, 1]$. Ferner ist $0 \notin$ ex $B[0, 1]$ klar; daher gilt „$\subset$" in (9.7.2). Nun sei $\|v\| = 1$ und $v = \lambda x + (1 - \lambda)y$ mit $0 < \lambda < 1$, $\|x\|, \|y\| \leq 1$; nach der Dreiecksungleichung muss dann notwendig $\|x\| = \|y\| = 1$ sein. Die Parallelogrammgleichung ((6.1.2) auf Seite 120) liefert

$$2\|x\|^2 + 2\|y\|^2 = 4 = \|x + y\|^2 + \|x - y\|^2,$$

also ist entweder $x = y$ oder $\|\frac{1}{2}(x + y)\| < 1$. Nehmen wir Letzteres an und setzen wir $z = \frac{1}{2}(x + y)$. Ist $\lambda \leq \frac{1}{2}$, so ist $v = 2\lambda z + (1 - 2\lambda)y$ eine Konvexkombination und die Dreiecksungleichung impliziert $\|v\| \leq 2\lambda \|z\| + (1 - 2\lambda)\|y\| < 1$ (Widerspruch!), und für $\lambda > \frac{1}{2}$ liefert $v = (2\lambda - 1)x + 2(1 - \lambda)z$ auf ähnliche Weise einen Widerspruch. Also ist $x = y$ bewiesen, und v ist ein Extremalpunkt.

(c) Die Koordinaten eines Vektors $x \in \mathbb{R}^n$ seien $x_1, \ldots, x_n$; wir betrachten den *Hyperwürfel*

$$H = \{x \in \mathbb{R}^n \colon |x_j| \leq 1 \text{ für } j = 1, \ldots, n\}$$

und behaupten

$$\text{ex } H = \{x \in \mathbb{R}^n \colon |x_j| = 1 \text{ für } j = 1, \ldots, n\}.$$

(Man visualisiere den Fall $n = 3$!) Ist nämlich $x \in H$ mit $|x_k| < 1$ und $\varepsilon = 1 - |x_k|$, so gilt $x \pm \varepsilon e_k \in H$, und $x = \frac{1}{2}(x + \varepsilon e_k) + \frac{1}{2}(x - \varepsilon e_k)$ ist kein Extremalpunkt von H. Ist jedoch stets $|x_j| = 1$ und sind $y, z \in H, 0 < \lambda < 1$ mit $x = \lambda y + (1 - \lambda)z$, so ist stets $x_j = \lambda y_j + (1 - \lambda)z_j$ vom Betrag 1 mit $|y_j|, |z_j| \leq 1$. Daher folgt $y_j = z_j = x_j$ und $y = z = x$, und x ist ein Extremalpunkt von H.

(d) Sei C eine konvexe Teilmenge eines Innenproduktraums V, und sei $\ell \colon V \to \mathbb{R}$ linear. Die lineare Abbildung ℓ nehme auf C ihr Supremum an, d. h., es existiert $v_0 \in C$ mit $\ell(v_0) \geq \ell(v)$ für alle $v \in C$. Dann ist die konvexe Menge $S := \{v \in C \colon \ell(v) = \ell(v_0)\}$ eine Seite von C. Seien nämlich $v \in S, 0 < \lambda < 1, x, y \in C$ mit $v = \lambda x + (1 - \lambda)y$. Weil $\ell(v_0)$ der Maximalwert von ℓ auf C ist, folgt $\ell(x) \leq \ell(v_0)$ und $\ell(y) \leq \ell(v_0)$; andererseits ist $\ell(v_0) = \ell(v) = \lambda \ell(x) + (1 - \lambda)\ell(y)$. Deshalb muss $\ell(x) = \ell(y) = \ell(v_0)$ sein, und wir haben $x, y \in S$ gezeigt.

Das nächste Beispiel ist weniger offensichtlich und erscheint daher als Satz. Die Operatornorm wurde in Abschn. 8.6 eingeführt.

Satz 9.7.13 *Sei $C = \{L \in \mathscr{L}(V) \colon \|L\|_{\mathrm{op}} \leq 1\}$. Dann besteht* ex C *genau aus den orthogonalen bzw. unitären Abbildungen.*

Beweis Die Dreiecksungleichung für die Operatornorm zeigt, dass C konvex ist. Sei zuerst $U \in C$ orthogonal bzw. unitär mit $U = \lambda A + (1 - \lambda)B, 0 < \lambda < 1, A, B \in C$. Da U isometrisch ist, folgt für alle $v \in V$ mit $\|v\| = 1$

$$U(v) = \lambda \cdot Av + (1 - \lambda) \cdot Bv$$

mit $\|Uv\| = 1, \|Av\| \leq 1, \|Bv\| \leq 1$. Nach Beispiel 9.7.12(b) ist Uv ein Extremalpunkt der Einheitskugel $B[0, 1]$ von V, so dass $Uv = Av = Bv$ folgt. Das zeigt $U = A = B$, und U ist ein Extremalpunkt von C.

Umgekehrt sei U nicht orthogonal bzw. unitär, d. h., es gelte $U^*U \neq \mathrm{Id}$. Dann muss in der Singulärwertzerlegung von Satz 8.4.5 gelten

$$U(v) = \sum_{j=1}^{n} \sigma_j \langle v, f_j \rangle g_j \quad \text{mit } 0 \leq \sigma_n < 1.$$

Sei $\varepsilon = 1 - \sigma_n > 0$, und sei $\tilde{U} \in \mathscr{L}(V)$ durch $\tilde{U}(v) = \varepsilon \langle v, f_n \rangle g_n$ definiert. Dann schätzt man ab

$$\|(U \pm \tilde{U})(v)\|^2 = \left\| \sum_{j=1}^{n-1} \sigma_j \langle v, f_j \rangle g_j + (\sigma_n \pm \varepsilon)\langle v, f_n \rangle g_n \right\|^2$$

$$= \sum_{j=1}^{n-1} \sigma_j^2 |\langle v, f_j \rangle|^2 + (\sigma_n \pm \varepsilon)^2 |\langle v, f_n \rangle|^2$$

$$\leq \sum_{j=1}^{n} |\langle v, f_n \rangle|^2 = \|v\|^2,$$

also ist $U \pm \tilde{U} \in C$, und $U = \frac{1}{2}(U + \tilde{U}) + \frac{1}{2}(U - \tilde{U}) \notin \mathrm{ex}\, C$. $\qquad\qquad \square$

Der Hauptsatz über Extremalpunkte konvexer Mengen – auch dieser Satz stammt von Minkowski – lautet wie folgt; manchmal wird der Satz nach seinem unendlichdimensionalen Analogon auch *Satz von Krein-Milman* genannt.

Satz 9.7.14 *Sei V ein endlichdimensionaler reeller Innenproduktraum, und sei $\emptyset \neq C \subset V$ konvex, abgeschlossen und beschränkt.*[5] *Dann gilt $C = \mathrm{co}\,\mathrm{ex}\, C$; insbesondere ist* $\mathrm{ex}\, C \neq \emptyset$.

Beweis Wir führen einen Induktionsbeweis nach der Dimension von V. Für $\dim V = 1$ können wir V durch $\mathbb{R}$ repräsentieren, und C hat notwendig die Gestalt $C = [a, b]$ mit $a \leq b$; die Aussage des Satzes ist dann klar.

Jetzt sei $\dim V = n \in \mathbb{N}$ fest, und die Behauptung des Satzes sei für alle Dimensionen $< n$ angenommen (wir benutzen jetzt das starke Induktionsprinzip von Seite 178). Sei $C \subset V$ wie im Satz. Wenn $\mathrm{int}\, C = \emptyset$ ist, können wir eine Verschiebung C' von C mit $W := \mathrm{lin}\, C' \neq V$ finden; das folgt aus Lemma 9.7.8. Man beachte noch, dass die Extremalpunkte der verschobenen Menge genau die Verschiebungen der Extremalpunkte von C sind und dass mit C auch C' konvex, abgeschlossen und beschränkt ist (und umgekehrt). Also greift die Induktionsvoraussetzung, und die Aussage des Satzes ist für solch ein C begründet.

Es bleibt der Fall $\mathrm{int}\, C \neq \emptyset$ zu diskutieren. Sei zunächst $p \in C \setminus \mathrm{int}\, C$. Mit Hilfe des 1. Trennungssatzes, Satz 9.7.5, findet man einen Vektor $v_H \neq 0$ und eine Zahl $\alpha \in \mathbb{R}$ mit

$$\langle v, v_H \rangle < \alpha \text{ für } v \in \mathrm{int}\, C, \quad \langle p, v_H \rangle \geq \alpha.$$

Lemma 9.7.9 liefert $\langle v, v_H \rangle \leq \alpha$ für $v \in C$, und $\ell \colon v \mapsto \langle v, v_H \rangle$ nimmt ein Maximum über der Menge C bei p an. Die Menge $S := \{v \in C \colon \langle v, v_H \rangle = \langle p, v_H \rangle\}$ ist daher eine Seite von C (siehe Beispiel 9.7.12(d)). Die verschobene Seite $S - p := \{v - p \colon v \in S\}$ hat die gleiche (nur verschobene) Extremalstruktur wie S, und $S - p$ liegt in dem $(n-1)$-dimensionalen Raum $v_H^{\perp}$. Nach Induktionsvoraussetzung ist daher $p \in \mathrm{co}\,\mathrm{ex}\, S$, aber nach Lemma 9.7.11 ist $\mathrm{ex}\, S \subset \mathrm{ex}\, C$. Das zeigt $p \in \mathrm{co}\,\mathrm{ex}\, C$.

---

[5] D. h. $\sup_{v \in C} \|v\| < \infty$.

Sei abschließend $p \in \text{int}\, C$; wir werden auch für solch ein p die Beziehung $p \in \text{co ex}\, C$ zeigen. Dazu sei $0 \neq v \in V$ beliebig; wir betrachten die Gerade $g = \{p + tv \colon t \in \mathbb{R}\}$ sowie $C \cap g$. Dann gelten die folgenden Aussagen (bitte im Detail verifizieren!): $C \cap g$ ist konvex und von der Form $\{p + tv \colon t \in [-t^-, t^+]\}$ mit $-t^- < 0 < t^+$. (Dies folgt daraus, dass C konvex, abgeschlossen und beschränkt sowie p ein innerer Punkt ist.) Ferner sind $p^+ = p + t^+v$ und $p^- = p - t^-v$ keine inneren Punkte von C. Nach dem Trennungsargument aus dem letzten Absatz liegen p^+ und p^- auf Seiten von C und können nach Induktionsvoraussetzung als Konvexkombinationen $p^+ = \sum_{j=1}^{m^+} \lambda_j^+ x_j$, $p^- = \sum_{k=1}^{m^-} \lambda_k^- y_k$ von Extremalpunkten von C dargestellt werden. Dann zeigt die Darstellung

$$p = \frac{t^+}{t^+ + t^-} p^- + \frac{t^-}{t^+ + t^-} p^+ = \sum_{k=1}^{m^-} \frac{t^+}{t^+ + t^-} \lambda_k^- y_k + \sum_{j=1}^{m^+} \frac{t^-}{t^+ + t^-} \lambda_j^+ x_j,$$

dass $p \in \text{co ex}\, C$. $\qquad \square$

Kombiniert man Satz 9.7.14 mit dem Satz von Carathéodory (Satz 9.6.6) bzw. dem darauf folgenden Zusatz, erhält man, dass jeder Punkt einer konvexen, abgeschlossenen und beschränkten Teilmenge C eines n-dimesionalen reellen Innenproduktraums als Konvexkombination von höchstens $n + 1$ Extremalpunkten dargestellt werden kann.

Satz 9.7.14 gilt auch für Innenprodukträume über $\mathbb{C}$, obwohl der Beweis sich definitiv auf reelle Räume bezieht (wir haben mit dem Maximum eines Funktionals argumentiert). Aber jeder komplexe Vektorraum ist auch ein $\mathbb{R}$-Vektorraum, so dass die Aussage des Satzes auch im komplexen Fall gilt. Diese Bemerkung ist für das folgende Korollar nützlich, das Satz 9.7.14 illustriert.

Korollar 9.7.15 *Sei A eine reelle oder komplexe $n \times n$-Matrix mit $\|A\|_{\text{op}} \leq 1$. Dann kann A als Konvexkombination von orthogonalen bzw. unitären Matrizen geschrieben werden.*

Beweis Um Satz 9.7.14 anwenden zu können, muss man nur bemerken, dass wegen Lemma 8.6.3 die Menge $\{A \colon \|A\|_{\text{op}} \leq 1\}$ abgeschlossen im Innenproduktraum $\mathbb{K}^{n^2}$ ist (warum?), und die Charakterisierung der Extremalpunkte dieser Menge aus der Matrixversion von Satz 9.7.13 benutzen. $\qquad \square$

9.8   Aufgaben

Aufgabe 9.8.1 Zeigen Sie, dass die Isometrien auf einem endlichdimensionalen Innenproduktraum mit der Komposition eine Gruppe bilden.

Aufgabe 9.8.2 Sei V ein endlichdimensionaler reeller Innenproduktraum, und sei $L \in \mathscr{L}(V)$. Sei $(u_1, \ldots, u_n)$ eine Orthonormalbasis, bezüglich der L durch die Diagonalmatrix $\operatorname{diag}(1, 1, \ldots, 1, -1)$ dargestellt wird. Zeigen Sie, dass L eine Spiegelung ist.

Aufgabe 9.8.3 Sei $L \in \mathscr{L}(\mathbb{R}^3)$ eine Spiegelung. Bezüglich einer gewissen Orthonormalbasis besitze L die Matrixdarstellung

$$\begin{pmatrix} -1 & 0 & 0 \\ 0 & \cos\varphi & -\sin\varphi \\ 0 & \sin\varphi & \cos\varphi \end{pmatrix}$$

mit einem $\varphi \in [-\pi, \pi]$. Benutzen Sie die Eigenwerte von L, um $\varphi = 0$ zu zeigen.

Aufgabe 9.8.4 Sei $F\colon \mathbb{R}^2 \to \mathbb{R}^2$ eine Isometrie; schreiben Sie $F(v) = Uv + a$ mit $U \in \mathrm{O}(2)$ und $a \in \mathbb{R}^2$ gemäß Satz 9.1.2. Ein Vektor $x \in \mathbb{R}^2$ heißt Fixpunkt von F, wenn $F(x) = x$ gilt.

(a) Sei $U \in \mathrm{SO}(2)$. Unter welchen Bedingungen besitzt F einen Fixpunkt? Ist er eindeutig bestimmt?

(b) Sei $U \notin \mathrm{SO}(2)$. Unter welchen Bedingungen besitzt F einen Fixpunkt? Ist er eindeutig bestimmt?

(Tipp: Eigenwerte könnten wichtig sein.)

Aufgabe 9.8.5 Beweisen Sie Satz 9.3.3.

Aufgabe 9.8.6 Sei $u \in \mathbb{R}^3$ mit $\|u\| = 1$. Seien ferner $\varphi, \psi \in \mathbb{R}$.

(a) Sei $Q_u\colon \mathbb{R}^3 \to \mathbb{R}^3$, $Q_u(v) = u \times v$. Zeigen Sie, dass Q_u linear und $Q_u^3 = -Q_u$ ist.

(b) Sei $D_u(\varphi) = \mathrm{Id} + (\sin\varphi)Q_u + (1 - \cos\varphi)Q_u^2$. Zeigen Sie $D_u(\varphi)(u) = u$ und

$$D_u(\varphi)(v) = (\cos\varphi)v + (1 - \cos\varphi)\langle u, v\rangle u + (\sin\varphi)(u \times v)$$

für alle $v \in \mathbb{R}^3$.

(c) Zeigen Sie $D_u(\varphi)D_u(\psi) = D_u(\varphi + \psi)$.

Aufgabe 9.8.7 Seien C_1 und C_2 nichtleere konvexe Teilmengen des $\mathbb{R}^n$. Sei

$$C = \{x + y\colon x \in C_1, \ y \in C_2\}.$$

(a) Zeigen Sie, dass C konvex ist.

(b) Skizzieren Sie C, wenn $C_1 \subset \mathbb{R}^2$ ein Quadrat und $C_2 \subset \mathbb{R}^2$ ein Kreis jeweils mit dem Mittelpunkt im Ursprung sind.

Aufgabe 9.8.8 Sei $C = \{x \in \mathbb{R}^n : \sum_{j=1}^{n} |x_j| \leq 1\}$. Zeigen Sie, dass C konvex ist, bestimmen Sie die Extremalpunkte von C, und verifizieren Sie, dass $C = \operatorname{co\,ex} C$ ist.

Aufgabe 9.8.9 Eine reelle $n \times n$-Matrix A heißt *doppelt stochastisch*, wenn all ihre Einträge ≥ 0 sind und für die Zeilen- und Spaltensummen

$$\sum_{j=1}^{n} a_{ij} = 1 \ (i = 1, \ldots, n), \quad \sum_{i=1}^{n} a_{ij} = 1 \ (j = 1, \ldots, n)$$

gilt.

(a) Zeigen Sie, dass die Menge C aller doppelt stochastischen $n \times n$-Matrizen konvex ist.

(b) Zeigen Sie, dass jede Permutationsmatrix ein Extremalpunkt von C ist. (Die Umkehrung ist ebenfalls richtig und als *Satz von Birkhoff* bekannt.)

Aufgabe 9.8.10 Die Funktion $f : \mathbb{R}^n \to \mathbb{R}$ erfülle

$$f(\lambda x + (1 - \lambda)y) \leq \lambda f(x) + (1 - \lambda)f(y)$$

für alle $x, y \in \mathbb{R}^n$, $0 \leq \lambda \leq 1$; man nennt solch ein f eine *konvexe Funktion*. Zeigen Sie, dass der *Epigraph* von f

$$\operatorname{epi}(f) = \{(x, t) \in \mathbb{R}^{n+1} : f(x) \leq t\}$$

konvex ist.

Aufgabe 9.8.11 Seien $f, g : \mathbb{R}^n \to \mathbb{R}$ konvexe Funktionen (vgl. die obige Aufgabe 9.8.10). Es gelte $-g \leq f$. Zeigen Sie: Es existiert eine affine Funktion a der Gestalt $x \mapsto b + \langle x, v \rangle$ mit $-g \leq a \leq f$.

(Hinweis: Wenden Sie den Trennungssatz an!)

Ergänzungen

10

10.1 Unendlichdimensionale Vektorräume

In diesem Abschnitt wird bewiesen, dass jeder K-Vektorraum eine Basis hat. Dazu sind Vorbereitungen aus der Mengenlehre nötig.

In der axiomatischen Mengenlehre versucht man, ausgehend von wenigen grundlegenden Axiomen die gesamte Mengenlehre rigoros aufzubauen. Das allgemein anerkannte Fundament sind die Zermelo-Fraenkel-Axiome, in denen festgelegt ist, welche Operationen bei Mengen erlaubt sind.[1] Wenn es um unendliche Mengen geht, sind diese Axiome häufig nicht stark genug; deshalb wird ein weiteres Axiom benötigt, das Auswahlaxiom.

Auswahlaxiom. Sci $\sim$ eine Äquivalenzrelation auf einer nichtleeren Menge X. Dann existiert eine Teilmenge von X, die aus jeder Äquivalenzklasse genau ein Element enthält.

Zum Begriff der Äquivalenzrelation siehe Definition 5.3.1.

Dieses Axiom hat viele Konsequenzen in der Mathematik, manche sind sehr natürlich und erwartbar, andere absolut kontraintuitiv. Zu Letzteren gehört das *Banach-Tarski-Paradoxon*:

- *Seien $K \subset \mathbb{R}^3$ und $K' \subset \mathbb{R}^3$ zwei Kugeln. Dann gibt es $n \in \mathbb{N}$ sowie disjunkte Zerlegungen $K = A_1 \cup \ldots \cup A_n$ und $K' = A_1' \cup \ldots \cup A_n'$, so dass A_j und A_j' stets kongruent im Sinne der euklidischen Geometrie sind (d. h. es gibt Kongruenzabbildungen T_j, also Kompositionen von Drehungen und Translationen, mit $T_j(A_j) = A_j'$).*

---

[1] Einen ersten kurzen Überblick bietet Kapitel 12 von O. Deiser, C. Lasser, E. Vogt, D. Werner, *12×12 Schlüsselkonzepte zur Mathematik*. 2. Auflage, Springer Spektrum 2016.

© Der/die Autor(en), exklusiv lizenziert an Springer Nature Switzerland AG 2022
D. Werner, *Lineare Algebra*, Grundstudium Mathematik,
https://doi.org/10.1007/978-3-030-91107-2_10

Das ist unvorstellbar, wenn die Kugeln unterschiedliche Radien haben, aber mit dem Auswahlaxiom beweisbar.[2]

Betrachten wir ein paar Beispiele. Im Kontext der Beispiele 5.3.2(b) bzw. 5.3.4(b) ist $\mathbb{Z}_n = \{0, \ldots, n-1\}$ solch eine Auswahlmenge, und im Kontext von Beispiel 5.3.2(c) bzw. 5.3.4(c) ist es jede Gerade, die nicht parallel zu g ist. In diesen Beispielen benötigt man das Auswahlaxiom nicht, um die Existenz einer Auswahlmenge zu garantieren; man kann eine solche sogar explizit angeben. Im folgenden Beispiel ist das nicht so. Sei $\sim$ die Äquivalenzrelation auf $\mathbb{R}$

$$x \sim y \quad \Leftrightarrow \quad x - y \in \mathbb{Q}.$$

Hier kann man keine explizite Auswahlmenge angeben, aber das Auswahlaxiom impliziert die Existenz einer solchen. Eine Auswahlmenge für diese Äquivalenzrelation ist in der Lebesgueschen Integrationstheorie von Bedeutung, da sie ein Beispiel für eine nicht Lebesgue-messbare Menge ist.

Eine Konsequenz des Auswahlaxioms ist das Zornsche Lemma.[3] Wir werden folgende Version anwenden.

Zornsches Lemma *Sei X eine Menge und $\mathscr{X} \neq \emptyset$ eine Menge von Teilmengen von X. Wenn jede Kette in $\mathscr{X}$ nach oben beschränkt ist, besitzt $\mathscr{X}$ ein maximales Element.*

Hier sind einige Vokabeln zu erläutern. Eine *Kette* $\mathscr{K}$ ist eine Teilmenge von $\mathscr{X}$ derart, dass für $A, B \in \mathscr{K}$ stets eine der Inklusionen $A \subset B$ bzw. $B \subset A$ gilt. (Beispiel: Sei $X \subset \mathbb{R}^2$, sei $\mathscr{X}$ die Menge aller Kreisscheiben, die Teilmengen von X sind, und sei $x_0 \in X$. Dann ist $\{K \in \mathscr{X} : K \text{ hat Mittelpunkt } x_0\}$ eine Kette.) $\mathscr{K} \subset \mathscr{X}$ heißt *nach oben beschränkt*, wenn es eine Menge $S \in \mathscr{X}$ mit $A \subset S$ für alle $A \in \mathscr{K}$ gibt; solch ein S heißt *obere Schranke* von $\mathscr{K}$. Eine Menge $M \in \mathscr{X}$ heißt *maximal*, wenn aus $M \subset M'$ und $M' \in \mathscr{X}$ die Gleichheit $M = M'$ folgt.

Das Zornsche Lemma garantiert die Existenz gewisser mathematischer Objekte; allerdings liefert es keine Methode, solche Objekte konkret zu konstruieren.

Jetzt können wir den Basisexistenzsatz beweisen; vgl. Satz 2.2.4 für den endlichdimensionalen Fall.

Satz 10.1.1 *Jeder K-Vektorraum besitzt eine Basis.*

Beweis Der Vektorraum $V = \{0\}$ hat die Basis $\emptyset$. Sei nun $V \neq \{0\}$ ein K-Vektorraum. Nach Satz 2.2.3 müssen wir eine maximale linear unabhängige Teilmenge von V finden

---

[2] S. Wagon, *The Banach-Tarski Paradox*. Cambridge University Press 1985.

[3] Einen Beweis findet man zum Beispiel in P. Halmos, *Naive Mengenlehre*, Vandenhoeck & Ruprecht 1976.

(genauer: deren Existenz beweisen); dazu verwenden wir das Zornsche Lemma mit $\mathscr{X} = \{T \subset V \colon T$ ist linear unabhängig$\}$. Es ist $\mathscr{X} \neq \emptyset$, da $V \neq \{0\}$: Ist $0 \neq v_0 \in V$, so ist $\{v_0\} \in \mathscr{X}$. Da eine maximale Menge im Sinne des Zornschen Lemmas genau das ist, was wir in Satz 2.2.3 suchen, ist nur zu zeigen, dass jede Kette in $\mathscr{X}$ nach oben beschränkt ist.

Sei also $\mathscr{K} \subset \mathscr{X}$ eine Kette. Wir betrachten $K_0 = \bigcup_{K \in \mathscr{K}} K$ und behaupten, dass $K_0 \in \mathscr{X}$ ist; es ist also zu zeigen, dass K_0 eine linear unabhängige Menge ist. Definitionsgemäß heißt das, dass jede endliche Teilmenge $\{v_1, \ldots, v_n\} \subset K_0$ aus paarweise verschiedenen Elementen linear unabhängig ist. Um das zu zeigen, bemerken wir, dass es zu jedem $j = 1, \ldots, n$ eine Menge $K_j \in \mathscr{K}$ mit $v_j \in K_j$ gibt. Wir vergleichen nun K_1 und K_2. Da $\mathscr{K}$ eine Kette ist, gilt $K_1 \subset K_2$ oder $K_2 \subset K_1$. Sei $i_2 \in \{1, 2\}$ so, dass K_{i_2} die größere dieser beiden Mengen ist; also ist sowohl $K_1 \subset K_{i_2}$ als auch $K_2 \subset K_{i_2}$. Nun vergleichen wir K_{i_2} und K_3. Da $\mathscr{K}$ eine Kette ist, gilt $K_{i_2} \subset K_3$ oder $K_3 \subset K_{i_2}$. Sei $i_3 \in \{i_2, 3\}$ so, dass K_{i_3} die größere dieser Mengen ist; also ist $K_j \subset K_{i_3}$ für $j = 1, 2, 3$. So fortfahrend, erhält man nach $n - 1$ Schritten einen Index i_n mit $K_j \subset K_{i_n}$ für $j = 1, \ldots, n$; insbesondere ist $\{v_1, \ldots, v_n\} \subset K_{i_n}$. Da K_{i_n} eine linear unabhängige Menge ist, ist auch $\{v_1, \ldots, v_n\}$ linear unabhängig.

Da klarerweise $K \subset K_0$ für alle $K \in \mathscr{K}$ gilt, ist K_0 eine obere Schranke von $\mathscr{K}$, und $\mathscr{K}$ ist nach oben beschränkt.

Damit ist der Satz bewiesen. $\qquad\square$

Es sei betont, dass dies im Unendlichdimensionalen ein reiner Existenzsatz mit einem nichtkonstruktiven Beweis ist; zum Beispiel ist es noch niemandem gelungen, eine explizite Basis für Funktionenräume wie $C(\mathbb{R})$ (stetige Funktionen) oder $D(\mathbb{R})$ (differenzierbare Funktionen) anzugeben.

Jetzt können wir auch Korollar 2.2.15 auf den allgemeinen Fall ausdehnen.

Korollar 10.1.2 *Jede linear unabhängige Teilmenge eines K-Vektorraums lässt sich zu einer Basis ergänzen.*

Beweis Dies ist ein Korollar zum Beweis von Satz 10.1.1. Ist T_0 eine linear unabhängige Teilmenge des K-Vektorraums V, wende man das Zornsche Lemma wie im letzten Beweis auf $\mathscr{X}_0 = \{T \subset V \colon T_0 \subset T, T$ ist linear unabhängig$\}$ an. $\qquad\square$

Wir halten ferner eine Bemerkung über die Existenz von Komplementärräumen fest.

Satz 10.1.3 *Sei V ein K-Vektorraum und $U \subset V$ ein Unterraum. Dann existiert ein Unterraum $U' \subset V$ mit $V = U \oplus U'$. Ferner existiert eine lineare Projektion von V auf U.*

Beweis Sei B eine Basis von U (Satz 10.1.1). Ergänze B zu einer Basis $B \cup B'$ von V (Korollar 10.1.2), wo $B \cap B' = \emptyset$. Setze $U' = \lim B'$; dann ist $V = U \oplus U'$, wie man leicht nachprüft.

Zur Erinnerung: Eine lineare Projektion von V auf U ist eine lineare Abbildung $P \in \mathscr{L}(V)$ mit $P^2 = P$ und $\mathrm{ran}(P) = U$. Hier ist $v = u + u' \mapsto u$ solch eine Abbildung. □

Wir wollen nun die Sätze 2.2.13 und 3.1.3 auf den unendlichdimensionalen Fall übertragen. Dazu ist folgende Notation hilfreich. Seien v_i $(i \in I)$ Elemente eines K-Vektorraums V, von denen nur endlich viele von 0 verschieden sind; also ist $I_0 = \{i \in I : v_i \neq 0\}$ endlich. Wir setzen dann[4]

$$\sum_{i \in I} v_i := \sum_{i \in I_0} v_i;$$

es ist klar, dass für jede endliche Menge $I_0 \subset I_1 \subset I$ ebenfalls $\sum_{i \in I} v_i = \sum_{i \in I_1} v_i$ gilt. (Man beachte, dass es sich nur formal um eine unendliche Reihe handelt; es ist keinerlei Konvergenz im Spiel.) Ist $\{w_i : i \in I\} \subset V$ ein weiterer Satz von Vektoren, für die $I_0' = \{i : w_i \neq 0\}$ endlich ist, so gilt die vertraute Summenregel

$$\sum_{i \in I} (v_i + w_i) = \sum_{i \in I} v_i + \sum_{i \in I} w_i,$$

denn $J_0 := \{i \in I : v_i + w_i \neq 0\} \subset \{i \in I : v_i \neq 0\} \cup \{i \in I : w_i \neq 0\}$ ist endlich und

$$\sum_{i \in I} (v_i + w_i) = \sum_{i \in J_0} (v_i + w_i) = \sum_{i \in (I_0 \cup I_0')} (v_i + w_i)$$

$$= \sum_{i \in (I_0 \cup I_0')} v_i + \sum_{i \in (I_0 \cup I_0')} w_i = \sum_{i \in I_0} v_i + \sum_{i \in I_0'} w_i.$$

Genauso sieht man das Distributivgesetz

$$\lambda \sum_{i \in I} v_i = \sum_{i \in I} (\lambda v_i)$$

ein.

Jetzt können wir die Basisentwicklung im allgemeinen Fall diskutieren.

Satz 10.1.4 *Sei V ein K-Vektorraum mit Basis $B = \{b_i : i \in I\}$. Dann existieren zu jedem $v \in V$ eindeutig bestimmte Skalare $\lambda_i \in K$ $(i \in I)$ mit*

$$v = \sum_{i \in I} \lambda_i b_i.$$

---

[4] Definitionsgemäß ist $\sum_{i \in \emptyset} v_i = 0$.

Beweis Die Existenz ist klar, da B ein Erzeugendensystem ist. Zur Eindeutigkeit: Gelte $v = \sum_{i \in I} \lambda_i b_i = \sum_{i \in I} \mu_i b_i$; dann folgt (siehe Vorbemerkung) $\sum_{i \in I} (\lambda_i - \mu_i) b_i = 0$. (Zur Erinnerung: In diesen Summen sind höchstens endlich viele Summanden $\neq 0$.) Da B linear unabhängig ist, sind alle $\lambda_i - \mu_i = 0$. Das war zu zeigen. $\qquad\square$

Die Eindeutigkeit der Basisdarstellung hat eine wichtige Konsequenz. Da in der Darstellung $v = \sum_{i \in I} \lambda_i b_i$ die Koeffizenten λ_i eindeutig bestimmt sind, können wir wohldefinierte Abbildungen durch

$$\ell_i \colon V \to K, \quad v \mapsto \lambda_i$$

erklären ($i \in I$).

Korollar 10.1.5 *Die Abbildungen ℓ_i sind linear.*

Beweis Seien $v, w \in V$ mit

$$v = \sum_{i \in I} \ell_i(v) b_i, \qquad w = \sum_{i \in I} \ell_i(w) b_i.$$

Dann ist einerseits

$$v + w = \sum_{i \in I} (\ell_i(v) + \ell_i(w)) b_i$$

und andererseits nach Definition

$$v + w = \sum_{i \in I} \ell_i(v + w) b_i.$$

Da die Koeffizienten eindeutig sind, folgt $\ell_i(v + w) = \ell_i(v) + \ell_i(w)$.
Genauso zeigt man $\ell_i(\lambda v) = \lambda \ell_i(v)$. $\qquad\square$

Nun zur Übertragung von Satz 3.1.3.

Satz 10.1.6 *Sei V ein Vektorraum mit einer Basis B. Sei W ein weiterer Vektorraum, und sei $\Lambda \colon B \to W$ eine Abbildung. Dann existiert genau eine lineare Abbildung $L \colon V \to W$, die auf B mit Λ übereinstimmt: $L(v) = \Lambda(v)$ für alle $v \subset B$.*

Beweis Der Beweis ist eine Blaupause des Beweises von Satz 3.1.3. Schreibe $v \in V$ gemäß Satz 10.1.4 mit den gerade eingeführten linearen Abbildungen ℓ_i als

$$v = \sum_{i \in I} \ell_i(v) b_i = \sum_{i \in I_0} \ell_i(v) b_i \qquad (10.1.1)$$

mit $I_0 = \{i \in I : \ell_i(v) \neq 0\}$. Wenn es überhaupt eine wie im Satz beschriebene Abbildung L gibt, muss sie wegen ihrer Linearität den Vektor v auf

$$\sum_{i \in I_0} \ell_i(v) \Lambda(b_i) = \sum_{i \in I} \ell_i(v) \Lambda(b_i)$$

abbilden. Das zeigt, dass es höchstens ein L wie im Satz geben kann, und gibt gleichzeitig einen Anhaltspunkt, wie die Existenz zu begründen ist. Setze nämlich

$$L \colon V \to W, \quad L(v) = \sum_{i \in I} \ell_i(v) \Lambda(b_i).$$

Dann ist $L(b_j) = \Lambda(b_j)$ für $j \in I$ klar (warum?), und L ist aus folgendem Grund linear. Die Linearität der ℓ_i impliziert nämlich

$$L(v) + L(w) = \sum_{i \in I} \ell_i(v) \Lambda(b_i) + \sum_{i \in I} \ell_i(w) \Lambda(b_i) = \sum_{i \in I} (\ell_i(v) + \ell_i(w)) \Lambda(b_i)$$

$$= \sum_{i \in I} \ell_i(v + w) \Lambda(b_i) = L(v + w).$$

Genauso zeigt man $L(\lambda v) = \lambda L(v)$. $\square$

10.2   Der Dualraum eines Vektorraums

Wir werden in diesem Abschnitt den Dualraum eines K-Vektorraums einführen. Die Idee dahinter ist, Elemente eines abstrakten Vektorraums durch die Werte, die gewisse Abbildungen auf ihnen annehmen, zu beschreiben.

In diesem Abschnitt bezeichnet V (bzw. W) stets einen Vektorraum über einem festen Körper K.

Definition 10.2.1 Ein *lineares Funktional* auf V ist eine lineare Abbildung von V nach K. Die Menge aller linearen Funktionale auf V heißt der *Dualraum* von V, in Zeichen $V^\sharp$.

Die Notation $V^\sharp$ ist in der Literatur nicht verbreitet;[5] üblich sind V^* oder V', aber diese Symbole haben wir bereits in einem anderen Kontext verwandt.

Es ist also $V^\sharp = \mathscr{L}(V, K)$, so dass sich als Spezialfall von Satz 3.1.10 ergibt:

Lemma 10.2.2 *Der Dualraum $V^\sharp$ von V ist ein K-Vektorraum.*

---

[5] Wie soll man das aussprechen? Ich schlage „V dual" vor.

Beispiele 10.2.3

(a) Auf $V = K^n$ sind ($j = 1, \ldots, n$ beliebig)

$$\ell_1: V \to K, \quad \ell_1(v) = v_j$$

und

$$\ell_2: V \to K, \quad \ell_2(v) = v_2 + \cdots + v_n$$

lineare Funktionale. (Wie üblich hat v die Koordinaten $v_1, \ldots, v_n$.)

(b) Auf $\mathbb{R}^n$ ist

$$v \mapsto \max\{v_1, \ldots, v_n\}$$

kein lineares Funktional, wenn $n \geq 2$ ist.

(c) In Korollar 10.1.5 hatten wir die linearen Koordinatenfunktionale im unendlichdimensionalen Fall kennengelernt.

(d) Auf dem $\mathbb{R}$-Vektorraum $C[0, 1]$ aller stetigen reellwertigen Funktionen auf $[0, 1]$ ist

$$\ell: C[0, 1] \to \mathbb{R}, \quad \ell(f) = \int_0^1 f(x)\, dx$$

ein lineares Funktional, wie die Integralrechnung lehrt.

(e) Auf einem endlichdimensionalen Innenproduktraum V über $\mathbb{K} = \mathbb{R}$ oder $\mathbb{K} = \mathbb{C}$ ist für festes $w \in V$

$$\ell_w: V \to \mathbb{K}, \quad \ell_w(v) = \langle v, w \rangle$$

ein lineares Funktional, und jedes lineare Funktional hat diese Gestalt (vgl. Satz 6.2.13).

Mittels des letzten Beispiels lassen sich die Trennungssätze (Satz 9.7.5 und 9.7.6) aus Abschn. 9.7 neu interpretieren. Satz 9.7.6 lässt sich so deuten, dass man mit Hilfe des Dualraums entscheiden kann, ob ein Vektor v_0 in einer abgeschlossenen konvexen Menge C liegt oder nicht; denn $v_0 \notin C$ gilt genau dann, wenn es ein $\ell \in V^\sharp$ mit $\ell(v_0) <$ $\inf_{v \in C} \ell(v)$ gibt. Insofern wirkt der Dualraum als „Orakel", ob v_0 in C liegt.

Wir formulieren einen Spezialfall von Satz 10.1.6.

Satz 10.2.4 *Sei V ein K-Vektorraum mit einer Basis B, und sei $\lambda: B \to K$ eine Abbildung. Dann existiert genau eine lineare Abbildung $\ell \in V^\sharp$, die auf B mit λ übereinstimmt: $\ell(v) = \lambda(v)$ für alle $v \in B$. Insbesondere ist ein lineares Funktional durch seine Werte auf einer Basis eindeutig festgelegt.*

Wir kommen zur Definition des „dualen Objekts" einer linearen Abbildung.

Definition 10.2.5 Sei $L \in \mathscr{L}(V, W)$. Dann heißt die durch

$$L^\sharp \colon W^\sharp \to V^\sharp, \quad L^\sharp(\ell) = \ell \circ L$$

definierte Abbildung die zu L *duale* oder *transponierte Abbildung*.

Da die Komposition linearer Abbildungen wieder linear ist, ist stets $L^\sharp(\ell) \in V^\sharp$; ferner ist $L^\sharp \in \mathscr{L}(W^\sharp, V^\sharp)$, und man kann leicht verifizieren, dass $L \mapsto L^\sharp$ ebenfalls linear ist (tun Sie's!).

Bevor wir uns gleich dem etwas durchsichtigeren endlichdimensionalen Fall zuwenden, hier ein Beispiel im unendlichdimensionalen Kontext.

Beispiel 10.2.6 Betrachte den $\mathbb{R}$-Vektorraum $V = \mathbb{R}^{<\infty}$ aller abbrechenden Folgen; es wird sich als zweckmäßig erweisen, diese mit $0, 1, 2, \dots$ statt mit $1, 2, 3, \dots$ zu indizieren. In diesem Vektorraum bilden die Vektoren

$$e_0 = (1, 0, 0, 0, \dots), \quad e_1 = (0, 1, 0, 0, \dots), \quad e_2 = (0, 0, 1, 0, \dots), \text{ etc.}$$

eine Basis. Nach Satz 10.2.4 ist eine lineare Abbildung ℓ auf V durch ihre Wirkung auf die e_j festgelegt; setze $a_j = \ell(e_j)$. Umgekehrt gibt es für jede Zahlenfolge $a = (a_0, a_1, a_2, \dots) \in \mathbb{R}^{\mathbb{N}_0}$ ein eindeutig bestimmtes Funktional $\ell_a \in V^\sharp$ mit $\ell_a(e_j) = a_j$, $j = 0, 1, 2, \dots$; mit anderen Worten ist

$$\ell_a(v) = \sum_{j=0}^{\infty} a_j v_j,$$

wobei die Reihe in Wirklichkeit eine endliche Reihe ist, weil die Folge $v = (v_j)$ abbricht. Das heißt, dass die Abbildung

$$\Phi \colon \mathbb{R}^{\mathbb{N}_0} \to V^\sharp, \quad \Phi(a) = \ell_a$$

bijektiv ist, und man bestätigt durch einfaches Nachrechnen (tun Sie's!), dass Φ linear, also ein Isomorphismus der Vektorräume $\mathbb{R}^{\mathbb{N}_0}$ und $V^\sharp$ ist.

Sei nun $L \colon V \to V$ die durch

$$(v_0, v_1, v_2, \dots) \mapsto (v_1, 2v_2, 3v_3, \dots)$$

definierte lineare Abbildung. (Stellt man sich statt der abbrechenden Folgen Polynomfunktionen vor, erkennt man in L ein Modell des Ableitungsoperators.) Um $L^\sharp \colon V^\sharp \to V^\sharp$ zu beschreiben, betrachten wir $\Phi^{-1} \circ L^\sharp \circ \Phi \colon \mathbb{R}^{\mathbb{N}_0} \to \mathbb{R}^{\mathbb{N}_0}$. Es ist $(L^\sharp \circ \Phi)(a) = L^\sharp(\ell_a)$, also

$$[(L^\sharp \circ \Phi)(a)](v) = [L^\sharp(\ell_a)](v) = (\ell_a \circ L)(v) = \sum_{j=0}^{\infty} a_j(j+1)v_{j+1} = \sum_{j=0}^{\infty} b_j v_j = \ell_b(v)$$

mit $b = (b_j) = (0, a_1, 2a_2, \dots)$. (Zur Erinnerung: $\sum_{j=0}^{\infty}[\dots]$ ist in Wirklichkeit eine endliche Reihe, da v eine abbrechende Folge ist.) Das zeigt

$$(\Phi^{-1} \circ L^\sharp \circ \Phi)(a) = b,$$

und wir haben eine explizite Beschreibung von $L^\sharp$ auf der Ebene der „Symbole" a statt der ℓ_a gefunden. Genauer ist

$$L^\sharp = \Phi \circ \Lambda \circ \Phi^{-1}$$

mit

$$\Lambda \colon \mathbb{R}^{\mathbb{N}_0} \to \mathbb{R}^{\mathbb{N}_0}, \quad \Lambda(a) = (0, a_1, 2a_2, \dots).$$

Modulo der Identifizierung von $V^\sharp$ mit $\mathbb{R}^{\mathbb{N}_0}$ mittels Φ „ist" $L^\sharp$ also Λ.

Es sei jetzt V endlichdimensional mit einer (geordneten) Basis $b_1, \dots, b_n$. Wir definieren lineare Funktionale $b_j^\sharp \in V^\sharp$ gemäß Satz 10.2.4 durch die Forderung

$$b_j^\sharp(b_i) = \delta_{ij} = \begin{cases} 1 \text{ für } i = j, \\ 0 \text{ für } i \neq j; \end{cases}$$

δ_{ij} wird das *Kronecker-Symbol* genannt.

Satz 10.2.7 *Mit den obigen Bezeichnungen ist $b_1^\sharp, \dots, b_n^\sharp$ eine Basis des Dualraums $V^\sharp$. Insbesondere ist* $\dim(V^\sharp) = \dim(V)$.

Beweis Wir zeigen als erstes die lineare Unabhängigkeit von $b_1^\sharp, \dots, b_n^\sharp$. Gelte also $\lambda_1 b_1^\sharp + \cdots + \lambda_n b_n^\sharp = 0$. Dann ist für $i = 1, \dots, n$

$$0 = (\lambda_1 b_1^\sharp + \cdots + \lambda_n b_n^\sharp)(b_i) = \lambda_i b_i^\sharp(b_i) = \lambda_i,$$

und das war zu zeigen.

Nun zeigen wir, dass $b_1^\sharp, \dots, b_n^\sharp$ ein Erzeugendensystem bilden. Dazu sei $\ell \in V^\sharp$; setze $\alpha_i = \ell(b_i)$. Dann stimmen ℓ und $\ell' := \sum_{j=1}^{n} \alpha_j b_j^\sharp$ auf den Basisvektoren $b_1, \dots, b_n$

überein und sind deshalb gleich (Satz 10.2.4 bzw. 3.1.3). Es folgt $\ell \in \mathrm{lin}\{b_1^\sharp, \ldots, b_n^\sharp\}$, was zu zeigen war.   □

Definition 10.2.8 Die gerade konstruierte Basis $b_1^\sharp, \ldots, b_n^\sharp$ heißt die *duale Basis* zu $b_1, \ldots, b_n$.

Aus $\dim(V) = \dim(V^\sharp) < \infty$ folgt, dass ein endlichdimensionaler Vektorraum und sein Dualraum isomorph sind (Korollar 3.2.6). Das bedeutet allerdings nicht, dass man diese Objekte identifizieren sollte; in der Tat ist es in der Differentialgeometrie wichtig, den Tangentialraum an einem Punkt einer Mannigfaltigkeit von dessen Dualraum, dem Kotangentialraum, zu unterscheiden. Es gibt nämlich in der Regel keinen kanonischen Isomorphismus zwischen V und $V^\sharp$, also einen, den man ohne Kenntnis einer Basis explizit definieren kann; als Beispiel betrachte man den n-dimensionalen $\mathbb{R}$-Vektorraum aus Beispiel 2.1.4(f) und 2.2.10(c). Für einen endlichdimensionalen Innenproduktraum besitzt man jedoch den kanonischen linearen Isomorphismus aus Beispiel 10.2.3(e) (im komplexen Fall ist er nur fast linear, da dann $\ell_{\lambda w} = \overline{\lambda}\ell_w$ gilt).

Als nächstes erklären wir den Zusammenhang zwischen transponierten Abbildungen und Matrizen. Es seien V und W endlichdimensionale Vektorräume mit geordneten Basen A und B. In den Dualräumen $V^\sharp$ und $W^\sharp$ betrachte man die dualen Basen $A^\sharp$ und $B^\sharp$. Es sei $L \in \mathscr{L}(V, W)$; wie schon beobachtet, ist $L^\sharp \in \mathscr{L}(W^\sharp, V^\sharp)$. Für die darstellenden Matrizen gilt dann:

Satz 10.2.9 $M(L^\sharp; B^\sharp, A^\sharp) = M(L; A, B)^t$

Beweis Es sei $M(L; A, B)$ die $m \times n$-Matrix (α_{ij}) und $M(L^\sharp; B^\sharp, A^\sharp)$ die $n \times m$-Matrix (β_{ij}). Definitionsgemäß ist

$$L(a_j) = \sum_{k=1}^{m} \alpha_{kj} b_k \quad \text{und} \quad L^\sharp(b_i^\sharp) = \sum_{l=1}^{n} \beta_{li} a_l^\sharp.$$

Daraus folgt

$$b_i^\sharp(L(a_j)) = \alpha_{ij} \quad \text{und} \quad (L^\sharp(b_i^\sharp))(a_j) = \beta_{ji}.$$

Aber

$$b_i^\sharp(L(a_j)) = (b_i^\sharp \circ L)(a_j) = (L^\sharp(b_i^\sharp))(a_j),$$

also

$$\alpha_{ij} = \beta_{ji} \quad \text{für } i = 1, \ldots, m, \ j = 1, \ldots, n.$$

Das war zu zeigen.   □

Wir werfen noch einen Blick auf den *Bidualraum* $V^{\sharp\sharp} := (V^{\sharp})^{\sharp}$, also den Dualraum des Dualraums. Wir können die kanonische Abbildung

$$i_V \colon V \to V^{\sharp\sharp}, \quad (i_V(v))(\ell) = \ell(v)$$

definieren. Es ergibt sich unmittelbar, dass i_V wohldefiniert ist (d. h., $i_V(v)$ ist wirklich linear auf $V^{\sharp}$) und dass i_V linear ist (bitte nachrechnen!). Für diese Definition braucht V nicht endlichdimensional zu sein.

Satz 10.2.10 *Die lineare Abbildung* $i_V \colon V \to V^{\sharp\sharp}$ *ist stets injektiv. Sie ist genau dann surjektiv, wenn* V *endlichdimensional ist.*

Beweis Gelte $i_V(v_0) = 0$. Dann ist

$$0 = (i_V(v_0))(\ell) = \ell(v_0) \quad \text{für alle } \ell \in V^{\sharp}. \tag{10.2.1}$$

Wäre $v_0 \neq 0$, könnte man die linear unabhängige Menge $\{v_0\}$ mit Korollar 10.1.2 zu einer Basis von V ergänzen und anschließend ein Element $\ell_0 \in V^{\sharp}$ dadurch definieren, dass $\ell_0(v_0) = 1$ und $\ell_0(b) = 0$ für die übrigen Basisvektoren ist; das widerspricht aber (10.2.1). Daher ist i_V injektiv.

Im Fall $\dim(V) < \infty$ gilt wegen Satz 10.2.7 $\dim(V) = \dim(V^{\sharp\sharp})$; also ist gemäß Satz 3.1.8 i_V auch surjektiv. (Man beachte, dass man mit i_V einen *kanonischen* Isomorphismus zwischen einem endlichdimensionalen Vektorraum und seinem Bidualraum gefunden hat.)

Nun sei V unendlichdimensional. Wir betrachte eine Basis $B = \{b_i \colon i \in I\}$ von V und definieren $b_j^{\sharp} \in V^{\sharp}$ wie im endlichdimensionalen Fall:

$$b_j^{\sharp}(b_i) = \delta_{ij} \quad (i, j \in I).$$

Wie im Beweis von Satz 10.2.7 sieht man, dass $\{b_j^{\sharp} \colon j \in I\}$ eine linear unabhängige Teilmenge von $V^{\sharp}$ ist; wir ergänzen sie mit Korollar 10.1.2 zu einer Basis Γ von $V^{\sharp}$. Schließlich können wir ein $\varphi \in V^{\sharp\sharp}$ durch die Forderung $\varphi(\gamma) = 1$ für alle $\gamma \in \Gamma$ definieren. Wir zeigen jetzt, dass φ nicht in $\operatorname{ran}(i_V)$ liegt.

Sonst gäbe es nämlich ein $v \in V$ mit $1 = \varphi(b_j^{\sharp}) = b_j^{\sharp}(v)$ für alle $j \in I$. Man kann den Vektor v mit Hilfe einer geeigneten endlichen Teilmenge $I_0 \subset I$ in die Basis B entwickeln. $v = \sum_{i \in I_0} \beta_i b_i$. Weil I wegen $\dim(V) = \infty$ eine unendliche Menge ist, existiert ein Index $k \in I \setminus I_0$. Dann ist einerseits $b_k^{\sharp}(v) = b_k^{\sharp}(\sum_{l \in I_0} \beta_l b_l) = \sum_{i \in I_0} \beta_i b_k^{\sharp}(b_i) = 0$, da $k \notin I_0$, und andererseits $b_k^{\sharp}(v) = 1$ wegen der Annahme $\varphi = i_V(v)$: Widerspruch! $\square$

Dass i_V injektiv ist, lässt sich wieder als Fähigkeit von $V^\sharp$ beschreiben, als Orakel zu fungieren: Der Dualraum „erkennt", ob ein Vektor der Nullvektor ist, denn (10.2.1) impliziert $v_0 = 0$.

Es sei erwähnt, dass die wahre Heimat der in diesem Abschnitt vorgestellten Ideen im unendlichdimensionalen Fall in der Funktionalanalysis liegt: Dort studiert man normierte Vektorräume und nicht den vollen Dualraum $V^\sharp$, sondern den Teilraum V', der aus den stetigen linearen Funktionalen besteht und der häufig explizit beschrieben werden kann. Es gibt dann viele wichtige Fälle (reflexive Banachräume), wo das Analogon zur Abbildung i_V surjektiv ist.

10.3   Das Tensorprodukt

Das Ziel dieses Abschnitts ist es, eine ziemlich abstrakte Konstruktion vorzustellen, die es gestattet, gewisse Abbildungen zu „linearisieren". Diese Abbildungen haben wir bereits bei der Definition einer Determinantenform (Definition 4.1.1) und in Definition 9.5.1 im skalarwertigen Fall kennengelernt.

Im Folgenden sind V, W, Z etc. stets Vektorräume über einem Körper K.

Definition 10.3.1 Eine Abbildung $\beta\colon V \times W \to Z$ heißt *bilinear*, wenn $v \mapsto \beta(v, w)$ für alle $w \in W$ linear ist und $w \mapsto \beta(v, w)$ für alle $v \in V$ linear ist. Die Menge aller bilinearen Abbildungen von $V \times W$ nach Z bezeichnen wir mit $\mathscr{B}(V, W; Z)$, im Fall $Z = K$ schreiben wir $\mathscr{B}(V, W)$.

Es ist leicht zu verifizieren, dass $\mathscr{B}(V, W; Z)$ ein K-Vektorraum ist (tun Sie's!).

Beispiele für skalarwertige bilineare Abbildungen (Bilinearformen) haben Sie schon im Anschluss an Definition 9.5.1 gesehen. Hier sind weitere Beispiele:

(a) Das Kreuzprodukt definiert eine bilineare Abbildung $\beta\colon \mathbb{R}^3 \times \mathbb{R}^3 \to \mathbb{R}^3$, $\beta(v, w) = v \times w$.

(b) Die Multiplikation definiert eine bilineare Abbildung $\beta\colon \mathrm{Abb}(M) \times \mathrm{Abb}(M) \to \mathrm{Abb}(M)$, $\beta(f, g) = fg$. (Zur Erinnerung: $\mathrm{Abb}(M)$ steht für den $\mathbb{R}$- bzw. K-Vektorraum aller Funktionen auf einer Menge M nach $\mathbb{R}$ bzw. K.)

(c) Die Komposition definiert eine bilineare Abbildung $\beta\colon \mathscr{L}(V_1, V_2) \times \mathscr{L}(V_2, V_3) \to \mathscr{L}(V_1, V_3)$, $\beta(L_1, L_2) = L_2 \circ L_1$.

Der folgende Satz ist das unendlichdimensionale Analogon zu Satz 9.5.2.

Satz 10.3.2 $\mathscr{B}(V, W)$ *ist isomorph zu* $\mathscr{L}(V, W^\sharp)$.

Beweis Wir definieren eine Abbildung $\Phi\colon \mathscr{B}(V, W) \to \mathscr{L}(V, W^\sharp)$ auf folgende Weise. Zu $\beta \in \mathscr{B}(V, W)$ und $v \in V$ setze

$$(\Phi\beta)(v) = \beta(v, .);$$

mit dem Symbol rechter Hand ist die (lineare!) Abbildung $w \mapsto \beta(v, w)$ gemeint. Einfache Rechnungen zeigen, dass $(\Phi\beta)(v) \in W^\sharp$ und $v \mapsto (\Phi\beta)(v)$ linear ist; also ist wirklich $\Phi\beta \in \mathscr{L}(V, W^\sharp)$. Ferner zeigt eine routinemäßige Rechnung, dass Φ eine lineare Abbildung ist.

Wir zeigen jetzt, dass Φ ein Isomorphismus der K-Vektorräume $\mathscr{B}(V, W)$ und $\mathscr{L}(V, W^\sharp)$ ist. Um die Injektivität einzusehen, gelte $\Phi\beta = 0$ für ein $\beta \in \mathscr{B}(V, W)$. Definitionsgemäß heißt das, dass $\beta(v, .) = 0$ für alle $v \in V$ ist, und das heißt definitionsgemäß $\beta(v, w) = 0$ für alle $v \in V, w \in W$. Also ist $\beta = 0$, und Φ ist injektiv.

Nun zur Surjektivität. Sei $L \in \mathscr{L}(V, W^\sharp)$. Für jedes $v \in V$ ist dann $Lv \in W^\sharp$, und wir können $\beta(v, w) = (Lv)(w)$ definieren. Dies ist eine Bilinearform (warum?), und konstruktionsgemäß ist $(\Phi\beta)(v) = Lv$, also $\Phi\beta = L$. □

Mit dem Ansatz $(\Psi\beta)(w) = \beta(., w)$ erhält man analog einen Isomorphismus zwischen $\mathscr{B}(V, W)$ und $\mathscr{L}(W, V^\sharp)$.

Wir wollen nun einen Vektorraum konstruieren, das *Tensorprodukt* von V und W, auf dem jede bilineare Abbildung $\beta\colon V \times W \to Z$ linear „wird"; siehe Satz 10.3.4. Dazu gehen wir so vor. Setze

$$\beta_\otimes\colon V \times W \to \mathscr{B}(V, W)^\sharp, \quad (v, w) \mapsto v \otimes w$$

mit

$$(v \otimes w)(\beta) = \beta(v, w).$$

Es ist zu beachten, dass die soeben definierte Abbildung $v \otimes w$ wirklich linear auf $\mathscr{B}(V, W)$ ist; also ist $\beta_\otimes$ wohldefiniert. Ferner ist $\beta_\otimes$ bilinear: Für festes $w \in W$ und $\beta \in \mathscr{B}(V, W)$ ist nämlich

$$(\beta_\otimes(v_1 + v_2, w))(\beta) = \beta(v_1 + v_2, w) = \beta(v_1, w) + \beta(v_2, w)$$

$$= (\beta_\otimes(v_1, w))(\beta) + (\beta_\otimes(v_2, w))(\beta),$$

und das zeigt

$$\beta_\otimes(v_1 + v_2, w) = \beta_\otimes(v_1, w) + \beta_\otimes(v_2, w).$$

Die übrigen Forderungen an eine bilineare Abbildung zeigt man analog.

Definition 10.3.3 Die lineare Hülle der *Elementartensoren* $v \otimes w$ heißt das *Tensorprodukt* von V und W:

$$V \otimes W = \lin\{v \otimes w \colon v \in V,\ w \in W\}\ (\subset \mathscr{B}(V,W)^{\sharp}).$$

Die Elemente von $V \otimes W$ sind also Linearkombinationen von Elementartensoren; solche Darstellungen sind aber nicht eindeutig, wie die folgenden Beispiele zeigen:

$$v \otimes w = (-v) \otimes (-w)$$

$$v_1 \otimes w_1 + v_2 \otimes w_2 = (v_1 - v_2) \otimes w_1 + v_2 \otimes (w_1 + w_2)$$

Der folgende Satz beschreibt die oben angesprochene Linearisierung.

Satz 10.3.4 (Universelle Eigenschaft des Tensorprodukts) *Zu jeder bilinearen Abbildung $\beta \colon V \times W \to Z$ existiert eine eindeutig bestimmte lineare Abbildung $L_\beta \colon V \otimes W \to Z$ mit $\beta = L_\beta \circ \beta_\otimes$.*

Diese Aussage veranschaulicht man sich mittels eines *kommutativen Diagramms* so:

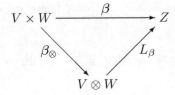

Beweis Wir zeigen zuerst folgende Aussage: Wenn $\{v_i \colon i \in I\}$ und $\{w_j \colon j \in J\}$ Basen von V bzw. W sind, ist auch $\mathbb{B} = \{v_i \otimes w_j \colon i \in I,\ j \in J\}$ eine Basis von $V \otimes W$.

Zur linearen Unabhängigkeit von $\mathbb{B}$: Sei $F \subset I \times J$ eine endliche Teilmenge und seien $\lambda_{ij} \in K$ mit

$$\sum_{(i,j)\in F} \lambda_{ij} v_i \otimes w_j = 0.$$

Also ist für jedes $\beta \in \mathscr{B}(V,W)$

$$\sum_{(i,j)\in F} \lambda_{ij} \beta(v_i, w_j) = 0.$$

Wie im Beweis von Satz 10.2.10 definieren wir $v_k^{\sharp} \in V^{\sharp}$ und $w_l^{\sharp} \in W^{\sharp}$ durch

$$v_k^{\sharp}(v_i) = \delta_{ki}, \quad w_l^{\sharp}(w_j) = \delta_{lj};$$

und wir erklären Bilinearformen β_{kl} durch

$$\beta_{kl}(v, w) = v_k^\sharp(v) w_l^\sharp(w).$$

Damit gilt für alle k und l

$$\sum_{(i,j) \in F} \lambda_{ij} v_k^\sharp(v_i) w_l^\sharp(w_j) = \sum_{(i,j) \in F} \lambda_{ij} \beta_{kl}(v_i, w_j) = 0.$$

Für $(i_0, j_0) \in F$ liefert die Wahl $k = i_0$ und $l = j_0$ dann $\lambda_{i_0 j_0} = 0$, wie gewünscht.

Zur Erzeugenden-Eigenschaft von $\mathbb{B}$: Jedes Element $u \in V \otimes W$ kann in der Form

$$u = \sum_{k=1}^N \lambda_k \tilde{v}_k \otimes \tilde{w}_k$$

mit $\lambda_k \in K$, $\tilde{v}_k \in V$ und $\tilde{w}_k \in W$ dargestellt werden (tatsächlich kann man stets $\lambda_k = 1$ erreichen, indem man $\tilde{v}_k$ durch $\lambda_k \tilde{v}_k$ ersetzt), und jedes $\tilde{v}_k$ bzw. $\tilde{w}_k$ kann in die entsprechenden Basen entwickelt werden:

$$\tilde{v}_k = \sum_i \alpha_{ki} v_i, \quad \tilde{w}_k = \sum_j \gamma_{kj} w_j.$$

(Zur Summenschreibweise siehe Seite 274.) Setzt man dies ein, erkennt man u als Linearkombination der $v_i \otimes w_j$; dabei geht ein, dass $\beta_\otimes$ bilinear ist.

Um jetzt die Aussage selbst zu beweisen, reicht es, L_β auf der Basis $\mathbb{B}$ zu bestimmen. Definiert man

$$\Lambda_\beta(v_i, w_j) = \beta(v_i, w_j)$$

und setzt man $\Lambda_\beta \colon \mathbb{B} \to Z$ gemäß Satz 10.1.6 zu einer linearen Abbildung $L_\beta \colon V \otimes W \to Z$ fort, so gilt konstruktionsgemäß $\beta = L_\beta \circ \beta_\otimes$ auf $\{(v_i, w_j) \colon i \in I, j \in J\}$ und durch lineare Fortsetzung zunächst auch auf $\{(v, w_j) \colon v \in V, j \in J\}$ und dann auf $\{(v, w) \colon v \in V, w \in W\}$, also auf ganz $V \times W$.

Die Eindeutigkeit von L_β ist klar, denn jedes $L \in \mathscr{L}(V \otimes W, Z)$, das $\beta = L \circ \beta_\otimes$ erfüllt, muss $L(v_i \otimes w_j) = \beta(v_i, w_j)$ garantieren, also mit L_β auf $\mathbb{B}$ übereinstimmen. Die Eindeutigkeitsaussage in Satz 10.1.6 liefert $L = L_\beta$. $\qquad \square$

Da die im letzten Beweis konstruierte Korrespondenz $\beta \mapsto L_\beta$ linear und bijektiv ist (Beweis?), können wir den Inhalt von Satz 10.3.4 auch so zusammenfassen.

Korollar 10.3.5 *Es existiert ein Vektorraumisomorphismus*

$$\mathscr{B}(V, W; Z) \cong \mathscr{L}(V \otimes W, Z);$$

insbesondere ist $(V \otimes W)^{\sharp} \cong \mathscr{B}(V, W)$.

Satz 10.3.4 beinhaltet die Lösung des Linearisierungsproblems für bilineare Abbildungen durch das Paar $(V \otimes W, \beta_{\otimes})$. Wir untersuchen nun die Eindeutigkeit. Es ist klar, dass jeder Oberraum von $V \otimes W$ ebenfalls eine Lösung ermöglicht (man kann nämlich von dort auf $V \otimes W$ linear projizieren, vgl. Satz 10.1.3). Daher ist eine Eindeutigkeitssaussage (modulo Isomorphie) nur unter (natürlichen) Zusatzannahmen möglich.

Satz 10.3.6 *Sei T ein Vektorraum und sei $\beta_T \colon V \times W \to T$ eine bilineare Abbildung, so dass jede bilineare Abbildung $\beta \colon V \times W \to Z$ gemäß $\beta = L \circ \beta_T$ für ein geeignetes $L \in \mathscr{L}(T, Z)$ faktorisiert. Es gelte $\mathrm{lin}\{\beta_T(v, w) \colon v \in V, w \in W\} = T$. Dann ist T isomorph zu $V \otimes W$.*

Beweis Wir verwenden Satz 10.3.4 für $Z = T$ und $\beta = \beta_T$; wir erhalten eine lineare Abbildung $L \colon V \otimes W \to T$ mit $\beta_T = L \circ \beta_{\otimes}$. Analog liefert die Voraussetzung über T mit $Z = V \otimes W$ und $\beta = \beta_{\otimes}$ eine lineare Abbildung $L' \colon T \to V \otimes W$ mit $\beta_{\otimes} = L' \circ \beta_T$. Also ist $\beta_T = L \circ L' \circ \beta_T$, und es folgt $(L \circ L')(t) = t$ für alle t im Wertebereich von β_T. Aber dessen lineare Hülle ist nach Annahme ganz T, und es folgt, da $L \circ L'$ linear ist, $L \circ L' = \mathrm{Id}_T$. Genauso sieht man $L' \circ L = \mathrm{Id}_{V \otimes W}$. Das zeigt, dass L invertierbar mit Inverser L' ist, und $L \colon V \otimes W \to T$ ist ein Isomorphismus. $\square$

Wegen dieses Eindeutigkeitssatzes bezeichnet man jeden Vektorraum T wie in Satz 10.3.6 als Tensorprodukt von V und W, und der Raum unserer Konstruktion, also $\mathscr{B}(V, W)^{\sharp}$, ist dann eine Darstellung des Tensorprodukts. Dazu betrachten wir zwei Beispiele.

Beispiel 10.3.7 Wir betrachten den $\mathbb{R}$-Vektorraum $C([0, 1], \mathbb{R}^n)$ aller stetigen Funktionen von $[0, 1]$ nach $\mathbb{R}^n$ und behaupten, dass dies das Tensorprodukt von $C[0, 1]$ und $\mathbb{R}^n$ „ist". Mit anderen Worten wollen wir

$$C[0, 1] \otimes \mathbb{R}^n \cong C([0, 1], \mathbb{R}^n)$$

zeigen. Für $f \in C[0, 1]$ und $x \in \mathbb{R}^n$ bezeichnen wir die Funktion $t \mapsto f(t)x$ mit $f(.)x$; sie ist ein Element von $C([0, 1], \mathbb{R}^n)$. Ferner betrachten wir die bilineare Abbildung $\beta \colon C[0, 1] \times \mathbb{R}^n \to C([0, 1], \mathbb{R}^n)$, $\beta(f, x) = f(.)x$. Diese linearisieren wir gemäß Satz 10.3.4 mittels einer linearen Abbildung $L_{\beta} \colon C[0, 1] \otimes \mathbb{R}^n \to C([0, 1], \mathbb{R}^n)$ und wollen nun zeigen, dass L_{β} ein Isomorphismus ist. Zunächst ist L_{β} surjektiv, denn liegt F in $C([0, 1], \mathbb{R}^n)$ mit den Koordinatenfunktionen $f_1, \ldots, f_n \in C[0, 1]$ vor, erhalten wir (die e_j sind die kanonischen Basisvektoren im $\mathbb{R}^n$)

$$L_\beta\left(\sum_{j=1}^n f_j \otimes e_j\right) = \sum_{j=1}^n L_\beta(f_j \otimes e_j) = \sum_{j=1}^n \beta(f_j, e_j) = \sum_{j=1}^n f_j(.)e_j = F;$$

im ersten Schritt haben wir offenkundig die Linearität von L_β benutzt.

Zum Beweis der Injektivität sei $u \in C[0, 1] \otimes \mathbb{R}^n$ mit $L_\beta(u) = 0$. Konstruktionsgemäß besitzt u eine Darstellung $u = \sum_{k=1}^N g_k \otimes x_k$, und jedes x_k kann als $x_k = \sum_{j=1}^n x_{kj}e_j$ ($x_{kj} \in \mathbb{R}$) geschrieben werden. Die Bilinearität von $\beta_\otimes$ gestattet es,

$$u = \sum_{k=1}^N g_k \otimes x_k = \sum_{k=1}^N g_k \otimes \left(\sum_{j=1}^n x_{kj}e_j\right)$$

$$= \sum_{k=1}^N \sum_{j=1}^n x_{kj}g_k \otimes e_j = \sum_{j=1}^n \sum_{k=1}^N x_{kj}g_k \otimes e_j$$

$$= \sum_{j=1}^n f_j \otimes e_j$$

mit $f_j = \sum_{k=1}^N x_{kj}g_k$ zu schreiben. Ist F die vektorwertige Funktion mit den Koordinatenfunktionen $f_1, \ldots, f_n$, so haben wir (siehe oben) $L_\beta(u) = F$ gezeigt. Aus $L_\beta(u) = 0$ folgt daher $F = 0$, d. h. $f_1 = \cdots = f_n = 0$ und deshalb $u = 0$.

Beispiel 10.3.8 Sei $\mathscr{F}(V, W)$ der aus allen linearen Abbildungen endlichen Ranges bestehende Unterraum von $\mathscr{L}(V, W)$. (Warum ist das ein Untervektorraum?) Dann „ist" $\mathscr{F}(V, W)$ das Tensorprodukt von $V^\sharp$ und W, genauer

$$V^\sharp \otimes W \cong \mathscr{F}(V, W).$$

Die Begründung ist ähnlich wie im vorigen Beispiel. Wir betrachten die durch $\beta(v^\sharp, w) = v^\sharp(.)w$ definierte Bilinearform auf $V^\sharp \times W$, wobei $v^\sharp(.)w$ die lineare Abbildung $v \mapsto v^\sharp(v)w$ von V nach W bezeichnet, die den Rang 1 hat, sofern sie $\neq 0$ ist. Durch Linearisierung erhält man eine lineare Abbildung $L_\beta \colon V^\sharp \otimes W \to \mathscr{F}(V, W)$, die sich als Isomorphismus erweisen wird. Die Surjektivität sieht man so. Sei $F \in \mathscr{F}(V, W)$; definitionsgemäß ist F dann von der Form $\sum_{k=1}^N v_k^\sharp(.)w_k$. Für $u = \sum_{k=1}^N v_k^\sharp \otimes w_k$ ist also

$$L_\beta(u) = \sum_{k=1}^N L_\beta(v_k^\sharp \otimes w_k) = \sum_{k-1}^N \beta(v_k^\sharp, w_k) = \sum_{k=1}^N v_k^\sharp(.)w_k = F. \tag{10.3.1}$$

Um die Injektivität zu zeigen, gelte $L_\beta(u) = 0$ für ein $u \in V^\sharp \otimes W$. Der Tensor u hat die Gestalt $\sum_{k=1}^{N} v_k^\sharp \otimes w_k$. Sei $e_1, \ldots, e_n$ eine Basis des endlichdimensionalen Raums $\mathrm{lin}\{w_1, \ldots, w_N\}$; dann können wir w_k in der Form $\sum_{j=1}^{n} w_{kj} e_j$ schreiben. Dieselbe Rechnung wie im letzten Beispiel zeigt

$$ u = \sum_{j=1}^{n} f_j^\sharp \otimes e_j \quad \text{mit} \quad f_j^\sharp = \sum_{k=1}^{N} w_{kj} v_k^\sharp \in V^\sharp. $$

Wenn $L_\beta(u) = 0$ ist, folgt $\sum_{j=1}^{n} f_j^\sharp(v) e_j = 0$ für alle $v \in V$; vgl. (10.3.1). Da die $e_1, \ldots, e_n$ linear unabhängig sind, müssen alle $f_j^\sharp(v)$ verschwinden; daher $f_1^\sharp = \cdots = f_n^\sharp = 0$, und es folgt $u = 0$.

Im endlichdimensionalen Fall können wir die Rollen von V und $V^\sharp$ vertauschen, und man erhält:

Satz 10.3.9   *Falls V endlichdimensional ist, existiert ein Isomorphismus*

$$ V \otimes W \cong \mathscr{L}(V^\sharp, W). $$

Falls V und W beide endlichdimensional sind, ist also

$$ \dim V \otimes W = \dim V \cdot \dim W. $$

Dieses Resultat sollte mit dem Isomorphismus

$$ (V \otimes W)^\sharp \cong \mathscr{L}(V, W^\sharp) \cong \mathscr{L}(W, V^\sharp) \tag{10.3.2} $$

aus Korollar 10.3.5 und Satz 10.3.2 verglichen werden.

Beweis Der Isomorphismus ergibt sich aus Beispiel 10.3.8 zusammen mit $V^{\sharp\sharp} \cong V$ im endlichdimensionalen Fall (Satz 10.2.10); man beachte, dass dann $\mathscr{L}(V^\sharp, W) = \mathscr{F}(V^\sharp, W)$ ist. Daraus folgt die Dimensionsformel mit Hilfe von Satz 10.2.7. $\square$

Beispiel 10.3.10   Im Fall eines endlichdimensionalen Vektorraums erhält man aus (10.3.2) wegen $V \cong V^{\sharp\sharp}$ den Isomorphismus $(V \otimes V^\sharp)^\sharp \cong \mathscr{L}(V)$. Welches Funktional auf $V \otimes V^\sharp$ entspricht dem identischen Operator $\mathrm{Id} \in \mathscr{L}(V)$? Nachrechnen des Isomorphismus zeigt, dass dies das durch

$$ \ell_{\mathrm{tr}}\left(\sum_{k=1}^{N} v_k \otimes v_k^\sharp\right) = \sum_{k=1}^{N} v_k^\sharp(v_k) $$

definierte sogenannte *Spurfunktional* ist. Man nennt $\sum_{k=1}^{N} v_k^{\sharp}(v_k)$ die *Spur* des Tensors $\sum_{k=1}^{N} v_k \otimes v_k^{\sharp}$ bzw. des zugehörigen Operators $\sum_{k=1}^{N} v_k^{\sharp}(.)v_k$.

In Beispiel 3.1.2(f) hatten wir die Spur einer Matrix (a_{ij}) als $\mathrm{tr}(A) = \sum_{i=1}^{n} a_{ii}$ definiert. Um den Zusammenhang zu ℓ_{tr} zu sehen, schreiben wir die zu A gehörige lineare Abbildung L_A in der Form

$$L_A = \sum_{i,j=1}^{n} a_{ij} e_j^{\sharp}(.)e_i,$$

wo $e_1, \ldots, e_n$ die kanonische Basis des K^n und $e_1^{\sharp}, \ldots, e_n^{\sharp}$ die zugehörige duale Basis bezeichnet. Dann ist

$$\ell_{\mathrm{tr}}(L_A) = \sum_{i,j=1}^{n} a_{ij} e_j^{\sharp}(e_i) = \sum_{i=1}^{n} a_{ii} = \mathrm{tr}(A).$$

Nicht nur kann man Vektorräume, sondern auch lineare Abbildungen tensorieren. Dazu betrachten wir lineare Abbildungen $L_1 \in \mathscr{L}(V_1, W_1)$ und $L_2 \in \mathscr{L}(V_2, W_2)$. Es sei $\beta \colon V_1 \times V_2 \to W_1 \otimes W_2$ die bilineare Abbildung

$$\beta(v_1, v_2) = L_1(v_1) \otimes L_2(v_2).$$

Durch Linearisieren erhalten wir die lineare Abbildung

$$L_1 \otimes L_2 \in \mathscr{L}(V_1 \otimes V_2, W_1 \otimes W_2),$$

die man das *Tensorprodukt der linearen Abbildungen L_1 und L_2* nennt.

Im endlichdimensionalen Fall wollen wir die Matrixdarstellung von $L_1 \otimes L_2$ diskutieren. Seien $A_1 = (v_1^1, \ldots, v_l^1)$, $A_2 = (v_1^2, \ldots, v_n^2)$, $B_1 = (w_1^1, \ldots, w_p^1)$ und $B_2 = (w_1^2, \ldots, w_q^2)$ geordnete Basen von V_1, V_2, W_1 bzw. W_2. Die darstellenden Matrizen von L_1 bzw. L_2 seien $M_1 = M(L_1; A_1, B_1)$ bzw. $M_2 = M(L_2; A_2, B_2)$. Das Argument des ersten Teils des Beweises von Satz 10.3.4 zeigt, dass

$$v_1^1 \otimes v_1^2, \ldots, v_1^1 \otimes v_n^2, \quad v_2^1 \otimes v_1^2, \ldots, v_2^1 \otimes v_n^2, \quad \ldots, \quad v_l^1 \otimes v_1^2, \ldots, v_l^1 \otimes v_n^2$$

eine geordnete Basis von $V_1 \otimes V_2$ und

$$w_1^1 \otimes w_1^2, \ldots, w_1^1 \otimes w_q^2, \quad w_2^1 \otimes w_1^2, \ldots, w_2^1 \otimes w_q^2, \quad \ldots, \quad w_p^1 \otimes w_1^2, \ldots, w_p^1 \otimes w_q^2$$

eine geordnete Basis von $W_1 \otimes W_2$ ist; diese Basen bezeichnen wir mit $A_1 \otimes A_2$ bzw. $B_1 \otimes B_2$. Bezüglich dieser Basen lautet die darstellende Matrix von $L_1 \otimes L_2$ dann in Blockschreibweise

$$
\begin{pmatrix}
m_{11}^1 M_2 & m_{12}^1 M_2 & \cdots & m_{1l}^1 M_2 \\
m_{21}^1 M_2 & m_{22}^1 M_2 & \cdots & m_{2l}^1 M_2 \\
\vdots & \vdots & & \vdots \\
m_{p1}^1 M_2 & m_{p2}^1 M_2 & \cdots & m_{pl}^1 M_2
\end{pmatrix},
$$

was man sich am besten mit „kleinen" Matrizen M_1 und M_2 veranschaulicht. Diese Matrix wird das *Kronecker-Produkt* von M_1 und M_2 genannt; Schreibweise: $M_1 \otimes M_2$. Beispiel:

$$
M_1 = \begin{pmatrix} 1 & 2 \\ 3 & 4 \end{pmatrix}, \quad M_2 = \begin{pmatrix} 1 & 2 & 3 \\ 4 & 5 & 6 \end{pmatrix},
$$

$$
M_1 \otimes M_2 = \begin{pmatrix} M_2 & 2M_2 \\ 3M_2 & 4M_2 \end{pmatrix} = \begin{pmatrix}
1 & 2 & 3 & 4 & 5 & 6 \\
2 & 4 & 6 & 8 & 10 & 12 \\
3 & 6 & 9 & 12 & 15 & 18 \\
4 & 8 & 12 & 16 & 20 & 24
\end{pmatrix}.
$$

Wir halten die obige Diskussion in einem Satz fest.

Satz 10.3.11 *Mit den obigen Bezeichnungen gilt*

$$
M(L_1 \otimes L_2; A_1 \otimes A_2, B_1 \otimes B_2) = M(L_1; A_1, B_1) \otimes M(L_2; A_2, B_2).
$$

Mit Hilfe des Kronecker-Produkts können wir unsere Diskussion des Körpers $\overline{\mathbb{Q}}$ der algebraischen Zahlen von Seite 182 wieder aufnehmen. Dort hatten wir eine komplexe Zahl α als algebraisch definiert, wenn es ein nichtkonstantes Polynom $P \in \mathbb{Q}[X]$ gibt, also ein Polynom mit rationalen Koeffizienten, das α als Nullstelle hat. Das dort angesprochene Problem war, die Körpereigenschaften von $\overline{\mathbb{Q}}$ zu zeigen, insbesondere die Invarianz von $\overline{\mathbb{Q}}$ unter Addition und Multiplikation. Das ist nicht trivial, denn wenn $P_1(\alpha_1) = 0$ und $P_2(\alpha_2) = 0$ sind, bietet sich kein offensichtliches Polynom an, das $\alpha_1 + \alpha_2$ oder $\alpha_1 \alpha_2$ als Nullstelle hat. Solche Polynome wollen wir jetzt angeben.

Der Trick besteht darin, dies als Eigenwertproblem anzusehen. Wie auf Seite 182 definieren wir zu einem Polynom $P(X) = X^n + a_{n-1} X^{n-1} + \cdots + a_0$ die Begleitmatrix

$$
A = \begin{pmatrix}
0 & 1 & 0 & & 0 \\
0 & 0 & 1 & \ddots & 0 \\
0 & 0 & 0 & \ddots & \vdots \\
\vdots & & & & 1 \\
-a_0 & -a_1 & -a_2 & \cdots & -a_{n-1}
\end{pmatrix}.
$$

Wie dort bewiesen, stimmen die Eigenwerte von A mit den Nullstellen von P überein; und die Einträge von A sind rational, wenn es die Koeffizienten von P sind. Umgekehrt ist für jede Matrix $A \in \mathbb{Q}^{n \times n}$ das charakteristische Polynom in $\mathbb{Q}[X]$.

Nun seien α_1 und α_2 algebraische Zahlen; dann existieren Polynome P_1, $P_2 \in \mathbb{Q}[X]$, deren führende Koeffizienten $= 1$ sind, mit $P_1(\alpha_1) = 0 = P_2(\alpha_2)$. Wir betrachten die zugehörigen Begleitmatrizen $A_1 \in \mathbb{Q}^{m \times m}$ und $A_2 \in \mathbb{Q}^{n \times n}$. Da die α_j Eigenwerte von A_j sind, existieren $v_1 \in \mathbb{C}^m$ und $v_2 \in \mathbb{C}^n$ mit $A_j v_j = \alpha_j v_j$ und $v_j \neq 0$. Nun bilden wir $A_1 \otimes A_2$ und beobachten

$$(A_1 \otimes A_2)(v_1 \otimes v_2) = A_1 v_1 \otimes A_2 v_2 = \alpha_1 v_1 \otimes \alpha_2 v_2 = \alpha_1 \alpha_2 \cdot v_1 \otimes v_2;$$

$\alpha_1 \alpha_2$ ist also ein Eigenwert von $A_1 \otimes A_2$, und das ist eine Matrix mit rationalen Einträgen. Das charakteristische Polynom $\chi_{A_1 \otimes A_2}$ hat daher rationale Koeffizienten mit $\alpha_1 \alpha_2$ als Nullstelle; das beweist, dass $\alpha_1 \alpha_2$ algebraisch ist.

Um die Summe $\alpha_1 + \alpha_2$ zu studieren, betrachten wir die rationalen $mn \times mn$-Matrizen $M_1 = A_1 \otimes E_n$, $M_2 = E_m \otimes A_2$. Für sie gilt

$$M_1(v_1 \otimes v_2) = A_1 v_1 \otimes v_2 = (\alpha_1 v_1) \otimes v_2 = \alpha_1 \cdot v_1 \otimes v_2,$$

$$M_2(v_1 \otimes v_2) = v_1 \otimes A_2 v_2 = v_1 \otimes (\alpha_2 v_2) = \alpha_2 \cdot v_1 \otimes v_2.$$

Deshalb ist auch

$$(M_1 + M_2)(v_1 \otimes v_2) = (\alpha_1 + \alpha_2) \cdot v_1 \otimes v_2,$$

und $\alpha_1 + \alpha_2$ ist ein Eigenwert der rationalen Matrix $M_1 + M_2$; das beweist, dass $\alpha_1 + \alpha_2$ algebraisch ist.

Dass auch $-\alpha_1$ und (falls $\alpha_1 \neq 0$) die Inverse α_1^{-1} algebraisch sind, ist viel einfacher einzusehen (wie nämlich?).

Damit ist gezeigt, dass $\overline{\mathbb{Q}}$ unter Addition, Subtraktion, Multiplikation und Division invariant ist und deshalb die Körpereigenschaften von $\mathbb{C}$ erbt.

10.4   Lineare Algebra im 21. Jahrhundert

Dass auf der Basis der Einführungsvorlesungen zur Linearen Algebra aktuelle nichttriviale Forschung betrieben wird, soll in diesem Abschnitt an zwei Beispielen dokumentiert werden.

10.4.1 Die Eigenvektor-Eigenwert-Identität

Im Sommer 2019 entdeckten drei Elementarteilchenphysiker[6] einen numerischen Zusammenhang zwischen den Eigenwerten und Eigenvektoren einer selbstadjungierten 3×3-Matrix; zusammen mit T. Tao[7] gaben sie mehrere Beweise im n-dimensionalen Fall. Außerdem stellten sie heraus, wie ihre neue Formel mit anderen schon im 20. Jahrhundert publizierten Varianten zusammenhängt.

Worum geht es? Sei A eine normale $n \times n$-Matrix über $\mathbb{C}$ mit den Eigenwerten $\lambda_1(A), \ldots, \lambda_n(A)$ und einer zugehörigen Orthonormalbasis aus Eigenvektoren $v_1, \ldots, v_n$; die k-te Komponente des Vektors v_j werde mit $v_j(k)$ bezeichnet. Ferner bezeichne A_{hj} die $(n-1) \times (n-1)$-Matrix, die durch Streichen der h-ten Zeile und j-ten Spalte von A entsteht. Diese komplexe Matrix hat inklusive Vielfachheiten $n-1$ Eigenwerte, die mit $\lambda_1(A_{hj}), \ldots, \lambda_{n-1}(A_{hj})$ bezeichnet werden. (Man beachte, dass A_{hj} im Allgemeinen nicht normal ist; Beispiel?)

Mit diesen Bezeichnungen gilt die folgende *Eigenvektor-Eigenwert-Identität*.

Satz 10.4.1
$$|v_j(k)|^2 \prod_{s \neq j}(\lambda_s(A) - \lambda_j(A)) = \prod_{s=1}^{n-1}(\lambda_s(A_{kk}) - \lambda_j(A))$$

Diese Formel gestattet es, die Betragsquadrate $|v_j(k)|^2$ aus den Eigenwerten von A und A_{kk} zu berechnen; $v_j(k)$ erhält man zwar nicht (das ist auch nicht zu erwarten, da mit v_j auch $-v_j$ ein Eigenvektor ist), aber für die Anwendung auf Neutrino-Oszillationen war es genug, $|v_j(k)|^2$ zu kennen. Ist A selbstadjungiert, kann man sich manchmal auf andere Weise Informationen über die Vorzeichen verschaffen. Die Botschaft von Satz 10.4.1 ist daher leicht verkürzt, dass man aus den Eigenwerten die Eigenvektoren berechnen kann.

Beweis Der hier geführte Beweis fußt auf der Formel $B^{\#} = \det(B)B^{-1}$ für eine invertierbare Matrix B aus Satz 4.3.3; hier ist $B^{\#}$ die komplementäre Matrix mit den Einträgen $b_{kl}^{\#} = (-1)^{k+l} \det B_{lk}$. Dies wenden wir für $B = A - \lambda E_n$ an, wenn λ kein Eigenwert von A ist; also ist

$$(A - \lambda E_n)^{\#} = \det(A - \lambda E_n) \cdot (A - \lambda E_n)^{-1}. \tag{10.4.1}$$

---

[6] P.D. Denton, S.J. Parke, X. Zhang, *Eigenvalues: the Rosetta Stone for neutrino oscillations in matter.* `arXiv:1907.02534`.

[7] P.D. Denton, S.J. Parke, T. Tao, X. Zhang, *Eigenvectors from eigenvalues: a survey of a basic identity in linear algebra.* `arXiv:1908.03795v2`.

Wir wollen die rechte Seite der Gleichung auf einen Eigenvektor v_r anwenden. Es ist

$$(A - \lambda E_n)^{-1} v_r = (\lambda_r(A) - \lambda)^{-1} v_r,$$

denn

$$(A - \lambda E_n)(\lambda_r(A) - \lambda)^{-1} v_r = (\lambda_r(A) - \lambda)^{-1}(A - \lambda E_n) v_r$$

$$= (\lambda_r(A) - \lambda)^{-1}(\lambda_r(A) - \lambda) v_r = v_r.$$

Ferner ist $\det(A - \lambda E_n)$ das Produkt der Eigenwerte der Matrix $A - \lambda E_n$, also $\prod_{s=1}^{n}(\lambda_s(A) - \lambda)$, daher erhält man aus (10.4.1)

$$(A - \lambda E_n)^{\#} v_r = \prod_{s \neq r}(\lambda_s(A) - \lambda) v_r.$$

Das zeigt, dass $v_1, \ldots, v_n$ auch Eigenvektoren von $(A - \lambda E_n)^{\#}$ mit den Eigenwerten $\prod_{s \neq r}(\lambda_s(A) - \lambda)$ $(r = 1, \ldots, n)$ sind, und nach Satz 8.2.5 ist $(A - \lambda E_n)^{\#}$ normal. Die Spektralzerlegung (Korollar 8.2.7) lautet

$$(A - \lambda E_n)^{\#} v = \sum_{r=1}^{n} \left(\prod_{s \neq r}(\lambda_s(A) - \lambda) \right) \langle v, v_r \rangle v_r.$$

Sehen wir v_r und v als $n \times 1$-Matrizen an und bilden wir die adjungierte $1 \times n$-Matrix v_j^{*}, können wir $\langle v, v_r \rangle v_r$ als $v_r v_r^{*} v$ schreiben, und wir erhalten

$$(A - \lambda E_n)^{\#} = \sum_{r=1}^{n} \left(\prod_{s \neq r}(\lambda_s(A) - \lambda) \right) v_r v_r^{*}.$$

Nun machen wir eine kleine Anleihe bei der Analysis. Aufgrund der Leibniz-Formel für die Determinante (Satz 4.2.2) hängt diese stetig von den Einträgen der Matrix ab; der Grenzübergang $\lambda \to \lambda_j(A)$ liefert daher

$$(A - \lambda_j(A) E_n)^{\#} = \sum_{r=1}^{n} \left(\prod_{s \neq r}(\lambda_s(A) - \lambda_j(A)) \right) v_r v_r^{*}$$

$$= \left(\prod_{s \neq j}(\lambda_s(A) - \lambda_j(A)) \right) v_j v_j^{*},$$

denn $\prod_{s \neq r}(\lambda_s(A) - \lambda_j(A)) = 0$, wenn $r \neq j$.

Uns interessieren die k-ten Diagonaleinträge dieser Matrizen. Rechter Hand entsteht

$$\Big(\prod_{s\neq j}(\lambda_s(A)-\lambda_j(A))\Big)|v_j(k)|^2,$$

da die Matrix $v_j v_j^*$ den Eintrag $v_j(k)\overline{v_j(l)}$ in der k-ten Zeile und l-ten Spalte hat, und links entsteht

$$(-1)^{k+k}\det(A-\lambda_j(A)E_n)_{kk}=\det(A_{kk}-\lambda_j(A)E_{n-1})$$

$$=\prod_{s=1}^{n-1}(\lambda_s(A_{kk})-\lambda_j(A)).$$

Das war zu zeigen. $\qquad\qquad\qquad\qquad\qquad\qquad\qquad\qquad\qquad\qquad\qquad\qquad\qquad\qquad$ $\square$

10.4.2 Compressed Sensing

Beim Compressed Sensing (auch Compressive Sensing genannt) geht es, rein mathematisch formuliert, darum, ein lineares Gleichungssystem $Ax=y$ *eindeutig* zu lösen, wenn A eine $m\times n$-Matrix mit $m<n$ (sogar sehr viel kleiner als n) ist. Dies ist natürlich unmöglich, wie wir aus Kap. 1 wissen, es sei denn, man hat a-priori Informationen über x. In vielen Anwendungen, z. B. bei bildgebenden Verfahren in der Medizin, kann man davon ausgehen, dass in einer passenden Basis „die meisten" Koordinaten des Vektors x verschwinden, und dann kann man für geeignete Matrizen A in der Tat den Vektor x aus Ax rekonstruieren, wie in diesem Abschnitt gezeigt werden wird.

Jede Zeile des Gleichungssystems kann als Resultat einer Messung des Signals x aufgefasst werden, und man möchte (zum Beispiel im Hinblick auf medizinische Anwendungen) mit möglichst wenigen Messungen auskommen – daher der Begriff *Compressed Sensing* („komprimiertes Messen"). Die grundlegenden Arbeiten zu diesem Thema stammen von E.J. Candès, J. Romberg und T. Tao[8] sowie D.L. Donoho[9] aus dem Jahr 2006.

Um unser Szenario präzise zu beschreiben, führen wir einige Bezeichnungen ein. In diesem Abschnitt ist A eine reelle oder komplexe $m\times n$-Matrix, und in der Regel ist $m<n$. Für $x\in\mathbb{K}^n$ sei $\|x\|_0$ die Anzahl der von 0 verschiedenen Koordinaten von x, und es sei

$$\Sigma_s=\{x\in\mathbb{K}^n\colon\|x\|_0\leq s\};$$

---

[8] *Robust uncertainty principles: exact signal reconstruction from highly incomplete frequency information.* IEEE Trans. Inform. Theory 52, 489–509 (2006).

[9] *Compressed sensing.* IEEE Trans. Inform. Theory 52, 1289–1306 (2006).

ein $x \in \Sigma_s$ heißt *s-schwach besetzt*. Man beachte, dass Σ_s kein Unterraum von $\mathbb{K}^n$ ist; es ist eine endliche Vereinigung von Unterräumen. Der *Träger* eines Vektors $x \in \mathbb{K}^n$ mit den Kooordinaten $x_1, \dots, x_n$ ist

$$\mathrm{supp}(x) = \{k : x_k \neq 0\}.$$

Das Problem beim Compressed Sensing ist dann, Bedingungen an m, n, s bzw. A zu stellen, so dass die zu A gehörige lineare Abbildung L_A auf Σ_s injektiv ist (und idealerweise ein effektives Verfahren für die Berechnung von x aus Ax vorliegt). Das nächste Lemma gibt hinreichende und notwendige Bedingungen dafür an.

Lemma 10.4.2 *Sei* $s \leq n/2$. *Für eine* $m \times n$-*Matrix* A *sind folgende Bedingungen äquivalent.*

(i) L_A *ist injektiv auf* Σ_s.
(ii) $\ker A \cap \{z \in \mathbb{K}^n : \|z\|_0 \leq 2s\} = \{0\}$.
(iii) *Je* $2s$ *Spalten von* A *sind linear unabhängig.*

Beweis (i) $\Rightarrow$ (ii): Gelte $Az = 0$ mit $\|z\|_0 \leq 2s$. Wir können $z = z' + z''$ mit $z', z'' \in \Sigma_s$ und $\mathrm{supp}(z') \cap \mathrm{supp}(z'') = \emptyset$ schreiben. Dann ist $Az' = A(-z'')$ und wegen Voraussetzung (i) $z' = -z''$. Das beweist $z = 0$.

(ii) $\Rightarrow$ (iii): Seien $s_{k_1}, \dots, s_{k_{2s}}$ Spalten von A mit $\sum_{r=1}^{2s} \lambda_r s_{k_r} = 0$. Ist z der Vektor mit den Koordinaten $z_{k_r} = \lambda_r$, $k = 1, \dots, 2s$, und $z_j = 0$ sonst, so ist $\|z\|_0 \leq 2s$ und $Az = 0$. Wegen (ii) folgt $z = 0$, und es sind alle $\lambda_r = 0$.

(iii) $\Rightarrow$ (i): Seien $z, z' \in \Sigma_s$ mit $Az = Az'$. Dann ist $w := z - z' \in \Sigma_{2s}$ mit $Aw = 0$. Sind $w_{k_1}, \dots, w_{k_t}$, $t \leq 2s$, die von 0 verschiedenen Koordinaten von w und $s_{k_1}, \dots, s_{k_t}$ die entsprechenden Spalten von A, ist also $\sum_{r=1}^{t} w_{k_r} s_{k_r} = 0$. Wegen (iii) folgt $w_{k_1} = \dots = w_{k_t} = 0$, also $w = 0$ und $z = z'$. $\square$

Beispiel 10.4.3 Wir betrachten die komplexe $n \times n$-*Fouriermatrix* (mit $\zeta = e^{2\pi i/n}$)

$$F = \begin{pmatrix} 1 & 1 & 1 & \dots & 1 \\ 1 & \zeta & \zeta^2 & \dots & \zeta^{n-1} \\ 1 & \zeta^2 & \zeta^{2 \cdot 2} & \dots & \zeta^{(n-1) \cdot 2} \\ \vdots & \vdots & \vdots & \vdots & \vdots \\ 1 & \zeta^{n-1} & \zeta^{2 \cdot (n-1)} & \dots & \zeta^{(n-1) \cdot (n-1)} \end{pmatrix}$$

mit den Spalten $f_1, \dots, f_n$. Für $k \neq l$ ist mit $\mu = \zeta^{k-l} \neq 1$

$$\langle f_k, f_l \rangle = \sum_{j=0}^{n-1} \zeta^{(k-1)j} \zeta^{-(l-1)j} = \sum_{j=0}^{n-1} \zeta^{(k-l)j} = \sum_{j=0}^{n-1} \mu^j = \frac{\mu^n - 1}{\mu - 1} = 0.$$

Daher sind die Spalten von F paarweise orthogonal und deshalb linear unabhängig. ($\frac{1}{\sqrt{n}}F$ ist eine unitäre Matrix.) Es sei F_m die aus den ersten m Zeilen von F bestehende $m \times n$-Matrix. Je m Spalten von F_m sind linear unabhängig: Die Spalten einer solchen $m \times m$-Untermatrix F_{mm} haben die Form

$$\begin{pmatrix} 1 \\ \zeta^{k-1} \\ \zeta^{(k-1)\cdot 2} \\ \vdots \\ \zeta^{(k-1)\cdot(m-1)} \end{pmatrix}.$$

Daher ist die Transponierte von F_{mm} eine Matrix vom Vandermonde-Typ (siehe Satz 4.2.9), und dieser Satz impliziert $\det(F_{mm}) = \det(F_{mm}^t) \neq 0$; das war zu zeigen. Also erfüllt die Matrix F_m für $m \geq 2s$ die Bedingungen von Lemma 10.4.2.

Das Beispiel ist insofern optimal, als jede Matrix wie in Lemma 10.4.2 $\mathrm{rg}(A) \geq 2s$ erfüllt und $\mathrm{rg}(F_{2s}) = 2s$ ist.

Wir übersetzen nun die Aufgabe, $x \in \Sigma_s$ aus Ax zu rekonstruieren, in eine Optimierungsaufgabe.

Lemma 10.4.4 *Seien $s \leq n/2$, $y \in \mathbb{K}^m$ und $x \in \Sigma_s$. Gelte $Ax = y$. Dann sind folgende Aussagen äquivalent.*

(i) *Wenn $z \in \Sigma_s$ und $Az = y$ ist, so ist $z = x$; der Vektor x ist also die einzige s-schwach besetzte Lösung von $Az = y$.*

(ii) *Der Vektor x ist die einzige Lösung des Problems*

  • *Minimiere $\|z\|_0$ für $z \in \mathbb{K}^n$ mit $Az = y$.* (P₀)

Beweis (i) $\Rightarrow$ (ii): Jede Lösung von (P₀) muss $\|z\|_0 \leq \|x\|_0 \leq s$ erfüllen (warum hat (P₀) garantiert mindestens eine Lösung?); aber unter diesen z erfüllt wegen (i) nur $z = x$ die Bedingung $Az = y$. Also ist x der eindeutig bestimmte Minimierer für (P₀).

(ii) $\Rightarrow$ (i): Wegen (ii) kann es keine Lösung von $Az = y$ mit $\|z\|_0 < \|x\|_0$ geben; und ist $Az = y$ und $\|z\|_0 = \|x\|_0$, so ist z ebenfalls ein Minimierer für (P₀), also $z = x$. $\square$

Allerdings ist die Lösung des Rekonstruktionsproblems via (P₀) rechnerisch nicht praktikabel (es ist in der Sprache der Komplexitätstheorie „NP-schwer"). Wir werden nun eine Variante von (P₀) besprechen, die praktikabel ist und für viele Matrizen die Lösbarkeit des Rekonstruktionsproblems garantiert. Dazu benötigen wir zwei weitere, von der euklidischen Norm verschiedene, Normen auf dem Raum $\mathbb{K}^n$; siehe Definition 6.1.5 zum Begriff der Norm.

Definition 10.4.5 Für $x \in \mathbb{K}^n$ mit den Koordinaten $x_1, \ldots, x_n$ setze

$$\|x\|_1 = \sum_{k=1}^{n} |x_k|,$$

$$\|x\|_\infty = \max\{|x_k| : k = 1, \ldots, n\}.$$

$\|x\|_1$ heißt die *Summen-* oder *ℓ_1-Norm* von x und $\|x\|_\infty$ die *Maximumsnorm*.

Im Folgenden wird hauptsächlich die ℓ_1-Norm eine Rolle spielen.

Dass es sich tatsächlich um Normen handelt, wird im nächsten Lemma nachgerechnet.

Lemma 10.4.6

(a) $\| \cdot \|_1$ *und* $\| \cdot \|_\infty$ *sind Normen auf* $\mathbb{K}^n$.

(b) *Es gelten*

$$\|x\|_2 \leq \|x\|_1 \leq \sqrt{n}\|x\|_2$$

$$\|x\|_2 \leq \sqrt{n}\|x\|_\infty \leq \sqrt{n}\|x\|_2$$

$$\|x\|_\infty \leq \|x\|_1 \leq n\|x\|_\infty$$

für alle $x \in \mathbb{K}^n$.

Beweis (a) Nur der Beweis der Dreiecksungleichung ist nicht vollkommen offensichtlich. Die sieht man für die ℓ_1-Norm so ($x = (x_k)$, $y = (y_k)$):

$$\|x + y\|_1 = \sum_{k=1}^{n} |x_k + y_k| \leq \sum_{k=1}^{n} (|x_k| + |y_k|) = \sum_{k=1}^{n} |x_k| + \sum_{k=1}^{n} |y_k| = \|x\|_1 + \|y\|_1$$

und für die Maximumsnorm so: Für $1 \leq k \leq n$ ist

$$|x_k + y_k| \leq |x_k| + |y_k| \leq \|x\|_\infty + \|y\|_\infty$$

und deshalb

$$\|x + y\|_\infty \leq \|x\|_\infty + \|y\|_\infty.$$

(b) Es ist wegen der Cauchy-Schwarzschen Ungleichung

$$\|x\|_1 = \sum_{k=1}^{n} 1 \cdot |x_k| \leq \left(\sum_{k=1}^{n} 1^2\right)^{1/2} \left(\sum_{k=1}^{n} |x_k|^2\right)^{1/2} = \sqrt{n}\|x\|_2$$

und andererseits

$$\|x\|_1^2 = \Big(\sum_{k=1}^n |x_k|\Big)^2 = \sum_{k=1}^n |x_k|^2 + \sum_{k=1}^n \sum_{l\neq k} |x_k||x_l| \geq \sum_{k=1}^n |x_k|^2 = \|x\|_2^2.$$

Ferner ist

$$\|x\|_2^2 = \sum_{k=1}^n |x_k|^2 \leq \sum_{k=1}^n \|x\|_\infty^2 = n\|x\|_\infty^2$$

sowie für geeignetes $j \in \{1, \dots, n\}$

$$\|x\|_\infty^2 = |x_j|^2 \leq \sum_{k=1}^n |x_k|^2 = \|x\|_2^2.$$

Die letzte Ungleichungskette ergibt sich aus dem bereits Bewiesenen.   □

Hat x höchstens s von 0 verschiedene Koordinaten, so zeigt unser Argument

$$\|x\|_1 \leq \sqrt{s}\|x\|_2; \tag{10.4.2}$$

das werden wir später benötigen.

Die euklidische und die ℓ_1-Norm gehören zur Skala der für $p \in [1, \infty)$ definierten ℓ_p-Normen

$$\|x\|_p = \Big(\sum_{k=1}^n |x_k|^p\Big)^{1/p};$$

hier ist der Nachweis der Dreiecksungleichung allerdings nicht trivial. (Definiert man $\|x\|_p$ wie oben auch für $0 < p < 1$, erhält man keine Norm, da die Dreiecksungleichung nicht erfüllt ist; man spricht von einer *Quasinorm*.) Für die ℓ_p-(Quasi-)Normen gelten die Grenzwertbeziehungen

$$\lim_{p\to\infty} \|x\|_p = \|x\|_\infty, \quad \lim_{p\to 0} \|x\|_p^p = \|x\|_0 \quad \text{für alle } x \in \mathbb{K}^n.$$

Es ist zu beachten, dass Normen *konvexe Funktionen* sind, d. h. sie erfüllen die Ungleichung $f(\lambda v + (1-\lambda)w) \leq \lambda f(v) + (1-\lambda)f(w)$ für $v, w \in \mathbb{K}^n$, $0 \leq \lambda \leq 1$; aber $v \mapsto \|v\|_0$ ist nicht konvex (und keine Norm).

Die ℓ_1-Norm ist in unserem Kontext wegen der folgenden Idee wichtig. Statt des Problems (P$_0$) werden wir ein verwandtes Problem betrachten, nämlich:

- *Minimiere* $\|z\|_1$ *für* $z \in \mathbb{K}^n$ *mit* $Az = y = Ax$, $x \in \Sigma_s$.   (P$_1$)

Solch ein Problem kann man in der Optimierungstheorie effektiv lösen, da die Zielfunktion $\|\cdot\|_1$ konvex ist. Wir werden sehen, dass unser Rekonstruktionsproblem, x aus Ax zu bestimmen, für gewisse Matrizen äquivalent durch (P$_1$) beschrieben wird. Dazu benötigen wir eine Definition.

Für $S \subset \{1, \ldots, n\}$ und $v \in \mathbb{K}^n$ bezeichne mit v^S den Vektor mit den Koordinaten $v_k^S = v_k$ für $k \in S$ und $v_k^S = 0$ sonst; hat S nur s Elemente, ist also $v^S \in \Sigma_s$. Ferner setzen wir $S^c = \{1, \ldots, n\} \setminus S$, das Komplement von S.

Definition 10.4.7   Eine $m \times n$-Matrix A hat die *Kern-Eigenschaft der Ordnung s*, wenn für alle $S \subset \{1, \ldots, n\}$ mit höchstens s Elementen

$$\|v^S\|_1 < \|v^{S^c}\|_1 \quad \text{für alle } v \in \ker A, \ v \neq 0$$

gilt.

Indem man $\|v^S\|_1$ zu dieser Ungleichung addiert, erkennt man die Äquivalenz der gegebenen Bedingung zu

$$\|v^S\|_1 < \frac{1}{2}\|v\|_1 \quad \text{für alle } v \in \ker A, \ v \neq 0.$$

Man kann die Bedingung so umschreiben, dass Vektoren im Kern von A nicht auf Indexmengen mit höchstens s Elementen konzentriert sein können, es sei denn $v = 0$.

Satz 10.4.8   *Für eine $m \times n$-Matrix A und $s \leq n$ sind folgende Bedingungen äquivalent:*

(i) *Ist $x \in \Sigma_s$ und $y = Ax$, so ist $z = x$ die eindeutig bestimmte Lösung von (P$_1$).*
(ii) *A hat die Kern-Eigenschaft der Ordnung s.*

Beweis (i) $\Rightarrow$ (ii): Sei $S \subset \{1, \ldots, n\}$ mit höchstens s Elementen und $0 \neq v \in \ker A$; dann ist $v^S \in \Sigma_s$. Setze $y = Av^S$; nach Voraussetzung (i), angewandt auf v^S, ist v^S dann der eindeutig bestimmte Minimierer für $\|z\|_1$ unter der Nebenbedingung $Az = y$. Wegen $v^S + v^{S^c} = v$ und $Av = 0$ ist ebenfalls $A(-v^{S^c}) = y$. Da $-v^{S^c} \neq v^S$ (denn $v \neq 0$), folgt aus (i) die Ungleichung $\|-v^{S^c}\|_1 > \|v^S\|_1$. Das war zu zeigen.

(ii) $\Rightarrow$ (i): Seien $x \in \Sigma_s$ und $y = Ax$. Sei $S = \text{supp}(x)$, so dass S also höchstens s Elemente besitzt. Sei nun $z \in \Sigma_s$ mit $Az = y$ und $z \neq x$; wir müssen $\|z\|_1 > \|x\|_1$ zeigen. Zunächst gilt

$$\|x\|_1 = \|(x - z^S) + z^S\|_1 \leq \|x - z^S\|_1 + \|z^S\|_1 = \|v^S\|_1 + \|z^S\|_1,$$

wo wir $v = x - z \in \ker A$ gesetzt haben; beachte $x^S = x$ und $v^{S^c} = -z^{S^c}$ sowie $v \neq 0$. Wegen der Kern-Eigenschaft folgt daher

$$\|x\|_1 \le \|v^S\|_1 + \|z^S\|_1 < \|v^{S^c}\|_1 + \|z^S\|_1 = \|-z^{S^c}\|_1 + \|z^S\|_1 = \|z\|_1.$$

Das war zu zeigen.   □

Korollar 10.4.9 *Wenn die m × n-Matrix die Kern-Eigenschaft der Ordnung s erfüllt, ist L_A auf Σ_s injektiv, d. h., jeder s-schwach besetzte Vektor x ist eindeutig durch Ax bestimmt. Ferner kann x als Lösung von (P_1) bestimmt werden.*

Beweis Nach Satz 10.4.8 ist jedes $x \in \Sigma_s$ der eindeutig bestimmte Minimierer für (P_1); nach Lemma 10.4.4 ist zu zeigen, dass x der eindeutig bestimmte Minimierer für (P_0) ist. Sei $\|z'\|_0$ minimal unter der Nebenbedingung $Az' = Ax$; dann ist natürlich $\|z'\|_0 \le \|x\|_0$, also $z' \in \Sigma_s$. Daher kann man (i) in Satz 10.4.8 mit z' anstelle von x anwenden. Es folgt $z' = x$, und x ist in der Tat der eindeutig bestimmte Minimierer für (P_0).   □

Wir geben jetzt eine Klasse von Matrizen an, die die Kern-Eigenschaft haben.

Definition 10.4.10 Die *s-te RIP-Konstante* δ_s einer $m \times n$-Matrix A ist die kleinste Zahl $\delta \ge 0$ mit

$$(1 - \delta)\|x\|_2^2 \le \|Ax\|_2^2 \le (1 + \delta)\|x\|_2^2 \quad \text{für alle } x \in \Sigma_s.$$

Hier steht RIP für *restricted isometry property*.

Es ist klar, dass $\delta_1 \le \delta_2 \le \cdots \le \delta_n$. Um die Bedeutung dieser Definition zu veranschaulichen, nehmen wir an, dass δ_{2s} „klein" ist; dann ist für $x, x' \in \Sigma_s$

$$\|Ax - Ax'\|_2 \approx \|x - x'\|_2 \quad \text{(bis auf einen Term der Größe } \sqrt{\delta_{2s}}\|x - x'\|_2\text{)},$$

da ja $x - x' \in \Sigma_{2s}$; das Anwenden von A verändert den Abstand solcher Vektoren also „wenig", und A wirkt „fast" wie eine Isometrie auf Σ_s.

Speziell folgt für $\delta_{2s} < 1$ aus $x, x' \in \Sigma_s$ und $x \ne x'$ auch $Ax \ne Ax'$, so dass L_A auf Σ_s injektiv ist. Aber erst die Anwendung von Satz 10.4.8 würde ein praktisch anwendbares Verfahren gestatten, um $x \in \Sigma_s$ aus Ax zu rekonstruieren, nämlich als Lösung von (P_1).

Der folgende Satz garantiert das.

Satz 10.4.11 *Eine m × n-Matrix A mit $\delta_{2s} < \frac{1}{3}$ erfüllt die Kern-Eigenschaft der Ordnung $s \le n/2$. Insbesondere ist für eine solche Matrix L_A auf Σ_s injektiv, und man kann $x \in \Sigma_s$ aus Ax als Lösung des Problems (P_1) gewinnen.*

Für den Beweis benötigen wir einige Lemmata. Dort benutzen wir folgende Bezeichnungen. Ist $S \subset \{1, \dots, n\}$, so bezeichnet A_S die Matrix, die aus den Spalten s_k von A mit $k \in S$ besteht. Außerdem sei $\#(S)$ die Anzahl der Elemente von S.

Ist $\#(S) = \sigma$, so ist $A_S^* A_S$ eine $\sigma \times \sigma$-Matrix, und $E_{\#(S)} = E_\sigma$ bezeichnet die $\sigma \times \sigma$-Einheitsmatrix.

Lemma 10.4.12 *Für $s \le n$ gilt*

$$\delta_s = \max_{\#(S) \le s} \|A_S^* A_S - E_{\#(S)}\|_{\mathrm{op}}.$$

Beweis Nach Definition ist δ_s die kleinste Konstante in der Ungleichung

$$-\delta \le \|Ax\|^2 - 1 \le \delta \quad \text{für alle } x \in \Sigma_s, \; \|x\|_2 = 1.$$

Ist $\operatorname{supp}(x) \subset S$ (wir schreiben dann $x \in \mathbb{K}^S$) mit $\|x\|_2 = 1$, so ist

$$\|Ax\|_2^2 - 1 = \|Ax\|_2^2 - \|x\|_2^2 = \langle Ax, Ax \rangle - \langle x, x \rangle$$
$$= \langle A_S x, A_S x \rangle - \langle x, x \rangle = \langle A_S^* A_S x - x, x \rangle.$$

(Eigentlich müsste man $A_S x_S$ statt $A_S x$ schreiben, wo x_S der Vektor mit den $\#(S)$ Koordinaten aus S ist.) Also ist

$$\delta_s = \max_{\#(S) \le s} \sup\{|\langle (A_S^* A_S - E_{\#(S)}) x, x \rangle| : \operatorname{supp}(x) \subset S, \; \|x\|_2 = 1\}$$
$$= \max_{\#(S) \le s} \|A_S^* A_S - E_{\#(S)}\|_{\mathrm{op}}$$

nach Korollar 8.6.12. $\qquad\square$

Lemma 10.4.13 *Seien $v, w \in \mathbb{K}^n$ mit $\|v\|_0, \|w\|_0 \le s \le n/2$. Es gelte $\operatorname{supp}(v) \cap \operatorname{supp}(w) = \emptyset$. Dann folgt*

$$|\langle Av, Aw \rangle| \le \delta_{2s} \|v\|_2 \|w\|_2.$$

Beweis Wir setzen $S = \operatorname{supp}(v) \cup \operatorname{supp}(w)$; nach Voraussetzung ist $\#(S) \le 2s$. Da die Träger von v und w disjunkt sind, sind v und w orthogonal. Mit einer Notation wie in Lemma 10.4.12 liefert dieses

$$|\langle Av, Aw \rangle| = |\langle A_S v_S, A_S w_S \rangle|$$
$$= |\langle A_S^* A_S v_S, w_S \rangle - \langle v_S, w_S \rangle|$$
$$\le |\langle (A_S^* A_S - E_{\#(S)}) v_S, w_S \rangle|$$

$$\leq \|(A_S^* A_S - E_{\#(S)}) v_S\|_2 \|w_S\|_2$$

$$\leq \|A_S^* A_S - E_{\#(S)}\|_{\mathrm{op}} \|v_S\|_2 \|w_S\|_2$$

$$\leq \delta_{2s} \|v\|_2 \|w\|_2;$$

im 2. Schritt ging die Trägerbedingung ein. □

Lemma 10.4.14 *Erfüllen $v, w \in \mathbb{K}^s$ die Ungleichung $|v_k| \leq |w_l|$ für alle k und l, so folgt*

$$\|v\|_2 \leq \frac{1}{\sqrt{s}} \|w\|_1.$$

Beweis Nach Lemma 10.4.5 ist $\|v\|_2 \leq \sqrt{s}\|v\|_\infty$ und

$$s\|v\|_\infty \leq |w_1| + \cdots + |w_s| = \|w\|_1$$

nach Voraussetzung über v und w. □

Beweis von Satz 10.4.11. Sei $0 \neq v \in \ker A$. Es sei $S_0 \subset \{1, \ldots, n\}$ eine Indexmenge, deren Elemente zu s betragsgrößten Koordinaten von v „gehören". (Eine solche Teilmenge ist nicht eindeutig bestimmt, da ja alle $|v_k|$ gleich sein können.) Es ist also $|v_k| \geq |v_l|$, wenn $k \in S_0$ und $l \notin S_0$. Im nächsten Schritt wählen wir eine Teilmenge $S_1 \subset S_0^c$, deren Elemente zu s betragsgrößten Koordinaten $|v_k|$ mit $k \notin S_0$ gehören. Es ist also $|v_k| \geq |v_l|$, wenn $k \in S_1$ und $l \notin S_0 \cup S_1$. Entsprechend wählen wir $S_2 \subset (S_0 \cup S_1)^c$ etc. Das liefert eine disjunkte Zerlegung $\{1, \ldots, n\} = S_0 \cup S_1 \cup \cdots \cup S_r$ in Teilmengen, die mit der möglichen Ausnahme von S_r je s Elemente haben; es ist auf jeden Fall $\#(S_r) \leq s$.

Wir erinnern an die Notation v^S, die vor Definition 10.4.6 eingeführt wurde. Es ist $v = v^{S_0} + v^{S_1} + \cdots + v^{S_r}$ sowie wegen $Av = 0$

$$Av^{S_0} = -(Av^{S_1} + \cdots + Av^{S_r}). \tag{10.4.3}$$

Nach Definition von δ_{2s} ist

$$\|v^{S_0}\|_2^2 \leq \frac{1}{1 - \delta_{2s}} \|Av^{S_0}\|_2^2 = \frac{1}{1 - \delta_{2s}} \langle Av^{S_0}, Av^{S_0} \rangle$$

$$= \frac{1}{1 - \delta_{2s}} \sum_{k=1}^{r} \langle Av^{S_0}, -Av^{S_k} \rangle,$$

Letzteres nach (10.4.3). Wegen $S_0 \cap S_k = \emptyset$ liefert Lemma 10.4.13

$$\langle Av^{S_0}, -Av^{S_k} \rangle \leq \delta_{2s} \|v^{S_0}\|_2 \|v^{S_k}\|_2.$$

Nun sind nach Konstruktion die Koordinaten von v^{S_k} betragsmäßig höchstens so groß wie die von $v^{S_{k-1}}$, daher ist wegen Lemma 10.4.14

$$\|v^{S_k}\|_2 \le \frac{1}{\sqrt{s}} \|v^{S_{k-1}}\|_1.$$

Setzt man das oben ein, erhält man

$$\|v^{S_0}\|_2^2 \le \frac{\delta_{2s}}{1 - \delta_{2s}} \|v^{S_0}\|_2 \frac{1}{\sqrt{s}} \sum_{k=1}^{r} \|v^{S_{k-1}}\|_1.$$

Die Voraussetzung über δ_{2s} impliziert $\delta_{2s}/(1 - \delta_{2s}) < \frac{1}{2}$, daher

$$\|v^{S_0}\|_2 < \frac{1}{2\sqrt{s}} \sum_{k=1}^{r} \|v^{S_{k-1}}\|_1 \le \frac{1}{2\sqrt{s}} \|v\|_1.$$

Nach (10.4.2) können wir $\|v^{S_0}\|_1 \le \sqrt{s}\|v^{S_0}\|_2$ abschätzen. Ist $S \subset \{1, \dots, n\}$ irgendeine Teilmenge mit s Elementen, folgt jetzt die gesuchte Abschätzung

$$\|v^{S}\|_1 \le \|v^{S_0}\|_1 \le \sqrt{s}\|v^{S_0}\|_2 < \frac{1}{2}\|v\|_1.$$

(Wo ging im Beweis eigentlich $v \ne 0$ ein?) $\square$

Leider ist es schwierig, explizit Matrizen mit kleinen RIP Konstanten anzugeben. Aber die Wahrscheinlichkeitstheorie hilft weiter, denn man kann zufällige Matrizen (also Matrizen, deren Einträge Zufallsvariable sind) erzeugen, die mit hoher Wahrscheinlichkeit kleine RIP-Konstanten haben. Wir wollen abschließend ein Beispiel für dieses Phänomen zitieren.

Es sei A eine $m \times n$-Matrix, deren Einträge a_{kl} unabhängige Zufallsvariable sind. Wir betrachten im nächsten Satz zwei Spezialfälle:

- Die a_{kl} sind standardnormalverteilt.
- Die a_{kl} sind Bernoulli-$\frac{1}{2}$-verteilt, d. h., die Wahrscheinlichkeit, dass a_{kl} den Wert 0 bzw. 1 annimmt, ist jeweils $\frac{1}{2}$.

Für solche Zufallsmatrizen gilt folgender Satz,[10] dessen Beweis allerdings vertiefte Kenntnisse in Wahrscheinlichkeitstheorie verlangt.

---

[10] Theorem 9.2 in S. Foucart und H. Rauhut, *A Mathematical Introduction to Compressive Sensing*. Birkhäuser 2013. Dies ist das Standardwerk zu Compressed Sensing.

Satz 10.4.15 *Sei A eine zufällige Matrix wie oben beschrieben. Dann existiert eine Konstante $C > 0$ mit folgender Eigenschaft. Ist $\delta > 0$ und*

$$m \geq C\delta^{-2}\big(s\log(en/s) + \log(2/\varepsilon)\big), \tag{10.4.4}$$

so besitzt die Zufallsmatrix $\frac{1}{\sqrt{m}}A$ mit einer Wahrscheinlichkeit von mindestens $1 - \varepsilon$ die RIP-Konstante $\delta_s \leq \delta$.

Das bedeutet im Hinblick auf Satz 10.4.11, dass mit hoher Wahrscheinlichkeit ein s-schwach besetzter Vektor x aus $y = Ax$ als Lösung von (P₁) rekonstruiert werden kann, wenn die Anzahl m der Messungen die Bedingung (10.4.4), angewandt mit δ_{2s} und $\delta < \frac{1}{3}$, erfüllt, die man verkürzt mit $m \geq C's\log(en/s)$ wiedergeben kann.

Wir haben uns in dieser Einführung um Vektoren gekümmert, die nur s von 0 verschiedene Koordinaten haben. Realistischere Modelle nehmen an, dass alle bis auf s Koordinaten „sehr klein" statt exakt 0 sind und dass die Messung y „verrauscht" ist, also statt $Ax = y$ nur $\|Ax - y\|_2 \leq \eta$ erfüllt ist. All diese Phänomene können in die Theorie des Compressed Sensing eingebracht und effektiv gelöst werden. Auf dem Internationalen Mathematiker-Kongress ICM 2014 in Seoul hat Emmanuel Candès einen faszinierenden Vortrag über die Theorie und Anwendungen des Compressed Sensing gehalten, den Interessierte auf YouTube ansehen können.[11]

10.5   Aufgaben

Aufgabe 10.5.1 Sei $\mathscr{X}$ die Menge aller echten Teilmengen von $\mathbb{N}$. Geben Sie eine Kette in $\mathscr{X}$ ohne eine obere Schranke in $\mathscr{X}$ an.

Aufgabe 10.5.2 Sei $(R, +, \cdot)$ ein Ring mit Einselement e; vgl. Definition 5.2.2. Eine Teilmenge $I \subset R$ heißt *Ideal*, wenn I eine Untergruppe von $(R, +)$ ist und für $x \in R$ und $y \in I$

$$xy \in I, \quad yx \in I$$

gelten. Ein Ideal heißt *maximal*, wenn $I \neq R$ und

$$I \subsetneq J, \ J \text{ ideal} \quad \Rightarrow \quad J = R$$

gilt. Zeigen Sie, dass jedes Ideal $I \neq R$ in einem maximalen Ideal enthalten ist. (Hinweis: Zornsches Lemma!)

---

[11] https://www.youtube.com/watch?v=W-b4aDGsbJk.

Aufgabe 10.5.3 Sei U ein Unterraum des K-Vektorraums V, und sei $u^\sharp \in U^\sharp$. Dann existiert ein $v^\sharp \in V^\sharp$ mit $v^\sharp(u) = u^\sharp(u)$ für alle $u \in U$; $v^\sharp$ ist also eine Fortsetzung von $u^\sharp$.

Aufgabe 10.5.4 Zeigen Sie, dass es eine Funktion $f\colon \mathbb{R} \to \mathbb{R}$ mit

$$f(1) = 1, \quad f(\sqrt{2}) = 0, \quad f(x + y) = f(x) + f(y) \text{ für alle } x, y \in \mathbb{R}$$

gibt. (Hinweis: Betrachten Sie $\mathbb{R}$ als $\mathbb{Q}$-Vektorraum.)

Aufgabe 10.5.5 Sei U ein Unterraum des K-Vektorraums V; setze

$$U^{(\perp)} = \{v^\sharp \in V^\sharp : v^\sharp(u) = 0 \text{ für alle } u \in U\}.$$

Dann existieren kanonische Vektorraumisomorphismen

$$U^\sharp \cong V^\sharp / U^{(\perp)}, \quad (V/U)^\sharp \cong U^{(\perp)}.$$

Aufgabe 10.5.6 Zeigen Sie die Existenz eines kanonischen Vektorraumisomorphismus

$$\mathrm{Pol}(\mathbb{R}) \otimes \mathrm{Pol}(\mathbb{R}) \cong \mathrm{Pol}(\mathbb{R}^2);$$

Letzteres bezeichnet den Vektorraum aller Polynomfunktionen in zwei reellen Variablen.

Aufgabe 10.5.7 Seien $S_1 \in \mathscr{L}(V_1, W_1)$ und $S_2 \in \mathscr{L}(V_2, W_2)$.

(a) $S_1 \otimes S_2 \colon V_1 \otimes V_2 \to W_1 \otimes W_2$ ist genau dann injektiv, wenn S_1 und S_2 injektiv sind.
(b) $S_1 \otimes S_2 \colon V_1 \otimes V_2 \to W_1 \otimes W_2$ ist genau dann surjektiv, wenn S_1 und S_2 surjektiv sind.

Aufgabe 10.5.8 Seien V, W, Z jeweils K-Vektorräume. Zeigen Sie, dass es eine lineare Abbildung $L\colon (V \otimes W^\sharp) \otimes (W \otimes Z) \to V \otimes Z$ gibt mit

$$L\big((v \otimes w^\sharp) \otimes (w \otimes z)\big) = w^\sharp(w) \cdot (v \otimes z)$$

für alle $v \in V$, $w \in W$, $w^\sharp \in W^\sharp$, $z \in Z$.

Aufgabe 10.5.9 Die *Spaltensummennorm* einer reellen oder komplexen $m \times n$-Matrix A ist durch

$$\|A\|_\sigma = \max_k \sum_{j=1}^{m} |a_{jk}|$$

erklärt.

(a) Zeigen Sie, dass das eine Norm auf $\mathbb{K}^{m \times n}$ ist.

(b) Zeigen Sie

$$\|A\|_\sigma = \sup_{\|x\|_1 \le 1} \|Ax\|_1.$$

Aufgabe 10.5.10 Die *Zeilensummennorm* einer reellen oder komplexen $m \times n$-Matrix A ist durch

$$\|A\|_\zeta = \max_j \sum_{k=1}^n |a_{jk}|$$

erklärt.

(a) Zeigen Sie, dass das eine Norm auf $\mathbb{K}^{m \times n}$ ist.

(b) Zeigen Sie

$$\|A\|_\zeta = \sup_{\|x\|_\infty \le 1} \|Ax\|_\infty.$$

(c) $\|A\|_\zeta = \|A^t\|_\sigma = \|A^*\|_\sigma.$

Symbolverzeichnis

$\mathbb{N}$	$\{1, 2, 3, \dots\}$
$\mathbb{N}_0$	$\{0, 1, 2, 3, \dots\}$
$\mathbb{R}$	Menge der reellen Zahlen
$\mathbb{C}$	Menge der komplexen Zahlen
$\mathbb{K}$	$\mathbb{R}$ oder $\mathbb{C}$
$\mathrm{Re}\, z$	Realteil der komplexen Zahl z
$\mathrm{Im}\, z$	Imaginärteil der komplexen Zahl z
$|z|$	Betrag der komplexen Zahl z
$A \subset B$	A ist (nicht notwendig echte) Teilmenge von B
$A \subsetneq B$	A ist echte Teilmenge von B
$f(A)$	Bild der Menge A unter der Abbildung f
$f^{-1}(A)$	Urbild der Menge A unter der Abbildung f
$\mathrm{lin}(M)$	lineare Hülle von M
$\dim(V)$	Dimension von V
$U_1 + U_2$	Summe der Unterräume U_1 und U_2
$U_1 \oplus U_2$	direkte Summe der Unterräume U_1 und U_2
$V \cong W$	V ist isomorph zu W
V/U	Quotientenvektorraum
$v + U$	Element des Quotientenvektorraums
$V^\sharp$	Dualraum von V
$V \otimes W$	Tensorprodukt
$v \otimes w$	Elementartensor
$\mathrm{co}(M)$	konvexe Hülle von M
$\mathrm{ex}(C)$	Menge der Extremalpunkte von C
$x \times y$	Kreuzprodukt der Vektoren $x, y \in \mathbb{R}^3$
$\mathrm{supp}(x)$	Träger des Vektors $x \in \mathbb{R}^n$
Σ_s	Menge aller s-schwach besetzten Vektoren

D. Werner, *Lineare Algebra*, Grundstudium Mathematik,
https://doi.org/10.1007/978-3-030-91107-2

Abb(X)	Vektorraum der reellwertigen Funktionen auf einer Menge X
Pol(I)	Vektorraum der Polynomfunktionen auf I
Pol$_{<n}(\mathbb{R})$	Vektorraum der Polynomfunktionen vom Grad $< n$
$C(\mathbb{R})$	Vektorraum der stetigen Funktionen
$D(\mathbb{R})$	Vektorraum der differenzierbaren Funktionen
$\mathbf{x}^k$	Monomfunktion $x \mapsto x^k$
$\mathbb{R}^{<\infty}$	Vektorraum der abbrechenden reellen Folgen
$K^{<\infty}$	Vektorraum der abbrechenden Folgen in K
$\mathbb{R}^{m \times n}$	Vektorraum der $m \times n$-Matrizen
$K[X]$	Polynomring (bzw. -algebra) über K
deg(P)	Grad des Polynoms P
$\mathscr{L}(V, W)$	Vektorraum aller linearen Abbildungen von V nach W
$\mathscr{L}(V)$	Vektorraum aller linearen Abbildungen von V nach V
$\mathscr{F}(V, W)$	Vektorraum aller linearen Abbildungen endlichen Ranges
$\mathscr{H}(V)$	$\mathbb{R}$-Vektorraum der hermiteschen Abbildungen
$\mathscr{B}(V, W; Z)$	Vektorraum der bilinearen Abbildungen

SR(A)	Spaltenraum einer Matrix
ker(A)	Kern einer Matrix
rg(A)	Rang von A
df(A)	Defekt von A
det(A)	Determinante von A
tr(A)	Spur von A
A^t	transponierte Matrix
$A^\#$	komplementäre Matrix
A^*	adjungierte Matrix
diag($\lambda_1, \ldots, \lambda_n$)	Diagonalmatrix
$\chi_A(X)$	charakteristisches Polynom
$\sigma(A)$	Spektrum von A
$r(A)$	Spektralradius von A
exp(A)	Exponential von A
$A_1 \otimes A_2$	Kronecker-Produkt

ran(L)	Bildraum der linearen Abbildung L
ker(L)	Kern von L
rg(L)	Dimension von ran(L)
df(L)	Dimension von ker(L)
K_B	Koordinatenabbildung $x \mapsto \sum_j x_j b_j$
M_A^B	Matrix des Basiswechsels von A nach B
$M(L; B, B')$	darstellende Matrix von L
L^*	adjungierte lineare Abbildung
$|L|$	Betrag der linearen Abbildung L

$L^\sharp$	duale lineare Abbildung
$L_1 \otimes L_2$	Tensorprodukt zweier linearer Abbildungen
$\alpha(\lambda)$	algebraische Vielfachheit des Eigenwerts λ
$\gamma(\lambda)$	geometrische Vielfachheit des Eigenwerts λ
$J(\mu, p)$	$p \times p$-Jordan-Kästchen
$\langle\,.\,,\,.\,\rangle$	Skalarprodukt
$\langle\,.\,,\,.\,\rangle_e$	euklidisches Skalarprodukt
$\|\cdot\|$	Norm
$\|\cdot\|_e, \|\cdot\|_2$	euklidische Norm
$\|\cdot\|_1$	Summennorm
$\|\cdot\|_\infty$	Maximumsnorm
$M^\perp$	orthogonales Komplement
$\|A\|_{\mathrm{op}}$	Operatornorm einer Matrix
$B(x, r)$	offene Kugel
$B[x, r]$	abgeschlossene Kugel
$\mathcal{O}(V)$	orthogonale Gruppe von V
$\mathcal{SO}(V)$	spezielle orthogonale Gruppe von V
$\mathrm{O}(n)$	Gruppe der orthogonalen $n \times n$-Matrizen
$\mathrm{SO}(n)$	Gruppe der orthogonalen $n \times n$-Matrizen mit Determinante 1

Literaturverzeichnis

Propädeutische Texte und Überblicke

1. L. Alcock, *Wie man erfolgreich Mathematik studiert* (Springer-Spektrum, Heidelberg 2017)
2. A. Beutelspacher, *Das ist o.B.d.A. trivial!*, 9. Aufl. (Springer-Vieweg, Wiesbaden 2009)
3. O. Deiser, C. Lasser, E. Vogt, D. Werner, 12×12 *Schlüsselkonzepte zur Mathematik*, 2. Aufl. (Springer-Spektrum, Heidelberg 2015)
4. T. Gowers, *Mathematics. A Very Short Introduction* (Oxford University Press, Oxford bzw. Stuttgart (Reclam) 2002). (Deutsch unter dem Titel *Mathematik*. Reclam 2011)
5. D. Grieser, *Mathematisches Problemlösen und Beweisen*, 2. Aufl. (Springer-Spektrum, Heidelberg 2017)
6. I. Hilgert, J. Hilgert, *Mathematik – ein Reiseführer* (Springer-Spektrum, Heidelberg 2012)
7. K. Houston, *Wie man mathematisch denkt* (Springer-Spektrum, Heidelberg 2012)
8. H. Schichl, R. Steinbauer, *Einführung in das mathematische Arbeiten* (Springer, Berlin 2009)

Lehrbücher

9. S. Axler, *Linear Algebra Done Right*, 3. Aufl. (Springer, New York 2015)
10. Chr. Bär, *Lineare Algebra und analytische Geometrie* (Springer-Spektrum, Wiesbaden 2018)
11. A. Beutelspacher, *Lineare Algebra*, 8. Aufl. (Springer-Spektrum, Heidelberg 2014)
12. G. Fischer, *Lernbuch Lineare Algebra und Analytische Geometrie*, 3. Aufl. (Springer-Spektrum, Heidelberg 2017)
13. G. Fischer, *Lineare Algebra*, 18. Aufl. (Springer-Spektrum, Heidelberg 2014)
14. J.B. Fraleigh, R.A. Beauregard, *Linear Algebra*, 3. Aufl. (Addison-Wesley, Reading, MA 1995)
15. P. Knabner, W. Barth, *Lineare Algebra* (Springer-Spektrum, Berlin 2013)
16. M. Koecher, *Lineare Algebra und analytische Geometrie*, 4. Aufl. (Springer, Berlin 1997)
17. T.W. Körner, *Vectors, Pure and Applied. A General Introduction To Linear Algebra* (Cambridge University Press, Cambridge 2013)
18. H.-J. Kowalsky, G.O. Michler, *Lineare Algebra*, 12. Aufl. (De Gruyter, Berlin 2003)
19. S. Lang, *Linear Algebra*, 3. Aufl. (Springer, New York 1987)
20. J. Liesen, V. Mehrmann, *Lineare Algebra*, 2. Aufl. (Springer-Spektrum, Heidelberg 2015)
21. H. Muthsam, *Lineare Algebra*, 2. Aufl. (Springer-Spektrum, Heidelberg 2006)
22. B. Said-Houari, *Linear Algebra* (Birkhäuser, Cham 2017)

© Der/die Herausgeber bzw. der/die Autor(en), exklusiv lizenziert an Springer Nature Switzerland AG 2022

311

D. Werner, *Lineare Algebra*, Grundstudium Mathematik,
https://doi.org/10.1007/978-3-030-91107-2

Tutorien

23. O. Deiser, C. Lasser, *Erste Hilfe in Linearer Algebra* (Springer-Spektrum, Heidelberg 2015)
24. F. Modler, M. Kreh, *Tutorium Analysis 1 und Lineare Algebra 1*, 3. Aufl. (Springer-Spektrum, Heidelberg 2014)

Fortgeschrittene Literatur

25. R. Bhatia, *Matrix Analysis* (Springer, New York 1997)
26. H. Dym, *Linear Algebra in Action*, 2. Aufl. (American Mathematical Society, Providence, RI 2013)
27. R.A. Horn, Ch.R. Johnson, *Matrix Analysis*, 2. Aufl. (Cambridge University Press, Cambridge 2013)
28. R.A. Horn, Ch.R. Johnson, *Topics in Matrix Analysis* (Cambridge University Press, Cambridge 1991)
29. H. Shapiro, *Linear Algebra and Matrices* (American Mathematical Society, Providence, RI 2015)
30. X. Zhan, *Matrix Theory* (American Mathematical Society, Providence, RI 2013)
31. F. Zhang, *Matrix Theory*, 2. Aufl. (Springer, New York 2011)

Stichwortverzeichnis

© Der/die Herausgeber bzw. der/die Autor(en), exklusiv lizenziert an Springer Nature
Switzerland AG 2022
D. Werner, *Lineare Algebra*, Grundstudium Mathematik,
https://doi.org/10.1007/978-3-030-91107-2

Printed in the United States
by Baker & Taylor Publisher Services